高等职业教育“互联网+”创新型系列教材

ABB工业机器人离线编程与虚拟仿真

主　编　李小忠　陈　龙
副主编　薛亚平　游名扬　程　鹏
参　编　陈丽丽　卢佳园　郝欣妮

机 械 工 业 出 版 社

本书基于ABB公司的RobotStudio软件，面向工业机器人行业的岗位需求，以工业机器人的典型工程应用为载体，系统介绍了工业机器人离线编程与虚拟仿真的基本方法。全书共七个项目，主要内容包括初识工业机器人离线编程与虚拟仿真、创建工业机器人工作站的基本模型、创建工业机器人基础仿真工作站、工业机器人涂胶离线仿真、工业机器人搬运离线仿真、工业机器人弧焊离线仿真、工业机器人机床上下料离线仿真。本书将知识技能点融入典型工作站的应用中，采用项目任务展开内容，满足教、学、做一体化的教学需求。

本书图文并茂，通俗易懂，面向应用，既可作为高等职业院校工业机器人技术、电气自动化技术、机电一体化技术等专业的教学用书，也可作为相关行业工程技术人员的参考用书。

为方便教学，本书有多媒体课件、思考与练习答案、模拟试卷及答案等教学资源，凡选用本书作为授课教材的老师，均可通过QQ（2314073523）咨询。

图书在版编目（CIP）数据

ABB工业机器人离线编程与虚拟仿真/李小忠，陈龙主编．—北京：机械工业出版社，2023.1（2025.5重印）

高等职业教育“互联网+”创新型系列教材

ISBN 978-7-111-72247-2

Ⅰ．①A… Ⅱ．①李… ②陈… Ⅲ．①工业机器人－程序设计－高等职业教育－教材 ②工业机器人－计算机仿真－高等职业学校－教材 Ⅳ．①TP242.2

中国版本图书馆CIP数据核字（2022）第252740号

机械工业出版社（北京市百万庄大街22号 邮政编码100037）
策划编辑：曲世海　　责任编辑：曲世海　章承林
责任校对：梁　园　王　延　　封面设计：马精明
责任印制：张　博
北京机工印刷厂有限公司印刷
2025年5月第1版第4次印刷
184mm×260mm·15.75印张·377千字
标准书号：ISBN 978-7-111-72247-2
定价：49.80元

电话服务　　网络服务
客服电话：010-88361066　机　工　官　网：www.cmpbook.com
010-88379833　机　工　官　博：weibo.com/cmp1952
010-68326294　金　书　网：www.golden-book.com
封底无防伪标均为盗版　机工教育服务网：www.cmpedu.com

前　言

工业机器人作为现今技术最成熟、应用最广泛的一类机器人，其研发、制造、应用是衡量一个国家科技创新和高端制造业水平的重要标志。发达国家将工业机器人自动化生产线作为自动化装备的主流和未来的发展方向，并大量应用在汽车、电子电器、工程机械等行业。

目前，随着我国劳动力成本上涨、人口红利逐渐消失，工业机器人在工业领域的应用越来越多，企业对工业机器人专业人才的需求不断增加。这就要求高等职业院校培养能熟练、安全使用和维护工业机器人的高素质技术技能人才。

本书基于 ABB 公司的 RobotStudio 软件，面向工业机器人行业的岗位需求，以工业机器人典型的工程应用为载体，系统介绍了工业机器人离线编程与虚拟仿真的基本方法。本书根据高职学生的特点，从岗位核心能力培养出发，遵循“由浅入深、循序渐进”的原则，科学设置知识技能点。本书倡导“学生主体，任务载体”的教学理念，将知识技能点融入相应的教学任务，使之符合学生的认知规律，从而以兴趣激发学生，以任务驱动教学。

本书由李小忠和陈龙担任主编，薛亚平、游名扬和程鹏担任副主编，陈丽丽、卢佳园和郝欣妮参与了本书的编写。具体编写分工如下：薛亚平编写项目一；游名扬、陈丽丽编写项目二；程鹏、卢佳园编写项目三；陈龙编写项目四、项目五；李小忠、郝欣妮编写项目六、项目七。全书由李小忠负责统稿。本书在编写过程中参阅了大量的国内外书籍、文献资料，在此向相关作者表示衷心感谢！

由于编者专业和学术水平有限，书中的错漏之处在所难免，敬请各位专家和广大读者批评指正。

编　者

二维码清单

名称	图形	页码	名称	图形	页码
01 计算机配置与软件安装		8	08 仿真调试		68
02 工件创建		22	09 创建工件坐标系		73
03 工具的创建		29	10 创建自动路径		75
04 工装的创建		35	11 调整工具姿态和轴配置参数		81
05 工作站布局		46	12 工业机器人搬运码垛仿真		96
06 创建机器人系统		55	13 创建输送带 Smart 组件		106
07 空路径法		63	14 创建搬运工具 Smart 组件		113

（续）

名称	图形	页码	名称	图形	页码
15 工业机器人焊接仿真		143	18 工业机器人机床上下料仿真		189
16 设置变位机姿态		165	19 创建数控机床 Smart 组件		200
17 示教清枪子程序		181	20 创建机器人取料子程序		227

目　录

前言

二维码清单

项目一　初识工业机器人离线编程与虚拟仿真 ………… 1

【学习情境】………… 1
【学习目标】………… 1
任务一　离线编程与虚拟仿真技术的认知 … 1
【任务描述】………… 1
【知识学习】………… 1
【思考与练习】………… 7
任务二　RobotStudio 软件介绍 ………… 7
【任务描述】………… 7
【知识学习】………… 7
【思考与练习】………… 17
【项目总结】………… 17

项目二　创建工业机器人工作站的基本模型 ………… 18

【学习情境】………… 18
【学习目标】………… 18
任务一　工件模型的创建与设置 ………… 18
【任务描述】………… 18
【知识学习】………… 19
【任务实施】………… 22
【思考与练习】………… 26
任务二　工具模型的创建与设置 ………… 26
【任务描述】………… 26
【知识学习】………… 27
【任务实施】………… 29
【思考与练习】………… 34
任务三　工装模型的创建与设置 ………… 34
【任务描述】………… 34
【知识学习】………… 35
【任务实施】………… 35
【思考与练习】………… 44
【项目总结】………… 44

项目三　创建工业机器人基础仿真工作站 ………… 45

【学习情境】………… 45
【学习目标】………… 45
任务一　工业机器人仿真工作站布局 ………… 45
【任务描述】………… 45
【知识学习】………… 46
【任务实施】………… 46
【思考与练习】………… 54
任务二　创建机器人系统与手动操纵 ………… 54
【任务描述】………… 54
【知识学习】………… 55
【任务实施】………… 55
【思考与练习】………… 62
任务三　创建机器人运动轨迹程序 ………… 62
【任务描述】………… 62

【知识学习】…………62
【任务实施】…………63
【思考与练习】…………70
【项目总结】…………70
项目四 工业机器人涂胶离线仿真…………71
【学习情境】…………71
【学习目标】…………71
任务一 创建工件坐标系与自动路径…………71
【任务描述】…………71
【知识学习】…………72
【任务实施】…………73
【思考与练习】…………78
任务二 调整机器人目标点与轴配置…………78
【任务描述】…………78
【知识学习】…………79
【任务实施】…………81
【思考与练习】…………85
任务三 工作站仿真运行与监控…………86
【任务描述】…………86
【知识学习】…………86
【任务实施】…………86
【思考与练习】…………94
【项目总结】…………94
项目五 工业机器人搬运离线仿真…………95
【学习情境】…………95
【学习目标】…………95
任务一 创建机器人搬运仿真工作站…………95
【任务描述】…………95
【知识学习】…………96
【任务实施】…………98
【思考与练习】…………100
任务二 创建工作站 Smart 组件…………100
【任务描述】…………100
【知识学习】…………100
【任务实施】…………106
【思考与练习】…………123
任务三 机器人搬运程序创建与仿真调试…………123
【任务描述】…………123
【知识学习】…………124
【任务实施】…………125
【思考与练习】…………141
【项目总结】…………141
项目六 工业机器人弧焊离线仿真…………142
【学习情境】…………142
【学习目标】…………142
任务一 创建弧焊机器人系统…………142
【任务描述】…………142
【知识学习】…………143
【任务实施】…………146
【思考与练习】…………149
任务二 机器人信号创建与弧焊参数配置…………149
【任务描述】…………149
【知识学习】…………149
【任务实施】…………153
【思考与练习】…………162
任务三 机器人弧焊程序创建与仿真调试…………163
【任务描述】…………163
【知识学习】…………163
【任务实施】…………165
【思考与练习】…………187
【项目总结】…………187

项目七　工业机器人机床上下料离线仿真 ······ 188
【学习情境】······ 188
【学习目标】······ 188
任务一　创建工业机器人机床上下料仿真系统 ······ 188
【任务描述】······ 188
【知识学习】······ 188
【任务实施】······ 189
【思考与练习】······ 192
任务二　创建工作站 Smart 组件 ······ 192
【任务描述】······ 192
【知识学习】······ 192
【任务实施】······ 194
【思考与练习】······ 216
任务三　机器人上下料程序创建与仿真调试 ······ 217
【任务描述】······ 217
【知识学习】······ 217
【任务实施】······ 220
【思考与练习】······ 241
【项目总结】······ 241
参考文献 ······ 242

项目一

初识工业机器人离线编程与虚拟仿真

学习情境

近年来，随着《中国制造 2025》战略规划的实施，传统制造业转型升级加快，“机器人换人”已成为一种必然趋势。工业机器人集机械、电子、计算机、传感器、控制、人工智能等多学科先进技术于一体，是当前最为重要的智能化装备之一。目前，工业机器人已在汽车、电子、机械、食品饮料、化工等工业领域得到广泛应用。

学习目标

1. 知识目标

◆ 了解离线编程与虚拟仿真技术及其特点。
◆ 了解工业机器人常用的编程方法。
◆ 了解常用离线编程与虚拟仿真软件。
◆ 掌握 ABB RobotStudio 软件的安装。
◆ 掌握 ABB RobotStudio 软件的界面及功能。

2. 技能目标

◆ 能够下载和安装 ABB RobotStudio 软件。
◆ 能够进行 ABB RobotStudio 软件的基础操作。

任务一　离线编程与虚拟仿真技术的认知

任务描述

本次任务介绍工业机器人离线编程与虚拟仿真技术的基本概念及应用，并介绍常用的离线编程与虚拟仿真软件及其特点。

知识学习

1. 工业机器人离线编程与虚拟仿真的概念

工业机器人离线编程是利用计算机图形学的成果，在专门的软件中创建机器人及其工作环境的几何模型，再通过软件对图形进行控制和操作，在不使用真实机器人的情况下进行编程，并仿真运行与验证，最后生成机器人程序传给机器人控制系统，如图 1-1 所示。

2. 离线编程与虚拟仿真技术的优势

工业机器人常见的另一种编程方式是示教编程，如图 1-2 所示。示教编程，也称在线示教编程，是指操作人员利用示教器或计算机控制机器人运动，让机器人到达所需完成作业的位姿，并记录下各个示教点的位姿数据，随后机器人便可以“再现”所需完成的工作。

示教编程效果受操作人员水平及状态的影响较大，示教的精度完全靠示教者的经验目测决定，对于复杂路径难以保证示教点的精确性。例如，控制机器人“追踪”不规则曲线时，对选择机器人运动过程中的示教点，需要考虑运动速度、连续运动趋势、融合半径等因素，这就要由经验丰富的工程师现场调试，反复运行程序才能达到理想的效果。因此，机器人示教编程主要应用于精度要求不高的场合，如搬运、码垛。

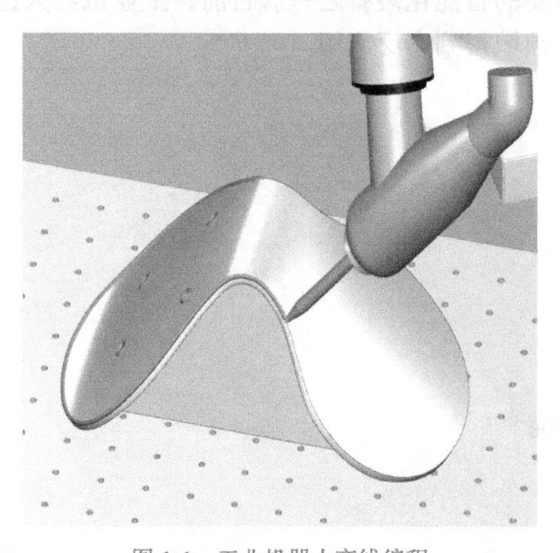
图 1-1 工业机器人离线编程

图 1-2 工业机器人示教编程

与示教编程相比，离线编程有如下优势：

① 编程时，机器人无需“停机”，避免生产线停止工作。

② 改善编程环境，通过仿真功能保证人员和财产安全。

③ 适用范围广，可满足各种机器人的编程需求。

④ 可对工艺复杂的任务进行编程。

⑤ 便于修改和优化机器人程序。

⑥ 便于利用计算机虚拟仿真技术与 CAD/CAM 系统融合。

3. 离线编程与虚拟仿真技术的应用

工业机器人离线编程与虚拟仿真技术主要应用于机器人复杂轨迹运动控制的场合，其行业应用主要分布在切削加工、打磨抛光、切割修边、涂胶、焊接、喷涂等领域，如图 1-3 所示。

a) 切削加工　　b) 打磨抛光　　c) 切割修边

d) 涂胶　　e) 焊接　　f) 喷涂

图 1-3　离线编程与虚拟仿真的应用领域

在工业机器人的实际应用中，对系统集成商而言，主要是将离线编程与虚拟仿真相结合进行技术方案设计与验证；而对终端用户而言，主要是在新产品导入阶段对机器人程序进行修改与检验，以满足生产要求。

4. 常用离线编程与虚拟仿真软件

（1）软件分类　按国内软件与国外软件划分：国内软件主要有 PQArt（原 RobotArt）、InteRobot；国外软件主要有 Robotmaster、RobotStudio、ROBOGUIDE、KUKA Sim Pro 等。

按通用软件与厂家专用软件划分：通用软件有 PQArt、Robotmaster、RoboDK 等；厂家专用软件有 ABB 公司的 RobotStudio、发那科公司的 ROBOGUIDE、库卡公司的 KUKA Sim Pro、安川公司的 MotoSimEG-VRC 等。

（2）常用软件介绍

1）PQArt。PQArt 由北京华航唯实机器人科技股份有限公司推出，是目前国内顶尖的离线编程与虚拟仿真软件，其界面如图 1-4 所示。软件根据几何模型的拓扑信息对机器人做运动轨迹规划，之后轨迹仿真、路径优化、后置代码一气呵成，同时集碰撞检测、场景渲染、动画输出于一体，可快速生成效果逼真的模拟动画。

PQArt 软件的技术特点是：

① 支持多种格式的三维 CAD 模型。

② 轨迹与 CAD 模型特征关联，可根据 CAD 模型的改变自动更新轨迹数据。

③ 支持自由绘制机器人运动轨迹、一键轨迹优化和几何级别的碰撞检测。

④ 包括焊接、喷涂、去毛刺、数控加工等多种工艺包。

⑤ 支持自由组装、设计机器人、学习机器人原理与运动过程。

⑥ 支持工件校准功能，能够根据真实情况与理论模型的参数误差自动调整轨迹参数。

⑦ 支持将整个工作站仿真动画发布到网页、手机端。

⑧ 软件不支持整个生产线仿真，对外国小品牌机器人也不支持。

PQArt 软件的应用行业：打磨、去毛刺、焊接、激光切割、数控加工等领域。

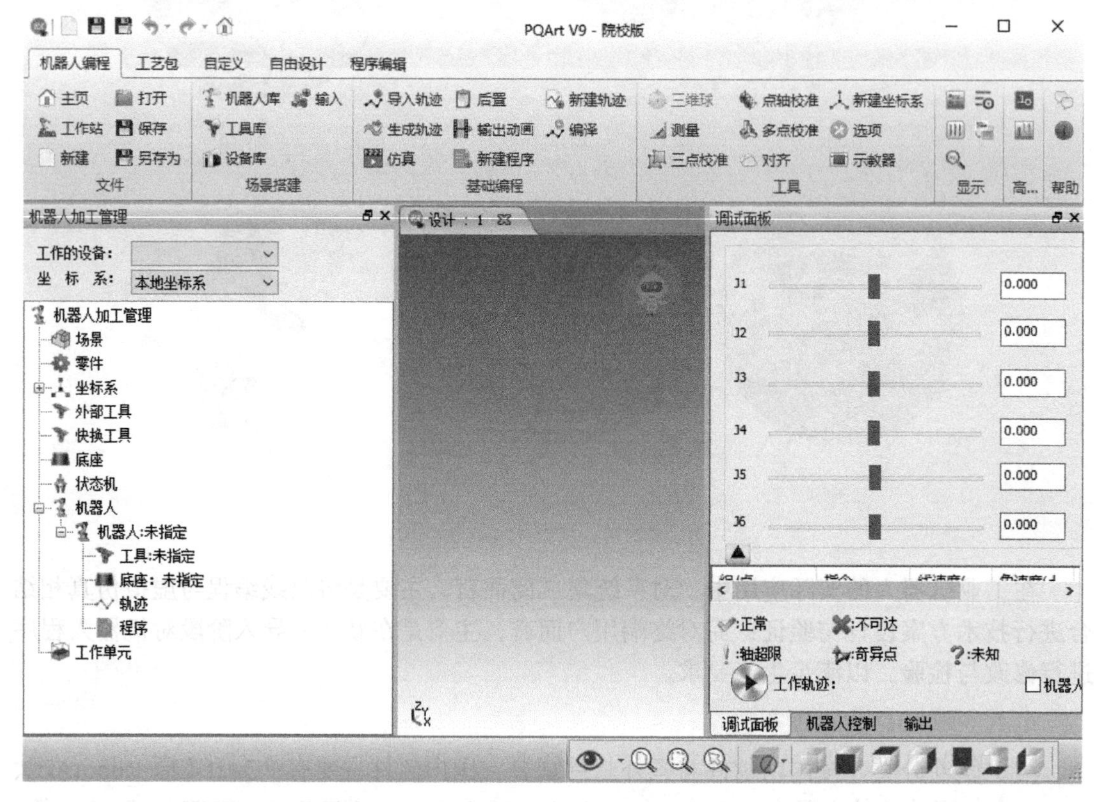

图 1-4 PQArt 软件的界面

2）Robotmaster。Robotmaster 是目前离线编程与虚拟仿真软件国外品牌中的顶尖软件，其界面如图 1-5 所示，它几乎支持市场上绝大多数机器人品牌（库卡、ABB、发那科、安川、史陶比尔、珂玛、三菱、松下等）。Robotmaster 是在 Mastercam 中将离线编程、仿真和代码生成无缝集成，从而提供快速、准确无误的机器人程序。

Robotmaster 软件的技术特点是：

① 全集成的三维曲线编程功能，可直接从 CAD/CAM 界面上输出程序。

② 强大的工作空间模拟工具确保了最终程序即时可用，完全无错。

③ 自动生成无碰撞的过渡路径，自动优化机器人关节配置。

④ 通过整体管理机器人工作站及所有外部轴，来实现复杂工件的最优加工姿态。

⑤ 提供了直观的、可视化的、可与不同应用结合的定制界面。

⑥ 暂时不支持多台机器人同时模拟仿真。

Robotmaster 软件的应用行业：切割、焊接、去毛刺、抛光、研磨、喷涂等领域。

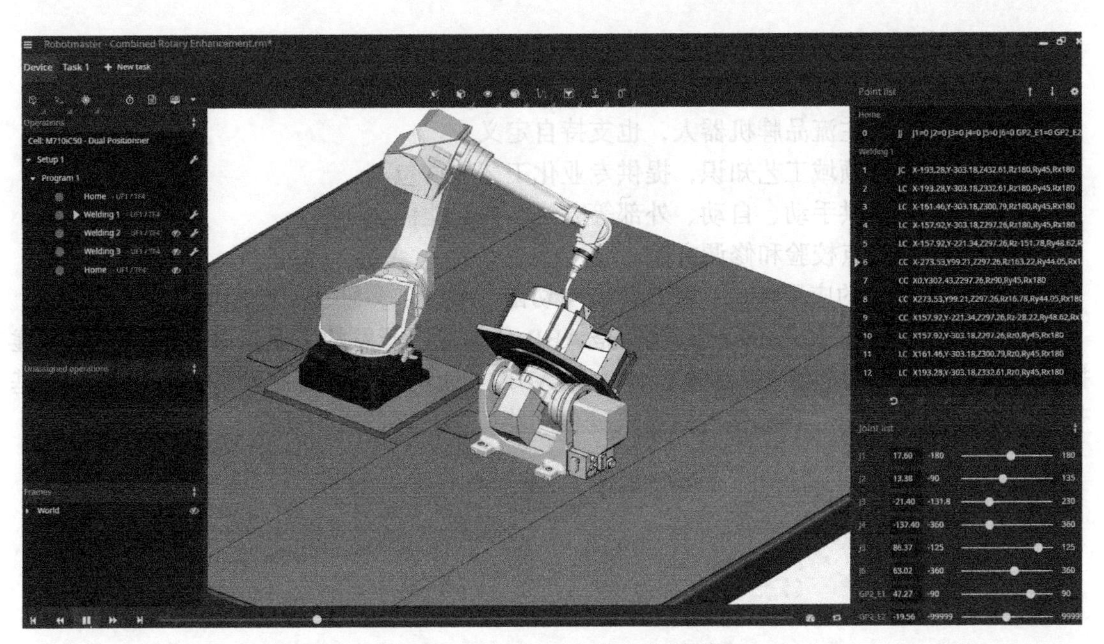

图 1-5　Robotmaster 软件的界面

3）InteRobot。InteRobot 是由华数机器人推出的一款具备完全自主知识产权、最贴近工业市场应用的国产离线编程与仿真软件，其界面如图 1-6 所示。InteRobot 支持华数、ABB、库卡、安川、川崎等国内外各种品牌和型号的工业机器人，具备机器人库管理、工具库管理、加工方式选择、加工路径规划、运动学求解、机器人选解、控制参数设置、防碰撞和干涉检查、运动学仿真等离线编程基本功能，最大特色是与应用领域的工艺知识深度融合，可解决机器人应用领域扩大和任务复杂程度增加的迫切难题。

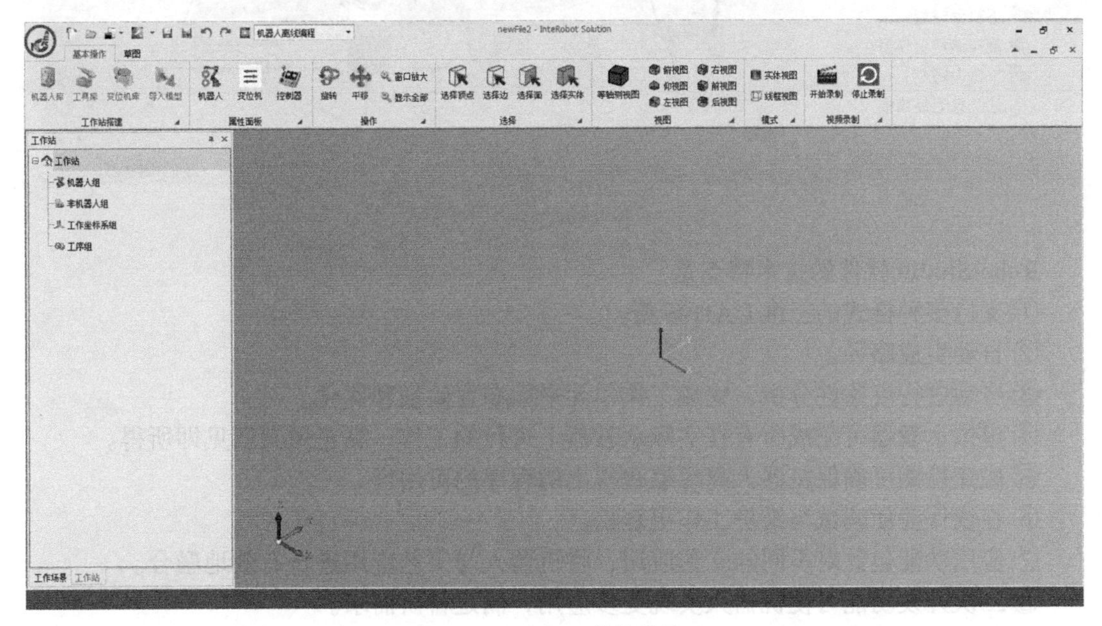

图 1-6　InteRobot 软件的界面

InteRobot 软件的技术特点是：

① 直接针对三维模型进行编程和仿真，编程快、精度高，且没有安全隐患。

② 支持国内外主流品牌机器人，也支持自定义。

③ 深度融合多领域工艺知识，提供专业化工艺软件包。

④ 轨迹规划提供手动、自动、外部等方法，并智能优化轨迹。

⑤ 高效的程序点校验和修调方法。

InteRobot 软件的应用行业：激光焊接与切割、喷涂、多轴加工等领域。

4）RobotStudio。RobotStudio 软件是 ABB 公司专门开发的工业机器人离线编程与虚拟仿真软件，其界面如图 1-7 所示。作为与 ABB 工业机器人设备配套的仿真软件，其基于 Windows 操作系统，具有强大的离线编程功能以及友好的操作界面。

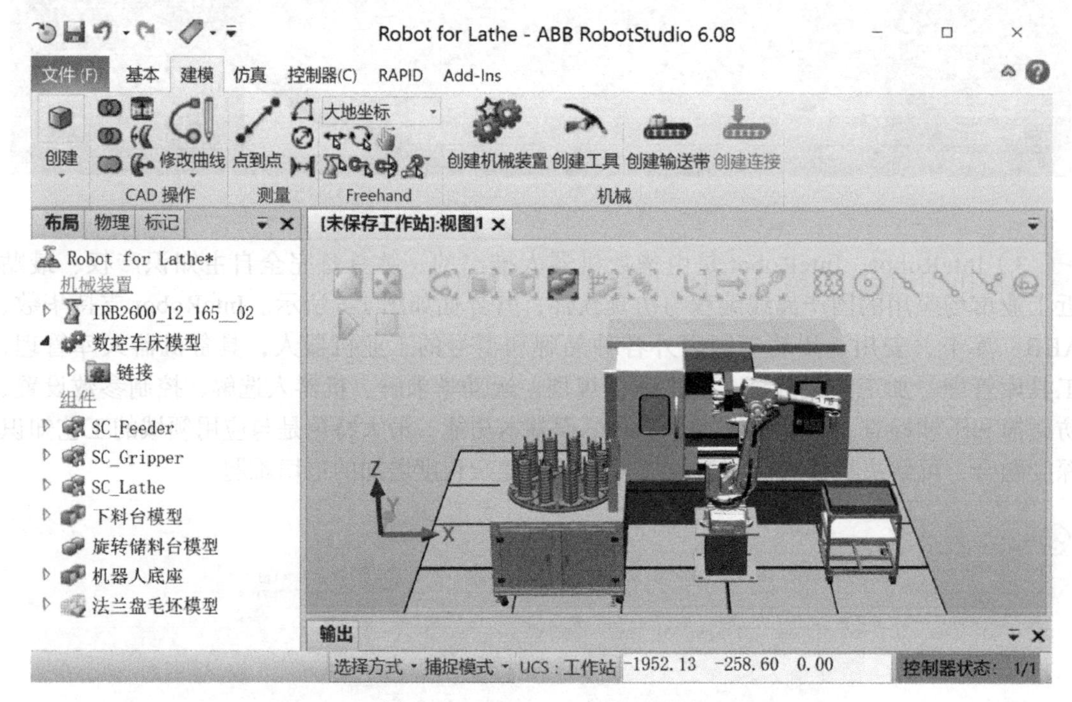

图 1-7 RobotStudio 软件的界面

RobotStudio 软件的技术特点是：

① 支持多种格式的三维 CAD 模型。

② 自动生成路径。

③ 自动进行可达性分析，完成工作单元平面布置验证和优化。

④ 虚拟示教器可完成所有在实际示教器上进行的工作，真正做到所见即所得。

⑤ 碰撞检测可确保机器人离线编程得出的程序的可用性。

⑥ 在线作业使调试与维护工作更轻松。

⑦ 应用功能包针对不同的工艺应用，将机器人与工艺应用进行有效地融合。

⑧ 二次开发功能可使机器人实现更多应用，满足科研需求。

RobotStudio 软件的应用行业：激光切割、打磨、喷涂、焊接等领域。

思考与练习

1. 填空题（请将正确的答案填在题中的横线上）

1）RobotStudio 软件是________公司推出的离线编程与虚拟仿真软件。

2）在 RobotStudio 软件中，________功能可以验证和确认机器人在运动过程中是否与周边设备发生碰撞，以此来检验机器人程序的可用性。

3）________主要应用于精度要求不高的场合，如搬运、码垛。

2. 选择题（请将正确的答案填入括号中）

1）以下的四个离线编程与虚拟仿真软件中，（　　）是国产软件。

A. PQArt　　B. RobotStudio　　C. ROBOGUIDE　　D. Robotmaster

2）关于离线编程特点的描述中，不正确的是（　　）。

A. 编程时机器人需要停机

B. 需要机器人系统和构建虚拟工作场景的图形模型

C. 可以实现复杂运动轨迹的编程

D. 通过虚拟仿真技术调试程序

3）国内自主品牌的机器人离线编程与虚拟仿真软件主要有（　　）。（多选题）

A. InteRobot　　B. RobotStudio　　C. PQArt　　D. Robotmaster

3. 简述工业机器人离线编程与虚拟仿真技术的特点与应用领域。

任务二　RobotStudio 软件介绍

任务描述

本次任务介绍 RobotStudio 6.08 版本的软件下载和安装流程，并详细讲解软件界面基本功能和常用操作。

知识学习

1. RobotStudio 软件的下载与安装

（1）软件下载　RobotStudio 软件可以从 ABB 官网下载，其网址是 https：//new.abb.com/products/robotics/zh/robotstudio/downloads，下载界面如图 1-8 所示。ABB 官网提供最新版本的 RobotStudio 软件，本书以 6.08 版本为基础进行相关应用的讲解。

（2）软件安装　RobotStudio 软件对计算机配置有一定要求，如果要达到运行流畅，计算机的配置不能低。建议计算机系统配置要求见表 1-1。

RobotStudio 软件安装的步骤见表 1-2。

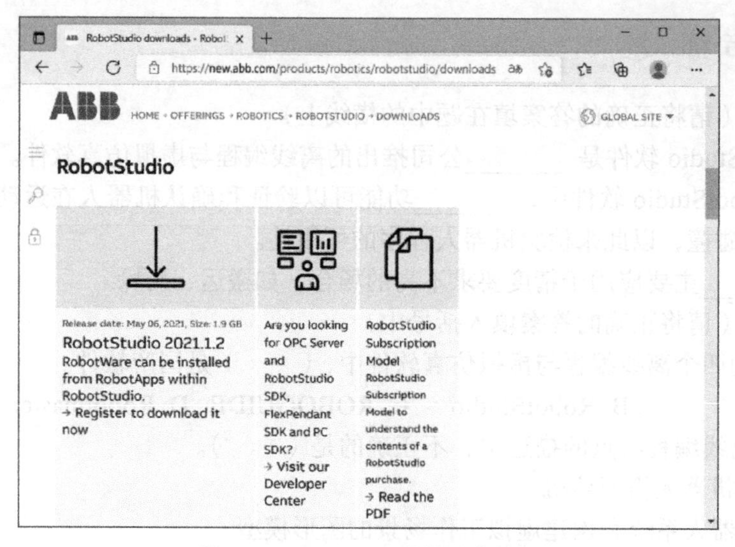

图 1-8 RobotStudio 软件下载界面

表 1-1 计算机系统配置要求

配置	要求
CPU	Intel 酷睿 i5 或同级别 AMD 处理器及以上
内存	8GB 及以上（Windows 64 位操作系统）
显卡	独立显卡 1GB 及以上
硬盘	至少空闲 20GB
显示器	分辨率 1920 × 1080
操作系统	Microsoft Windows 7 及以上

表 1-2 RobotStudio 软件的安装步骤

序号	图例	操作步骤
1	ISSetupPrerequisites　Utilities　0x040a　0x040c　0x0407　0x0409　0x0410　0x0411　0x0804　1031.mst　1033.mst　1034.mst　1036.mst　1040.mst　1041.mst　2052.mst　ABB RobotStudio 6.08　Data1　Data11　Release Notes RobotStudio 6.08　Release Notes RW 6.08　RobotStudio EULA　setup　Setup	启动安装：将下载好的软件压缩包进行解压，打开解压后的文件夹，双击“setup”图标启动安装程序

（续）

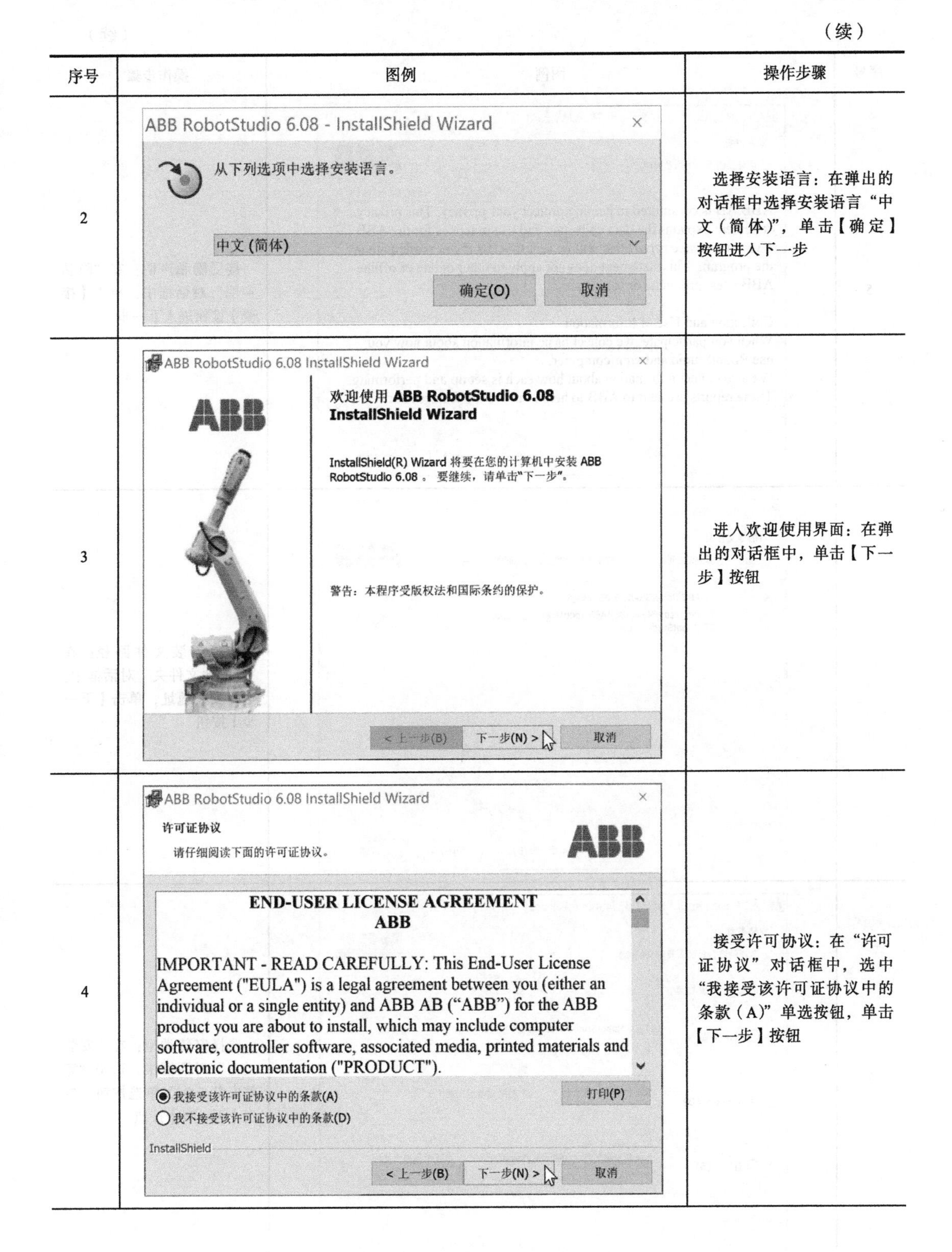

序号	图例	操作步骤
2		选择安装语言：在弹出的对话框中选择安装语言“中文（简体）”，单击【确定】按钮进入下一步
3		进入欢迎使用界面：在弹出的对话框中，单击【下一步】按钮
4		接受许可协议：在“许可证协议”对话框中，选中“我接受该许可证协议中的条款（A）”单选按钮，单击【下一步】按钮

（续）

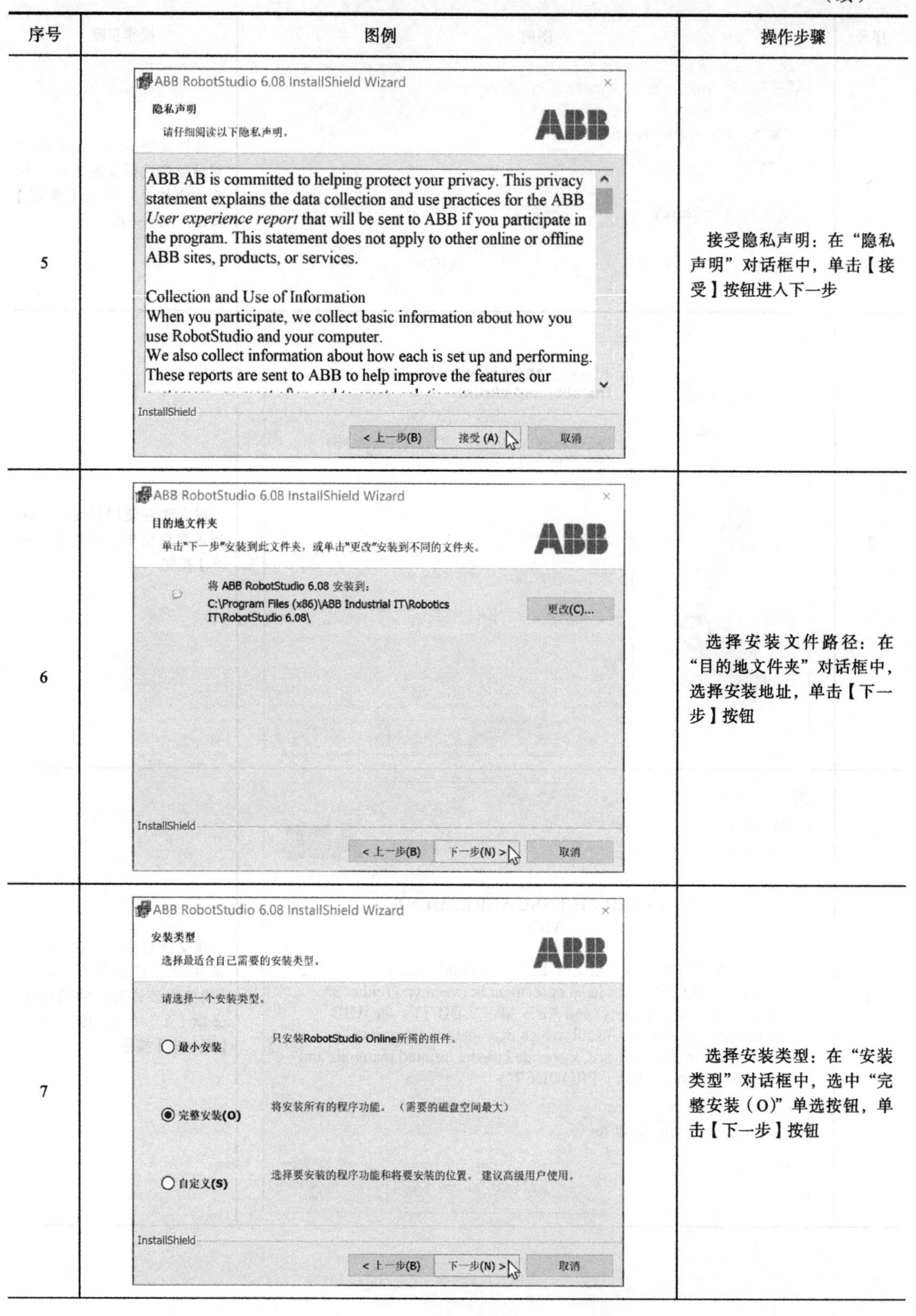

序号	图例	操作步骤
5		接受隐私声明：在“隐私声明”对话框中，单击【接受】按钮进入下一步
6		选择安装文件路径：在“目的地文件夹”对话框中，选择安装地址，单击【下一步】按钮
7		选择安装类型：在“安装类型”对话框中，选中“完整安装（O）”单选按钮，单击【下一步】按钮

（续）

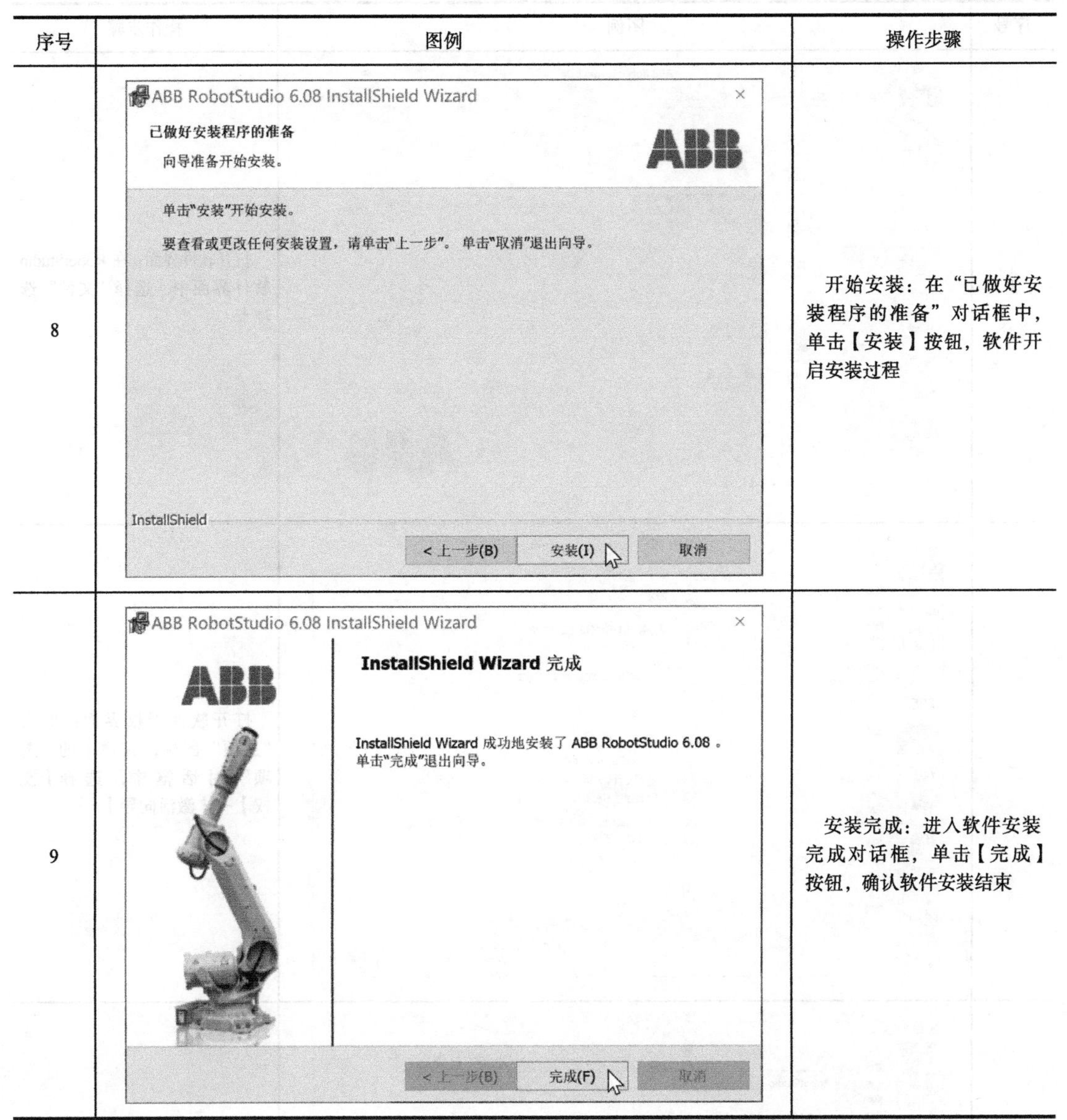

序号	图例	操作步骤
8		开始安装：在“已做好安装程序的准备”对话框中，单击【安装】按钮，软件开启安装过程
9		安装完成：进入软件安装完成对话框，单击【完成】按钮，确认软件安装结束

（3）软件授权管理　首次正确安装 RobotStudio 软件后，软件提供 30 天的全功能高级版免费试用期。30 天之后，如果还未获得授权，则只能使用基本版的功能。

RobotStudio 基本版提供的功能包括配置、编程、运行虚拟控制器，通过以太网对实际控制器进行编程、配置和监控等。RobotStudio 高级版提供所有的离线编程与多机器人仿真功能。

如果已经获得 RobotStudio 软件的授权许可证，则可以按照表 1-3 中的操作步骤激活。需要注意的是，单机许可证只能激活一台计算机的 RobotStudio 软件。

表 1-3　RobotStudio 软件的激活步骤

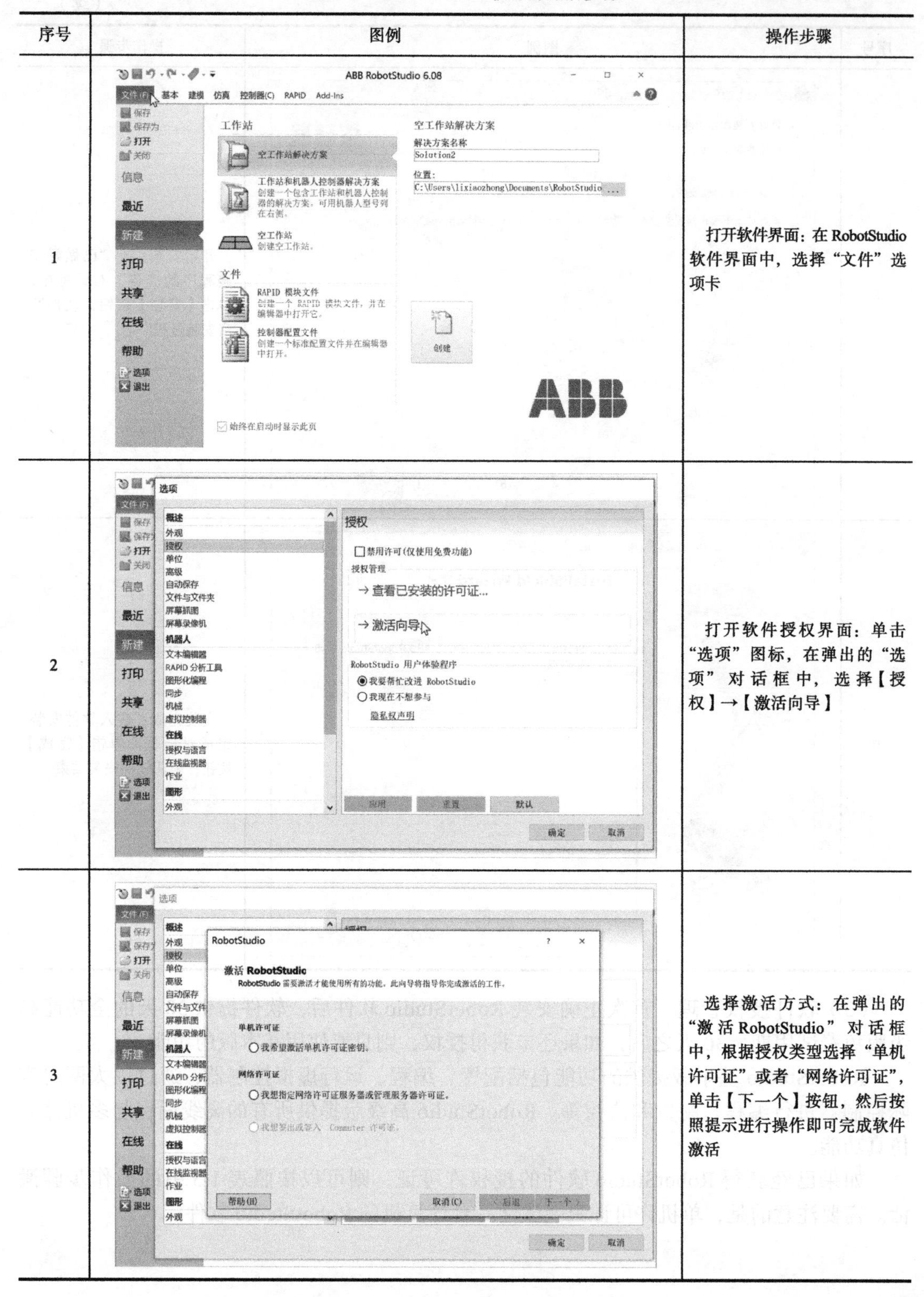

序号	图例	操作步骤
1		打开软件界面：在 RobotStudio 软件界面中，选择“文件”选项卡
2		打开软件授权界面：单击“选项”图标，在弹出的“选项”对话框中，选择【授权】→【激活向导】
3		选择激活方式：在弹出的“激活 RobotStudio”对话框中，根据授权类型选择“单机许可证”或者“网络许可证”，单击【下一个】按钮，然后按照提示进行操作即可完成软件激活

2. RobotStudio 软件的界面

在学习 RobotStudio 软件的离线编程与虚拟仿真前，应首先了解软件的界面，如图 1-9 所示。

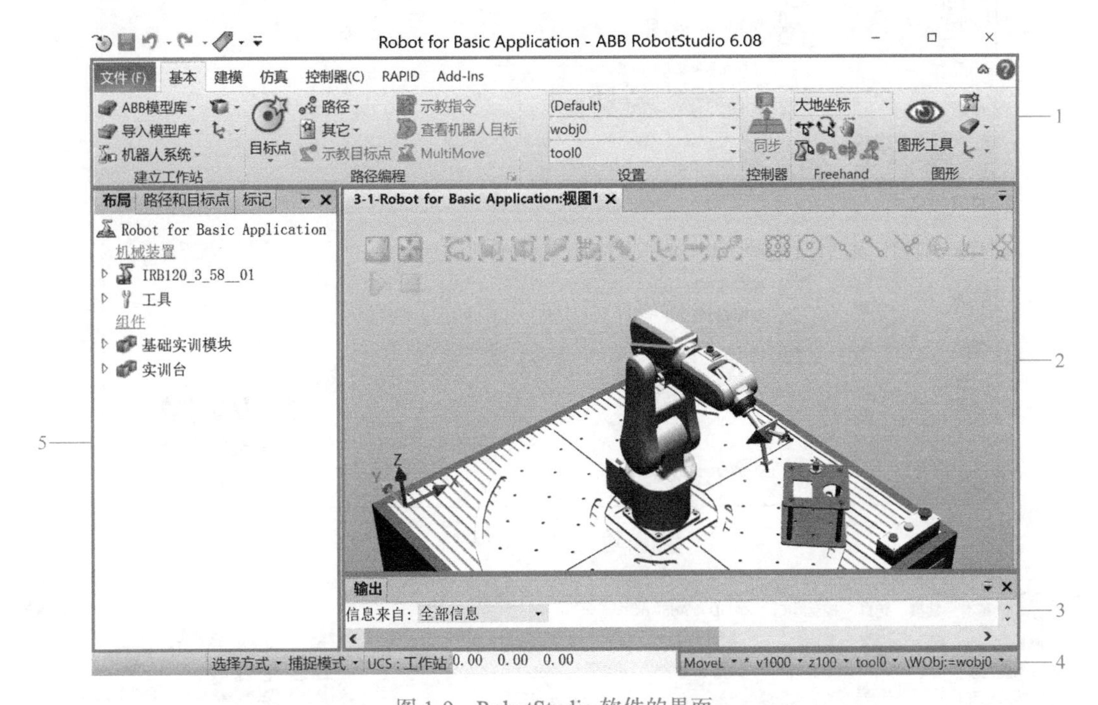

图 1-9　RobotStudio 软件的界面

1—功能选项卡区　2—视图窗口区　3—输出窗口区　4—运动指令设定区　5—浏览器窗口区

RobotStudio 软件的界面分成 5 个主要区域：功能选项卡区、视图窗口区、输出窗口区、运动指令设定区、浏览器窗口区，具体介绍如下：

（1）功能选项卡区　RobotStudio 软件拥有七个主功能选项卡，包括文件、基本、建模、仿真、控制器、RAPID 和 Add-Ins。

1）“文件”选项卡，包括工程文件的新建、保存、打开、关闭、在线连接控制器等功能，如图 1-10 所示。

2）“基本”选项卡，包括建立工作站、创建机器人系统、路径编程、系统同步、手动操纵等功能，如图 1-11 所示。

3）“建模”选项卡，利用该选项卡中的工具可以创建组件和分组工作站组件、实体建模、创建机械装置、测量及其它 CAD 相关的操作，如图 1-12 所示。

4）“仿真”选项卡，其功能主要包括碰撞监控、仿真设定、仿真控制、仿真录像等，如图 1-13 所示。

5）“控制器”选项卡，其主要功能是控制器的管理，包括对真实控制器和虚拟控制器的控制措施，如图 1-14 所示。

6）“RAPID”选项卡，主要提供了用于创建、编辑和管理 RAPID 程序的工具和功能，如图 1-15 所示。

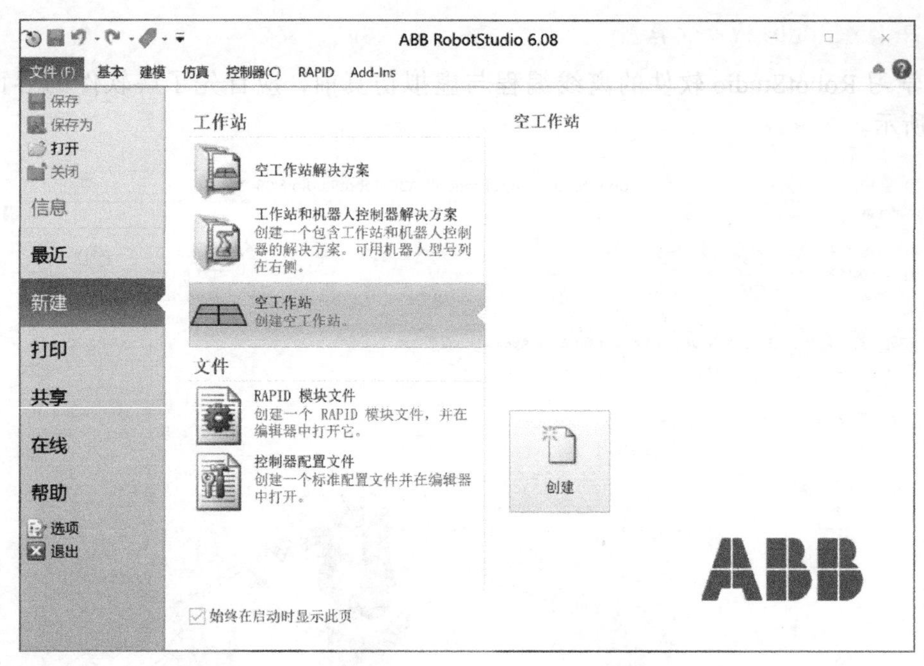

图 1-10 “文件”选项卡

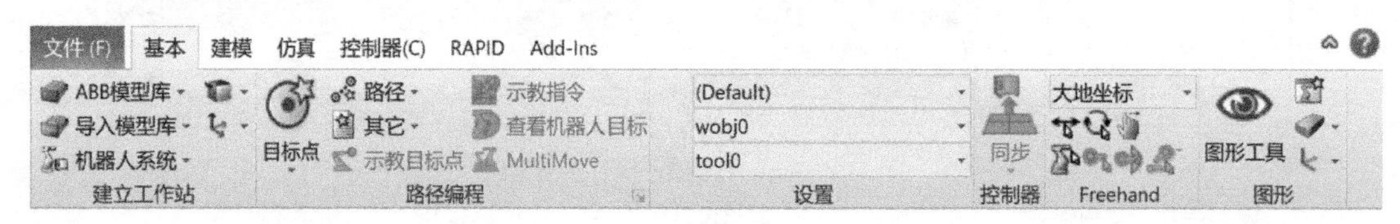

图 1-11 “基本”选项卡

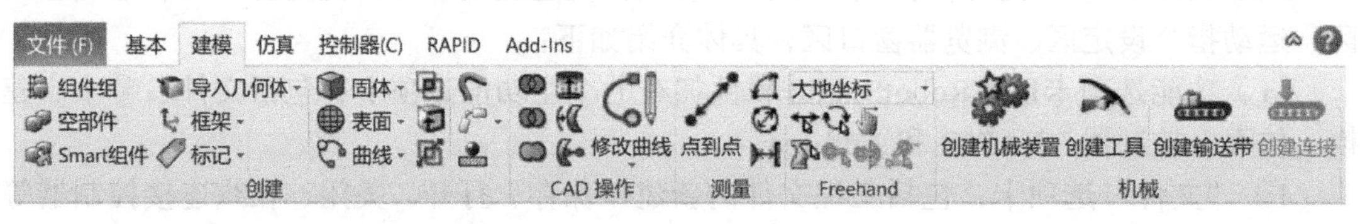

图 1-12 “建模”选项卡

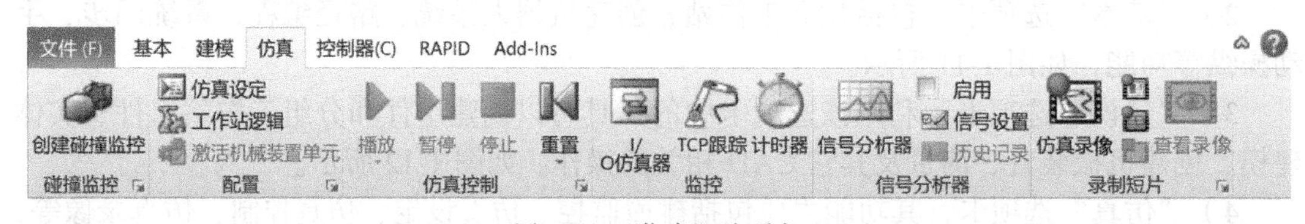

图 1-13 “仿真”选项卡

图 1-14 “控制器”选项卡

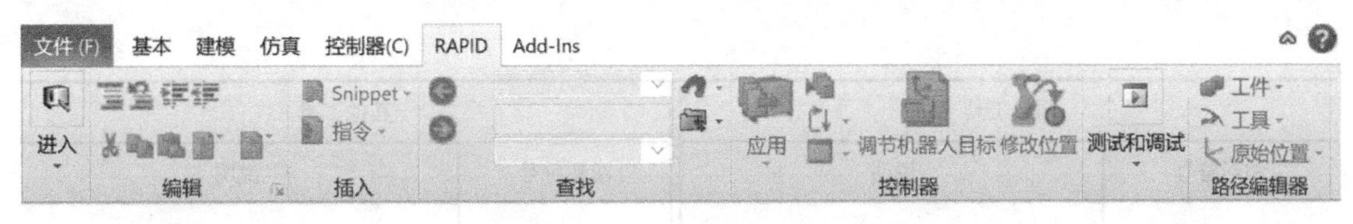

图 1-15 “RAPID”选项卡

7）“Add-Ins”选项卡，主要用于添加 ABB 公司提供的各类插件、应用安装包等，如图 1-16 所示。

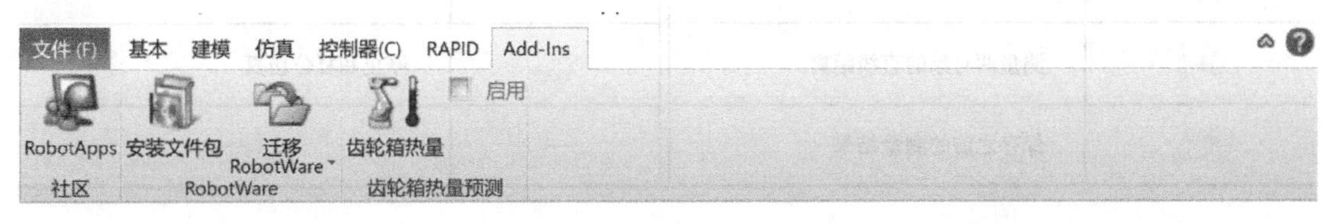

图 1-16 “Add-Ins”选项卡

（2）视图窗口区　视图窗口除了显示软件中的三维模型及其构成的虚拟场景，还在视图窗口的上方汇集了常用操作工具，见表 1-4。

表 1-4 视图窗口常用操作工具

选择工具		捕捉工具	
图形符号	说明	图形符号	说明
	选择曲线		捕捉对象
	选择表面		捕捉中心
	选择物体		捕捉中点
	选择部件		捕捉末端
	选择组		捕捉边缘
	选择机械装置		捕捉重心
	选择目标点 / 框架		捕捉本地原点
	选择移动指令		捕捉网格
	选择路径	—	—

（续）

测量工具		其他工具	
图形符号	说明	图形符号	说明
	测量两点的距离		查看工作站内所有对象
	测量两直线的相交角度		设置旋转视图的中心
	测量圆的直径		开始仿真
	测量两对象的直线距离		停止和复位仿真
	保存之前的测量结果	—	—

（3）输出窗口区　输出窗口显示工作站内出现的事件的相关信息，例如，启动或停止仿真的时间。输出窗口中的信息对排除工作站故障很有用。

（4）运动指令设定区　运动指令设定区用于设定运动指令中的运动模式、速度、坐标系等参数。

（5）浏览器窗口区　浏览器窗口中分层显示工作站中的项目。比如，与“基本”选项卡对应的浏览器窗口区包括三个浏览窗口：布局、路径和目标点、标记。

3. RobotStudio 软件的常用操作

（1）视图窗口的基本操作　在模型导入工作站后，需要进行视角变换和平移等操作。视图窗口的基本操作见表 1-5。

表 1-5　视图窗口的基本操作

名称	键盘 / 鼠标组合	说明
选择项目		只需单击要选择的项目即可。要选择多个项目，请按 <Ctrl> 键的同时单击新项目
旋转工作站	<Ctrl+Shift>+	按 <Ctrl+Shift> 和鼠标左键的同时，拖动鼠标对工作站进行旋转；有了三键鼠标，可以同时按中间滚轮和右键（或左键）进行旋转
平移工作站	<Ctrl>+	按 <Ctrl> 键和鼠标左键的同时，拖动鼠标对工作站进行平移
缩放工作站	<Ctrl>+	按 <Ctrl> 键和鼠标右键的同时，将鼠标拖至左侧可以缩小，将鼠标拖至右侧可以放大；有了三键鼠标，还可以使用中间键替代键盘鼠标组合
使用窗口缩放	<Shift>+	按 <Shift> 键和鼠标右键的同时，将鼠标拖过要放大的区域
使用窗口选择	<Shift>+	按 <Shift> 键和鼠标左键的同时，将鼠标拖过该区域，以便选择与当前选择层级匹配的所有项目

（2）恢复默认界面　对初学者来讲，经常会遇到因误操作而关闭默认窗口的情况，从而无法找到对应的操作对象和查看相关信息。因此，就需要恢复软件界面的默认布局。相关操作如图 1-17 所示，先单击下拉按钮，再选择“默认布局”就可以恢复窗口的布局。

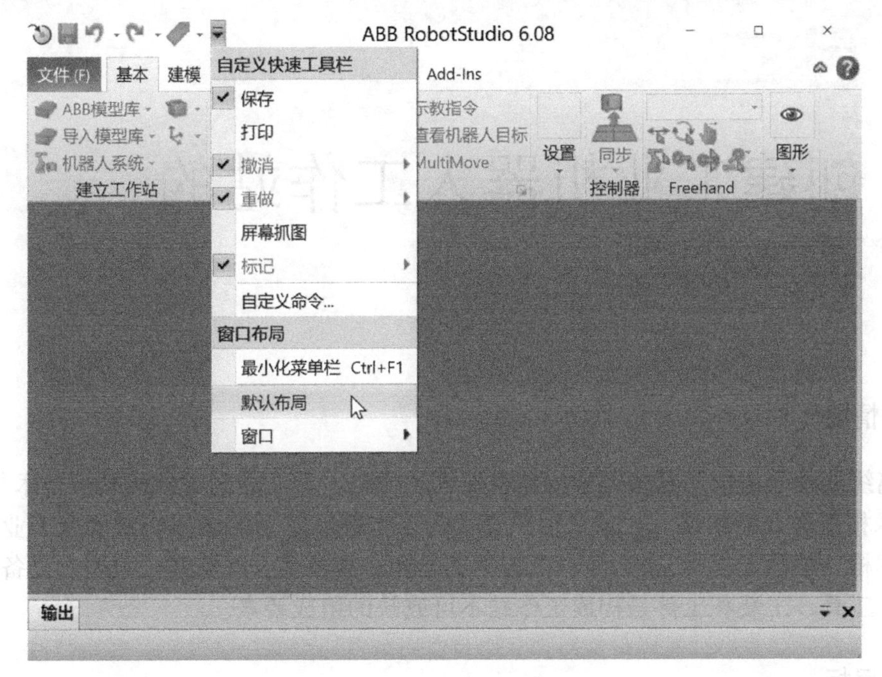

图 1-17 恢复默认布局

思考与练习

1. 填空题（请将正确的答案填在题中的横线上）

1）RobotStudio 软件界面的选项卡区包括 7 个功能选项卡：________、________、________、________、________、________、________。

2）RobotStudio 软件安装完成后，需要对其进行激活，否则试用期过后只能使用基本功能。那么，RobotStudio 软件激活的途径有________、________。

2. 判断题（命题正确请在括号中打√，命题错误请在括号中打 ×）

1）高级版提供 RobotStudio 软件所有的离线编程功能和多机器人仿真功能，也包含基本版的所有功能。（ ）

2）RobotStudio 软件必须安装在系统默认的 C 盘中才能正常使用。（ ）

3. 简述 RobotStudio 软件的安装对计算机性能的要求。

项目总结

本项目主要介绍了工业机器人离线编程与虚拟仿真的基本概念、常用机器人离线编程与虚拟仿真软件、ABB RobotStudio 软件的安装与软件界面基本操作。

ABB RobotStudio、FANUC ROBOGUIDE 等国际品牌的机器人离线编程软件，市场占有率较高。在国内，北京华航唯实 PQArt、华中数控 InteRobot 近年来发展迅速，其支持多种主流机器人的应用。用户可以根据自身需求，合理选择工业机器人离线编程与虚拟仿真软件。

项目二

创建工业机器人工作站的基本模型

学习情境

在离线编程与虚拟仿真软件中构建机器人工作站，其本质是计算机图形技术与机器人控制技术相互融合的结果。在这个仿照真实的工作现场建立的虚拟场景中有工业机器人、工具（焊枪、喷涂工具等）、工件、工装（工作台、夹具等）以及其它的周边设备。其中，机器人、工具、工装和工件是构成工作站不可或缺的组成要素。

学习目标

1. 知识目标

◆ 掌握 RobotStudio 软件的基本操作。
◆ 掌握机器人工作站的工件、工具、工装的创建方法。
◆ 掌握创建机械装置的基本原理和方法。
◆ 掌握 RobotStudio 软件模型库的使用和创建方法。

2. 技能目标

◆ 能够熟练使用 RobotStudio 软件的基本功能。
◆ 能够加载、使用第三方软件模型。
◆ 能够创建机器人工作站的基本模型及模型库。
◆ 能够设置基本模型的本地原点。
◆ 能够设置机器人工具模型的工具中心点（TCP）。
◆ 能够设置机械装置的运动特性。

任务一　工件模型的创建与设置

任务描述

在 RobotStudio 软件中，工件模型充当着工件的角色，是离线编程与虚拟仿真的核心要素，既可用于仿真演示，也可以为软件的自动轨迹规划功能提供图形信息支持。其图形质量的好坏直接决定了离线程序的质量，所以工件模型在机器人工作站中的地位是非常重要的。本次任务是在 RobotStudio 软件虚拟仿真环境中创建工件模型，将涉及具体创建流程与相关设置。

知识学习

RobotStudio 软件拥有系统自带的模型库，即系统模型库，包含机器人本体、变位机、导轨、IRC5 控制柜、弧焊设备、输送链等。在实际生产中，生产设备的样式与规格不尽相同，所需要的模型在系统模型库里并不能全部找到，这就要通过第三方软件设计生成设备模型并通过 RobotStudio 软件加载、设置，从而形成用户模型库。

1. 系统模型库

在“基本”选项卡中有“ABB 模型库”和“导入模型库”两个子选项，RobotStudio 软件自带的模型就存放在其中。“ABB 模型库”中存放有机器人本体、变位机、导轨等模型，如图 2-1 所示；“导入模型库”→“设备”中有控制柜、弧焊设备、输送链等模型，如图 2-2 所示。

图 2-1 “ABB 模型库”中的模型

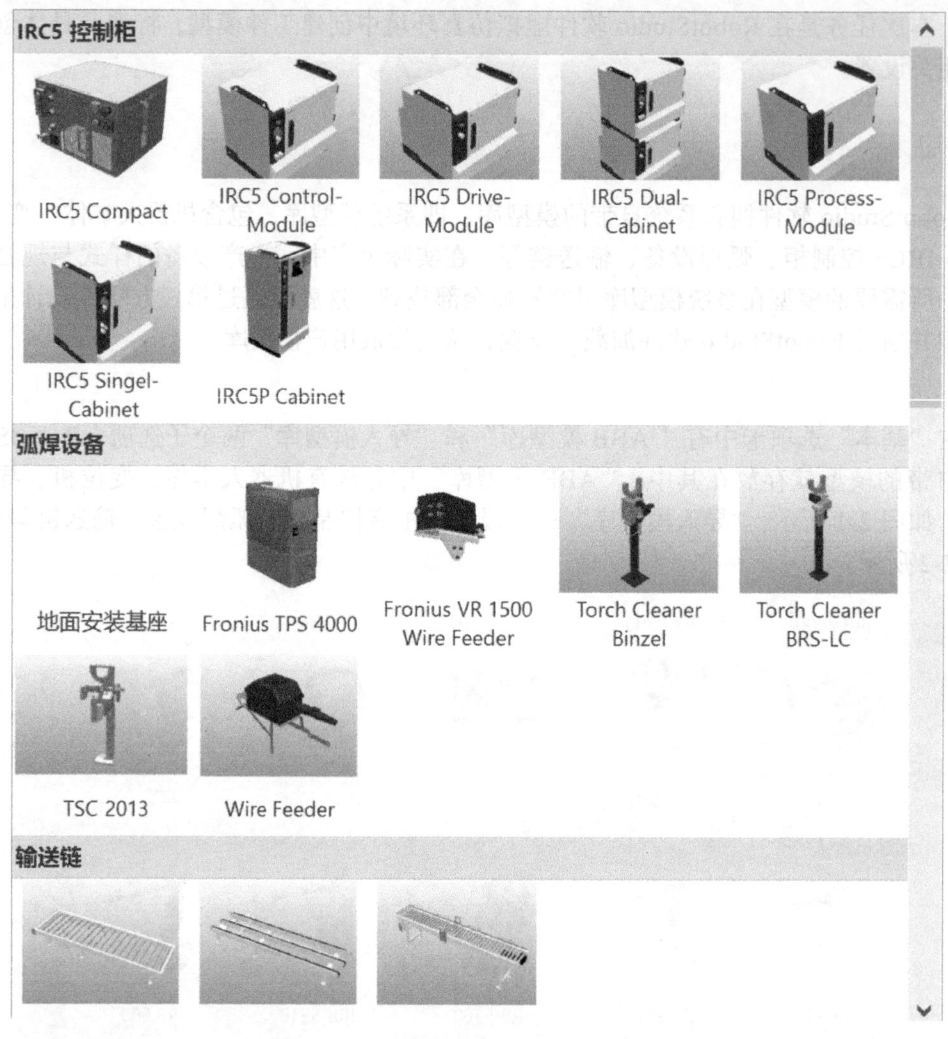

图 2-2 “导入模型库”→“设备”中的模型

2. 用户模型库

通过 RobotStudio 软件自带的模型库可以构建简易的虚拟仿真工作站，但不能满足实际工作场景的构建需求。因此，为了使用方便，用户可以导入第三方软件的模型并保存至用户模型库。

在“基本”选项卡的“导入模型库”子选项中，有“用户库”和“浏览库文件”两个选项。用户创建的模型就存放在其中，库文件的格式扩展名为“*.rslib”。“用户库”的模型一般存放在“用户文档位置”的“Libraries”文件夹中，如图 2-3 所示；“浏览库文件”则由用户自主创建的文件夹保存模型，如图 2-4 所示。

3. 第三方软件的模型

在“基本”选项卡中有“导入几何体”子选项，可以对第三方软件的 CAD 模型进行加载，如图 2-5 所示。但对模型的格式有一定要求，一般选择“sat”格式的 CAD 模型。从根本上讲，几何体就是 CAD 文件，其导入后可以复制到 RobotStudio 创建的工作站中。

图 2-3　“用户库”的模型保存位置

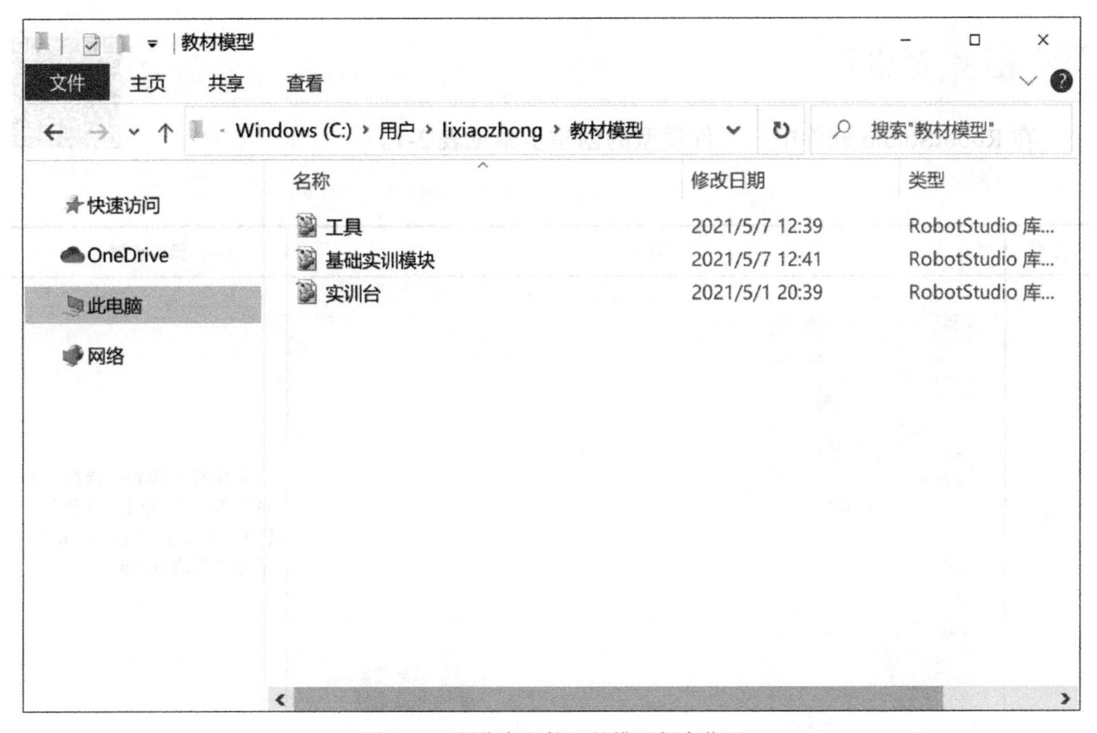

图 2-4　“浏览库文件”的模型保存位置

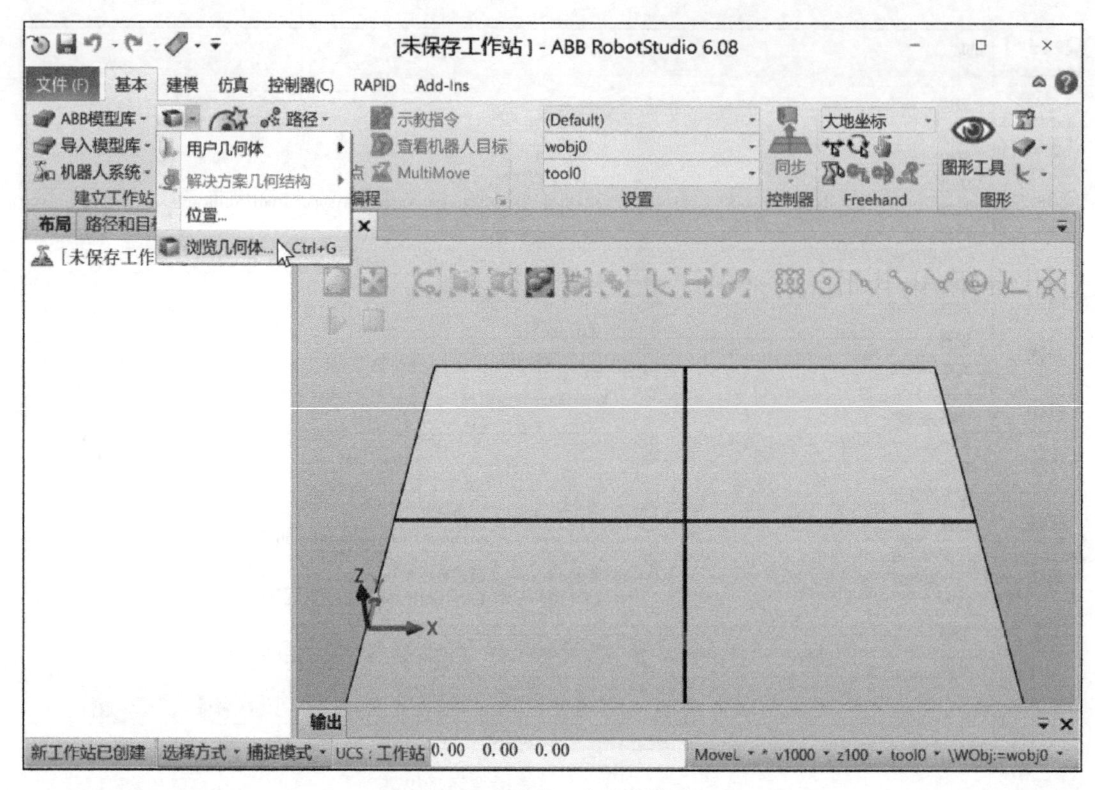

图 2-5 加载第三方软件模型

在 RobotStudio 软件中，工件模型的创建步骤见表 2-1。

表 2-1 工件模型的创建步骤

序号	图例	操作步骤
1	ABB RobotStudio 6.08 文件 (F) 基本 建模 仿真 控制器(C) RAPID Add-Ins 保存 保存为 打开 关闭 信息 最近 新建 打印 共享 在线 帮助 选项 退出 工作站 空工作站解决方案 工作站和机器人控制器解决方案 创建一个包含工作站和机器人控制器的解决方案。可用机器人型号列在右侧。 空工作站 创建空工作站。 文件 RAPID 模块文件 创建一个 RAPID 模块文件，并在编辑器中打开它。 控制器配置文件 创建一个标准配置文件并在编辑器中打开。 空工作站 创建 ABB 始终在启动时显示此页	新建空工作站：选择“文件”选项卡，单击【新建】→【空工作站】→【创建】，完成空工作站的新建

（续）

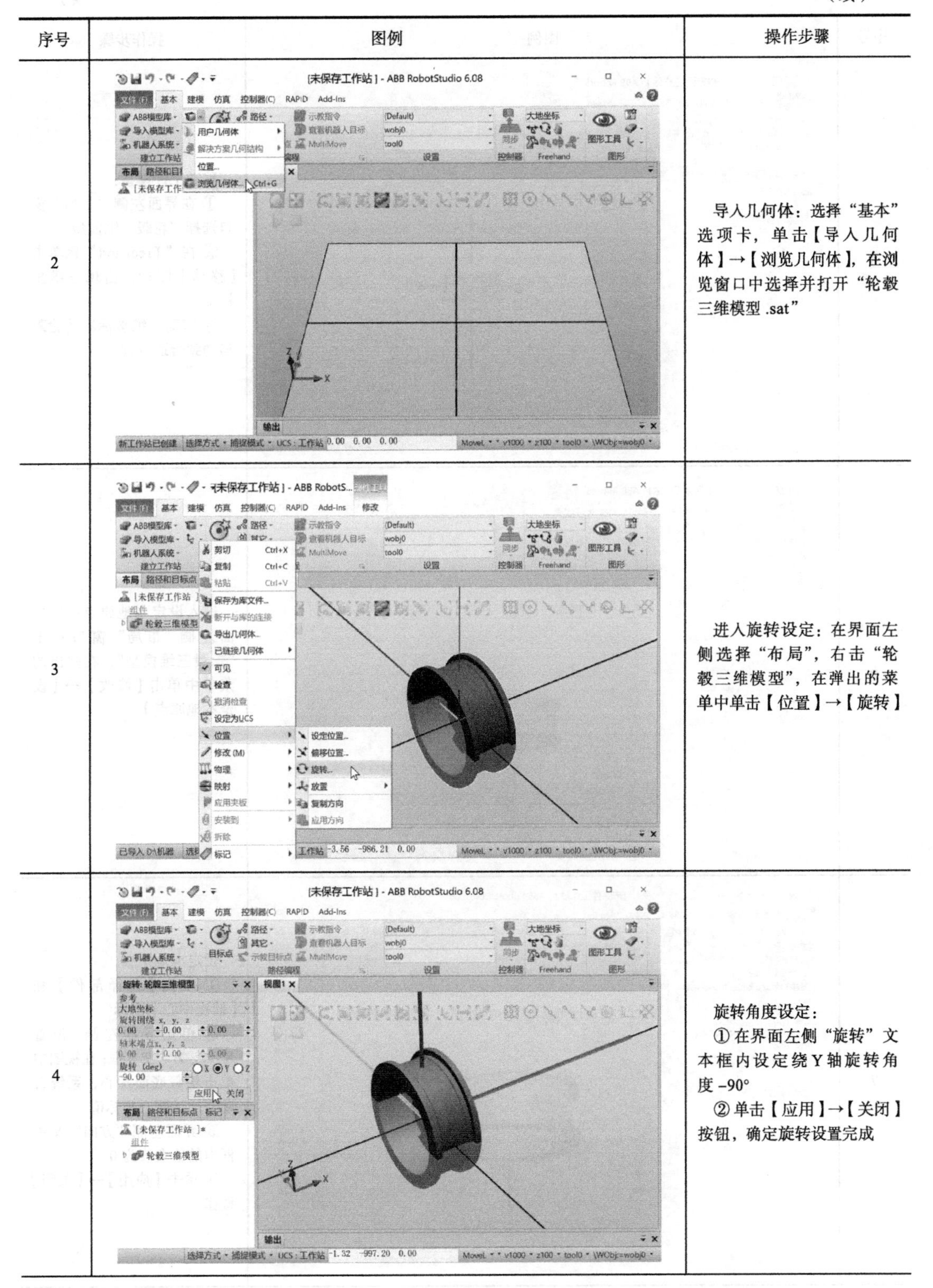

序号	图例	操作步骤
2		导入几何体：选择“基本”选项卡，单击【导入几何体】→【浏览几何体】，在浏览窗口中选择并打开“轮毂三维模型 .sat”
3		进入旋转设定：在界面左侧选择“布局”，右击“轮毂三维模型”，在弹出的菜单中单击【位置】→【旋转】
4		旋转角度设定： ① 在界面左侧“旋转”文本框内设定绕 Y 轴旋转角度 -90° ② 单击【应用】→【关闭】按钮，确定旋转设置完成

（续）

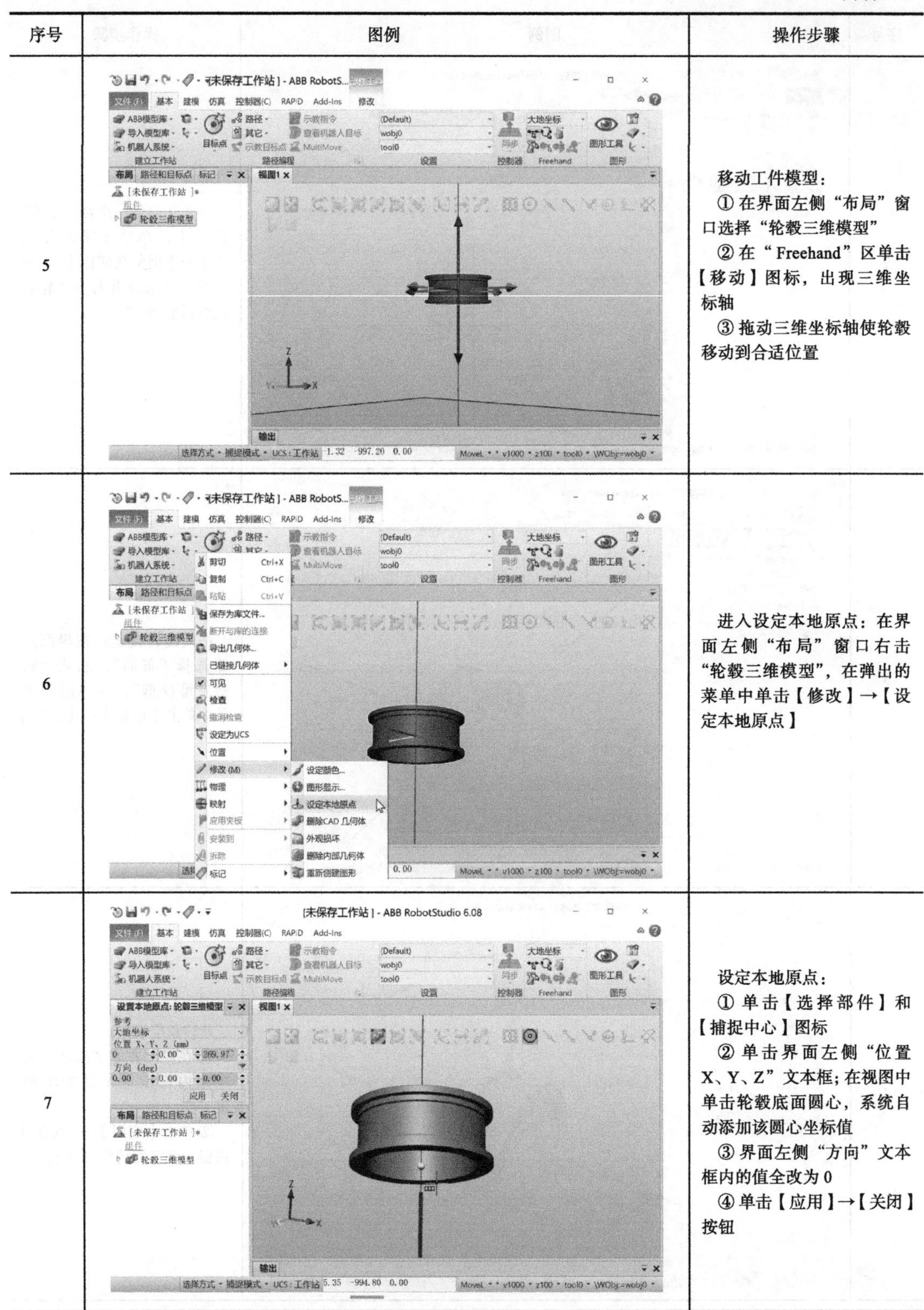

序号	图例	操作步骤
5		移动工件模型： ① 在界面左侧“布局”窗口选择“轮毂三维模型” ② 在“Freehand”区单击【移动】图标，出现三维坐标轴 ③ 拖动三维坐标轴使轮毂移动到合适位置
6		进入设定本地原点：在界面左侧“布局”窗口右击“轮毂三维模型”，在弹出的菜单中单击【修改】→【设定本地原点】
7		设定本地原点： ① 单击【选择部件】和【捕捉中心】图标 ② 单击界面左侧“位置X、Y、Z”文本框；在视图中单击轮毂底面圆心，系统自动添加该圆心坐标值 ③ 界面左侧“方向”文本框内的值全改为 0 ④ 单击【应用】→【关闭】按钮

（续）

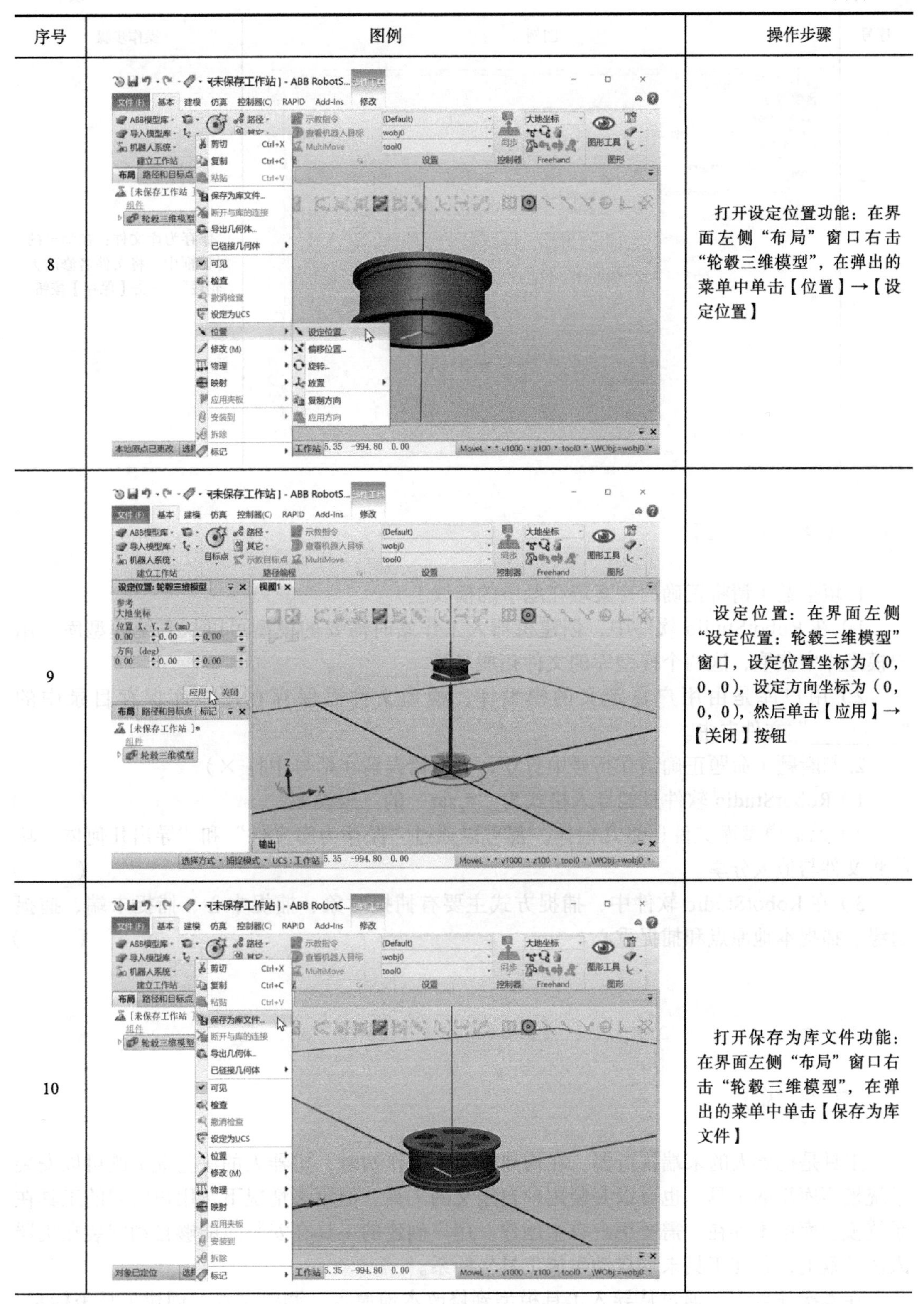

序号	图例	操作步骤
8		打开设定位置功能：在界面左侧“布局”窗口右击“轮毂三维模型”，在弹出的菜单中单击【位置】→【设定位置】
9		设定位置：在界面左侧“设定位置：轮毂三维模型”窗口，设定位置坐标为（0，0，0），设定方向坐标为（0，0，0），然后单击【应用】→【关闭】按钮
10		打开保存为库文件功能：在界面左侧“布局”窗口右击“轮毂三维模型”，在弹出的菜单中单击【保存为库文件】

（续）

序号	图例	操作步骤
11	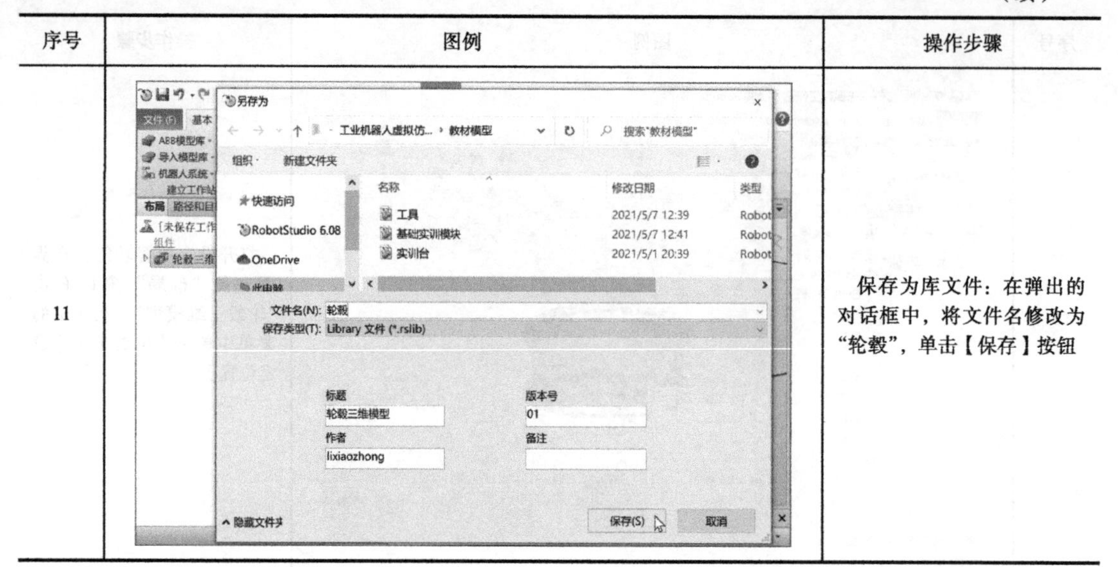	保存为库文件：在弹出的对话框中，将文件名修改为“轮毂”，单击【保存】按钮

思考与练习

1. 填空题（请将正确的答案填在题中的横线上）

1）在 RobotStudio 软件中，创建机器人工作站时需要的模型可以从系统模型库、用户模型库中获取，这两个模型库的文件拓展名是________。

2）用户库是由用户自定义的模型库，模型文件需保存在用户库保存目录中的“________”文件夹中。

2. 判断题（命题正确请在括号中打√，命题错误请在括号中打 ×）

1）RobotStudio 软件只能导入格式为“*.sat”的三维模型。（ ）

2）无论模型库文件还是几何体，都可以通过“保存为库文件”和“导出几何体”功能将文件与他人分享。（ ）

3）在 RobotStudio 软件中，捕捉方式主要有捕捉对象、捕捉中心、捕捉末端、捕捉边缘、捕捉本地原点和捕捉重心。（ ）

任务二　工具模型的创建与设置

任务描述

工具是机器人的末端执行器。在构建机器人工作站时，机器人的法兰盘上既可以安装系统模型库里的工具，也可以安装用户自定义的工具。但更多情况下，用户所需的工具在系统模型库中不存在，需要用户自主创建。用户创建的工具在安装时能够自动安装在机器人法兰盘上，并在工具末端自动生成工具坐标系。

在本次任务中，通过从导入工具模型到修改本地原点、调整位置、创建工具坐标系，详细介绍创建机器人工具的一般过程。

知识学习

机器人及周边模型导入 RobotStudio 软件后，其位置、属性不一定符合工作环境的要求，因此还需要进一步调整。

1. 模型位置的设定

在 RobotStudio 软件中，对模型的移动、旋转可以通过“建模”选项卡中“Freehand”区的【移动】和【旋转】实现。比如，同时选中“移动”图标和需要移动的模型，然后拖动三维坐标轴移动模型，如图 2-6 所示。

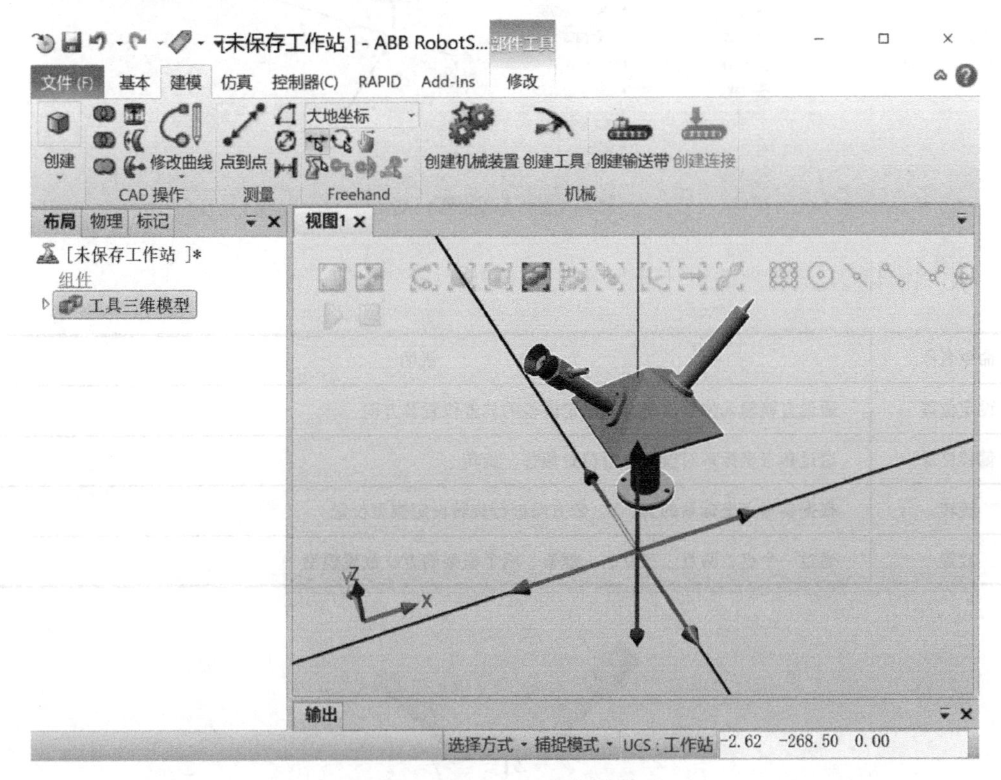

图 2-6　Freehand 工具摆放模型

如果要准确放置模型，可以使用 RobotStudio 软件的“位置”功能。例如，右击需要移动的模型，在弹出的菜单中依次选择【位置】→【偏移位置】，则可在弹出的对话框中精准设置模型的位置，如图 2-7 所示，其它模型位置设定命令见表 2-2。

2. 模型的本地原点

每个模型都有各自的本地坐标系 O–XYZ，本地原点即此坐标系的原点 O，如图 2-8 所示。如果使用其它坐标系作为参考表示模型的位置，则该位置是模型的本地原点在参考坐标系中的坐标值。因此，修改本地原点可以重新定位模型的本地坐标系。

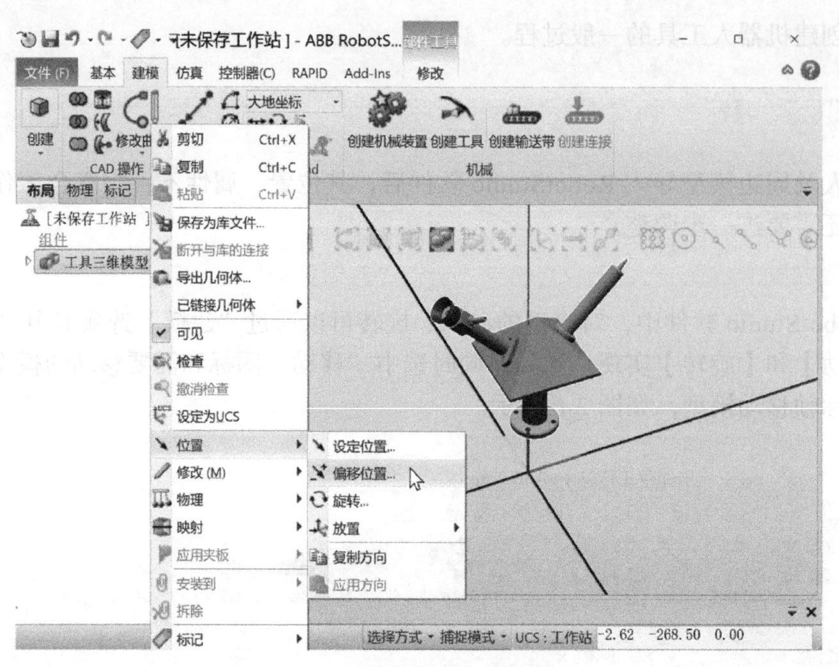

图 2-7 “位置”功能摆放模型

表 2-2 模型位置设定命令

命令名称	说明
设定位置	通过直接输入位置值的方式确定模型的放置位置及方向
偏移位置	通过参考坐标系对模型进行位置偏移、旋转
旋转	根据参考点坐标系的 X、Y、Z 方向进行旋转设定模型位置
放置	通过一个点、两点、三点法、框架、两个框架的方式放置模型

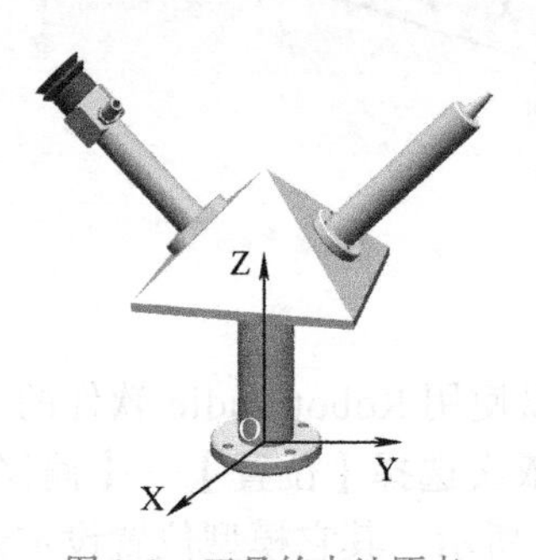

图 2-8 工具的本地原点

3. 用户工具的安装原理

工业机器人法兰盘末端通常会安装用户自定义的工具。安装时，工具模型的本地坐标系与机器人法兰盘坐标系重合，工具模型末端的工具坐标系即为工业机器人的工具坐标系。

因此，工具模型创建时应完成以下任务：

1）在工具模型的法兰盘表面创建本地坐标系。

2）在工具模型的末端创建工具坐标系。

在 RobotStudio 软件中，工具模型的创建步骤见表 2-3。

表 2-3　工具模型的创建步骤

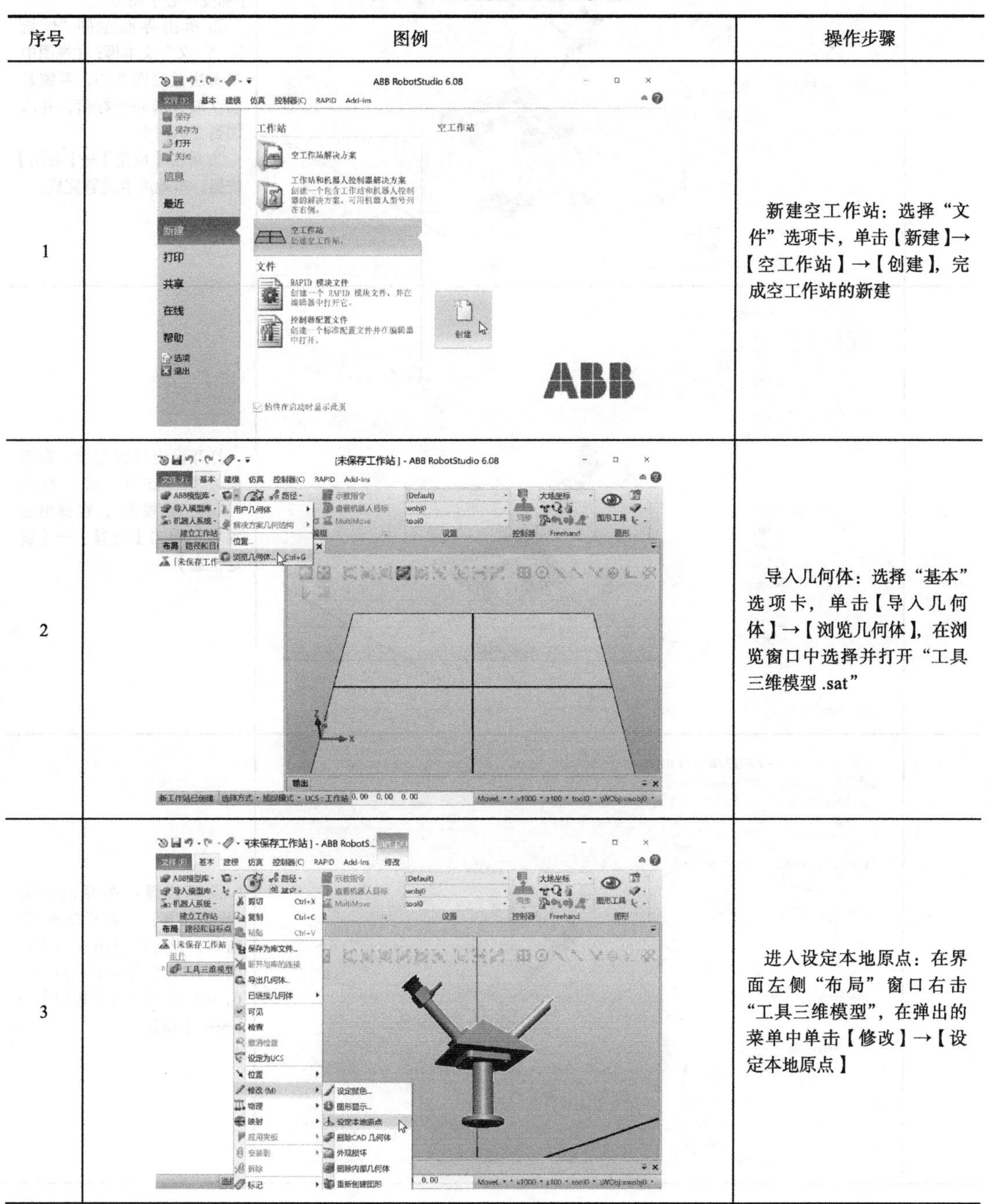

序号	图例	操作步骤
1		新建空工作站：选择“文件”选项卡，单击【新建】→【空工作站】→【创建】，完成空工作站的新建
2		导入几何体：选择“基本”选项卡，单击【导入几何体】→【浏览几何体】，在浏览窗口中选择并打开“工具三维模型 .sat”
3		进入设定本地原点：在界面左侧“布局”窗口右击“工具三维模型”，在弹出的菜单中单击【修改】→【设定本地原点】

（续）

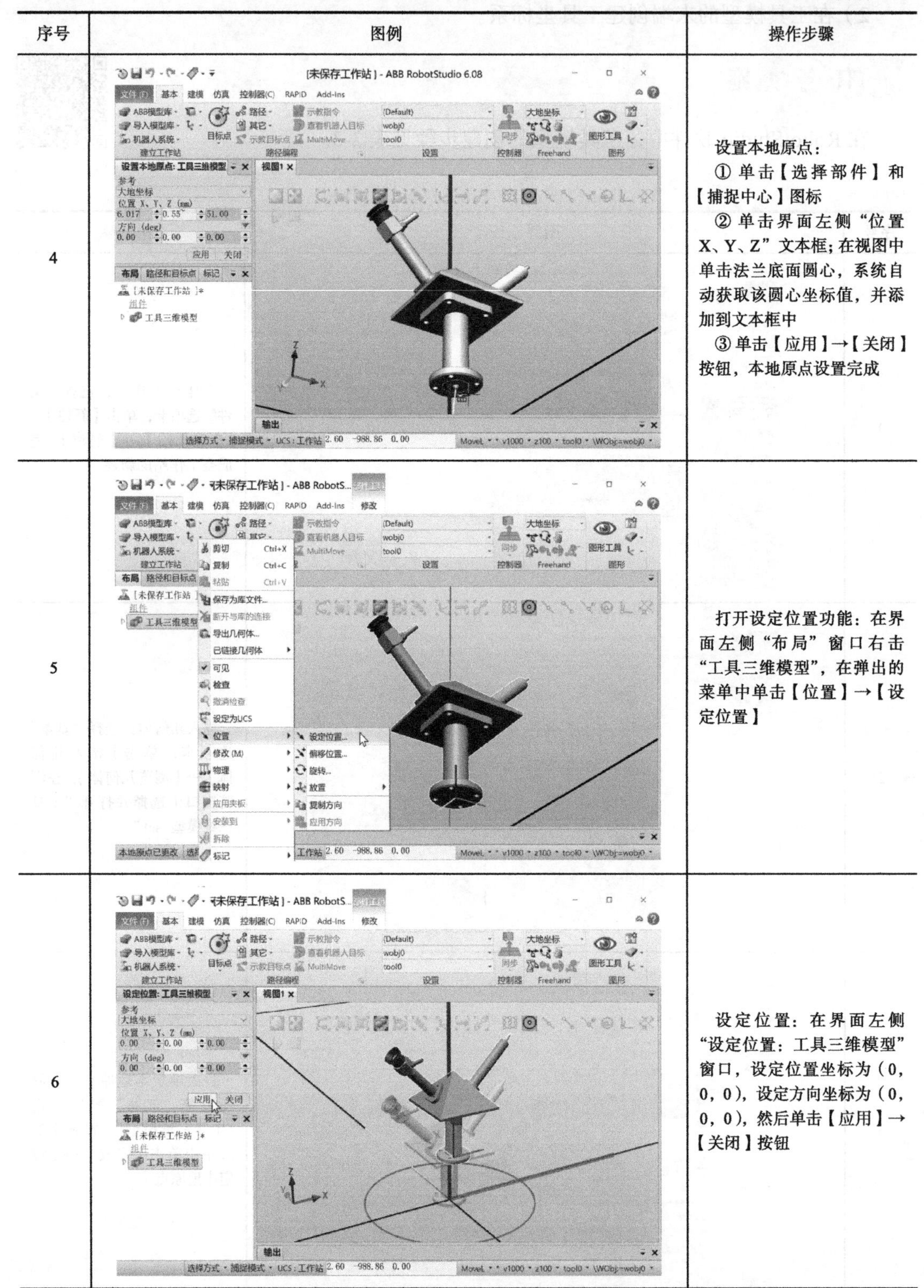

序号	图例	操作步骤
4		设置本地原点： ① 单击【选择部件】和【捕捉中心】图标 ② 单击界面左侧“位置X、Y、Z”文本框；在视图中单击法兰底面圆心，系统自动获取该圆心坐标值，并添加到文本框中 ③ 单击【应用】→【关闭】按钮，本地原点设置完成
5		打开设定位置功能：在界面左侧“布局”窗口右击“工具三维模型”，在弹出的菜单中单击【位置】→【设定位置】
6		设定位置：在界面左侧“设定位置：工具三维模型”窗口，设定位置坐标为（0，0，0），设定方向坐标为（0，0，0），然后单击【应用】→【关闭】按钮

（续）

序号	图例	操作步骤
7	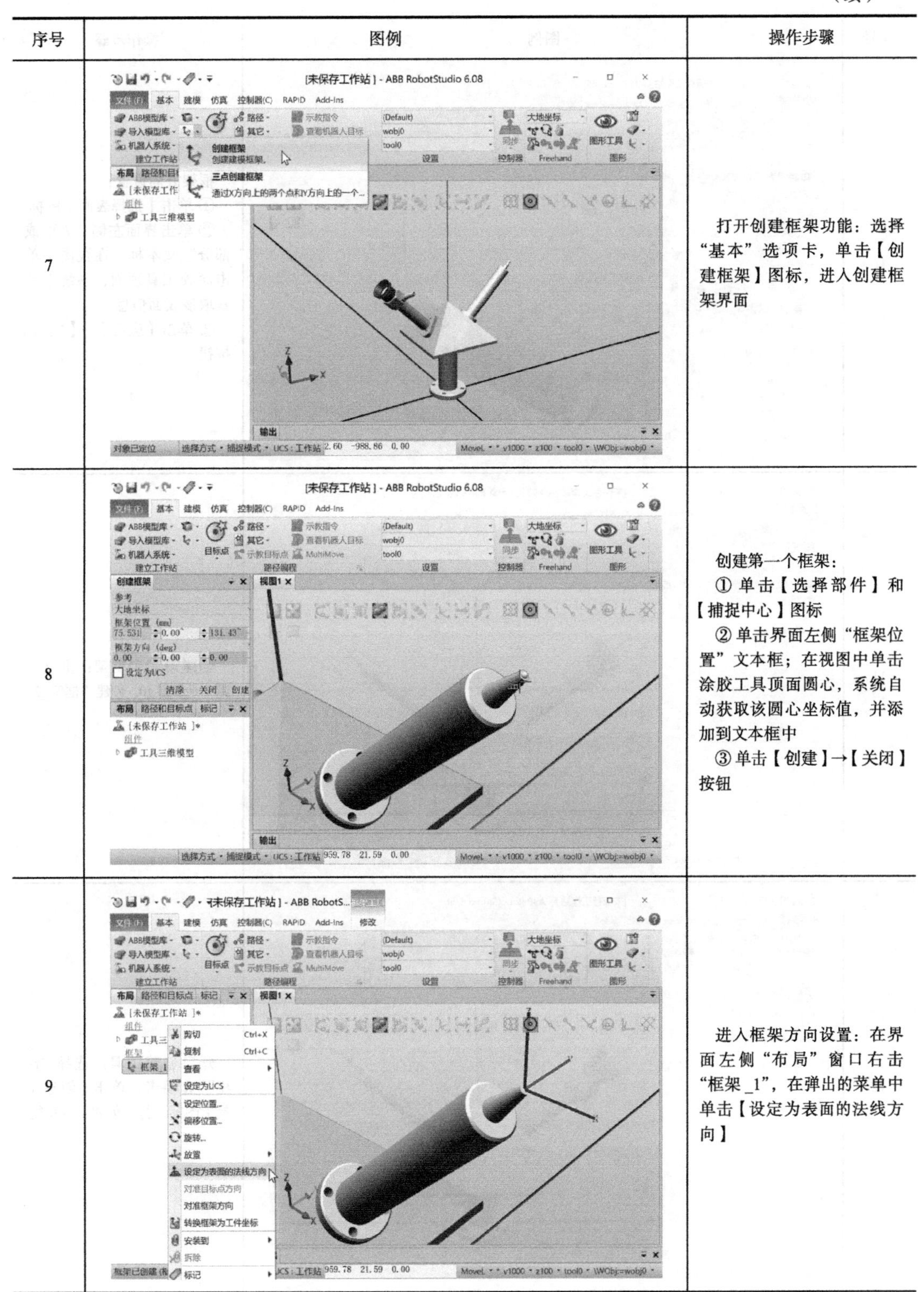	打开创建框架功能：选择“基本”选项卡，单击【创建框架】图标，进入创建框架界面
8		创建第一个框架： ① 单击【选择部件】和【捕捉中心】图标 ② 单击界面左侧“框架位置”文本框；在视图中单击涂胶工具顶面圆心，系统自动获取该圆心坐标值，并添加到文本框中 ③ 单击【创建】→【关闭】按钮
9		进入框架方向设置：在界面左侧“布局”窗口右击“框架_1”，在弹出的菜单中单击【设定为表面的法线方向】

（续）

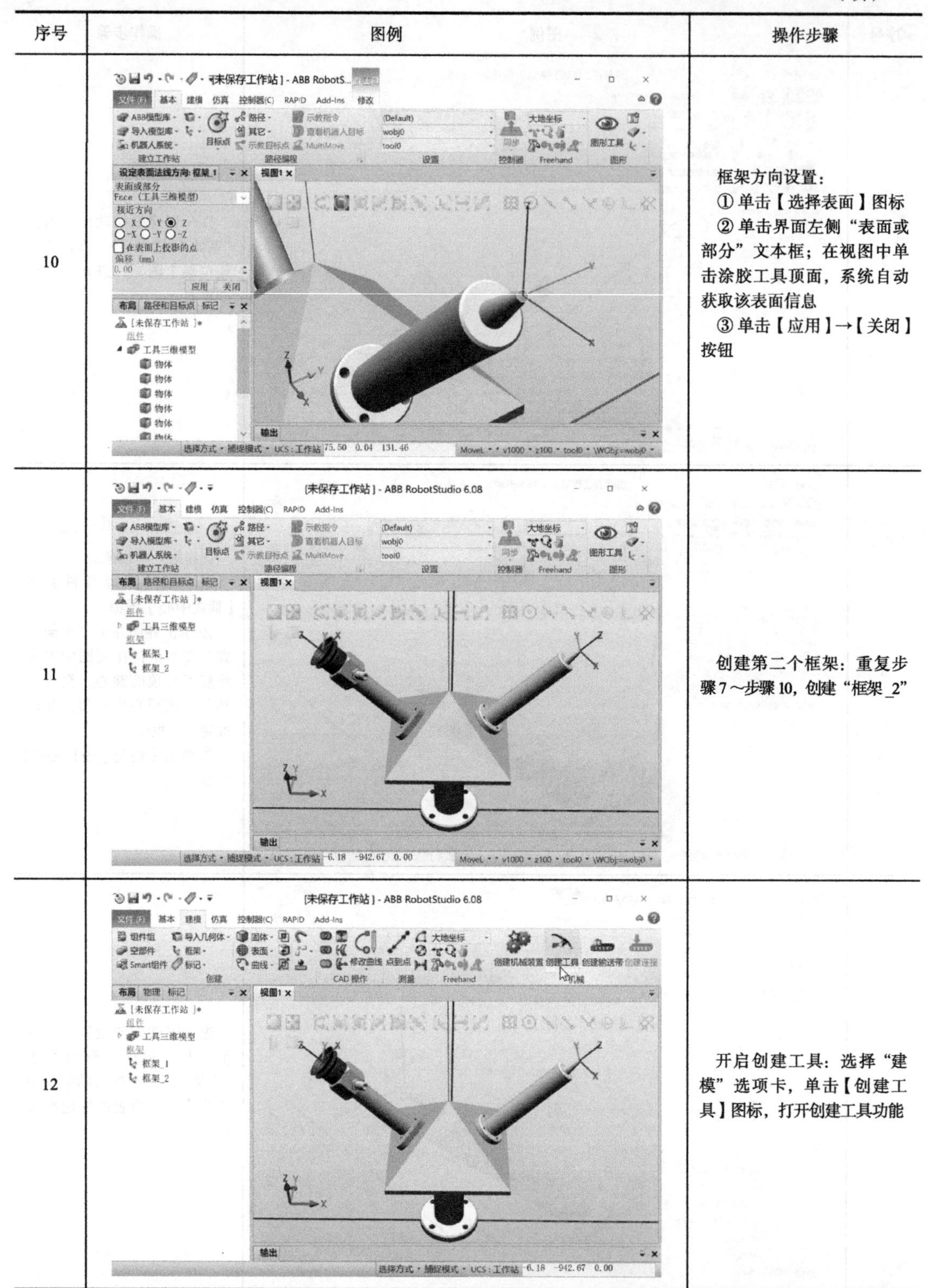

序号	图例	操作步骤
10		框架方向设置： ①单击【选择表面】图标 ②单击界面左侧“表面或部分”文本框；在视图中单击涂胶工具顶面，系统自动获取该表面信息 ③单击【应用】→【关闭】按钮
11		创建第二个框架：重复步骤7～步骤10，创建“框架_2”
12		开启创建工具：选择“建模”选项卡，单击【创建工具】图标，打开创建工具功能

（续）

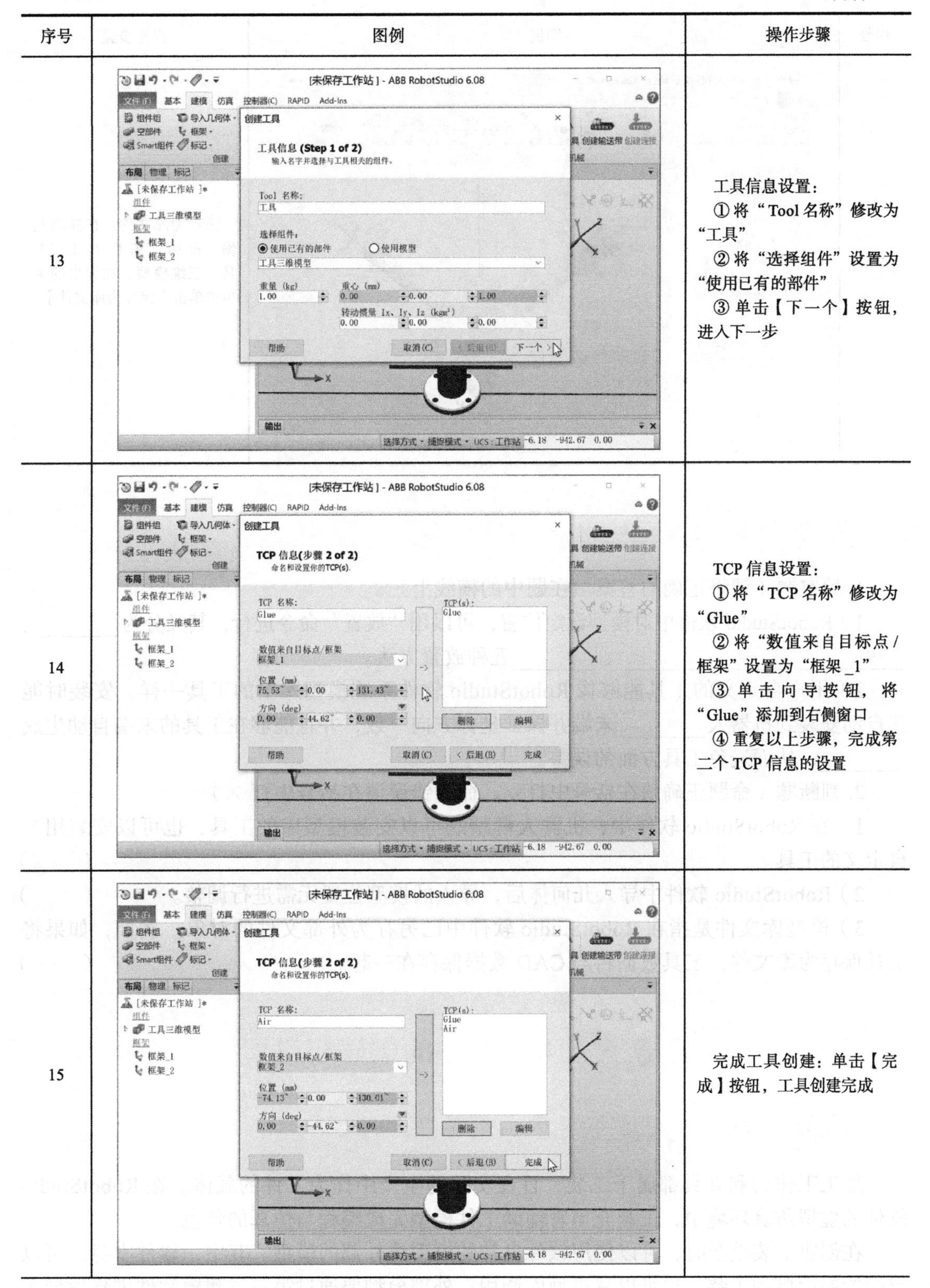

序号	图例	操作步骤
13		工具信息设置： ①将“Tool 名称”修改为“工具” ②将“选择组件”设置为“使用已有的部件” ③单击【下一个】按钮，进入下一步
14		TCP 信息设置： ①将“TCP 名称”修改为“Glue” ②将“数值来自目标点/框架”设置为“框架_1” ③单击向导按钮，将“Glue”添加到右侧窗口 ④重复以上步骤，完成第二个 TCP 信息的设置
15		完成工具创建：单击【完成】按钮，工具创建完成

（续）

序号	图例	操作步骤
16	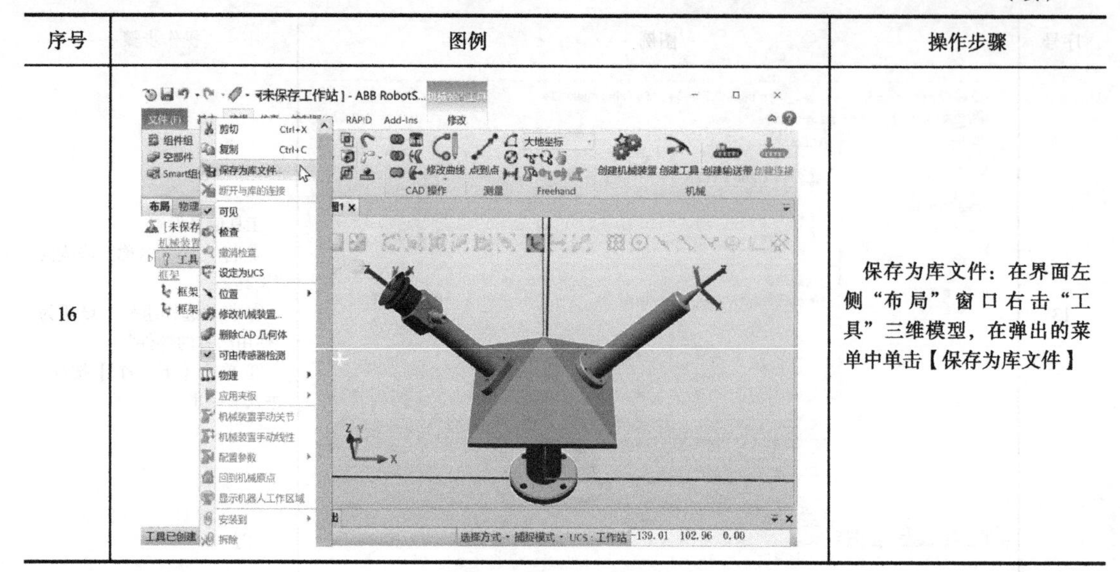	保存为库文件：在界面左侧“布局”窗口右击“工具”三维模型，在弹出的菜单中单击【保存为库文件】

思考与练习

1. 填空题（请将正确的答案填在题中的横线上）

1）RobotStudio 软件中对模型设定位置，可以用“放置”命令进行，其又分为________、________、________、________、________五种放置方法。

2）用户自定义的工具能够像 RobotStudio 软件系统模型库中的工具一样，安装时能够自动安装到机器人________末端并保证坐标方向一致，并且能够在工具的末端自动生成________，从而避免工具方面的误差。

2. 判断题（命题正确请在括号中打√，命题错误请在括号中打 ×）

1）在 RobotStudio 软件中，机器人模型既可以安装模型库的工具，也可以安装用户自定义的工具。（　　）

2）RobotStudio 软件中导入几何体后，导入的模型位置无需进行调整。（　　）

3）模型库文件是指在 RobotStudio 软件中已另存为外部文件的对象。例如，如果将工具保存为库文件，工具数据将与 CAD 数据保存在一起。（　　）

任务三　工装模型的创建与设置

任务描述

加工工作台和夹具都属于工装，且在实际的生产中作为工件的载体。在 RobotStudio 软件的虚拟仿真环境中，工装充当着辅助工件模型完成编程与仿真的角色。

在创建工装模型时，可以使用软件自带的模型或外部的模型。其中，软件本身既可以自行绘制简单的工装，也可以从模型库调用；外部模型要通过第三方建模软件创建后导入

RobotStudio 软件中，并完成相应设置。

本次任务中，需要在 RobotStudio 软件中创建变位机模型并完成相关设置。

知识学习

在 RobotStudio 软件中，工装一般通过创建机械装置的方法实现。机械装置是由若干零件装配在一起的装置，通过设置其机械特性能实现不同的设备功能。机械装置一般分为四类：机器人、外轴、工具、设备。其中，工具类、设备类的机械装置应用较多，比如夹爪、变位机，如图 2-9 和图 2-10 所示。机械装置使机器人工作站在虚拟仿真时更能接近实际工作场景。

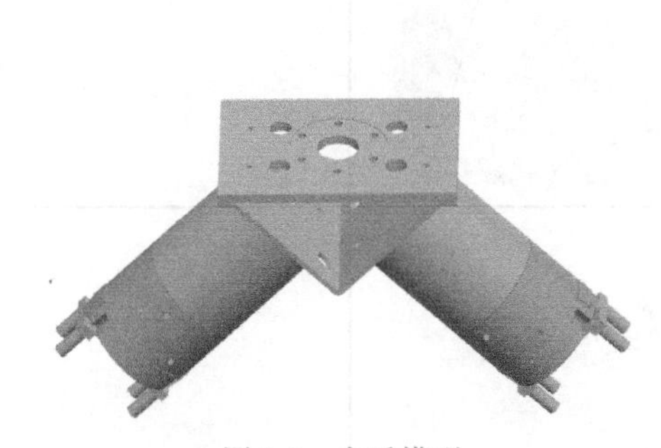

图 2-9 夹爪模型

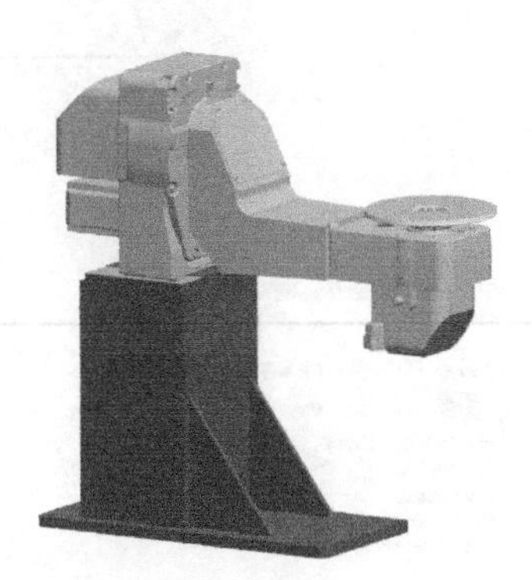

图 2-10 变位机模型

在 RobotStudio 软件中变位机模型的创建步骤见表 2-4。

表 2-4 变位机模型的创建步骤

序号	图例	操作步骤
1		新建空工作站：选择“文件”选项卡，单击【新建】→【空工作站】→【创建】，完成空工作站的新建

（续）

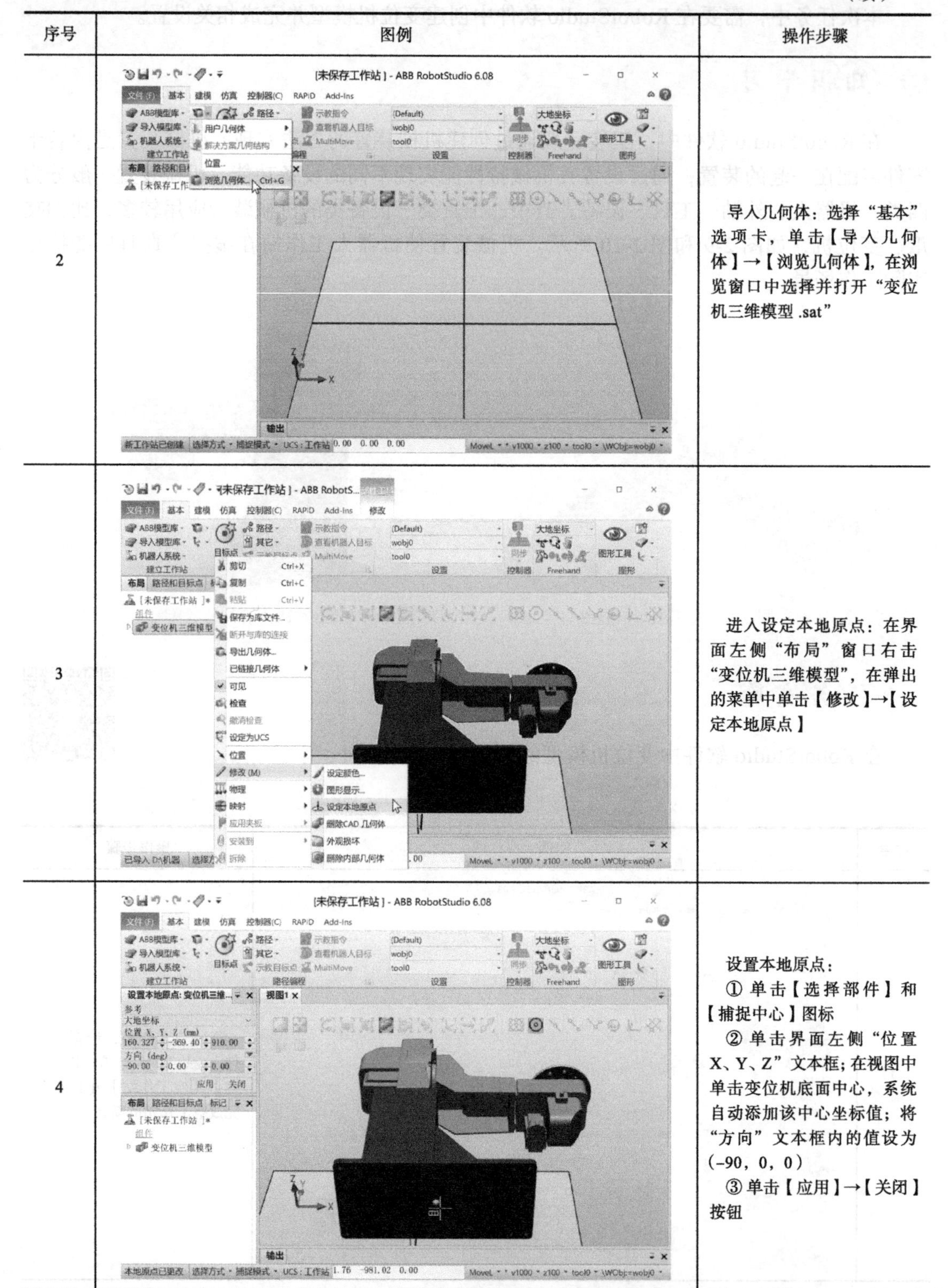

序号	图例	操作步骤
2		导入几何体：选择“基本”选项卡，单击【导入几何体】→【浏览几何体】，在浏览窗口中选择并打开“变位机三维模型.sat”
3		进入设定本地原点：在界面左侧“布局”窗口右击“变位机三维模型”，在弹出的菜单中单击【修改】→【设定本地原点】
4		设置本地原点： ① 单击【选择部件】和【捕捉中心】图标 ② 单击界面左侧“位置X、Y、Z”文本框；在视图中单击变位机底面中心，系统自动添加该中心坐标值；将“方向”文本框内的值设为（-90，0，0） ③ 单击【应用】→【关闭】按钮

（续）

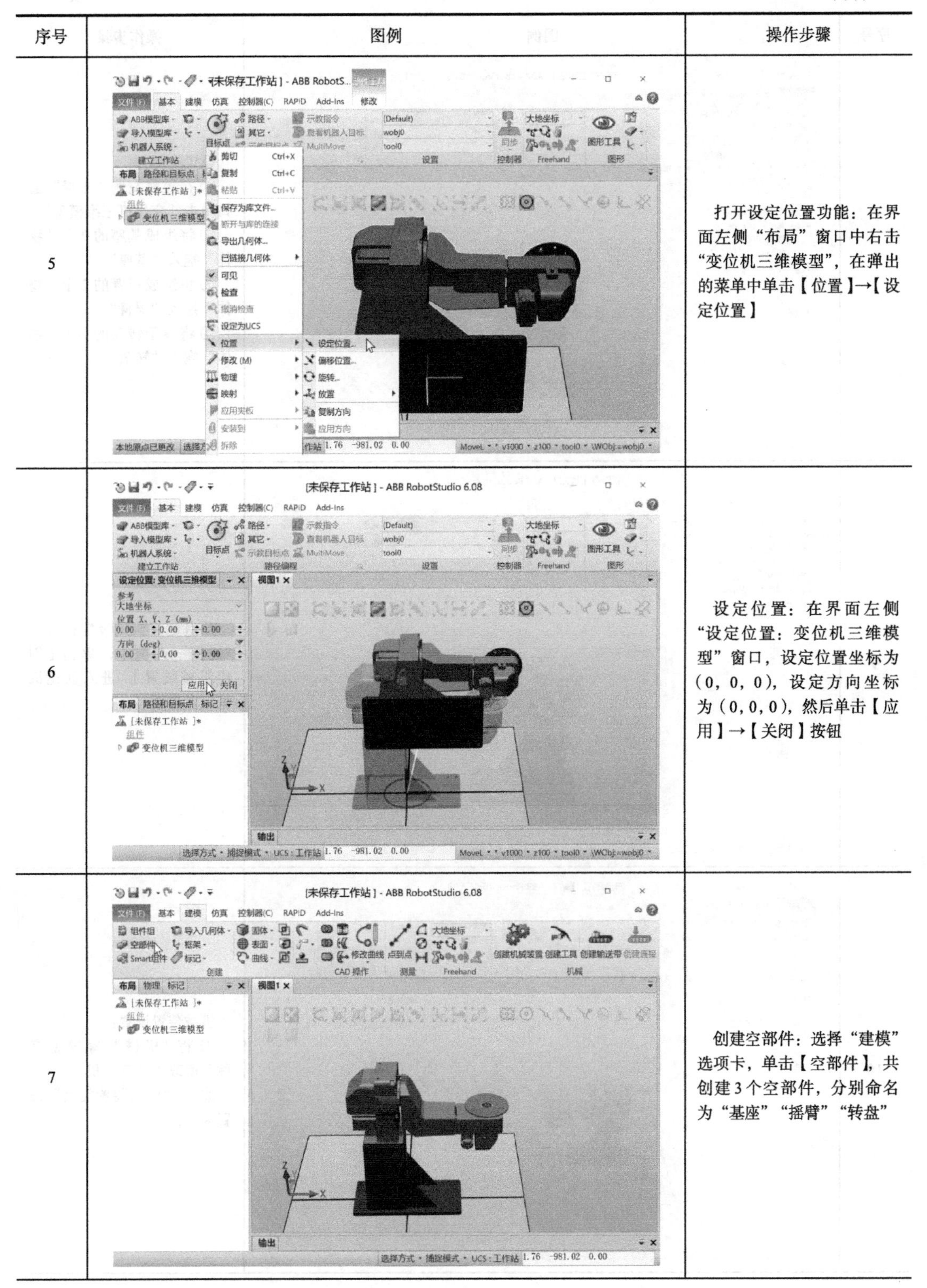

序号	图例	操作步骤
5		打开设定位置功能：在界面左侧“布局”窗口中右击“变位机三维模型”，在弹出的菜单中单击【位置】→【设定位置】
6		设定位置：在界面左侧“设定位置：变位机三维模型”窗口，设定位置坐标为（0，0，0），设定方向坐标为（0，0，0），然后单击【应用】→【关闭】按钮
7		创建空部件：选择“建模”选项卡，单击【空部件】，共创建3个空部件，分别命名为“基座”“摇臂”“转盘”

（续）

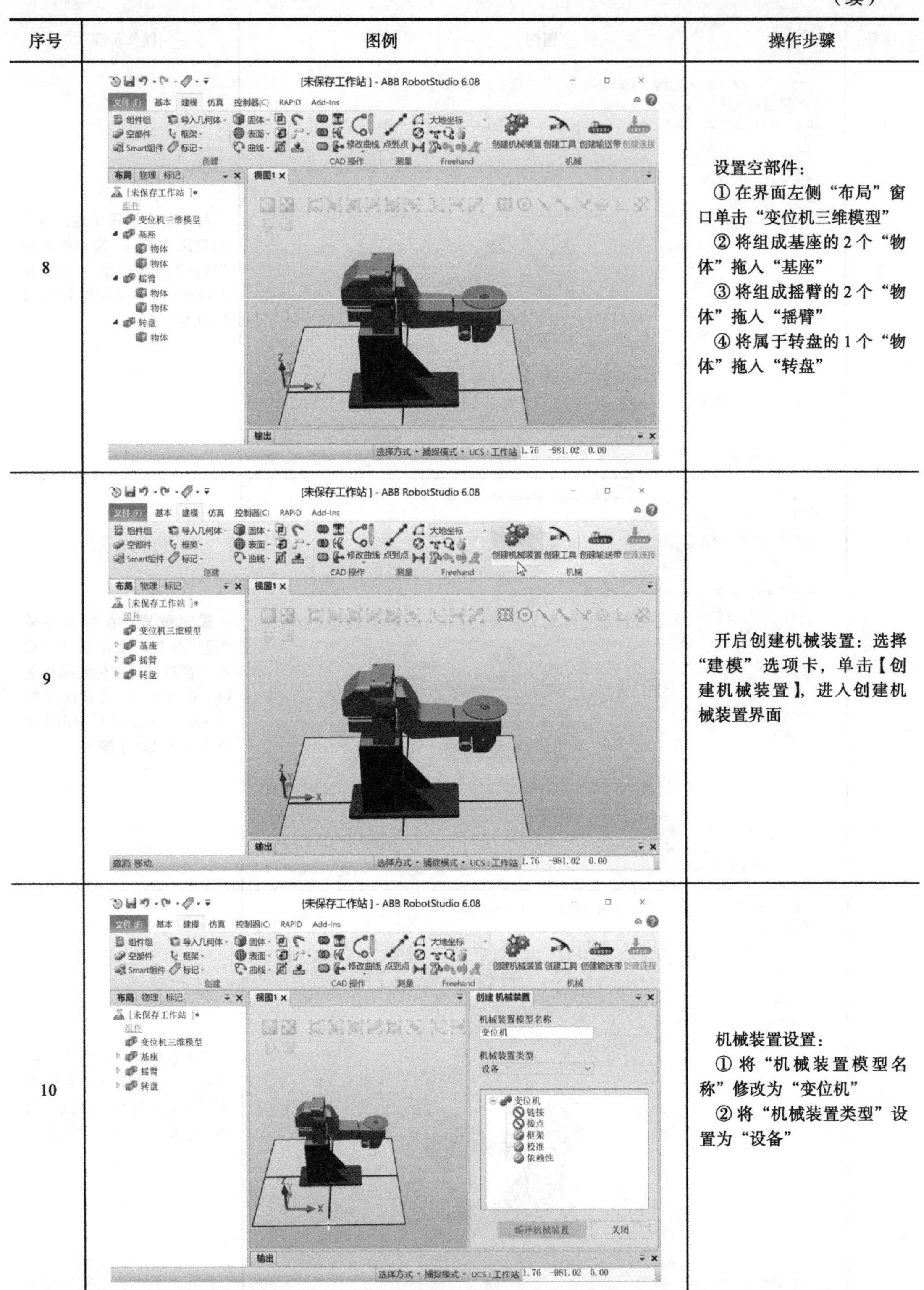

序号	图例	操作步骤
8		设置空部件： ① 在界面左侧“布局”窗口单击“变位机三维模型” ② 将组成基座的 2 个“物体”拖入“基座” ③ 将组成摇臂的 2 个“物体”拖入“摇臂” ④ 将属于转盘的 1 个“物体”拖入“转盘”
9		开启创建机械装置：选择“建模”选项卡，单击【创建机械装置】，进入创建机械装置界面
10		机械装置设置： ① 将“机械装置模型名称”修改为“变位机” ② 将“机械装置类型”设置为“设备”

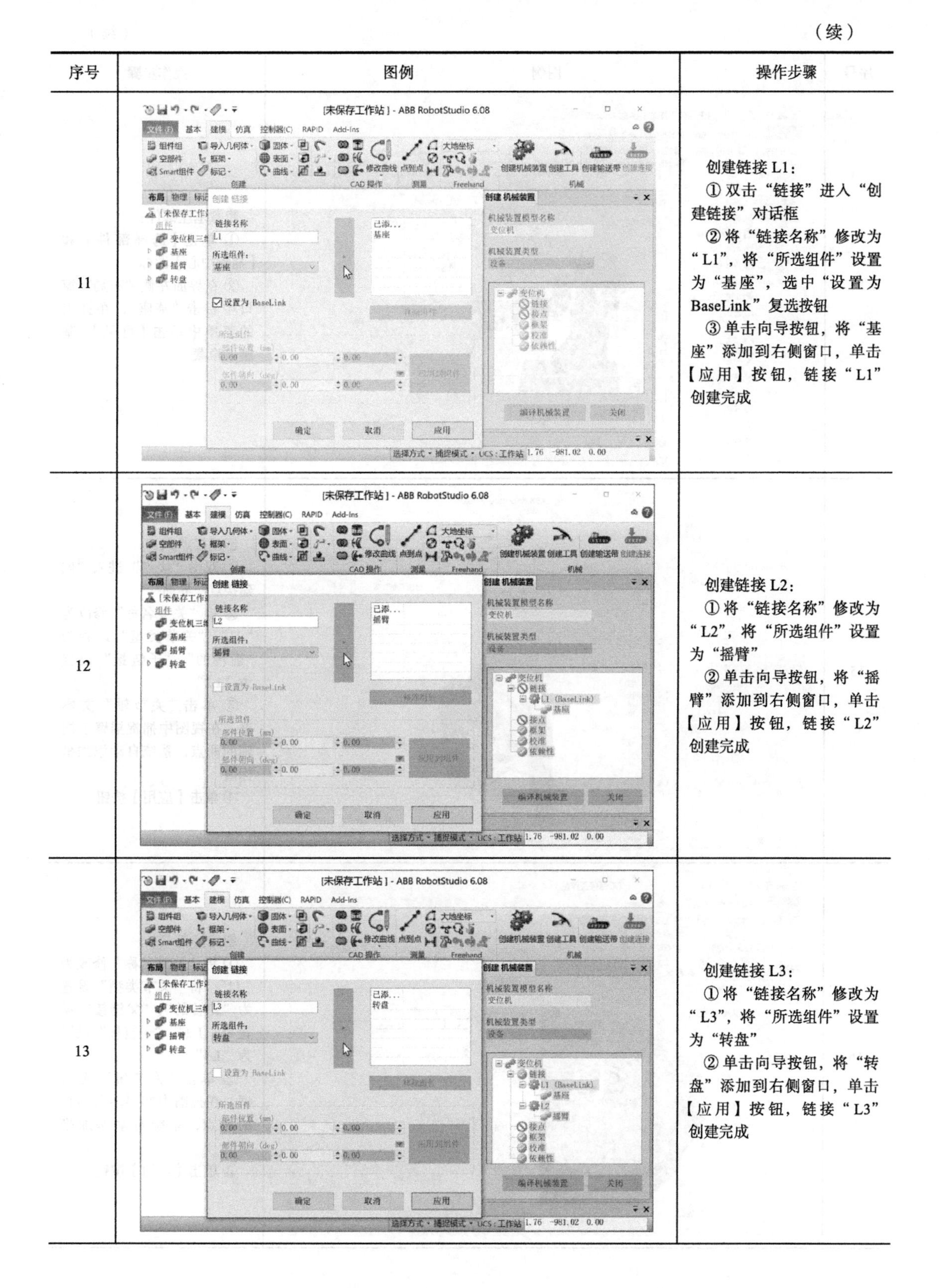

（续）

序号	图例	操作步骤
11		创建链接 L1： ① 双击“链接”进入“创建链接”对话框 ② 将“链接名称”修改为“L1”，将“所选组件”设置为“基座”，选中“设置为 BaseLink”复选按钮 ③ 单击向导按钮，将“基座”添加到右侧窗口，单击【应用】按钮，链接“L1”创建完成
12		创建链接 L2： ① 将“链接名称”修改为“L2”，将“所选组件”设置为“摇臂” ② 单击向导按钮，将“摇臂”添加到右侧窗口，单击【应用】按钮，链接“L2”创建完成
13		创建链接 L3： ① 将“链接名称”修改为“L3”，将“所选组件”设置为“转盘” ② 单击向导按钮，将“转盘”添加到右侧窗口，单击【应用】按钮，链接“L3”创建完成

（续）

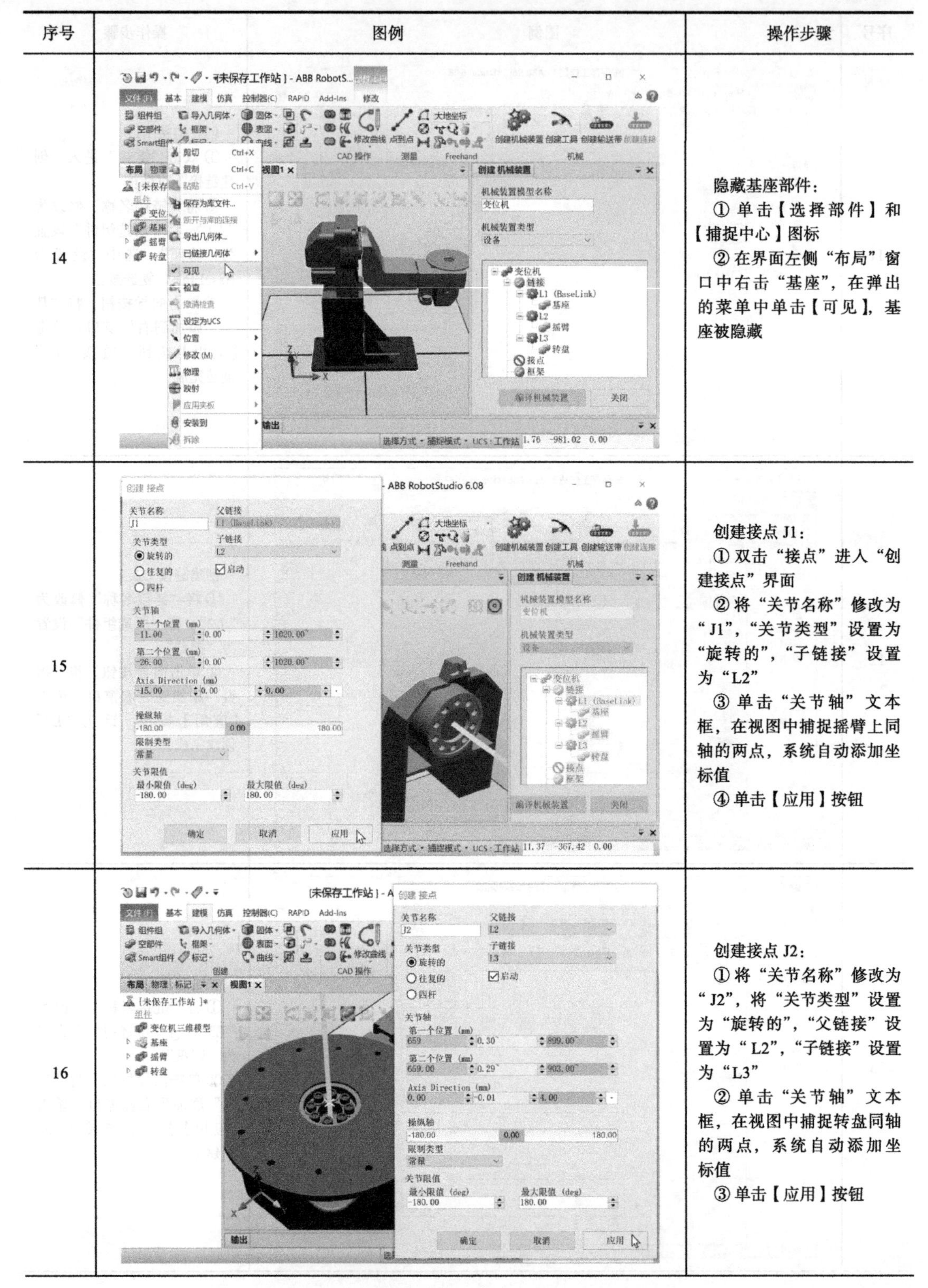

序号	图例	操作步骤
14		隐藏基座部件： ①单击【选择部件】和【捕捉中心】图标 ②在界面左侧“布局”窗口中右击“基座”，在弹出的菜单中单击【可见】，基座被隐藏
15		创建接点 J1： ①双击“接点”进入“创建接点”界面 ②将“关节名称”修改为“J1”，“关节类型”设置为“旋转的”，“子链接”设置为“L2” ③单击“关节轴”文本框，在视图中捕捉摇臂上同轴的两点，系统自动添加坐标值 ④单击【应用】按钮
16		创建接点 J2： ①将“关节名称”修改为“J2”，将“关节类型”设置为“旋转的”，“父链接”设置为“L2”，“子链接”设置为“L3” ②单击“关节轴”文本框，在视图中捕捉转盘同轴的两点，系统自动添加坐标值 ③单击【应用】按钮

（续）

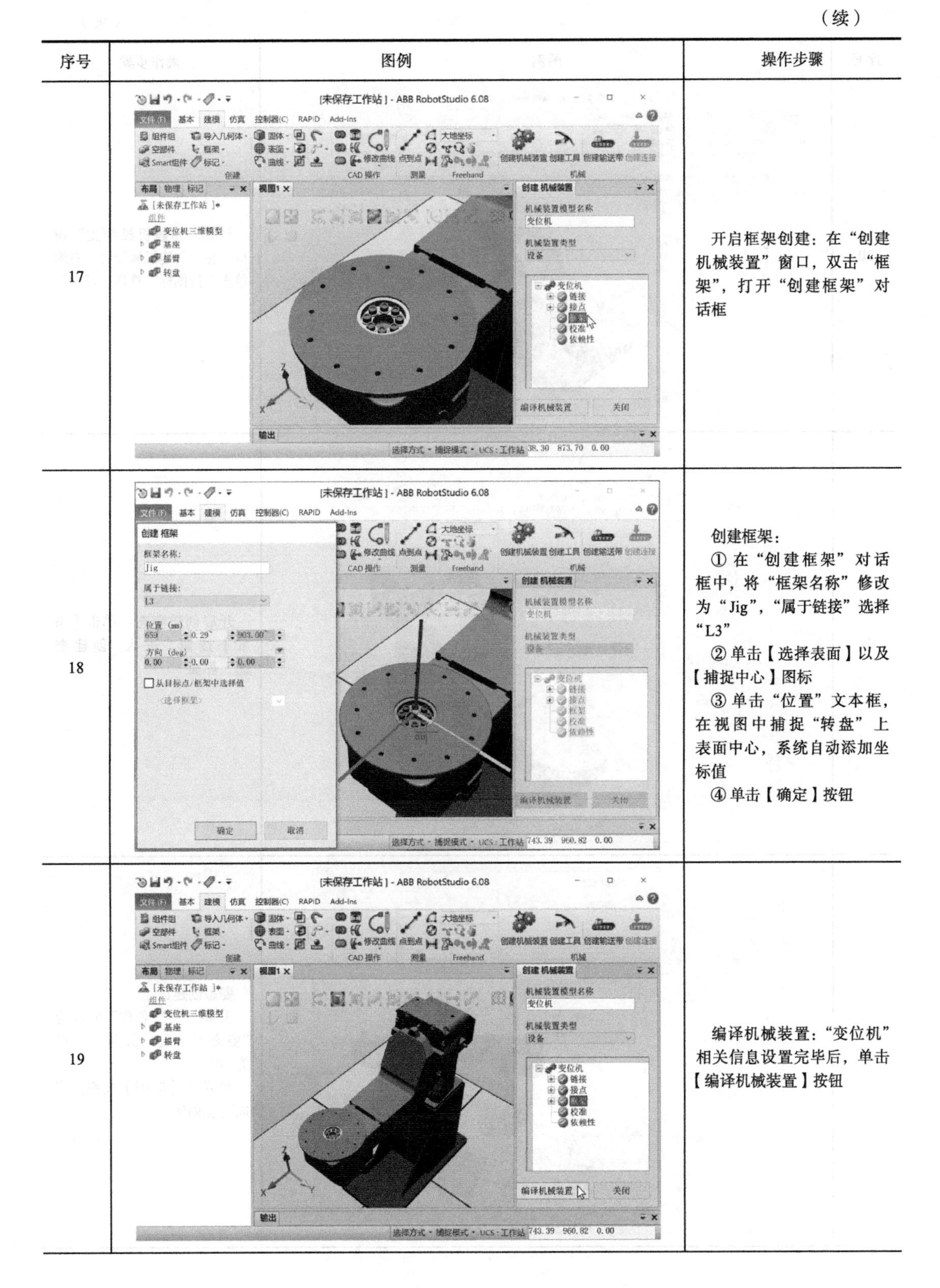

序号	图例	操作步骤
17		开启框架创建：在“创建机械装置”窗口，双击“框架”，打开“创建框架”对话框
18		创建框架： ① 在“创建框架”对话框中，将“框架名称”修改为“Jig”，“属于链接”选择“L3” ② 单击【选择表面】以及【捕捉中心】图标 ③ 单击“位置”文本框，在视图中捕捉“转盘”上表面中心，系统自动添加坐标值 ④ 单击【确定】按钮
19		编译机械装置：“变位机”相关信息设置完毕后，单击【编译机械装置】按钮

（续）

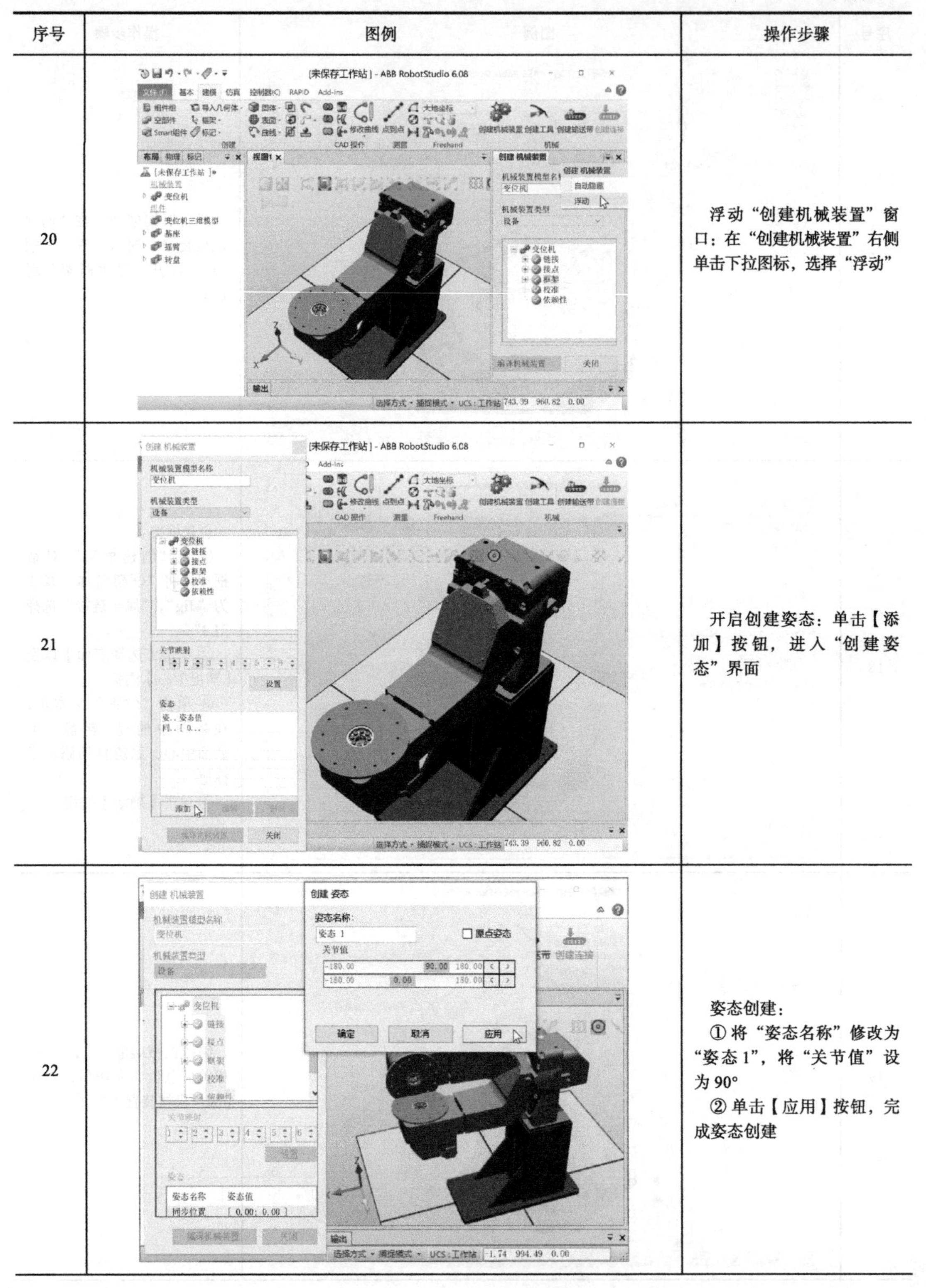

序号	图例	操作步骤
20		浮动“创建机械装置”窗口：在“创建机械装置”右侧单击下拉图标，选择“浮动”
21		开启创建姿态：单击【添加】按钮，进入“创建姿态”界面
22		姿态创建： ①将“姿态名称”修改为“姿态 1”，将“关节值”设为 90° ②单击【应用】按钮，完成姿态创建

（续）

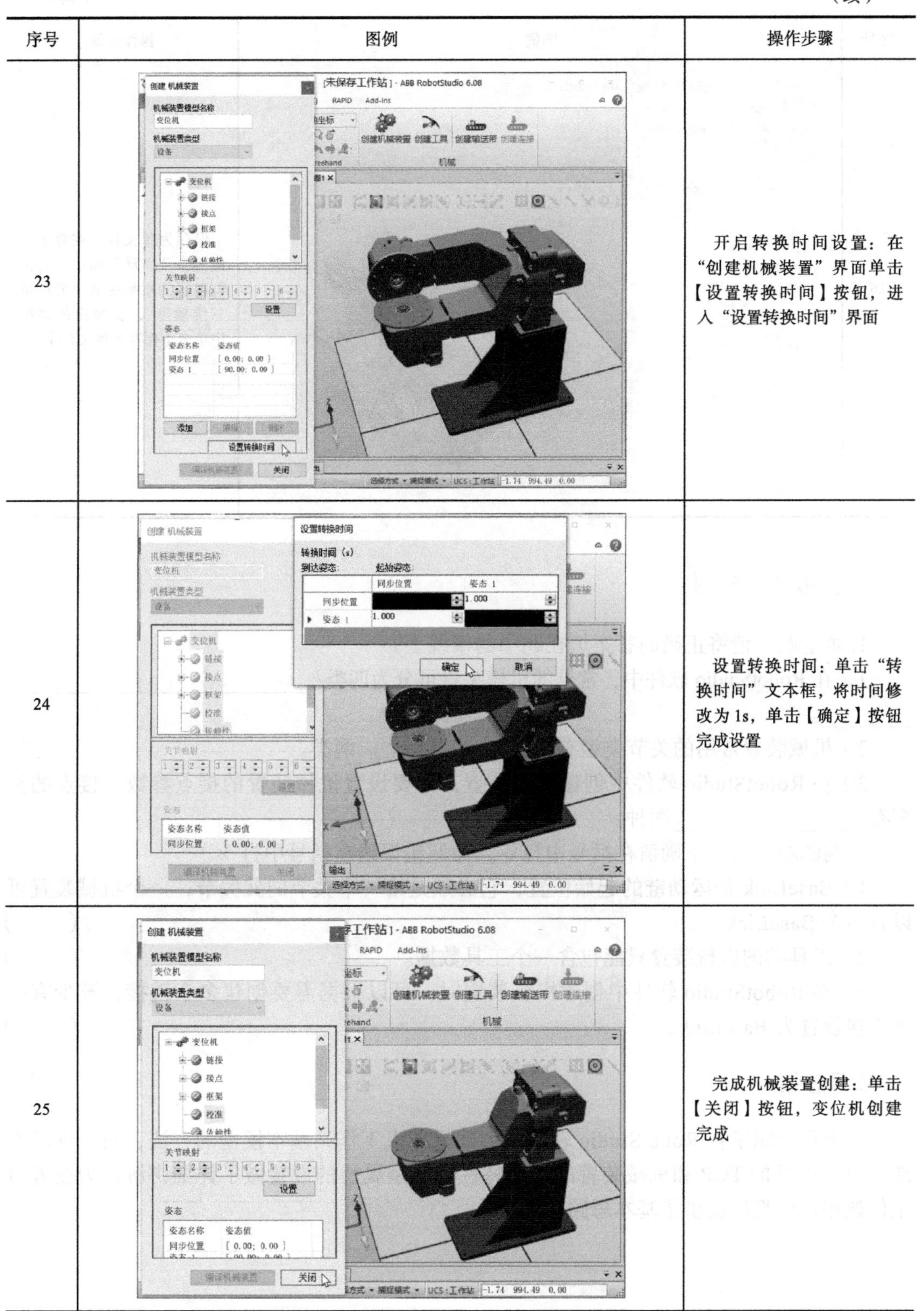

序号	图例	操作步骤
23		开启转换时间设置：在“创建机械装置”界面单击【设置转换时间】按钮，进入“设置转换时间”界面
24		设置转换时间：单击“转换时间”文本框，将时间修改为1s，单击【确定】按钮完成设置
25		完成机械装置创建：单击【关闭】按钮，变位机创建完成

（续）

序号	图例	操作步骤
26	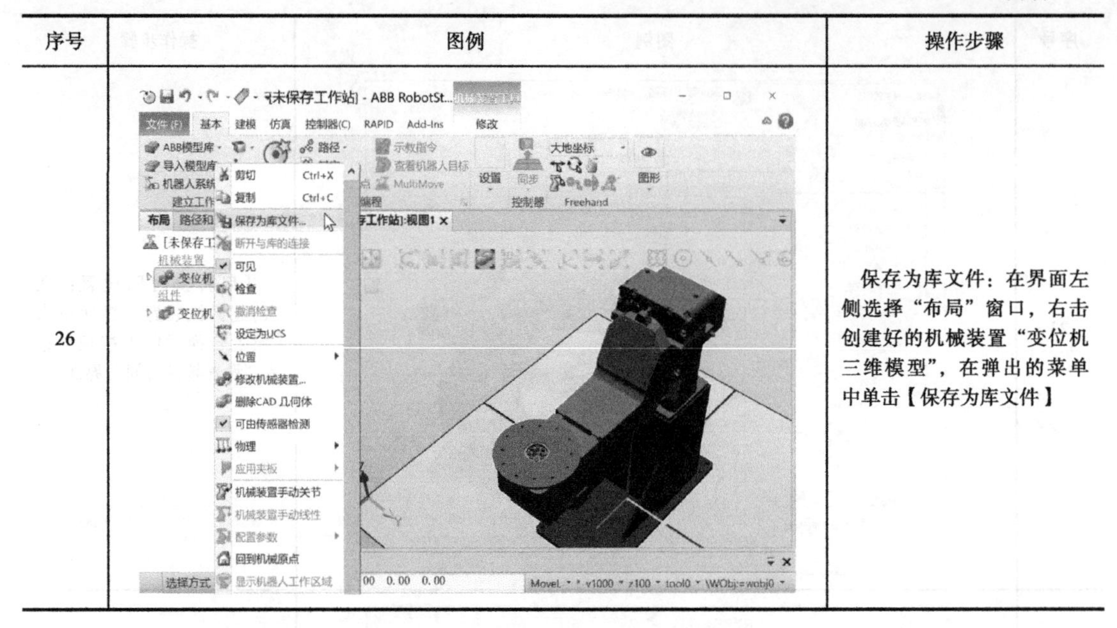	保存为库文件：在界面左侧选择“布局”窗口，右击创建好的机械装置“变位机三维模型”，在弹出的菜单中单击【保存为库文件】

思考与练习

1. 填空题（请将正确的答案填在题中的横线上）

1）在 RobotStudio 软件中，常见的机械装置可分为四类：________、________、________、________。

2）机械装置常用的关节类型有________、________两类。

3）在 RobotStudio 软件中创建机械装置，需要设置机械装置的接点参数，接点的类型有________、________两种。

2. 判断题（命题正确请在括号中打√，命题错误请在括号中打 ×）

1）BaseLink 是运动链的起始位置，它必须是第一个关节的父关节，一个机械装置可以有多个 BaseLink。（　　）

2）工具类的机械装置只能包含一个工具数据。（　　）

3）在 RobotStudio 软件中创建机械装置时，可以根据需要创建多个链接，至少有一个链接设置为 BaseLink。（　　）

项目总结

本项目介绍了在 RobotStudio 软件中创建机器人工作站基本模型的方法，对工件的本地原点、工具的 TCP 和机械装置的运动特性等模型属性的设置做了详细讲解，为读者自主创建用户模型库提供了基本思路。

项目三 ▷▷▷▶▶▶

创建工业机器人基础仿真工作站

学习情境

在工业机器人虚拟仿真软件平台里，可以根据实际机器人工作站的工艺流程对工程项目进行仿真设计，其过程包括设备的选型与布局、电气接口资源的分配、机器人的轨迹示教、机器人程序编制与仿真调试等主要环节。通过在虚拟场景内的仿真运行，对项目设计方案的可行性进行验证，为工业机器人的工程应用降低风险、提高效益。

学习目标

1. 知识目标

- ◆ 掌握创建工业机器人工作站的基本方法。
- ◆ 掌握工业机器人手动操纵的方法。
- ◆ 掌握工业机器人简单轨迹程序的创建方法。
- ◆ 掌握工作站系统仿真运行与视频录制的方法。

2. 技能目标

- ◆ 能够进行工业机器人模型的选择和导入。
- ◆ 能够合理放置机器人周边模型。
- ◆ 能够创建机器人系统。
- ◆ 能够熟练手动操纵机器人。
- ◆ 能够创建和仿真运行机器人轨迹程序。

任务一　工业机器人仿真工作站布局

任务描述

为了构建机器人工作站，需要将涉及的机器人及相关设备模型导入虚拟仿真环境中，并按照真实场景完成布局设计。本次任务介绍仿真工作站布局的一般方法，并完成实训台、机器人、工具和基础实训模块的安装。

知识学习

工业机器人仿真工作站是计算机图形技术与机器人控制技术的结合体，它包括工作场景模型与控制系统软件。如图 3-1 所示，在 RobotStudio 软件中仿照真实的工作现场建立一个仿真工作站。

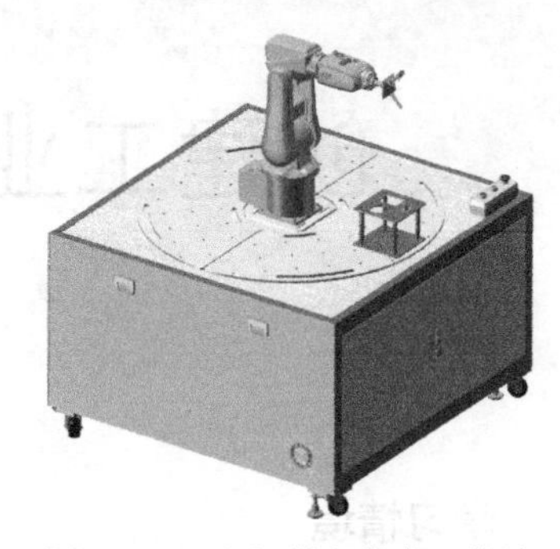

图 3-1 工业机器人仿真工作站

工业机器人仿真工作站在进行设备布局时需要遵循一些原则，具体归纳如下：

1）虚实一致。虚拟场景与实际现场的设备布局应基本一致，两者的一致性越高，离线编程输出的程序所需调试时间越短。

2）大型设备优先。大型设备一般需要大型机械搬运，出于安全性和经济性考虑，基本不允许进行二次搬运。因此，需要优先放置大型设备，机器人与其它设备以大型设备为参照进行布局。

3）关键设备精确定位。作为机器人工作目标点的参考设备，比如供料机、数控机床等，这些设备的位置要精确，否则会使机器人程序难以调试。

4）机器人路径的安全性、可达性。机器人一般位于设备密集的紧凑空间里，在运动过程中不仅要避免与其它设备的碰撞，而且要以预期的姿态到达工作目标点。因此，在软件中进行设备布局时，应利用碰撞检测功能、可达性分析功能来保证机器人运动路径是安全的、可到达的。

1. 安装实训台

机器人工作站的搭建需要将机器人、基础实训模块安装到实训台上，因此首先安装实训台。实训台的安装步骤见表 3-1。

表 3-1 实训台的安装步骤

序号	图例	操作步骤
1		新建空工作站：选择“文件”选项卡，单击【新建】→【空工作站】→【创建】，完成空工作站的新建

（续）

序号	图例	操作步骤
2	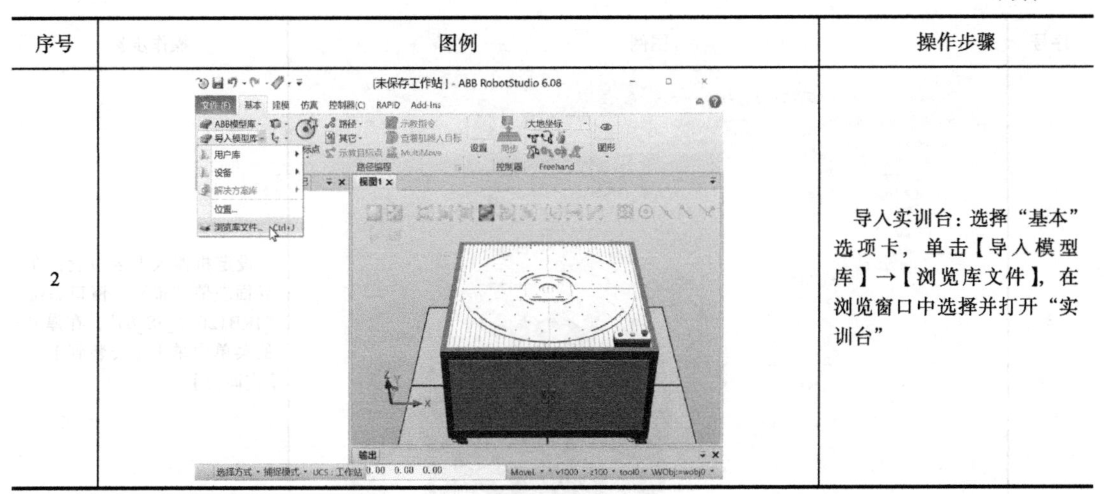	导入实训台：选择“基本”选项卡，单击【导入模型库】→【浏览库文件】，在浏览窗口中选择并打开“实训台”

2. 安装机器人

根据不同任务要求和工作环境，选择合适的机器人型号。这里选择 IRB 120 机器人，其安装步骤见表 3-2。

表 3-2　机器人的安装步骤

序号	图例	操作步骤
1	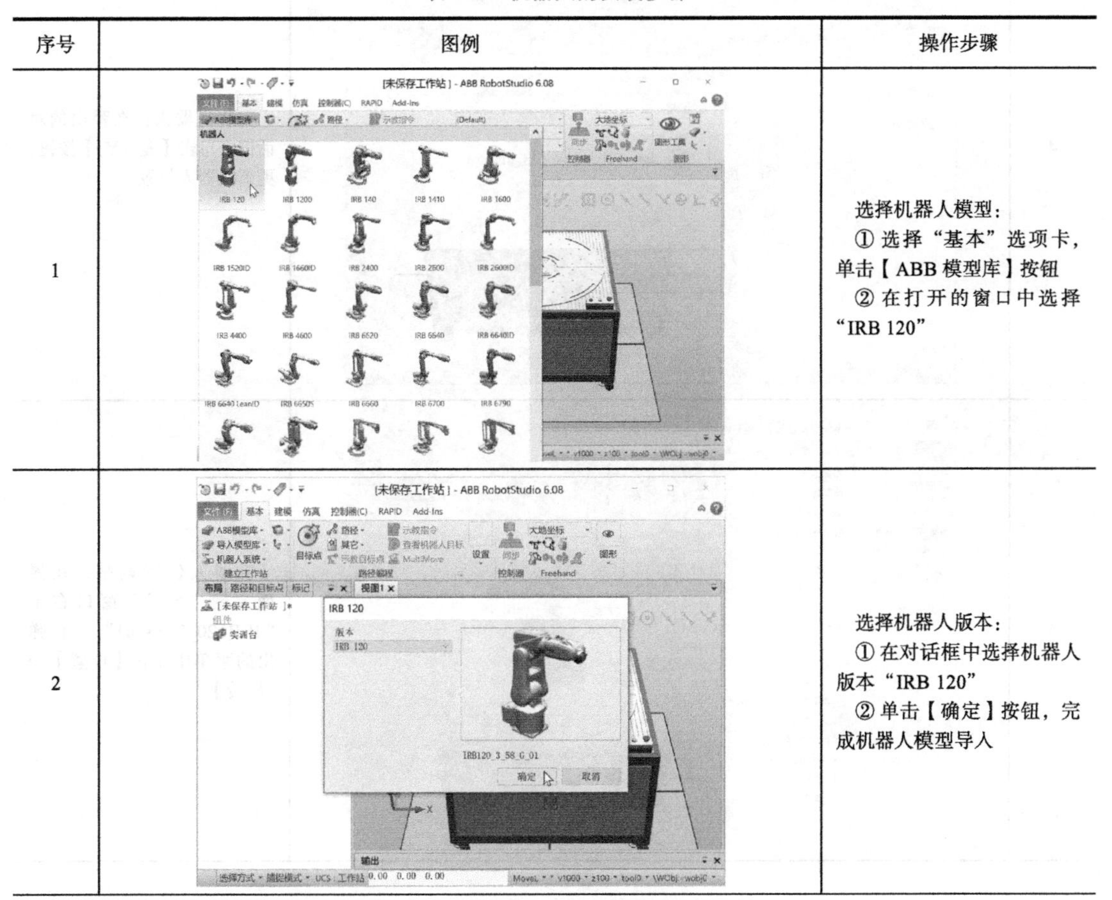	选择机器人模型： ① 选择“基本”选项卡，单击【ABB 模型库】按钮 ② 在打开的窗口中选择“IRB 120”
2		选择机器人版本： ① 在对话框中选择机器人版本“IRB 120” ② 单击【确定】按钮，完成机器人模型导入

（续）

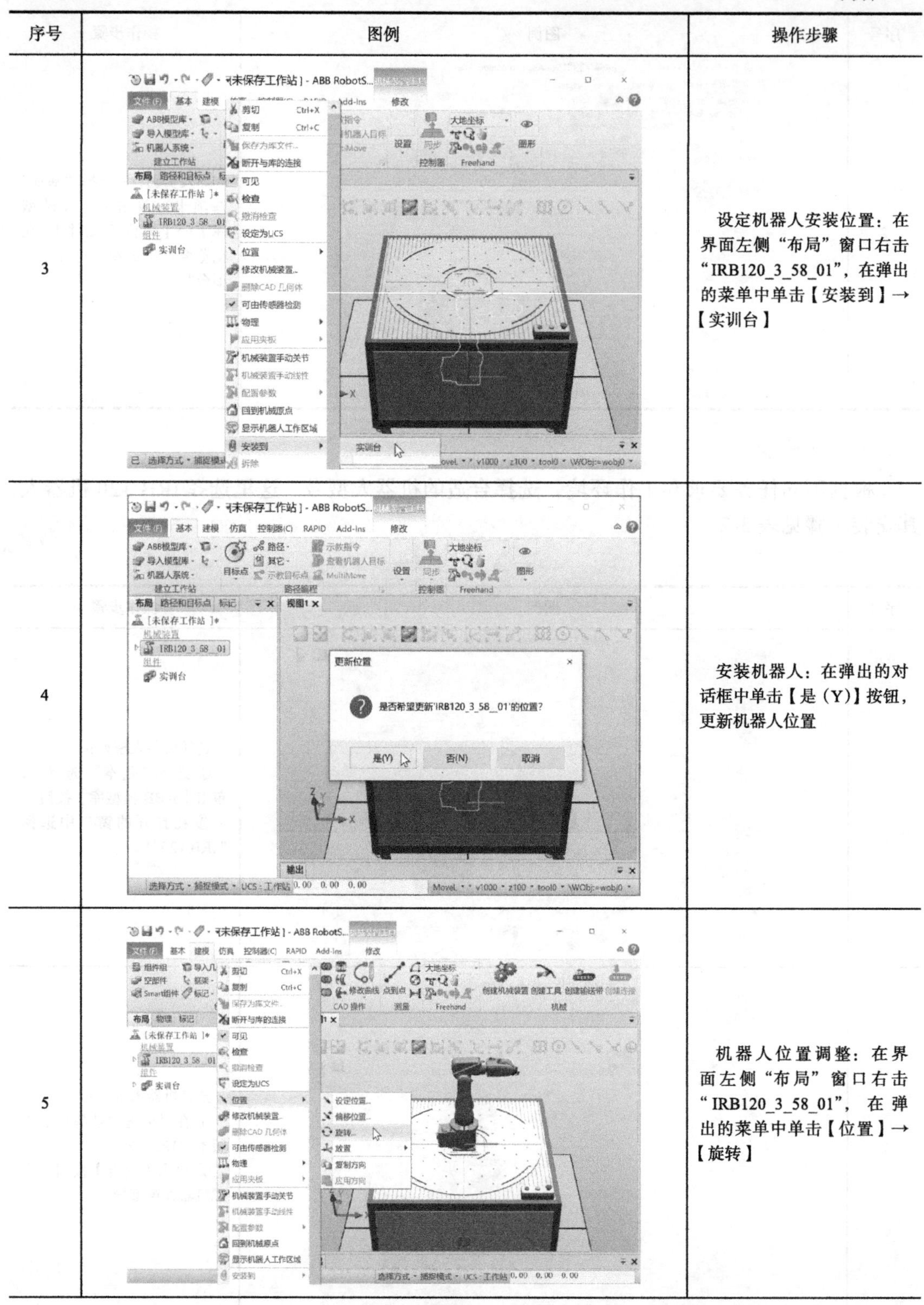

序号	图例	操作步骤
3		设定机器人安装位置：在界面左侧“布局”窗口右击“IRB120_3_58_01”，在弹出的菜单中单击【安装到】→【实训台】
4		安装机器人：在弹出的对话框中单击【是（Y）】按钮，更新机器人位置
5		机器人位置调整：在界面左侧“布局”窗口右击“IRB120_3_58_01”，在弹出的菜单中单击【位置】→【旋转】

（续）

序号	图例	操作步骤
6	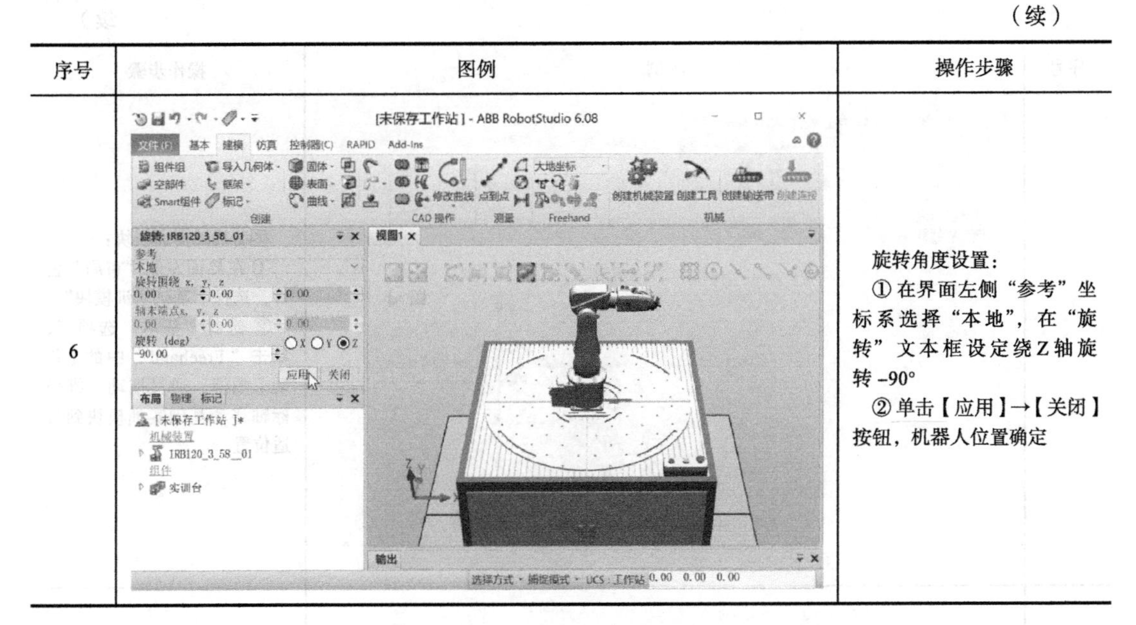	旋转角度设置： ① 在界面左侧“参考”坐标系选择“本地”，在“旋转”文本框设定绕Z轴旋转 -90° ② 单击【应用】→【关闭】按钮，机器人位置确定

3. 安装基础实训模块

基础实训模块提供了圆、长方形等基本图形，因此可以利用相应的工具沿着图形边缘进行路径示教。基础实训模块的安装步骤见表 3-3。

表 3-3　基础实训模块的安装步骤

序号	图例	操作步骤
1	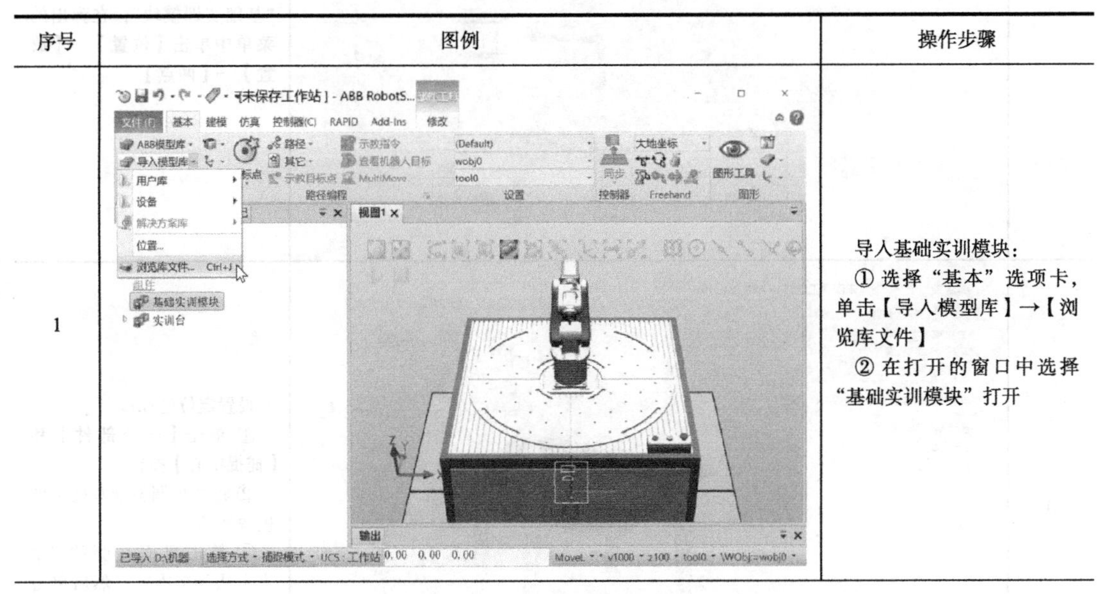	导入基础实训模块： ① 选择“基本”选项卡，单击【导入模型库】→【浏览库文件】 ② 在打开的窗口中选择“基础实训模块”打开

（续）

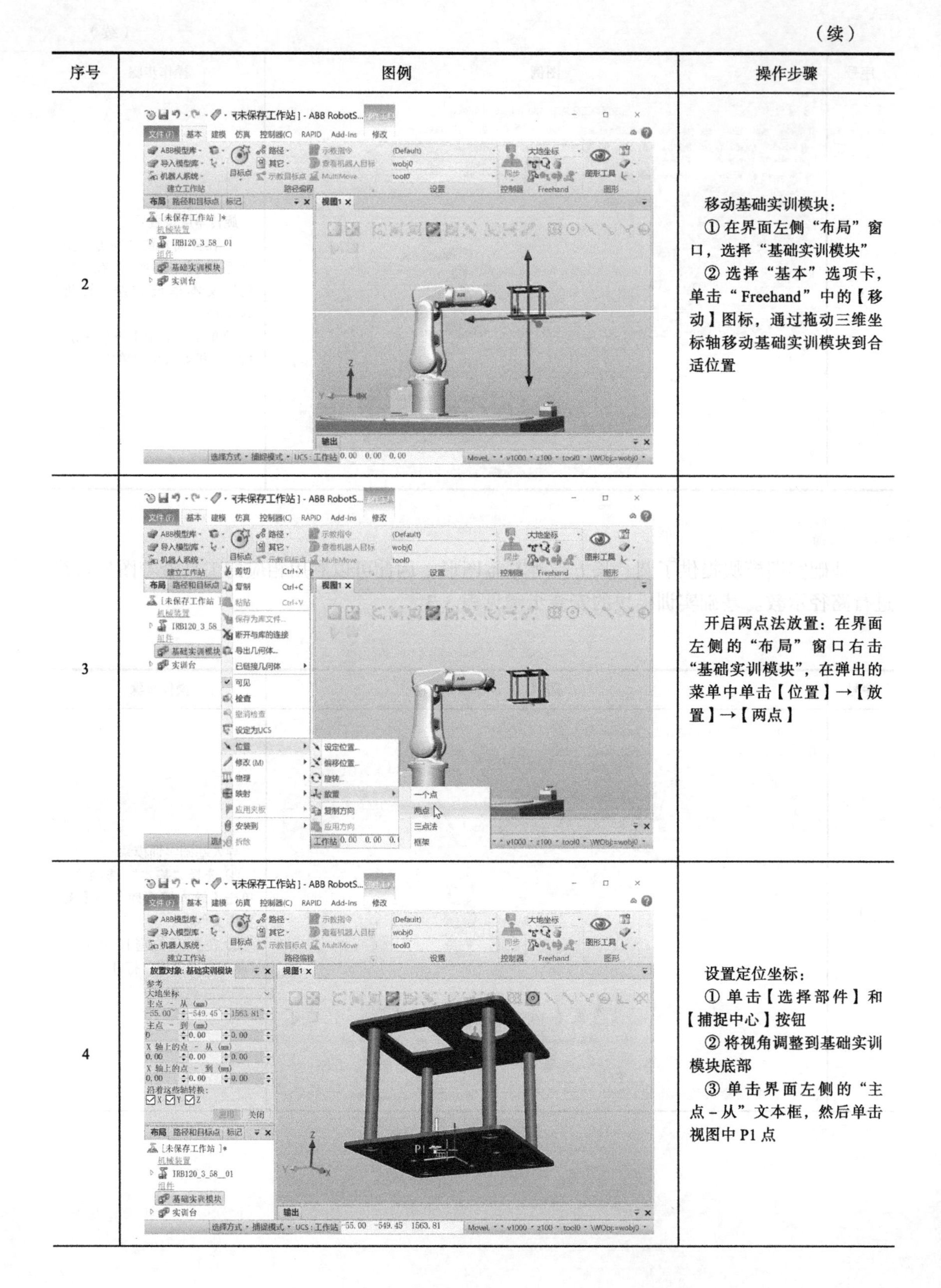

序号	图例	操作步骤
2		移动基础实训模块： ① 在界面左侧“布局”窗口，选择“基础实训模块” ② 选择“基本”选项卡，单击“Freehand”中的【移动】图标，通过拖动三维坐标轴移动基础实训模块到合适位置
3		开启两点法放置：在界面左侧的“布局”窗口右击“基础实训模块”，在弹出的菜单中单击【位置】→【放置】→【两点】
4		设置定位坐标： ① 单击【选择部件】和【捕捉中心】按钮 ② 将视角调整到基础实训模块底部 ③ 单击界面左侧的“主点－从”文本框，然后单击视图中P1点

（续）

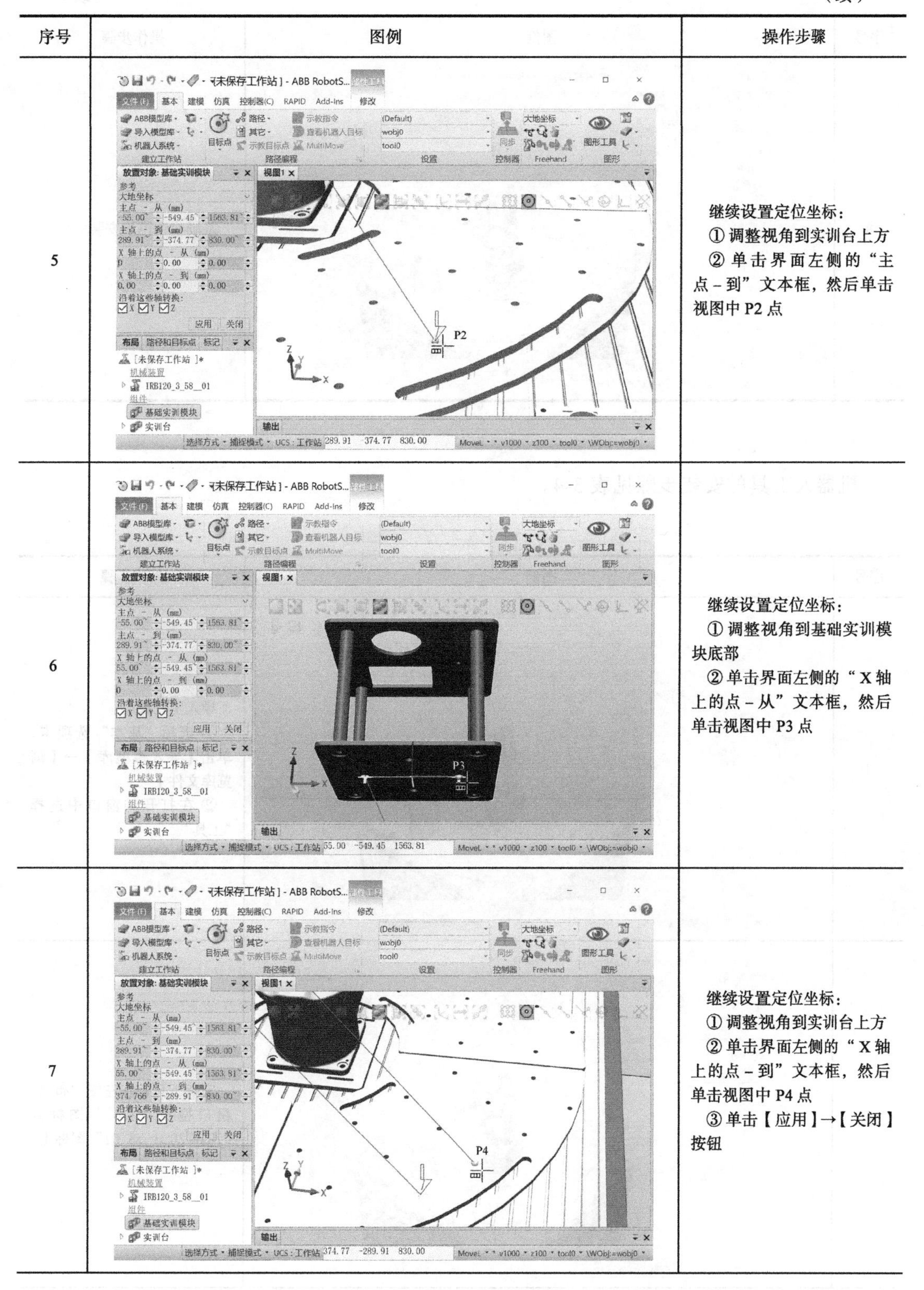

序号	图例	操作步骤
5		继续设置定位坐标： ① 调整视角到实训台上方 ② 单击界面左侧的“主点－到”文本框，然后单击视图中P2点
6		继续设置定位坐标： ① 调整视角到基础实训模块底部 ② 单击界面左侧的“X轴上的点－从”文本框，然后单击视图中P3点
7		继续设置定位坐标： ① 调整视角到实训台上方 ② 单击界面左侧的“X轴上的点－到”文本框，然后单击视图中P4点 ③ 单击【应用】→【关闭】按钮

（续）

序号	图例	操作步骤
8	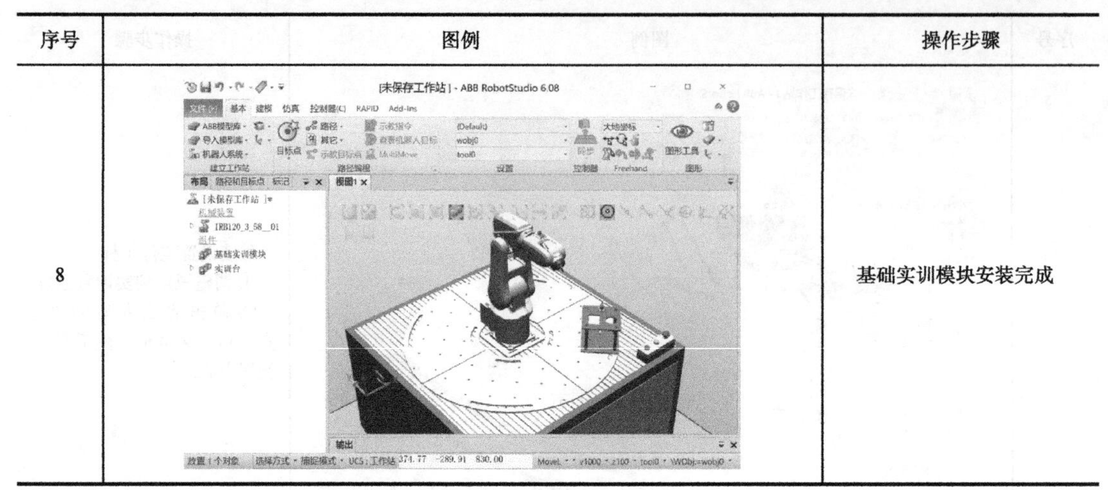	基础实训模块安装完成

4. 安装机器人工具

机器人工具的安装步骤见表 3-4。

表 3-4　机器人工具的安装步骤

序号	图例	操作步骤
1	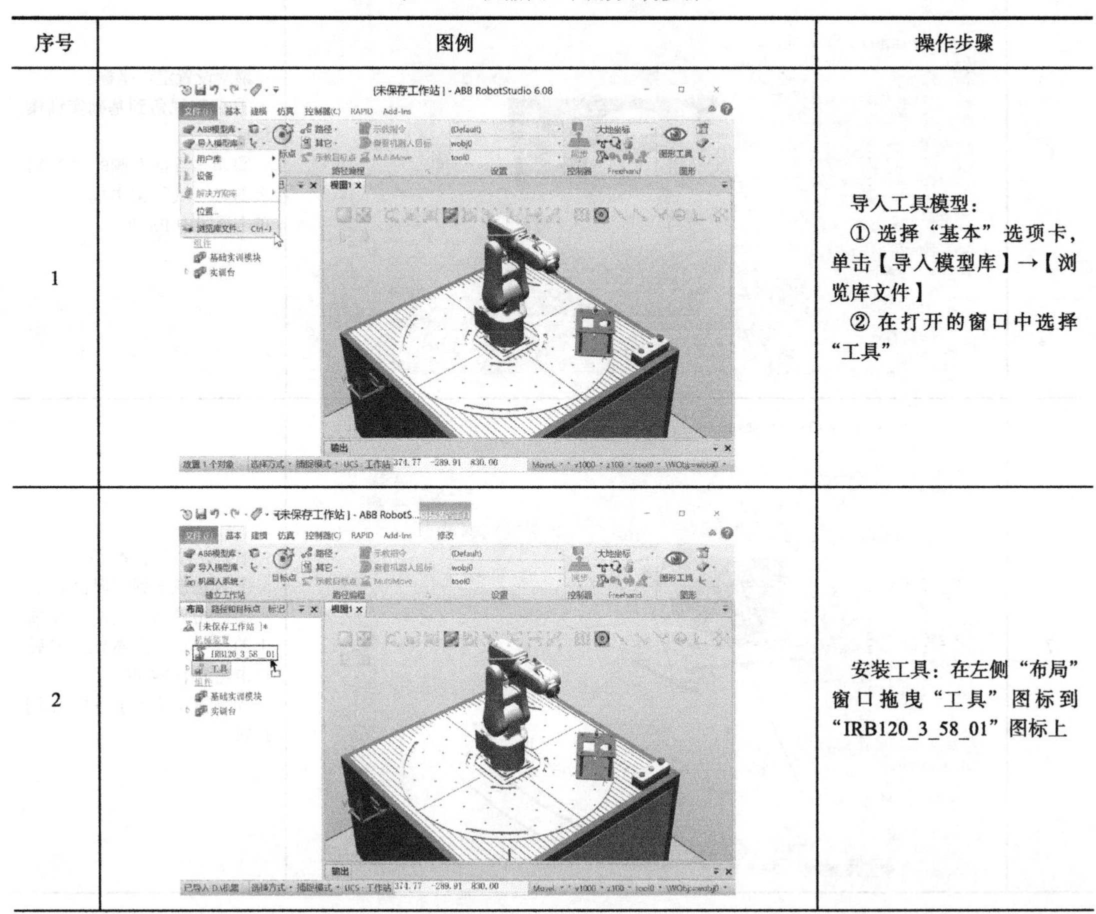	导入工具模型： ① 选择“基本”选项卡，单击【导入模型库】→【浏览库文件】 ② 在打开的窗口中选择“工具”
2		安装工具：在左侧“布局”窗口拖曳“工具”图标到“IRB120_3_58_01”图标上

（续）

序号	图例	操作步骤
3	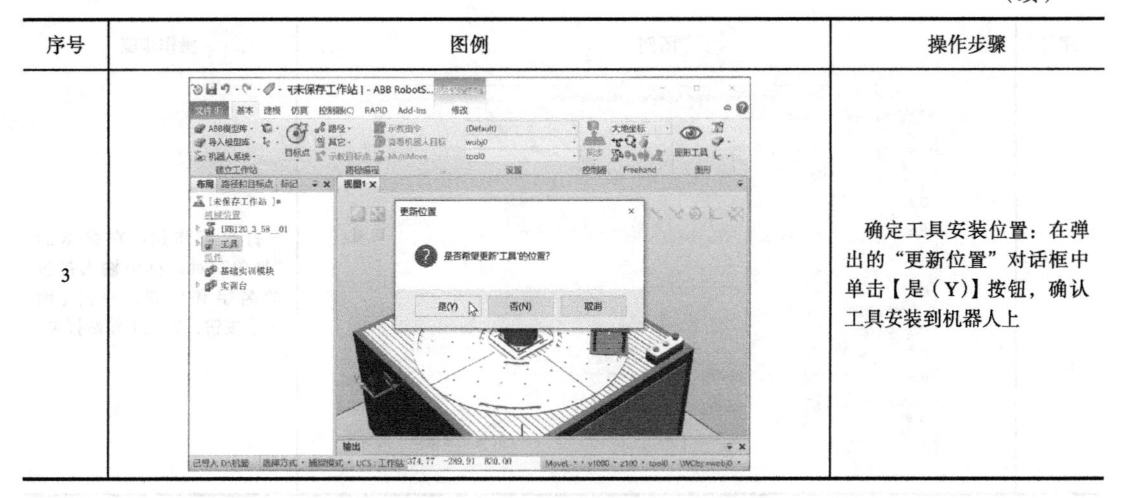	确定工具安装位置：在弹出的“更新位置”对话框中单击【是（Y）】按钮，确认工具安装到机器人上

5. 打包工作站文件

为了能在不同计算机上的 RobotStudio 软件中打开工作站文件，以方便交流，需要将工作站文件打包。工作站文件打包的步骤见表 3-5。

表 3-5　工作站文件打包的步骤

序号	图例	操作步骤
1		工作站文件保存：选择“文件”选项卡，单击【保存工作站为】按钮，在弹出的“另存为”对话框中选择保存路径和修改文件名，单击【保存】按钮，完成工作站文件保存
2		开启打包工作站：选择“文件”选项卡，单击【共享】→【打包】

（续）

序号	图例	操作步骤
3	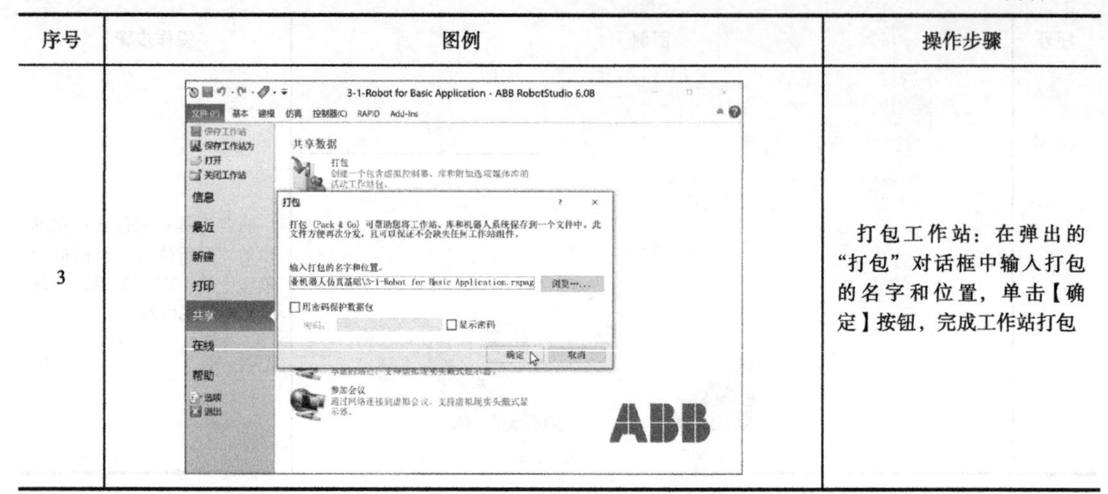	打包工作站：在弹出的“打包”对话框中输入打包的名字和位置，单击【确定】按钮，完成工作站打包

思考与练习

1. 填空题（请将正确的答案填在题中的横线上）

1）在界面左侧“布局”窗口选中机器人模型，右击后在弹出的菜单中选择________可以查看机器人的工作区域，以方便调整工作站内相关设备的位置。

2）若要在 RobotStudio 软件中安装机器人所用的工具，可以在界面左侧“布局”窗口选中工具并按住鼠标________，将其拖到机器人模型上后松开，工具就安装完成。

2. 选择题（请将正确答案填入括号中）

1）在布局工作站时，若要调整相关设备的位置，可以使用“基本”选项卡的“Freehand”中的（　　）功能。

A. 移动　　B. 手动线性　　C. 拖动　　D. 手动重定位

2）在“视图”窗口中，提供了查看________和查看________的快捷按钮，可方便用户查看工作站视图。（　　）

A. 全部、局部　　B. 全部、中心　　C. 中心、局部　　D. 全部、细节

3）若要隐藏机器人工作区域，在界面左侧________窗口中选择机器人模型，单击鼠标________，在弹出的菜单中单击选择“显示机器人工作区域”即可。（　　）

A. 布局、左键　　B. 路径和目标点、右键

C. 布局、右键　　D. 路径与目标点、左键

任务二　创建机器人系统与手动操纵

任务描述

本次任务首先创建机器人系统，涉及控制系统命名和系统选项配置；然后对机器人进

行手动操纵，拖动机器人进行简单轨迹的运行。

知识学习

工业机器人控制系统是机器人离线编程与虚拟仿真的前提条件。在完成机器人工作站布局设计后，要为机器人加载控制系统，建立虚拟控制器，使其具有相应的电气特性来完成有关工作。在 RobotStudio 软件中，机器人系统的创建主要有三种方法：

1）从布局：根据工作站布局创建系统。

2）新建系统：为工作站创建新系统。

3）已有系统：为工作站添加已有的系统。

在创建机器人系统时，需根据实际情况确定相关系统选项。特别注意的是，部分系统选项需与对应的硬件匹配。比如，“709-1 DeviceNet Master/Slave”是 ABB 机器人最常见的现场总线选项；“633-4 Arc”是弧焊包选项。表 3-6 列出了常见的机器人系统选项。

表 3-6　常见的机器人系统选项

选项名称	说明
709-1 DeviceNet Master/Slave	DeviceNet 现场总线
841-1 EtherNet/IP Scanner/Adapter	EtherNet/IP 协议通信
888-2 PROFINET Controller/Device	PROFINET 协议通信
604-1 MultiMoveCoordinated	一台控制柜下多台机器人协同工作
604-2 MultiMoveIndependent	一台控制柜下多台机器人独立工作
608-1 WorldZone	在位于用户专门定义的区域内时停止机器人
610-1 IndependentAxis	独立于机器人系统中其它各轴的情况下移动一根轴
611-1 PathRecovery	恢复被中断的路径
613-1 CollisionDetection	碰撞检测
623-1 Multitasking	能够同时执行多段程序
633-4 Arc	弧焊应用
635-6 SpotWelding	点焊应用

任务实施

1. 创建机器人系统

机器人控制系统的创建步骤见表 3-7。

表 3-7　机器人控制系统的创建步骤

序号	图例	操作步骤
1	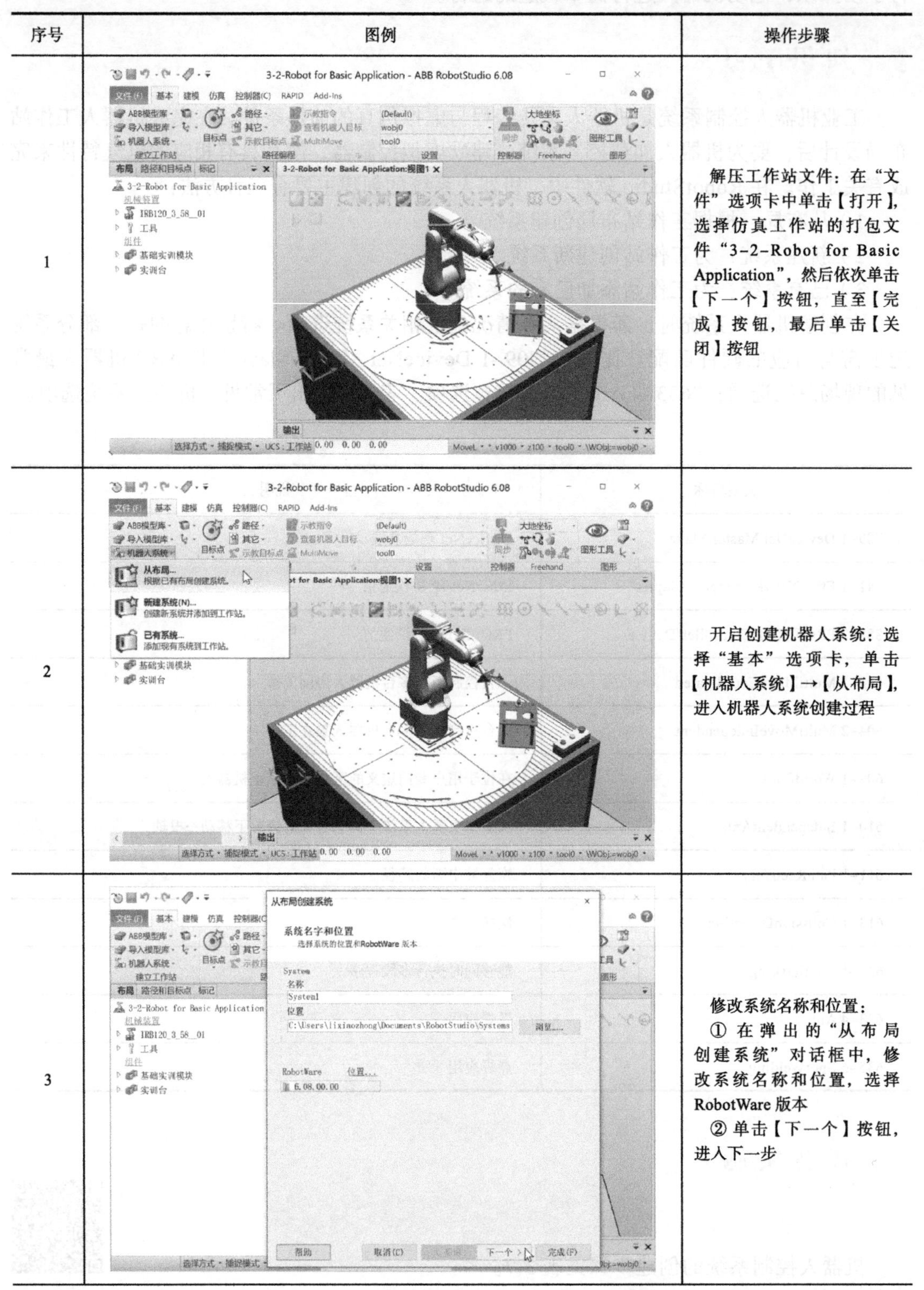	解压工作站文件：在“文件”选项卡中单击【打开】，选择仿真工作站的打包文件“3-2-Robot for Basic Application”，然后依次单击【下一个】按钮，直至【完成】按钮，最后单击【关闭】按钮
2		开启创建机器人系统：选择“基本”选项卡，单击【机器人系统】→【从布局】，进入机器人系统创建过程
3		修改系统名称和位置： ① 在弹出的“从布局创建系统”对话框中，修改系统名称和位置，选择 RobotWare 版本 ② 单击【下一个】按钮，进入下一步

（续）

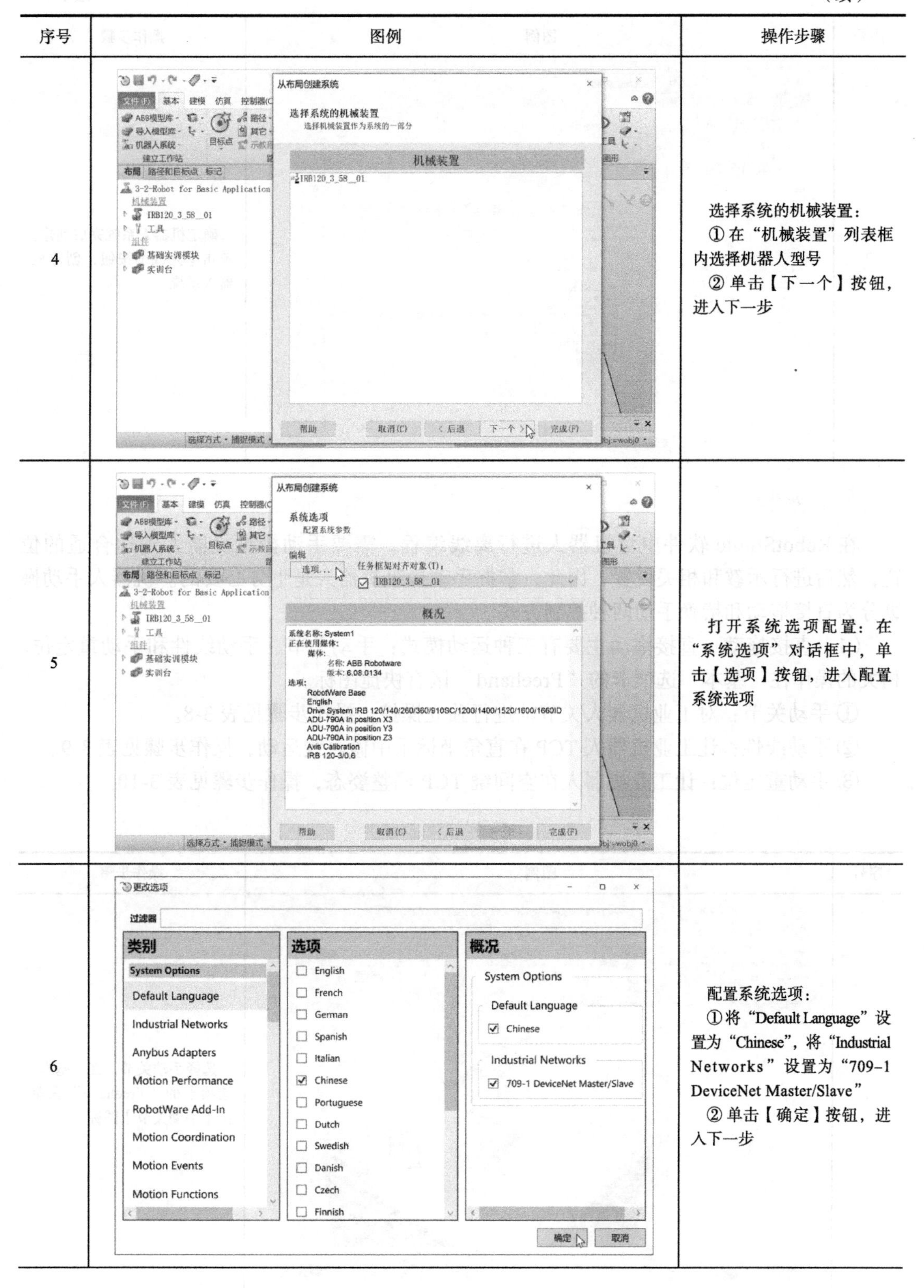

序号	图例	操作步骤
4		选择系统的机械装置： ①在“机械装置”列表框内选择机器人型号 ②单击【下一个】按钮，进入下一步
5		打开系统选项配置：在“系统选项”对话框中，单击【选项】按钮，进入配置系统选项
6		配置系统选项： ①将“Default Language”设置为“Chinese”，将“Industrial Networks”设置为“709-1 DeviceNet Master/Slave” ②单击【确定】按钮，进入下一步

（续）

序号	图例	操作步骤
7	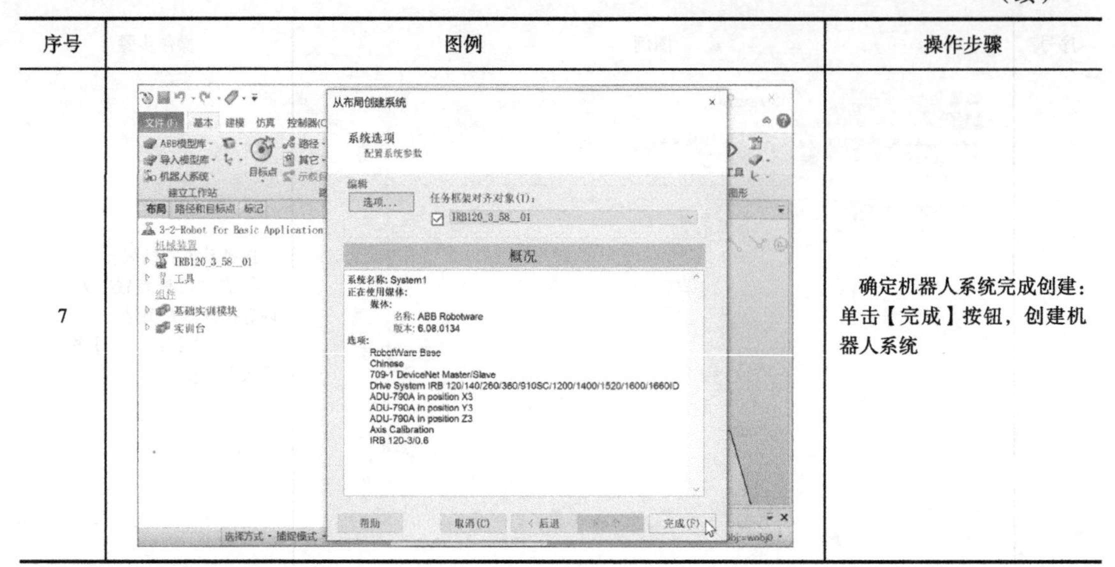	确定机器人系统完成创建：单击【完成】按钮，创建机器人系统

2. 手动操纵

在 RobotStudio 软件中对机器人进行离线编程，需要手动操纵机器人到达合适的位置，然后进行示教和相关设置，因此，掌握手动操纵机器人是十分必要的。机器人手动操纵分为直接拖动和精确手动两种控制方式。

（1）直接拖动　直接拖动主要有三种运动模式：手动关节、手动线性和手动重定位。相关的操作在“基本”选项卡的“Freehand”区有快捷图标。

① 手动关节：对工业机器人关节轴进行独立操控，操作步骤见表 3-8。

② 手动线性：让工业机器人 TCP 在直角坐标系中做直线运动，操作步骤见表 3-9。

③ 手动重定位：让工业机器人在空间绕 TCP 调整姿态，操作步骤见表 3-10。

表 3-8　手动关节的操作步骤

序号	图例	操作步骤
1		选择手动关节：在“基本”选项卡的“Freehand”区单击【手动关节】图标

（续）

序号	图例	操作步骤
2	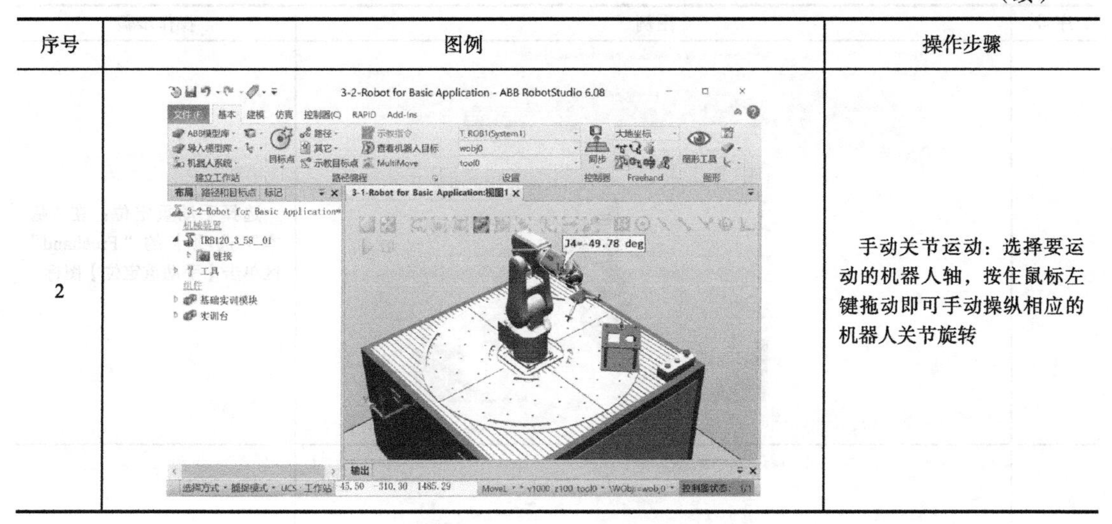	手动关节运动：选择要运动的机器人轴，按住鼠标左键拖动即可手动操纵相应的机器人关节旋转

表 3-9 手动线性的操作步骤

序号	图例	操作步骤
1	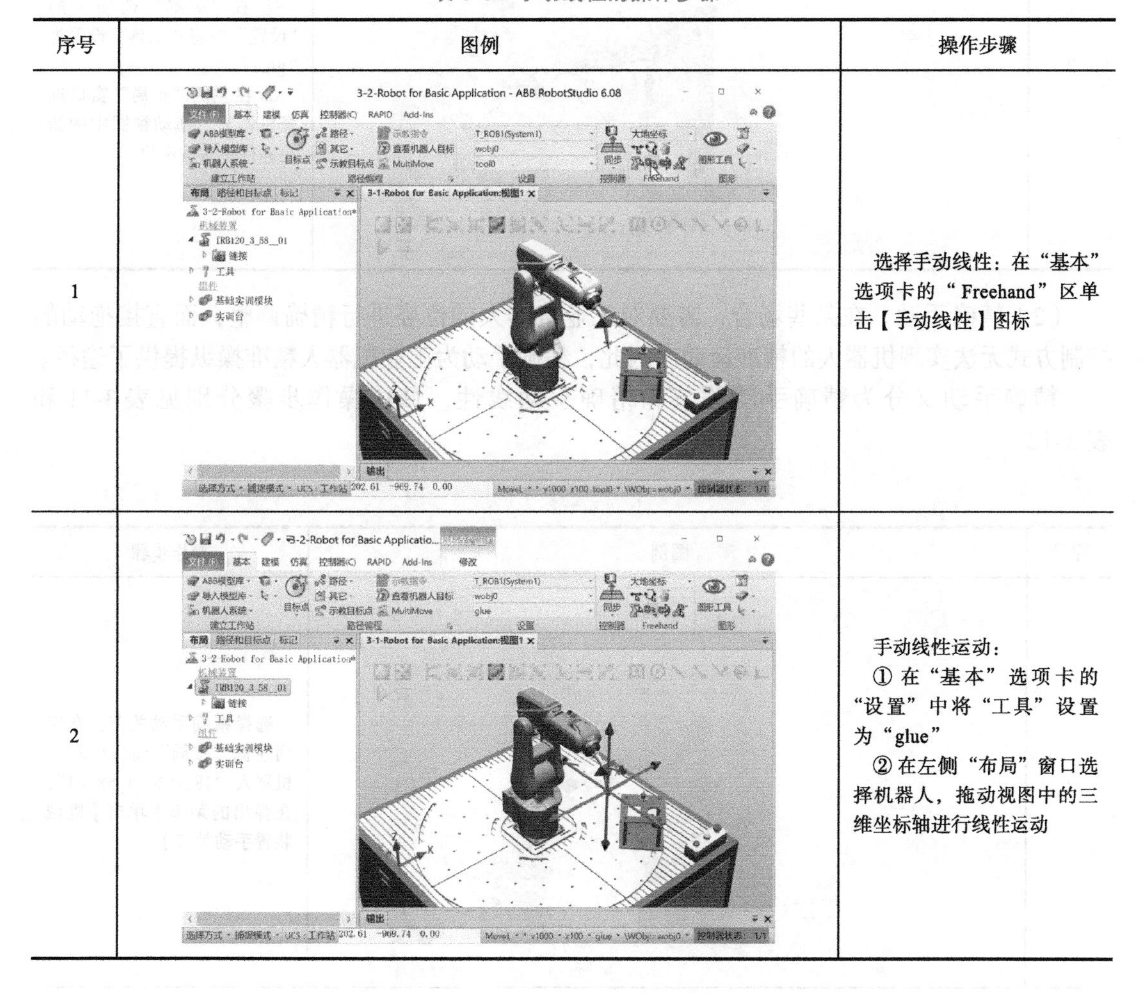	选择手动线性：在“基本”选项卡的“Freehand”区单击【手动线性】图标
2		手动线性运动： ① 在“基本”选项卡的“设置”中将“工具”设置为“glue” ② 在左侧“布局”窗口选择机器人，拖动视图中的三维坐标轴进行线性运动

表 3-10　手动重定位的操作步骤

序号	图例	操作步骤
1	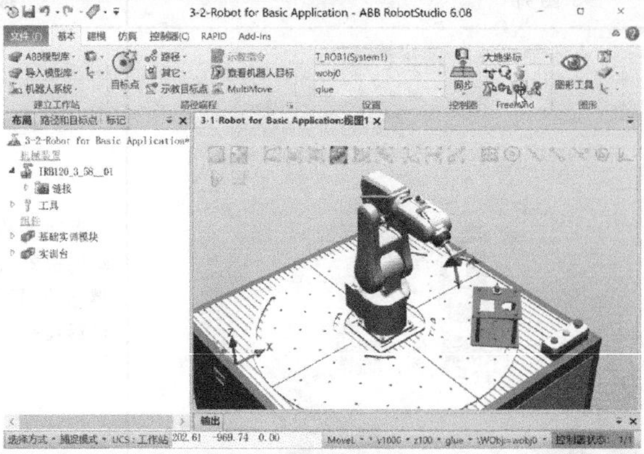	选择手动重定位：在“基本”选项卡的“Freehand”区单击【手动重定位】图标
2	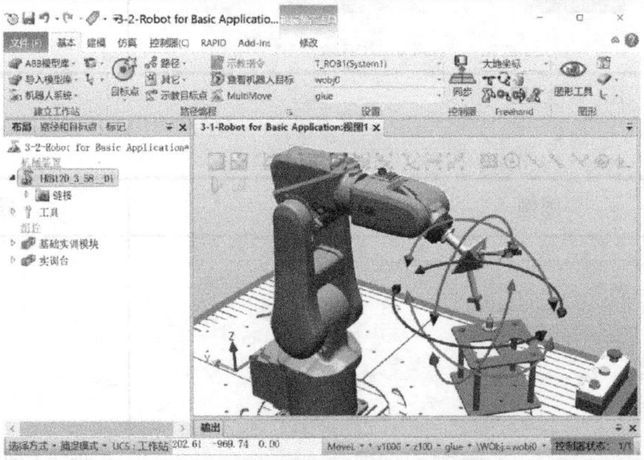	手动重定位运动： ① 在“基本”选项卡的“设置”中将“工具”设置为“glue” ② 在左侧“布局”窗口选择机器人，拖动视图中的箭头进行手动重定位

（2）精确手动　在某些场合，需要对工业机器人的位姿进行精确调整，而直接拖动的控制方式无法实现机器人的精准运动。因此，精确手动为工业机器人精准操纵提供了途径。

精确手动又分为精确手动关节和精确手动线性，具体操作步骤分别见表 3-11 和表 3-12。

表 3-11　精确手动关节的操作步骤

序号	图例	操作步骤
1	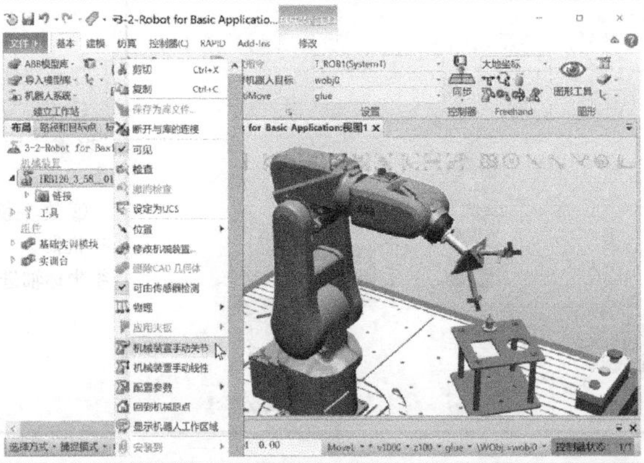	选择精确手动关节：在界面左侧“布局”窗口中右击机器人“IRB120_3_58_01”，在弹出的菜单中单击【机械装置手动关节】

（续）

序号	图例	操作步骤
2	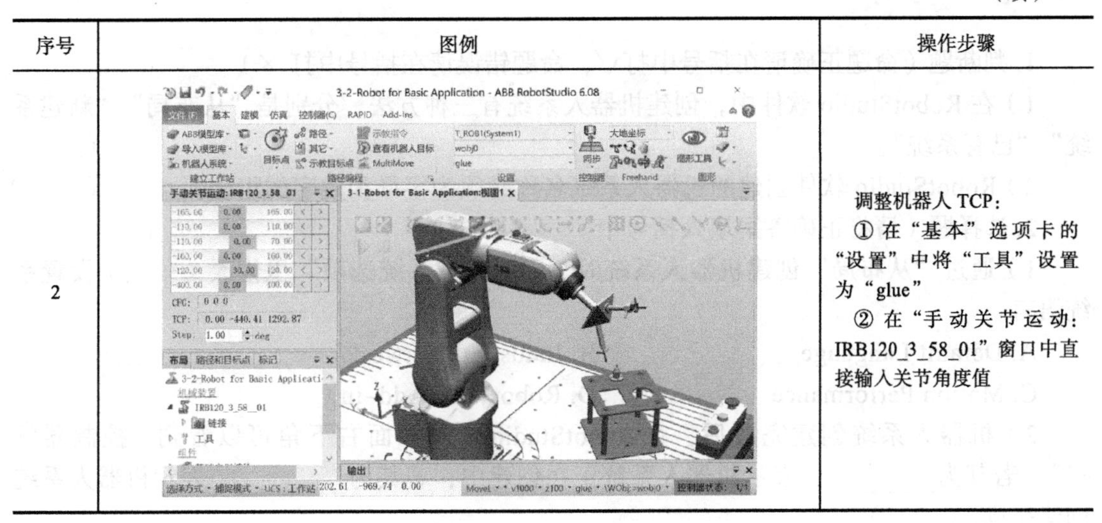	调整机器人 TCP： ① 在“基本”选项卡的“设置”中将“工具”设置为“glue” ② 在“手动关节运动：IRB120_3_58_01”窗口中直接输入关节角度值

表 3-12　精确手动线性的操作步骤

序号	图例	操作步骤
1	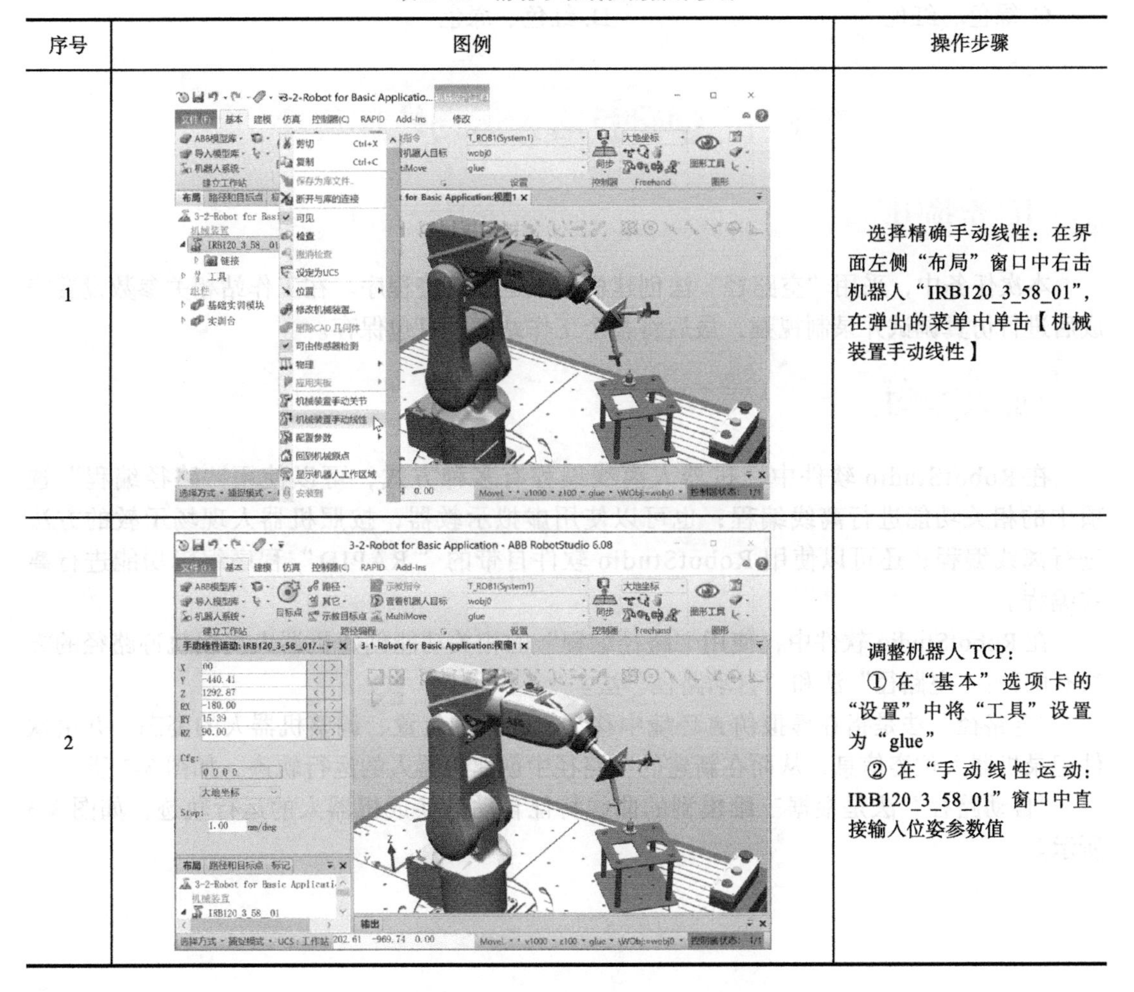	选择精确手动线性：在界面左侧“布局”窗口中右击机器人“IRB120_3_58_01”，在弹出的菜单中单击【机械装置手动线性】
2		调整机器人 TCP： ① 在“基本”选项卡的“设置”中将“工具”设置为“glue” ② 在“手动线性运动：IRB120_3_58_01”窗口中直接输入位姿参数值

思考与练习

1. 判断题（命题正确请在括号中打√，命题错误请在括号中打 ×）

1）在 RobotStudio 软件中，创建机器人系统有三种方法，分别是“从布局”“新建系统”“已有系统”。（　　）

2）RobotStudio 软件创建的机器人系统名称必须为字母和数字的组合。（　　）

2. 选择题（请将正确答案填入括号中）

1）通过“从布局”创建机器人系统时，可以在“系统选项”里修改（　　）设置系统语言。

A. Default Language　　B. Industrial Networks

C. Motion Performance　　D. RobotWare Add-in

2）机器人系统创建完成后，在 RobotStudio 软件界面右下角可以看到“控制器状态”。若其为________，表示机器人系统正在创建中；若其为________，表示机器人系统创建完成。（　　）

A. 红色、黄色　　B. 黄色、绿色

C. 绿色、红色　　D. 红色、绿色

任务三　创建机器人运动轨迹程序

任务描述

本次任务中，采用“空路径”法创建机器人运动轨迹程序。在工作站相关参数设置完成后进行仿真调试并录制视频，最后将整个工作站文件打包保存。

知识学习

在 RobotStudio 软件中，机器人离线编程有多种方式，可以使用“路径编程”选项中的相关功能进行离线编程；也可以使用虚拟示教器，按照机器人现场示教的方法进行离线编程；还可以使用 RobotStudio 软件自带的“RAPID”程序编辑功能进行离线编程。

在 RobotStudio 软件中，使用“路径编程”的相关功能创建机器人离线轨迹路径的方法有两种：“空路径”法和“自动路径”法。

“空路径”法是指在虚拟仿真环境中移动机器人的位置、调整机器人的姿态，并由软件记录机器人位姿信息，从而在新建的空路径中创建机器人的运行轨迹，如图 3-2 所示。

“自动路径”法是根据三维模型的曲线特征自动转换成机器人的运行轨迹，如图 3-3 所示。

图 3-2 “空路径”法

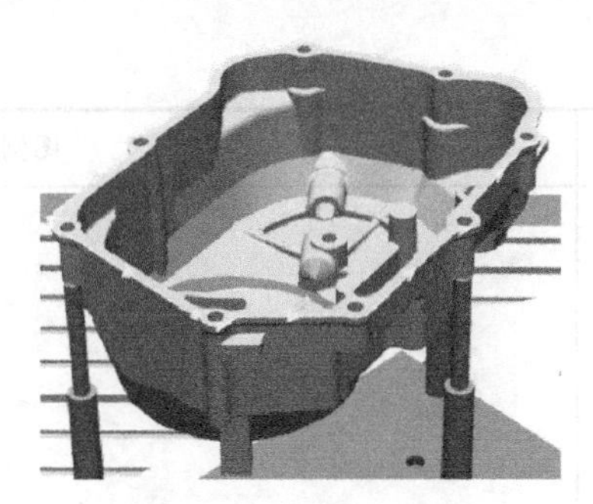

图 3-3 “自动路径”法

任务实施

1. “空路径”法创建机器人路径

采用“空路径”法创建工业机器人运动路径的操作步骤见表 3-13。

表 3-13 “空路径”法的操作步骤

序号	图例	操作步骤
1	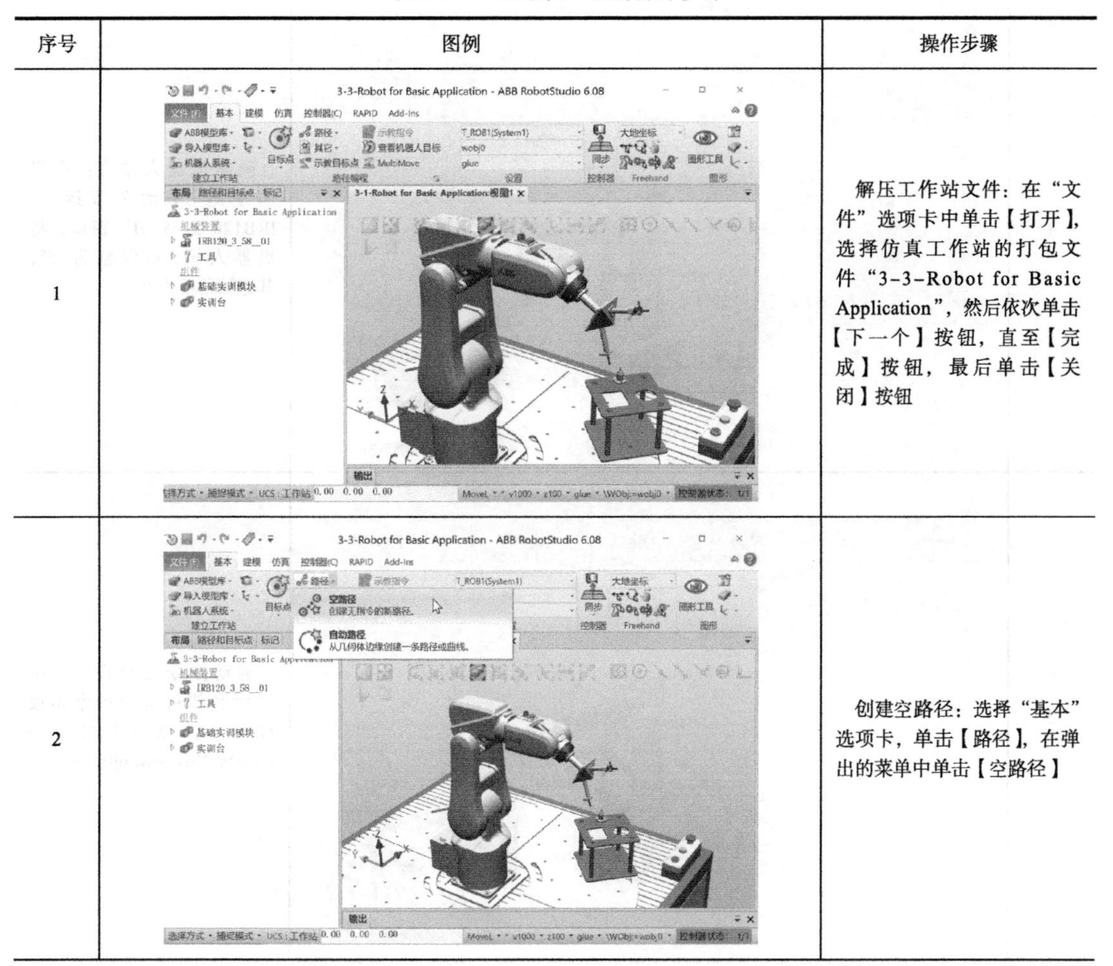	解压工作站文件：在“文件”选项卡中单击【打开】，选择仿真工作站的打包文件“3-3-Robot for Basic Application”，然后依次单击【下一个】按钮，直至【完成】按钮，最后单击【关闭】按钮
2		创建空路径：选择“基本”选项卡，单击【路径】，在弹出的菜单中单击【空路径】

（续）

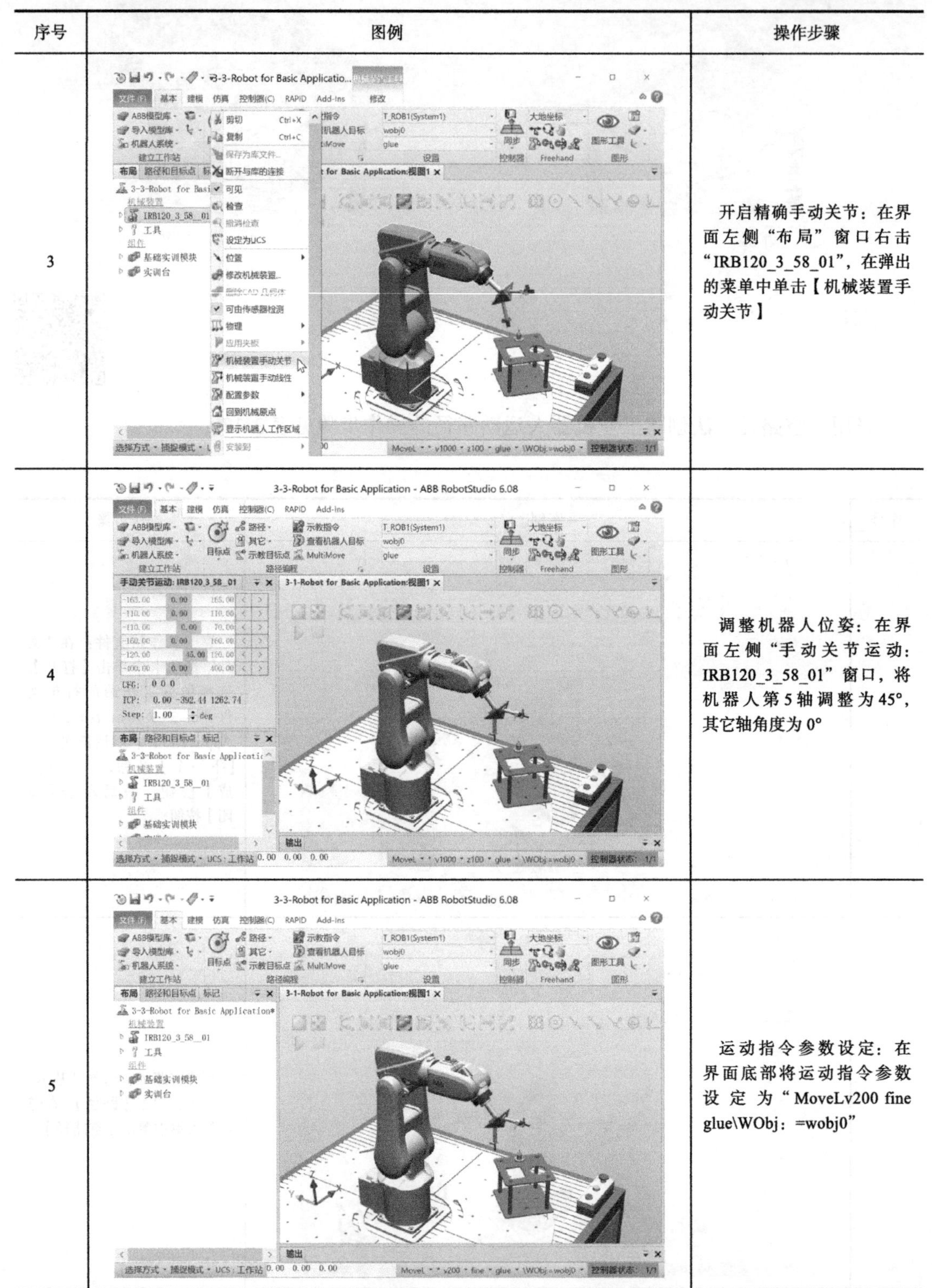

序号	图例	操作步骤
3		开启精确手动关节：在界面左侧“布局”窗口右击“IRB120_3_58_01”，在弹出的菜单中单击【机械装置手动关节】
4		调整机器人位姿：在界面左侧“手动关节运动：IRB120_3_58_01”窗口，将机器人第5轴调整为45°，其它轴角度为0°
5		运动指令参数设定：在界面底部将运动指令参数设定为“MoveLv200 fine glue\WObj：=wobj0”

（续）

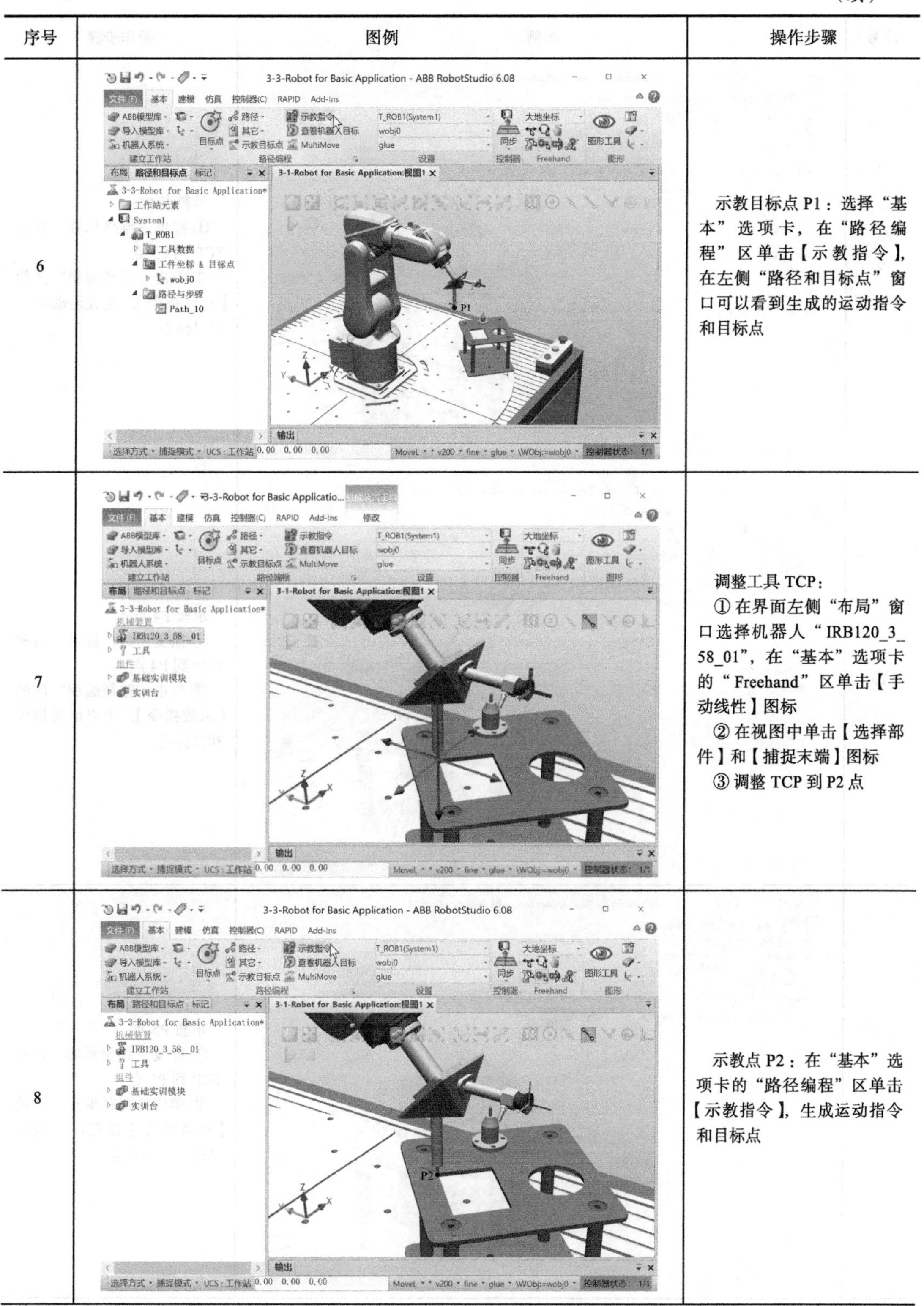

序号	图例	操作步骤
6		示教目标点 P1：选择“基本”选项卡，在“路径编程”区单击【示教指令】，在左侧“路径和目标点”窗口可以看到生成的运动指令和目标点
7		调整工具 TCP： ① 在界面左侧“布局”窗口选择机器人“IRB120_3_58_01”，在“基本”选项卡的“Freehand”区单击【手动线性】图标 ② 在视图中单击【选择部件】和【捕捉末端】图标 ③ 调整 TCP 到 P2 点
8		示教点 P2：在“基本”选项卡的“路径编程”区单击【示教指令】，生成运动指令和目标点

（续）

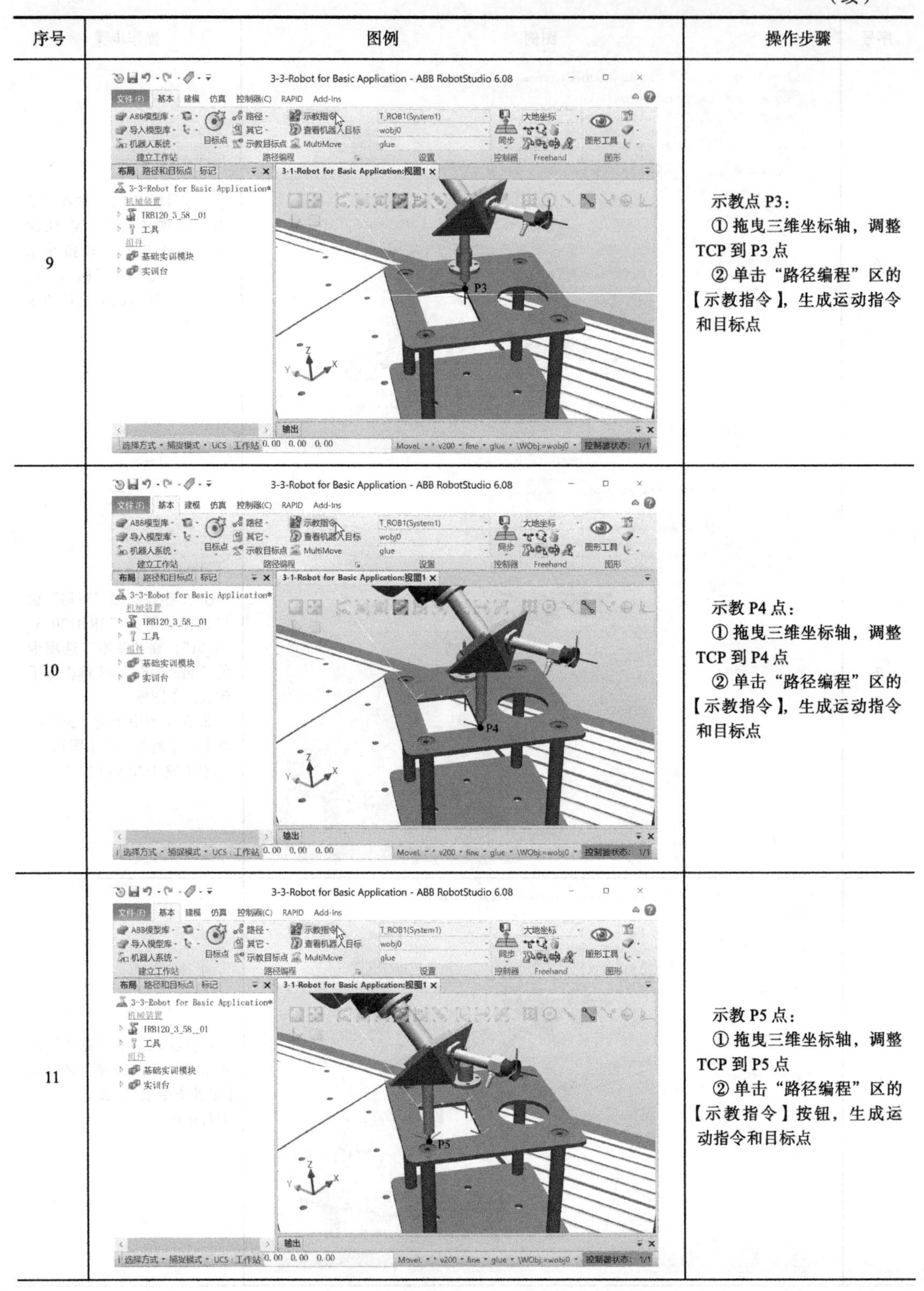

序号	图例	操作步骤
9		示教点 P3： ① 拖曳三维坐标轴，调整 TCP 到 P3 点 ② 单击“路径编程”区的【示教指令】，生成运动指令和目标点
10		示教 P4 点： ① 拖曳三维坐标轴，调整 TCP 到 P4 点 ② 单击“路径编程”区的【示教指令】，生成运动指令和目标点
11		示教 P5 点： ① 拖曳三维坐标轴，调整 TCP 到 P5 点 ② 单击“路径编程”区的【示教指令】按钮，生成运动指令和目标点

（续）

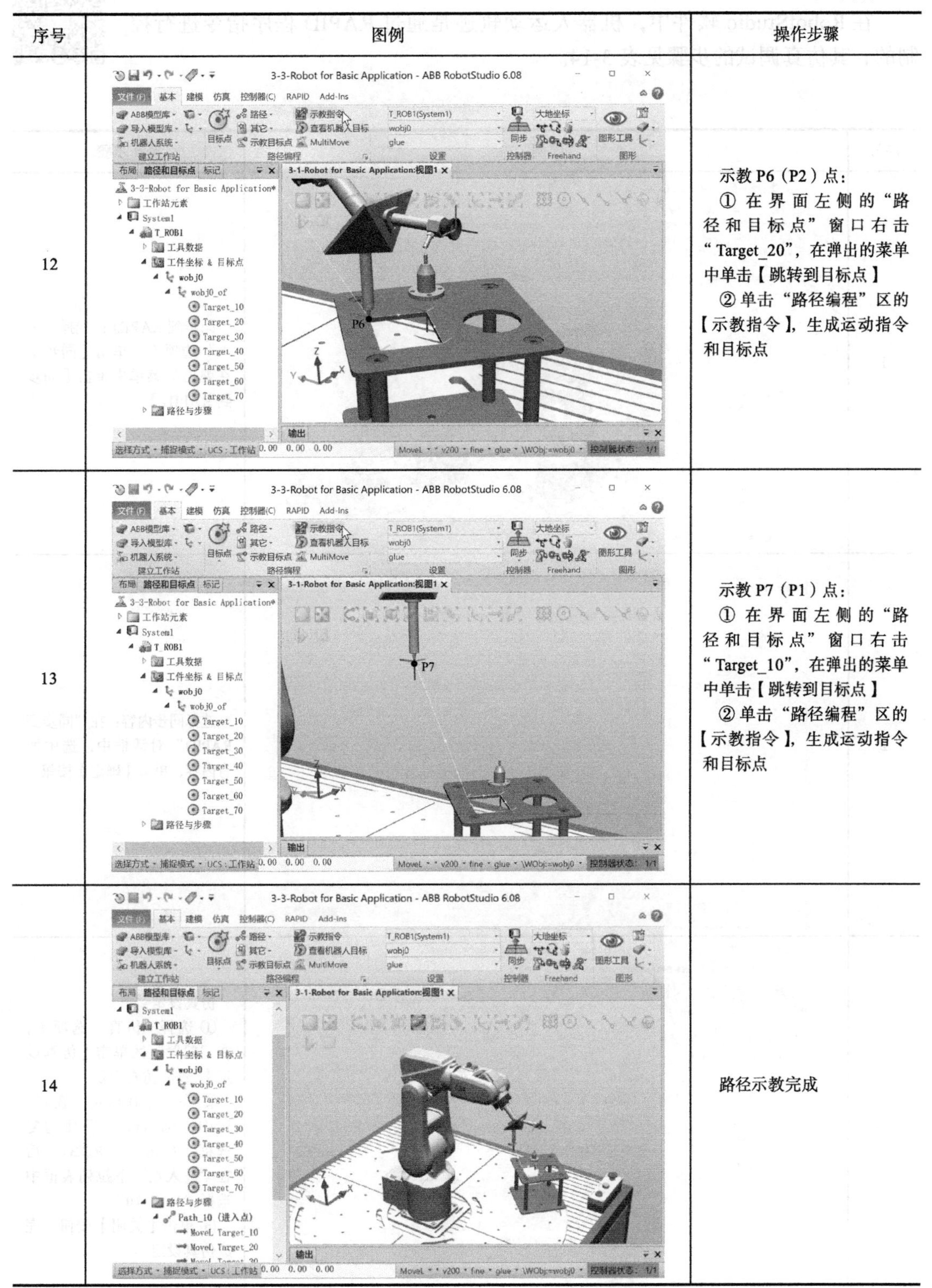

序号	图例	操作步骤
12		示教 P6（P2）点： ① 在界面左侧的“路径和目标点”窗口右击“Target_20”，在弹出的菜单中单击【跳转到目标点】 ② 单击“路径编程”区的【示教指令】，生成运动指令和目标点
13		示教 P7（P1）点： ① 在界面左侧的“路径和目标点”窗口右击“Target_10”，在弹出的菜单中单击【跳转到目标点】 ② 单击“路径编程”区的【示教指令】，生成运动指令和目标点
14		路径示教完成

2. 仿真调试

在 RobotStudio 软件中，机器人运动轨迹是通过 RAPID 程序指令进行控制的，其仿真调试的步骤见表 3-14。

表 3-14 仿真调试的步骤

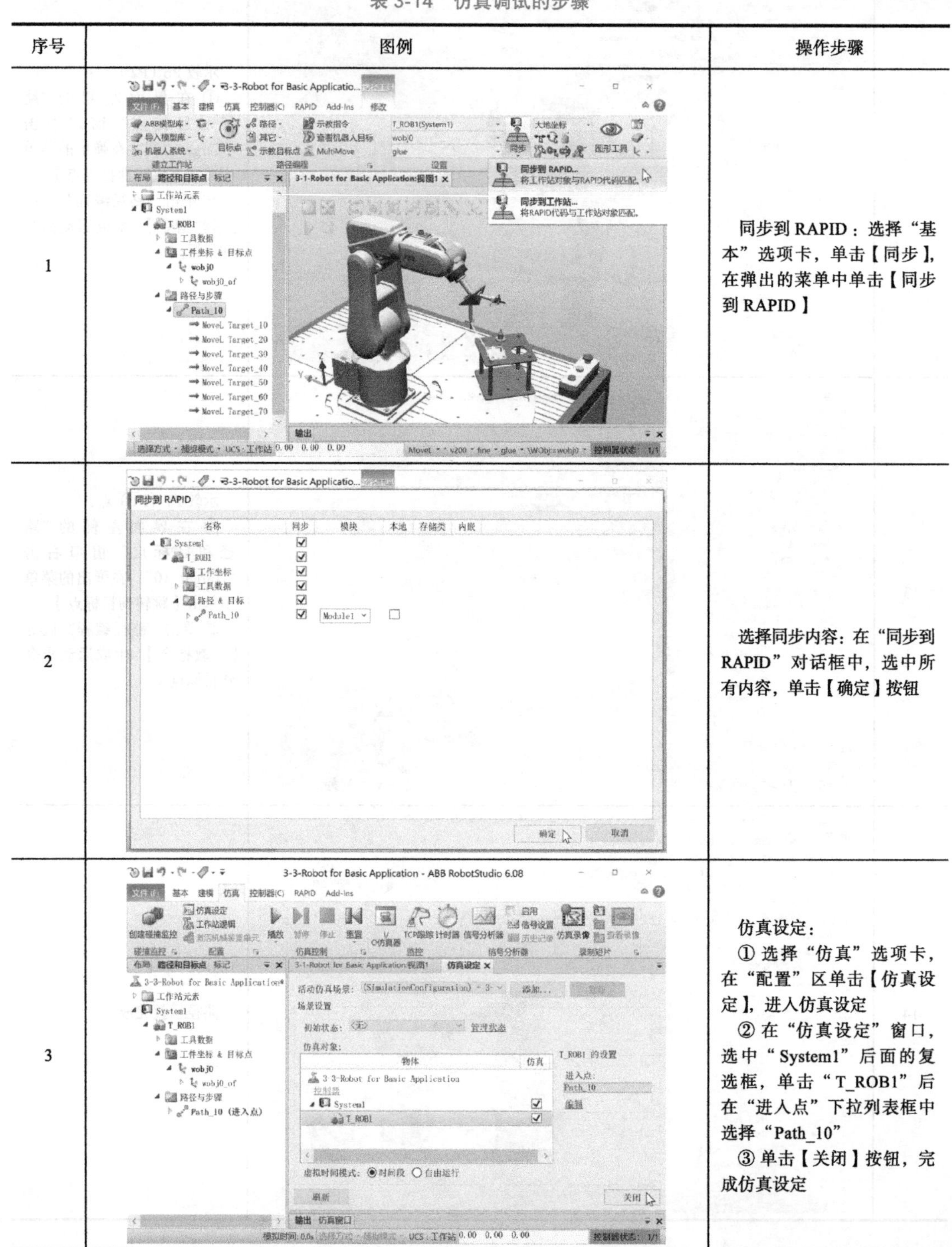

序号	图例	操作步骤
1		同步到 RAPID：选择“基本”选项卡，单击【同步】，在弹出的菜单中单击【同步到 RAPID】
2		选择同步内容：在“同步到 RAPID”对话框中，选中所有内容，单击【确定】按钮
3		仿真设定： ① 选择“仿真”选项卡，在“配置”区单击【仿真设定】，进入仿真设定 ② 在“仿真设定”窗口，选中“System1”后面的复选框，单击“T_ROB1”后在“进入点”下拉列表框中选择“Path_10” ③ 单击【关闭】按钮，完成仿真设定

（续）

序号	图例	操作步骤
4	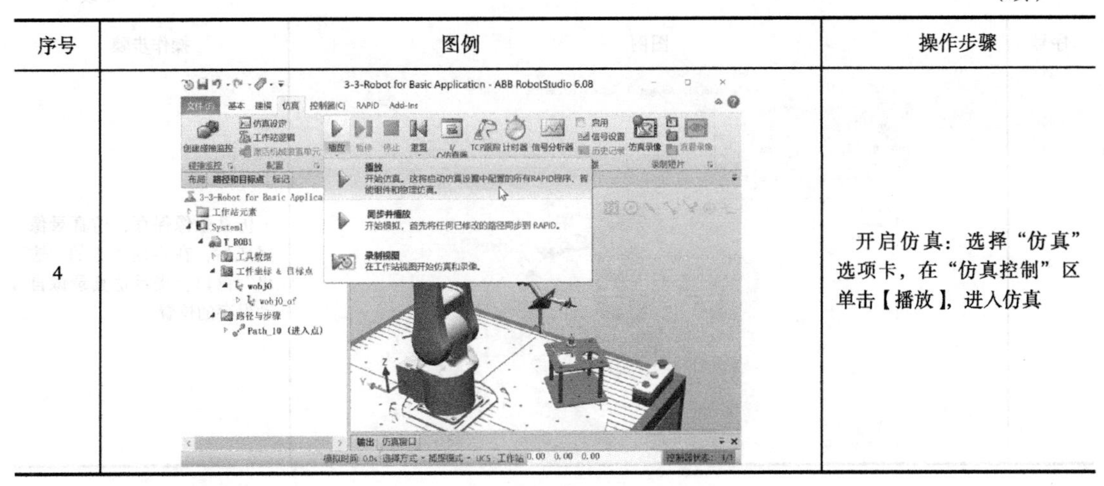	开启仿真：选择“仿真”选项卡，在“仿真控制”区单击【播放】，进入仿真

3. 仿真录像

为了方便向客户展示方案设计，RobotStudio 软件提供了仿真视频录制功能。录制的视频可以在未安装 RobotStudio 软件的计算机中播放。仿真录像的操作步骤见表 3-15。

表 3-15　仿真录像的操作步骤

序号	图例	操作步骤
1	选项 概述 外观 授权 单位 高级 自动保存 文件与文件夹 屏幕截图 屏幕录像机 机器人 文本编辑器 RAPID 分析工具 图形化编程 同步 机械 虚拟控制器 在线 授权与语言 在线监视器 作业 图形 外观 信息 最近 新建 打印 共享 在线 帮助 选项 退出 屏幕录像机 帧速率 20 注意：将不影响“录制仿真”功能 开始录像延时时间（s）: 0.5 停止录像延时时间（s） 0.0 录制图片和录制应用程序时包括鼠标指针 分辨率 与窗口相同 限制分辨率 最宽（像素） 800 最高（像素） 600 录像压缩方式: H.264 位置 C:\Users\lixiaozhong\Videos 文件名（将追加唯一的后缀） RobotStudio MP4 默认 确定 取消	仿真录像参数设置：选择“文件”选项卡，单击【选项】，在弹出的“选项”对话框中单击【屏幕录像机】，将相关参数设置完成后，单击【确定】按钮，完成仿真录像参数设置
2	3-3-Robot for Basic Application - ABB RobotStudio 6.08 基本 建模 仿真 控制器(C) RAPID Add-Ins 仿真设定 工作站逻辑 创建碰撞监控 播放 暂停 停止 重置 TCP跟踪 计时器 信号分析器 启用 信号设置 历史记录 仿真录像 查看录像 布局 路径和目标点 标记 3-1-Robot for Basic Application:视图1 3-3-Robot for Basic Application 工作站元素 System1 T_ROB1 工具数据 工作坐标 & 目标点 wobj0 wobj0_of 路径与步骤 Path_10 (进入点) 输出 仿真窗口 模拟时间 5.6s 选择方式 捕捉模式 UCS 工作站 0.00 0.00 0.00 控制器状态: 1/1	仿真录像： ① 选择“仿真”选项卡，在“仿真控制”区单击【播放】，进入仿真 ② 单击“录制短片”区的【仿真录像】，开始仿真录像

（续）

序号	图例	操作步骤
3	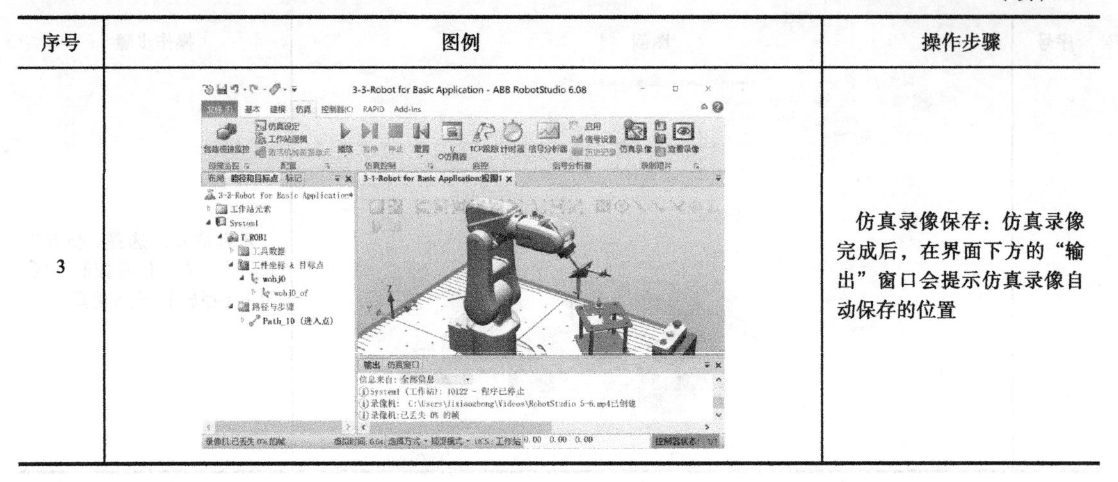	仿真录像保存：仿真录像完成后，在界面下方的“输出”窗口会提示仿真录像自动保存的位置

思考与练习

1. 填空题（请将正确的答案填在题中的横线上）

1）在 RobotStudio 软件中，使用“路径编程”的相关功能创建机器人运行轨迹路径的方法有两种，分别是________和________。

2）在界面左侧“布局”窗口中选择机器人模型，单击鼠标________，在弹出的菜单中单击________或________，进入机器人位姿调整界面。

3）在 RobotStudio 软件中，机器人的路径创建完成后，还需进行________的验证，以确保路径的正确。

2. 判断题（命题正确请在括号中打√，命题错误请在括号中打 ×）

1）在“基本”选项卡中使用“示教指令”生成运动路径前，需要设置工件坐标系、运动指令类型以及运动速度。（　）

2）在打包工作站前，工作站文件无需保存。（　）

3）若要删除路径，在“路径和目标点”窗口中右击所要删除的路径，在弹出的菜单中选择【删除】即可。（　）

4）工作站同步到 RAPID 的操作只能在“基本”选项卡的“控制器”区选择【同步】来完成。（　）

项目总结

本项目主要介绍了工业机器人仿真工作站的创建方法、“空路径”法创建机器人轨迹程序、工作站仿真运行与录制视频。通过对工业机器人基本工作站的创建与仿真调试，为工业机器人工程应用的虚拟仿真打下了基础。

项目四 ▷▷▷▶▶▶

工业机器人涂胶离线仿真

学习情境

与点焊、搬运等运动控制所不同的是，机器人涂胶作业是基于连续工艺状态下的运动控制，常常需要实现长距离的不规则曲线轨迹运动，因此对机器人的直线和圆弧轨迹插补精度提出了很高要求。机器人离线编程可以根据三维模型的曲线特征自动转换为机器人的运行轨迹，对提高编程效率、保证轨迹精度具有重要意义。

学习目标

1. 知识目标

- ◆ 掌握工业机器人坐标系的基本概念。
- ◆ 掌握曲线轨迹路径的创建方法。
- ◆ 掌握机器人目标点与轴配置参数调整的方法。
- ◆ 掌握机器人离线程序的优化方法。
- ◆ 掌握工作站碰撞监控和机器人 TCP 检测。

2. 能力目标

- ◆ 能够创建机器人工件坐标系。
- ◆ 能够根据几何特征自动生成机器人运动路径。
- ◆ 能够完善优化机器人离线程序。
- ◆ 能够对工作站进行状态监控。

任务一 创建工件坐标系与自动路径

任务描述

在本次任务中，首先根据工件模型利用“三点法”创建工件坐标系；然后通过“自动路径”法创建机器人运动轨迹程序，从而保证机器人涂胶作业的精度和速度。

1. 笛卡儿坐标系

工业机器人系统复杂，通常采用坐标系来准确、清楚地描述机器人的位姿（位置和姿态）参数。笛卡儿坐标系如图 4-1a 所示，该坐标系是其它坐标系的基础。

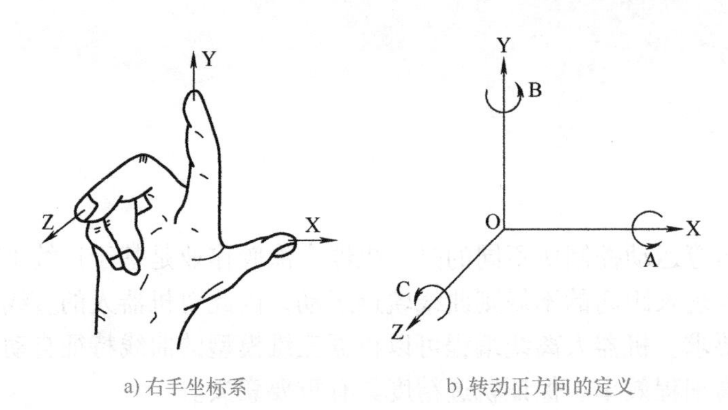

图 4-1　笛卡儿坐标系

围绕 X 轴、Y 轴和 Z 轴的转动角分别定义为回转角、俯仰角和偏转角，相应表达式为 ±A、±B 和 ±C。A、B 和 C 的正方向分别以 X、Y 和 Z 的正方向上右手螺旋前进的方向为正方向，如图 4-1b 所示。

2. 工业机器人坐标系

在工业机器人应用系统中，根据不同作业内容、轨迹路径等方面的要求，对机器人的示教或手动操纵是在不同坐标系下进行的。在《机器人与机器人装备　坐标系和运动命名原则》（GB/T 16977—2019）中，对机器人各坐标系进行了定义。这里结合 ABB 工业机器人控制系统中坐标系的定义做介绍，如图 4-2 所示。

（1）大地坐标系　大地坐标系与机器人的运动无关，是以大地为参照的固定坐标系，符号为 $O_0-X_0Y_0Z_0$。在默认情况下，大地坐标系与基坐标系是一致的。

（2）基坐标系　基坐标系是以机器人底座安装面为参照的坐标系，符号为 $O_1-X_1Y_1Z_1$。

（3）机械接口坐标系　机械接口坐标系，即 ABB 机器人法兰盘处的坐标系 tool_0，是以机械接口为参照的坐标系，符号为 $O_m-X_mY_mZ_m$。

（4）工具坐标系　工具坐标系是以安装在机器人机械接口上的工具或末端执行器为参照的坐标系，符号为 $O_t-X_tY_tZ_t$。

（5）用户坐标系　用户坐标系是以机器人作业现场作为参照的坐标系，符号为 $O_k-X_kY_kZ_k$。

（6）工件坐标系　工件坐标系是以被加工零件为参照的坐标系，符号为 $O_j-X_jY_jZ_j$。机器人可以拥有若干个工件坐标系，或表示不同工件，或表示同一工件在不同位置的若干副本。

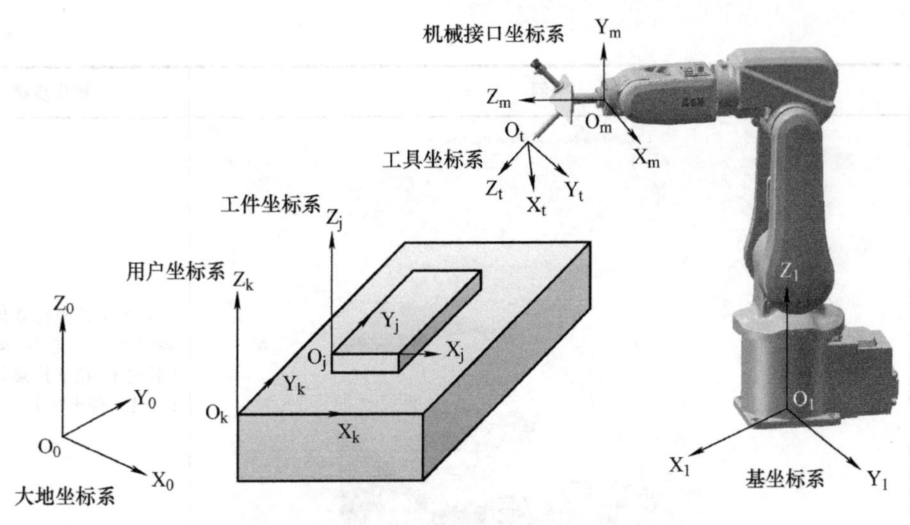

图 4-2　机器人坐标系

任务实施

1. 创建工件坐标系

为方便后续修改机器人路径和编写离线程序，在创建机器人运动路径前，通常需要先创建工件坐标系。工件坐标系的创建步骤见表 4-1。

表 4-1　工件坐标系的创建步骤

序号	图例	操作步骤
1	4-1-Robot for Glue - ABB RobotStudio 6.08	解压工作站文件：在“文件”选项卡中单击【打开】，选择仿真工作站的打包文件“4-1-Robot for Glue”，然后依次单击【下一个】按钮，直至【完成】按钮，最后单击【关闭】按钮

（续）

序号	图例	操作步骤
2	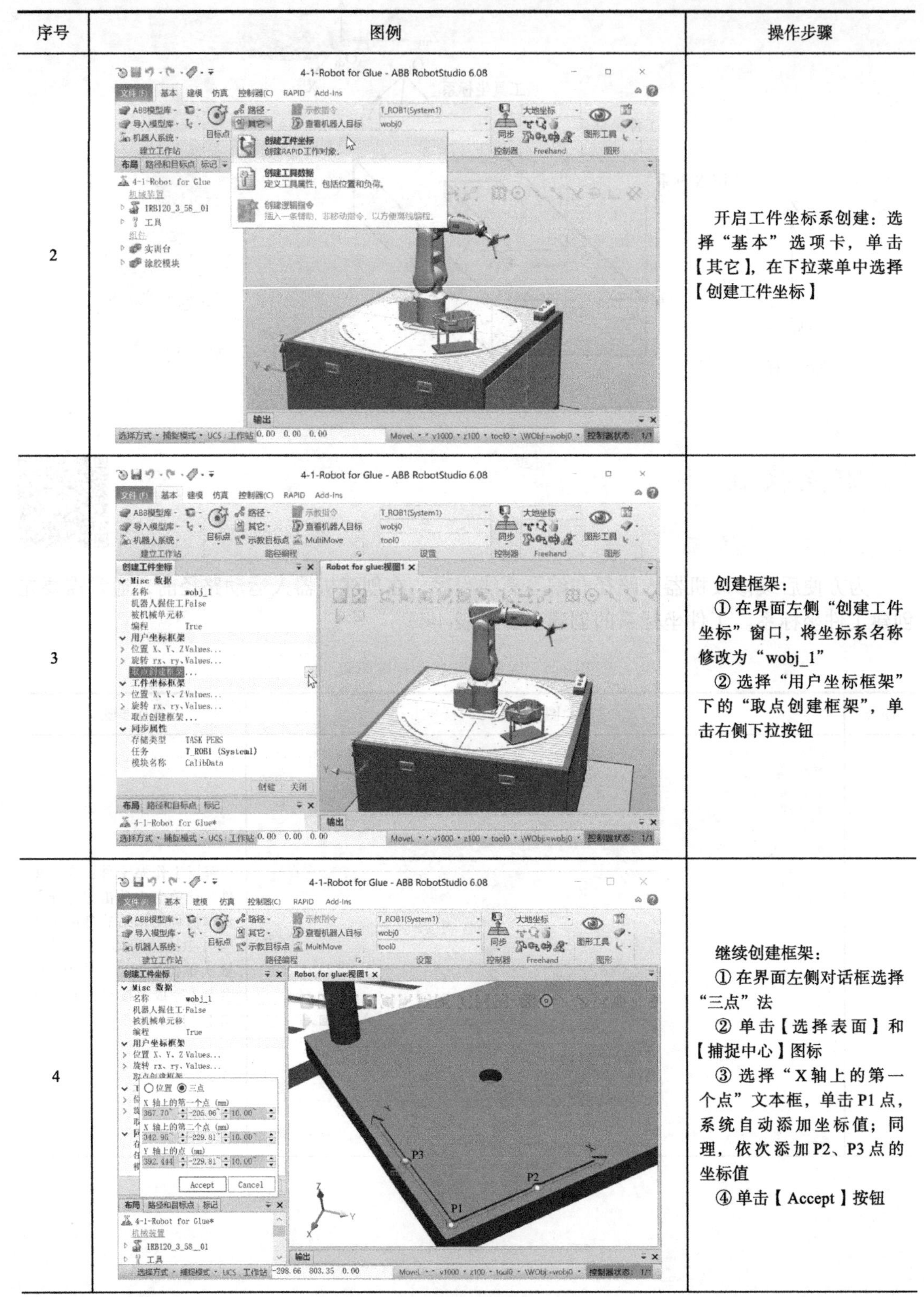	开启工件坐标系创建：选择“基本”选项卡，单击【其它】，在下拉菜单中选择【创建工件坐标】
3		创建框架： ① 在界面左侧“创建工件坐标”窗口，将坐标系名称修改为“wobj_1” ② 选择“用户坐标框架”下的“取点创建框架”，单击右侧下拉按钮
4		继续创建框架： ① 在界面左侧对话框选择“三点”法 ② 单击【选择表面】和【捕捉中心】图标 ③ 选择“X轴上的第一个点”文本框，单击P1点，系统自动添加坐标值；同理，依次添加P2、P3点的坐标值 ④ 单击【Accept】按钮

（续）

序号	图例	操作步骤
5	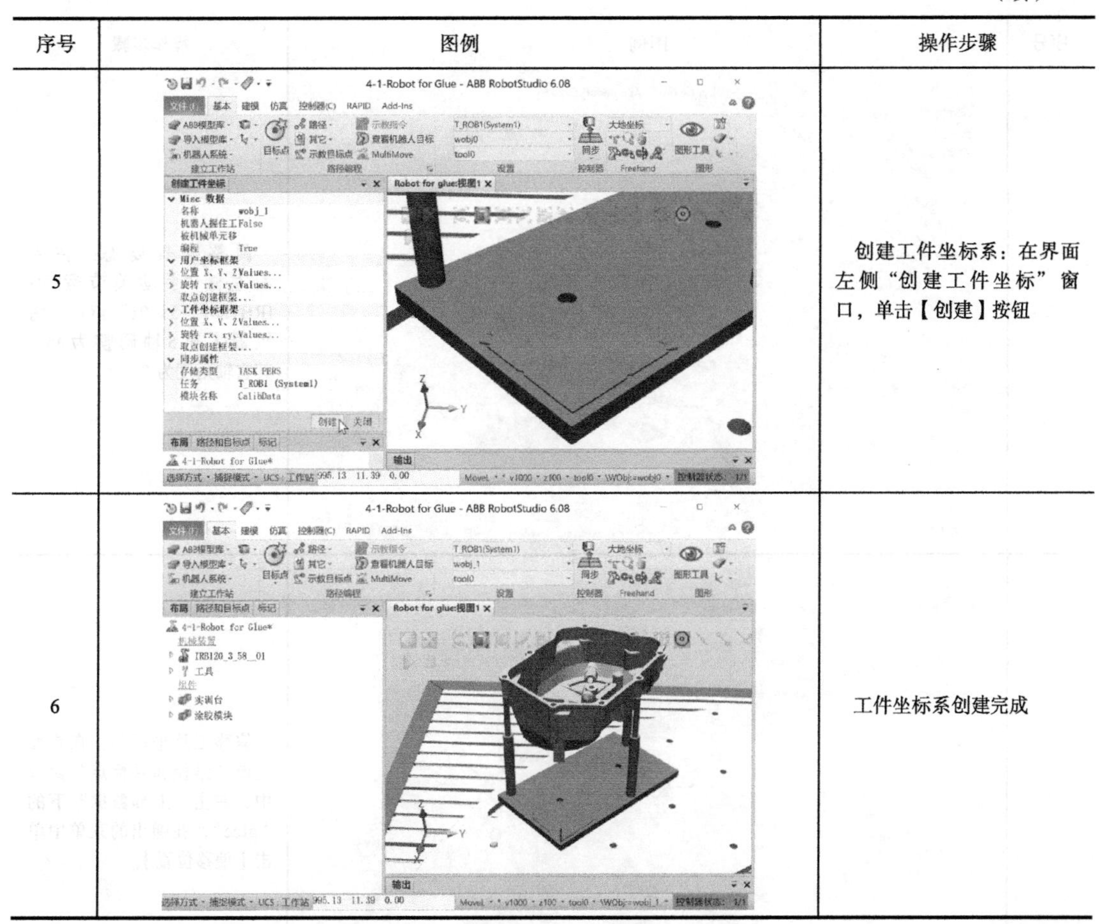	创建工件坐标系：在界面左侧“创建工件坐标”窗口，单击【创建】按钮
6		工件坐标系创建完成

2. 创建自动路径

在涂胶仿真工作站中进行自动路径的创建步骤见表 4-2。

表 4-2 自动路径的创建步骤

序号	图例	操作步骤
1		开启精确手动关节：在界面左侧“布局”窗口右击机器人“IRB120_3_58_01”，在弹出的菜单中单击【机械装置手动关节】

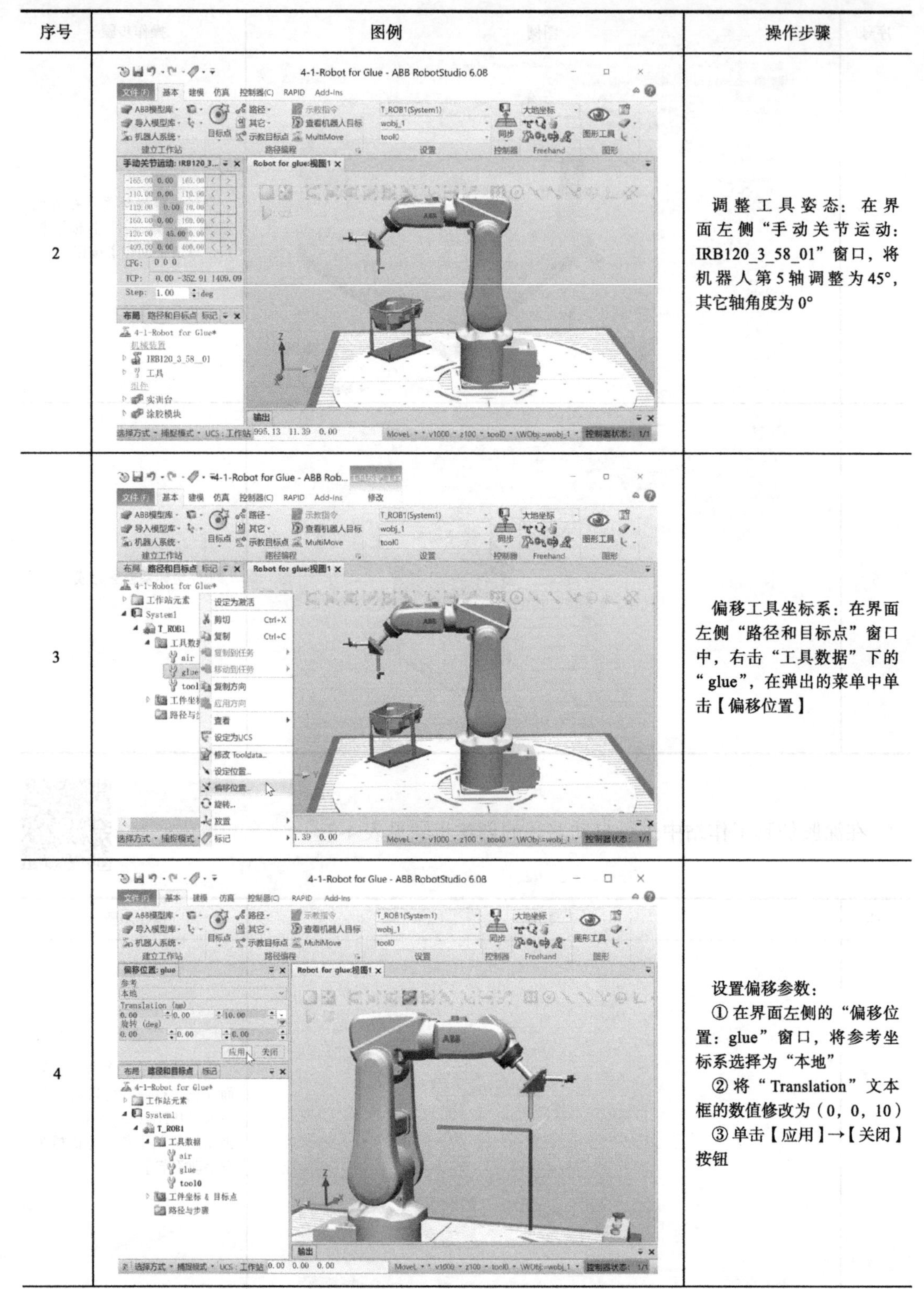

（续）

序号	图例	操作步骤
2		调整工具姿态：在界面左侧“手动关节运动：IRB120_3_58_01”窗口，将机器人第5轴调整为45°，其它轴角度为0°
3		偏移工具坐标系：在界面左侧“路径和目标点”窗口中，右击“工具数据”下的“glue”，在弹出的菜单中单击【偏移位置】
4		设置偏移参数： ① 在界面左侧的“偏移位置：glue”窗口，将参考坐标系选择为“本地” ② 将“Translation”文本框的数值修改为（0，0，10） ③ 单击【应用】→【关闭】按钮

（续）

序号	图例	操作步骤
5	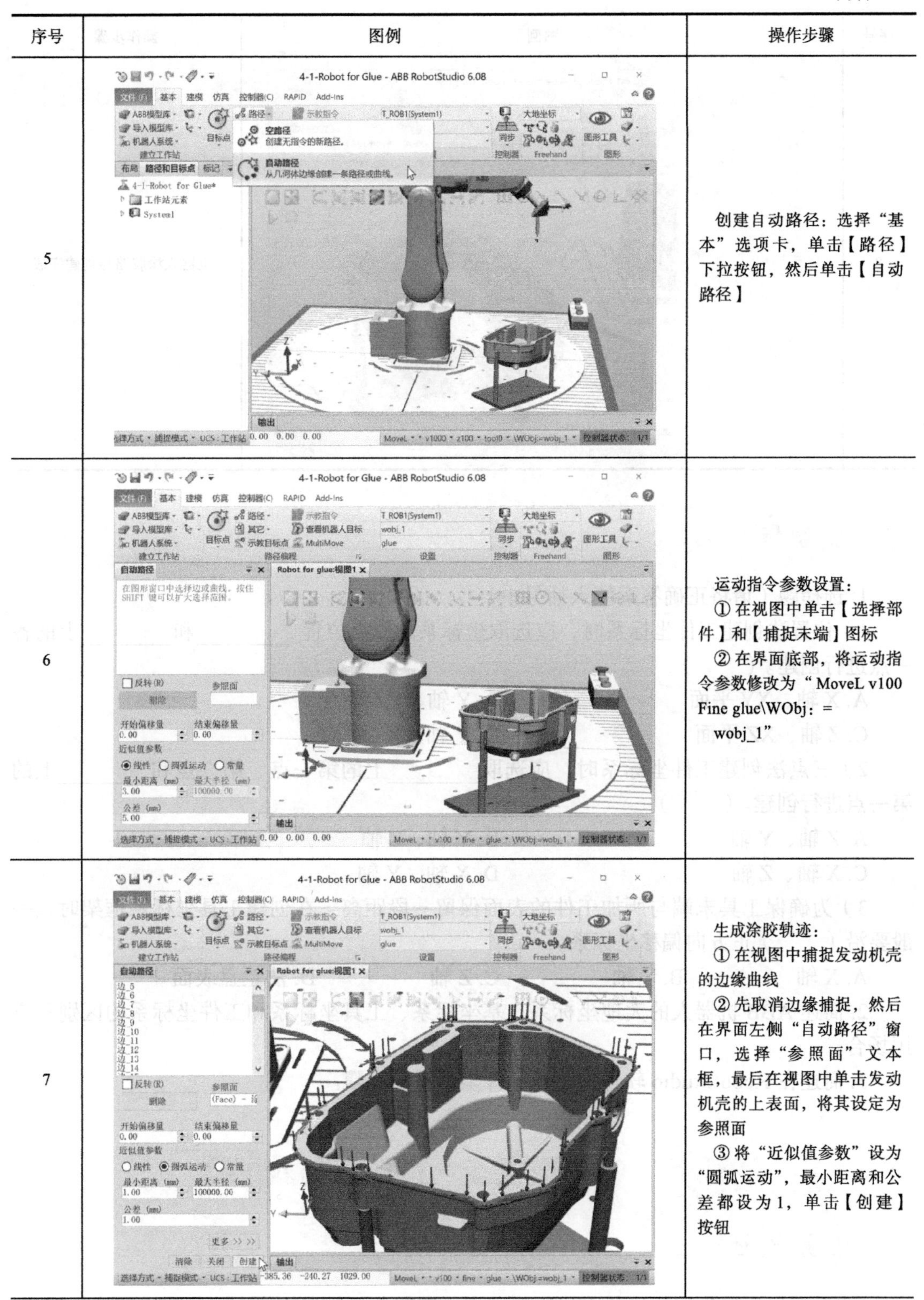	创建自动路径：选择“基本”选项卡，单击【路径】下拉按钮，然后单击【自动路径】
6		运动指令参数设置： ① 在视图中单击【选择部件】和【捕捉末端】图标 ② 在界面底部，将运动指令参数修改为“MoveL v100 Fine glue\WObj：= wobj_1”
7		生成涂胶轨迹： ① 在视图中捕捉发动机壳的边缘曲线 ② 先取消边缘捕捉，然后在界面左侧“自动路径”窗口，选择“参照面”文本框，最后在视图中单击发动机壳的上表面，将其设定为参照面 ③ 将“近似值参数”设为“圆弧运动”，最小距离和公差都设为1，单击【创建】按钮

（续）

序号	图例	操作步骤
8	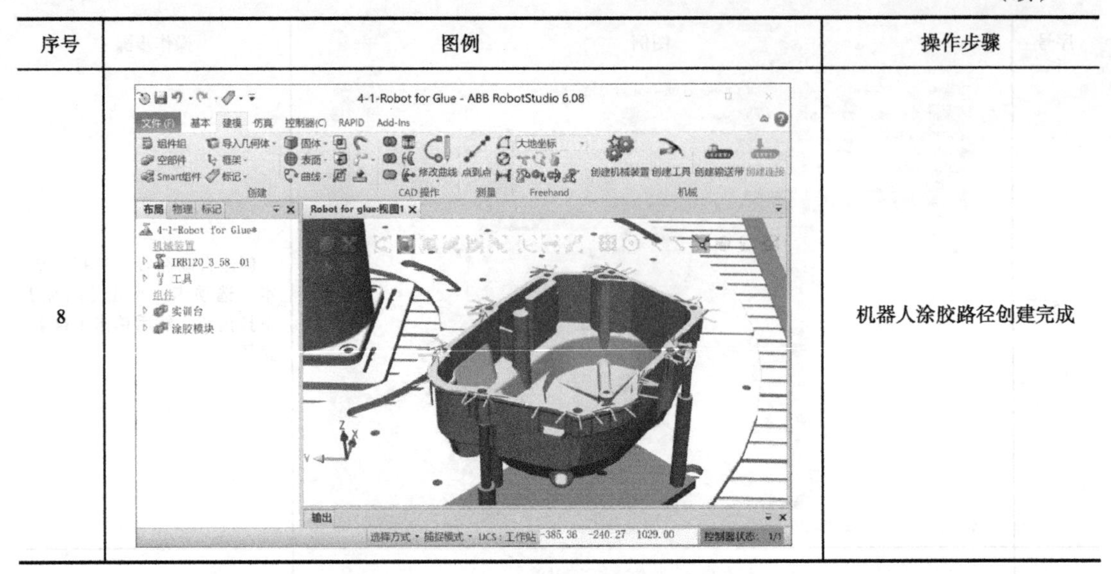	机器人涂胶路径创建完成

思考与练习

1. 选择题（请将正确答案填入括号中）

1）位置法创建工件坐标系时，应选取坐标系的原点位置、________和________上的各一点进行创建。（　　）

A. X 轴、XY 平面　　　　B. Y 轴、YZ 平面

C. Z 轴、XZ 平面　　　　D. Y 轴、XZ 平面

2）三点法创建工件坐标系时，应选取________上的第一点、第二点和________上的第一点进行创建。（　　）

A. Z 轴、Y 轴　　　　B. Y 轴、Z 轴

C. X 轴、Z 轴　　　　D. X 轴、Y 轴

3）为确保工具末端与所加工件的表面保留一段距离，在创建工具坐标系框架时，一般要沿（　　）正方向偏移坐标系。

A. X 轴　　B. Y 轴　　C. Z 轴　　D. 法兰盘表面

2. 简述 ABB 机器人的大地坐标系、基坐标系、工具坐标系和工件坐标系的区别和应用场合。

3. 简述在 RobotStudio 软件中创建工件坐标系的步骤。

任务二　调整机器人目标点与轴配置

任务描述

“自动路径”法生成的机器人运行轨迹中，有部分目标点机器人可能难以到达，因此，

机器人暂时还不能正常运行。本次任务将对机器人目标点处的工具姿态进行调整，并设定机器人轴配置参数，使机器人能够到达所有目标点。

1. 机器人常用运动指令

ABB 工业机器人在工作空间的运动方式主要有线性运动（MoveL）、关节运动（MoveJ）、圆弧运动（MoveC）和绝对位置运动（MoveAbsJ）。

（1）线性运动指令——MoveL　线性运动是机器人 TCP 按照设定的姿态沿一条直线由起始点运动至目标点，如图 4-3 所示，机器人从 P10 点以直线运动方式移动到 P20 点。在运动过程中，机器人的运动状态可控，运动路径唯一且精度高，但容易出现关节轴进入机械死点。该指令常用于机器人工作状态下的移动。

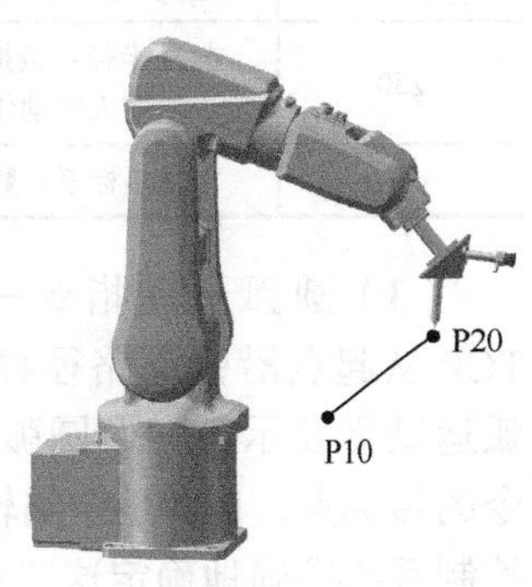

图 4-3　线性运动

线性运动的起始点是前一运动指令的目标点，结束点是当前指令的目标点。线性运动指令语句“MoveL p20，v100，fine，glue;”各部分的含义见表 4-3。

表 4-3　线性运动指令语句解析

参数	说明
MoveL	指令名称：线性运动
p20	目标位置：数据类型为 robtarget，机器人和外部轴的目标点
v100	速度：数据类型为 speeddata，适用于运动的速度数据，单位为 mm/s
fine	转弯半径：数据类型为 zonedata，单位为 mm。转弯数据 fine 是指机器人 TCP 到达目标点时速度降为零，机器人动作有所停顿
glue	工具坐标系：数据类型为 tooldata，移动机械臂时正在使用的工具坐标

（2）关节运动指令——MoveJ　关节运动是机器人 TCP 从起始点沿最快的路径移动到目标点。机器人最快的运动路径通常不是最短的路径，因而关节运动一般不是直线运动。由于机器人关节轴做回转运动，且所有轴同时启动和同时停止，所以机器人的运动路径无法准确预测，如图 4-4 所示。该指令不仅使机器人的运动更加高效快速，而且使机器人的运动更加柔和，一般用于机器人在工作空间大范围移动。

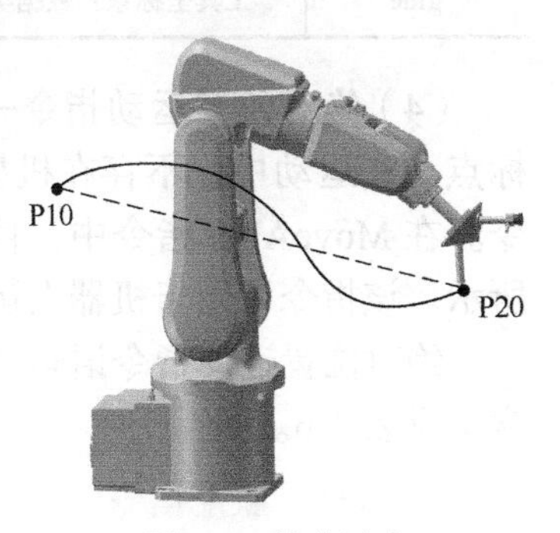

图 4-4　关节运动

关节运动指令语句“MoveJ p20，v100，z50，glue；”各部分的含义见表 4-4。

表 4-4 关节运动指令语句解析

参数	说明
MoveJ	指令名称：关节运动
p20	目标位置：数据类型为 robtarget，机器人和外部轴的目标点
v100	速度：数据类型为 speeddata，适用于运动的速度数据，单位为 mm/s
z50	转弯半径：数据类型为 zonedata，单位为 mm。转弯半径描述了所生成路径拐角的大小。转弯半径越大，机器人的动作越流畅
glue	工具坐标系：数据类型为 tooldata，移动机械臂时正在使用的工具坐标

（3）圆弧运动指令——MoveC 圆弧运动是机器人 TCP 从起点沿弧形路径移动至目标点，如图 4-5 所示。圆弧运动需要示教三个圆弧点，起始点 P10 是上一条运动指令的目标点，P20 是中间辅助点，P30 是圆弧终点。为了使控制系统准确地确定这三点所在的平面，3 个点之间的距离越远越好。圆弧运动中，机器人运动状态可控，运动路径保持唯一，常用于机器人在工作状态的移动。

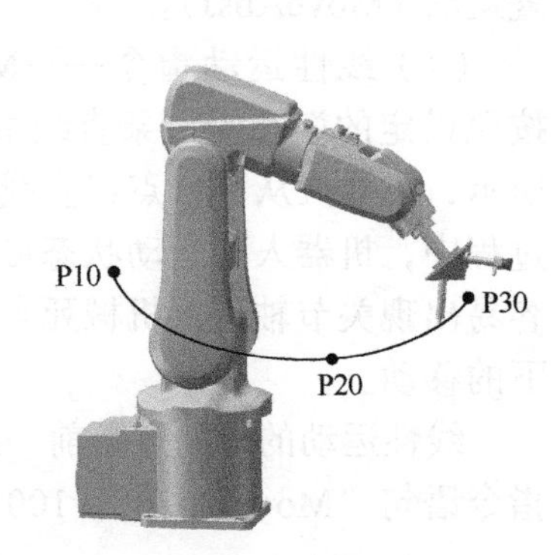

图 4-5 圆弧运动

圆弧运动指令语句“MoveC p20，p30，v100，z10，glue；”各部分的含义见表 4-5。需要注意的是，不能通过一个 MoveC 指令完成一个圆。

表 4-5 圆弧运动指令语句解析

参数	说明
MoveC	指令名称：圆弧运动
p20、p30	位置点：数据类型为 robtarget，p20 为圆弧中间点，p30 为目标点
v100	速度：数据类型为 speeddata，适用于运动的速度数据，单位为 mm/s
z10	转弯半径：数据类型为 zonedata，单位为 mm。转弯半径越大，机器人的动作越流畅
glue	工具坐标系：数据类型为 tooldata，移动机械臂时正在使用的工具坐标

（4）绝对位置运动指令——MoveAbsJ 机器人以单轴运行的方式从起始点运动至目标点。在运动中，不存在机械死点，但运动状态完全不可控，应避免在生产中使用该指令。在 MoveAbsJ 指令中，目标点以机器人各个关节角度值来记录机器人位置，如图 4-6 所示。该指令常用于机器人运动至特定的关节角，如检查机器人的机械零点。

绝对位置运动指令语句“MoveAbsJ jpos10\NoEOffs，v200，z50，tool1；”各部分的含义见表 4-6。

2. 轴配置监控指令

轴配置监控是判断机器人在运动过程中是否严格遵循程序中设定的轴配置参数。默认情况下，轴配置监控是打开的；关闭后，机器人以最接近当前轴配置参数的配置到达目标点。

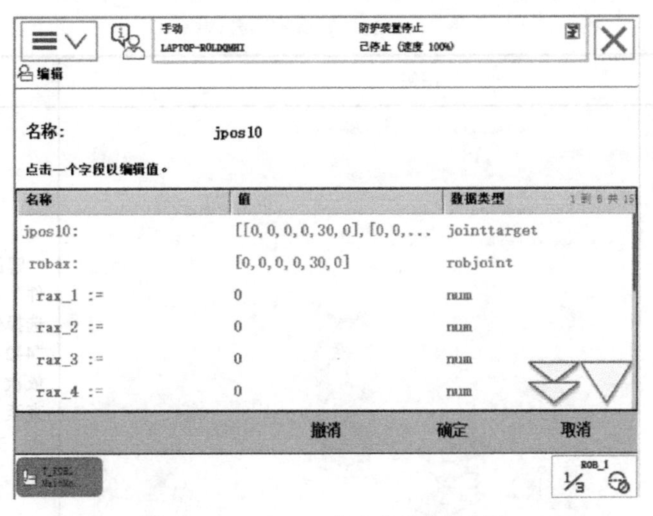

图 4-6 MoveAbsJ 指令的关节角度值

表 4-6 绝对位置运动指令语句解析

参数	说明
MoveAbsJ	指令名称：绝对位置运动
jpos10	目标位置：数据类型为 jointtarget
\NoEOffs	外轴不带偏移数据
v200	速度：数据类型为 speeddata，适用于运动的速度数据，单位为 mm/s
z50	转弯半径：数据类型为 zonedata，单位为 mm。转弯半径越大，机器人的动作越流畅
tool1	工具坐标系：数据类型为 tooldata，移动机械臂时正在使用的工具坐标

在某些应用场合，如果相邻两目标点的轴配置参数相差较大时，机器人在运动过程中容易出现报警“轴配置错误”而造成停机。此种情况下，若对轴配置要求较高，则可通过添加中间过渡点来避免停机；若对轴配置要求不高，则可关闭轴配置监控，使机器人自动匹配可行的轴配置到达目标点。

轴配置监控指令 ConfL 的语句是“ConfL \On；”或“ConfL \Off；”，ConfJ 指令与之类似。

3. Offs 偏移指令

该指令以选定的目标点为基准，沿着选定工件坐标系的 X、Y、Z 轴方向偏移一定的距离。比如，“MoveL Offs（p10，0，0，10），v100，z20，glue\WObj：=wobj_1；”指令语句的运动为：机器人 TCP 移动至以 P10 为基准点，沿着工件坐标系 wobj_1 的 Z 轴正方向偏移 10mm 的位置。

1. 调整工具姿态

在涂胶仿真工作站中对机器人目标点的工具姿态进行调整的操作步骤见表 4-7。

表4-7 工具姿态的调整步骤

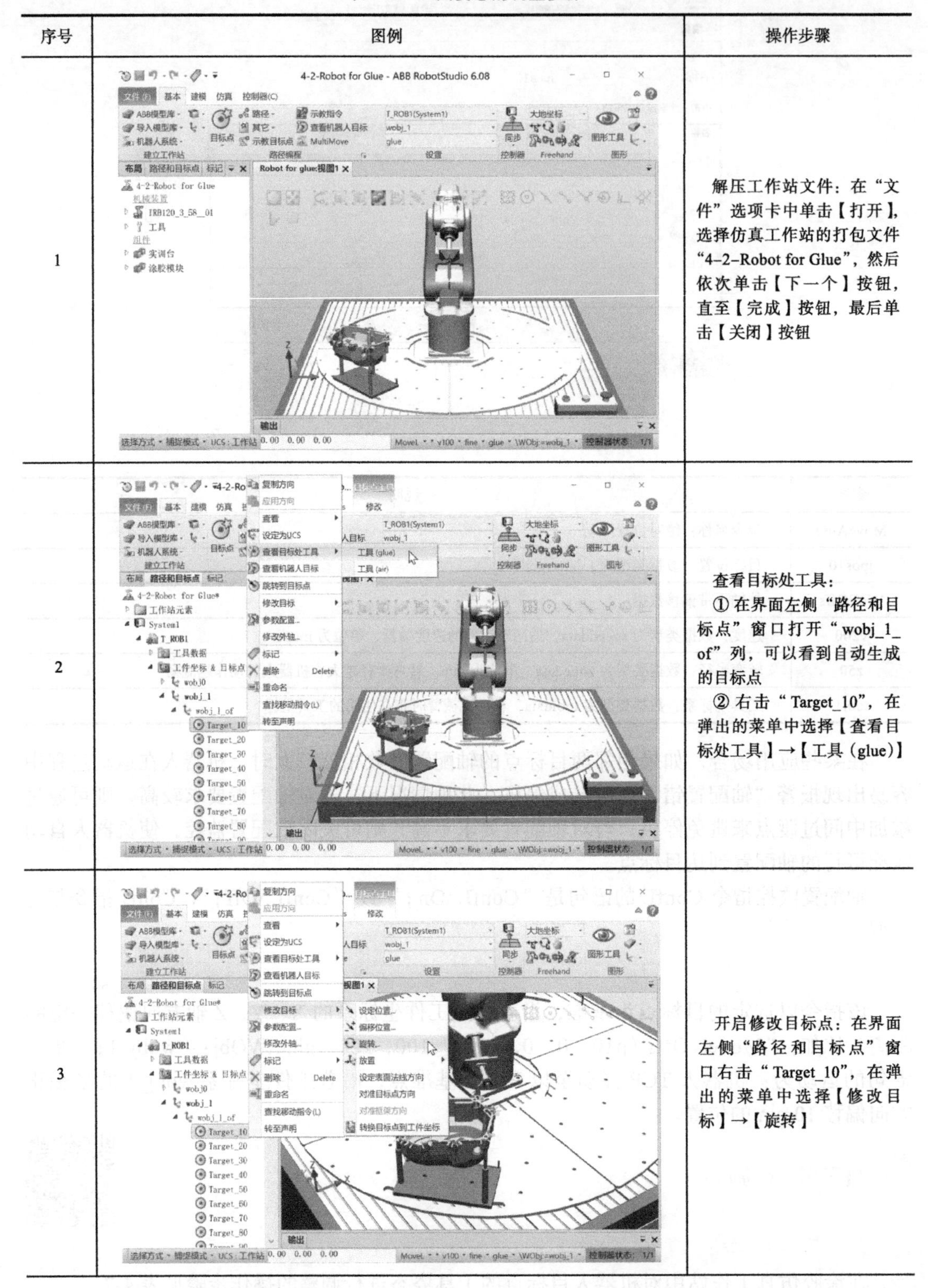

序号	图例	操作步骤
1		解压工作站文件：在“文件”选项卡中单击【打开】，选择仿真工作站的打包文件“4-2-Robot for Glue”，然后依次单击【下一个】按钮，直至【完成】按钮，最后单击【关闭】按钮
2		查看目标处工具： ① 在界面左侧“路径和目标点”窗口打开“wobj_1_of”列，可以看到自动生成的目标点 ② 右击“Target_10”，在弹出的菜单中选择【查看目标处工具】→【工具（glue)】
3		开启修改目标点：在界面左侧“路径和目标点”窗口右击“Target_10”，在弹出的菜单中选择【修改目标】→【旋转】

（续）

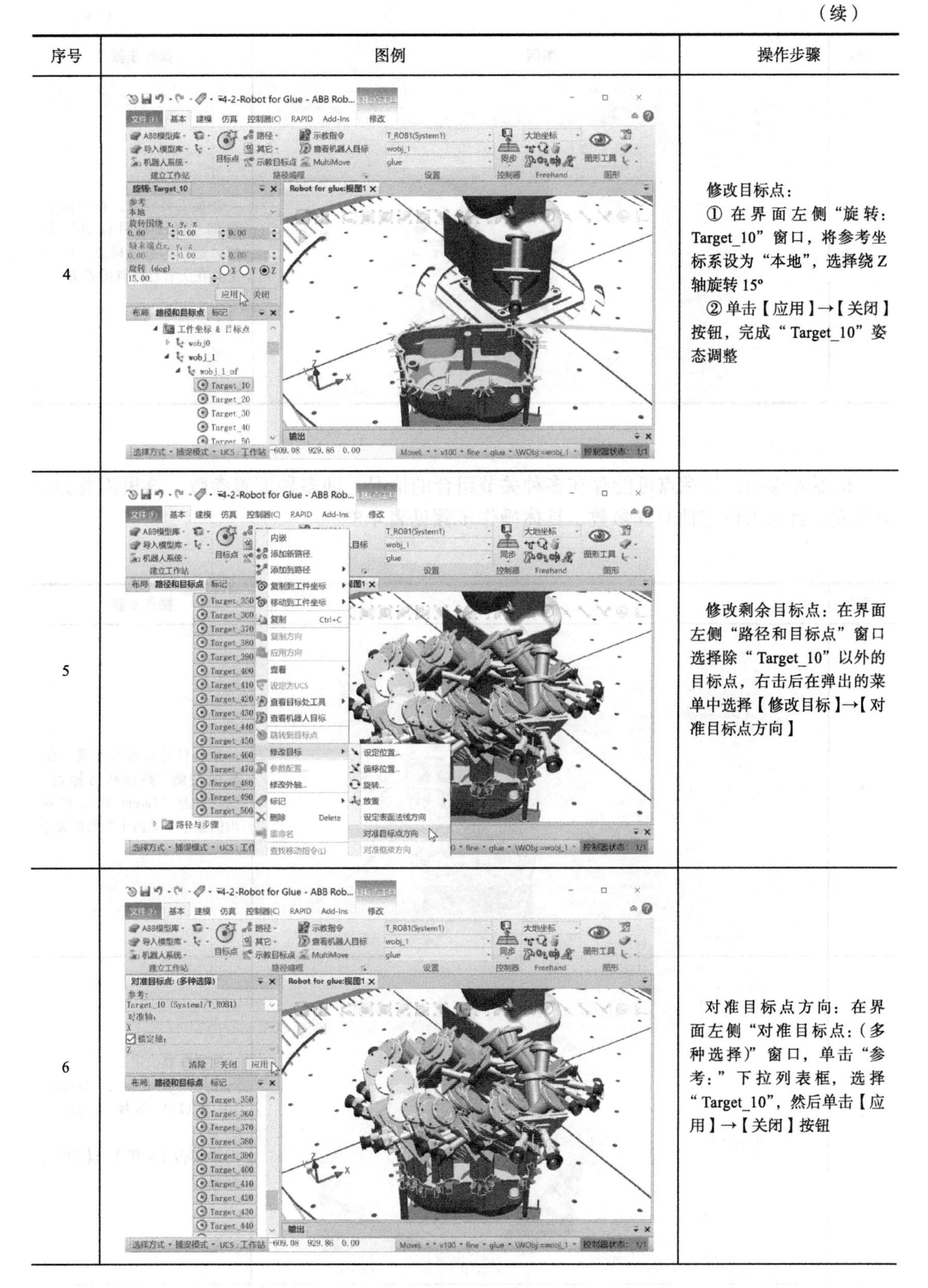

序号	图例	操作步骤
4		修改目标点： ① 在界面左侧“旋转：Target_10”窗口，将参考坐标系设为“本地”，选择绕Z轴旋转15° ② 单击【应用】→【关闭】按钮，完成“Target_10”姿态调整
5		修改剩余目标点：在界面左侧“路径和目标点”窗口选择除“Target_10”以外的目标点，右击后在弹出的菜单中选择【修改目标】→【对准目标点方向】
6		对准目标点方向：在界面左侧“对准目标点：(多种选择)”窗口，单击“参考：”下拉列表框，选择“Target_10”，然后单击【应用】→【关闭】按钮

（续）

序号	图例	操作步骤
7	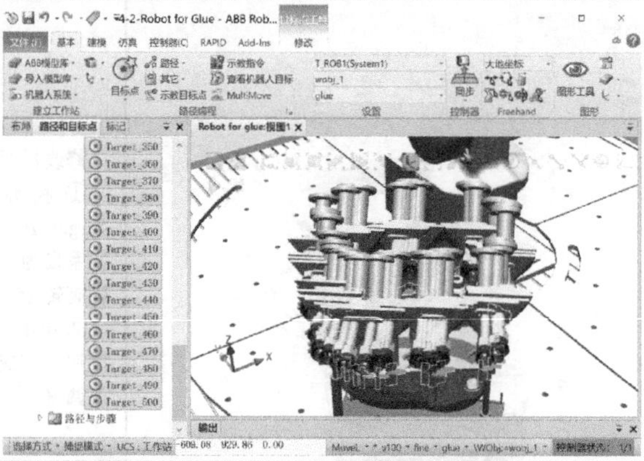 4-2-Robot for Glue - ABB Rob... 文件(F) 基本 建模 仿真 控制器(C) RAPID Add-Ins 修改 ABB模型库 导入模型库 机器人系统 建立工作站 目标点 路径 其它 示教目标点 示教指令 查看机器人目标 MultiMove 路径编程 T_ROB1(System1) wobj_1 glue 设置 同步 控制器 大地坐标 Freehand 图形工具 图形 布局 路径和目标点 标记 Robot for glue:视图1 Target_350 Target_360 Target_370 Target_380 Target_390 Target_400 Target_410 Target_420 Target_430 Target_440 Target_450 Target_460 Target_470 Target_480 Target_490 Target_500 路径与步骤 输出 选择方式 捕捉模式 UCS：工作站 -609.08 929.86 0.00 MoveL * v100 * fine * glue * \WObj:=wobj_1 控制器状态：1/1	查看工具姿态：在界面左侧的“路径和目标点”窗口，选择所有目标点，查看工具在所有目标点的姿态

2. 设定轴配置参数

机器人移动到目标点可能存在多种关节组合的情况，即多种配置参数。这里需要为自动生成的目标点设定轴配置参数，具体操作步骤见表 4-8。

表 4-8 设定轴配置参数的操作步骤

序号	图例	操作步骤
1	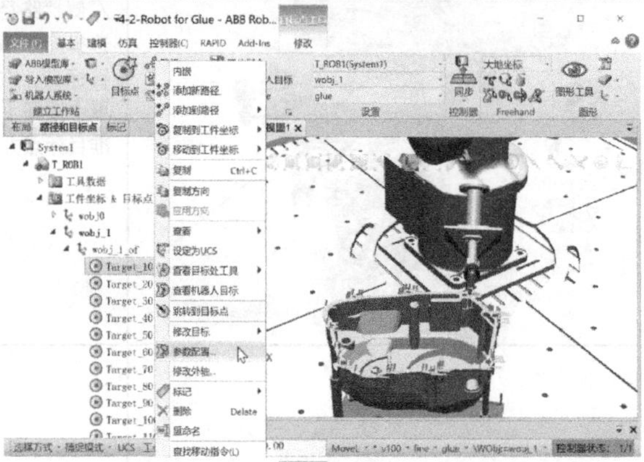 4-2-Robot for Glue - ABB Rob... 文件(F) 基本 建模 仿真 控制器(C) RAPID Add-Ins 修改 ABB模型库 导入模型库 机器人系统 建立工作站 目标点 T_ROB1(System1) wobj_1 glue 设置 同步 控制器 大地坐标 Freehand 图形工具 图形 布局 路径和目标点 标记 System1 T_ROB1 工具数据 工件坐标 & 目标点 wobj0 wobj_1 wobj_1_of Target_10 Target_20 Target_30 Target_40 Target_50 Target_60 Target_70 Target_80 Target_90 Target_100 内嵌 添加新路径 添加到路径 复制到工件坐标 移动到工件坐标 复制 Ctrl+C 复制方向 应用方向 查看 设定为UCS 查看目标处工具 查看机器人目标 跳转到目标点 修改目标 参数配置... 修改外轴... 标记 删除 Delete 重命名 查找移动指令(L) MoveL * v100 * fine * glue * \WObj:=wobj_1 控制器状态：1/1	开启目标点参数配置：在界面左侧“路径和目标点”窗口右击“Target_10”，在弹出的菜单中单击【参数配置】
2	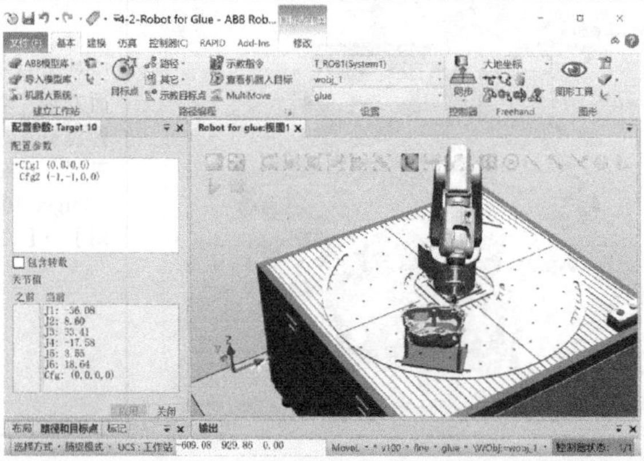 4-2-Robot for Glue - ABB Rob... 文件(F) 基本 建模 仿真 控制器(C) RAPID Add-Ins 修改 ABB模型库 导入模型库 机器人系统 建立工作站 目标点 路径 其它 示教目标点 示教指令 查看机器人目标 MultiMove 路径编程 T_ROB1(System1) wobj_1 glue 设置 同步 控制器 大地坐标 Freehand 图形工具 图形 配置参数: Target_10 Robot for glue:视图1 配置参数 Cfg1 (0,0,0,0) Cfg2 (-1,-1,0,0) 包含转数 关节值 之前 当前 J1: -56.08 J2: 8.60 J3: 33.41 J4: -17.58 J5: 3.55 J6: 18.64 Cfg: (0,0,0,0) 应用 关闭 布局 路径和目标点 标记 输出 选择方式 捕捉模式 UCS：工作站 -609.08 929.86 0.00 MoveL * v100 * fine * glue * \WObj:=wobj_1 控制器状态：1/1	配置参数设定： ① 在“配置参数：Target_10”窗口中，选择“Cfg1(0，0，0)” ② 单击【应用】→【关闭】按钮

（续）

序号	图例	操作步骤
3	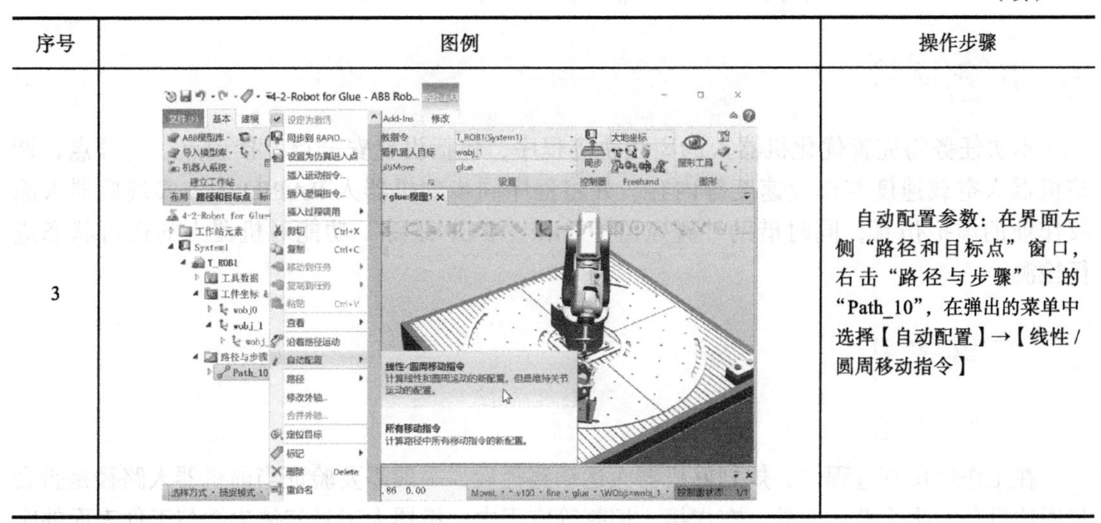	自动配置参数：在界面左侧“路径和目标点”窗口，右击“路径与步骤”下的“Path_10”，在弹出的菜单中选择【自动配置】→【线性/圆周移动指令】

思考与练习

1. 填空题（请将正确的答案填在题中的横线上）

1）创建工件坐标系时采用“取点创建框架”，其主要有________和________两种基本形式。

2）根据工件边缘曲线自动生成的轨迹中，部分目标点机器人可能难以到达，因此必须对目标点的________进行调整，从而让机器人能够到达所有目标点。

3）为机器人目标点调整轴配置参数，主要有________和________两种方法。

2. 选择题（请将正确答案填入括号中）

1）在轨迹应用过程中，需要创建工件坐标系以方便进行编程和路径修改。工件坐标系的创建一般以加工工件的固定装置的（　　）为基准。

A. 任意点　　B. 特征点　　C. 任意中心　　D. 任意端点

2）处理目标点时可以批量进行，按（　　）＋鼠标左键选中剩余的所有目标点，然后再统一进行调整。

A. <Alt>　　B. <Ctrl>　　C. <Shift>　　D. <Shift ＋ Ctrl>

3）批量处理目标点时，选择要处理的目标点，右击后还要选择“修改目标”中的（　　）。

A. 对准目标点方向　　B. 设定表面法线方向

C. 对准框架方向　　D. 转换目标点到工件坐标

4）进行轴参数配置时，关节值可以显示（　　）的关节值信息。

A. 实时、当前　　B. 活动、当前　　C. 之前、当前　　D. 当前、预期

3. 简述机器人运动指令 MoveJ 与 MoveAbsJ 的区别。

4. 简述轴配置监控指令的应用场合。

任务三 工作站仿真运行与监控

任务描述

本次任务将完善优化机器人的离线轨迹程序，包括设置安全点、接近点、离开点，调整机器人空载速度与作业速度等内容，并将程序同步到机器人 RAPID 中，实现机器人涂胶作业的虚拟仿真，同时借助“碰撞监控”和“ TCP 跟踪”功能对机器人的运行状态进行检测。

知识学习

1. 机器人碰撞监控

在工作站仿真过程中，规划好机器人运动路径后，一般需要验证当前机器人路径是否会与周边设备发生干涉；此外，在焊接、切割等应用中，机器人工具实体尖端与工件表面的距离应保证在合理范围之内，即既不能与工件发生碰撞，也不能距离过大，从而保证工艺需求。在 RobotStudio 软件的“仿真”选项卡中有专门用于检测碰撞的功能——碰撞监控。如图 4-7 所示，工件与工具都显示碰撞颜色，表明在机器人在运动过程中，工具与工件发生碰撞。

2. 机器人 TCP 跟踪

在机器人运动过程中，还可使用 TCP 跟踪功能将机器人运动路径记录下来并分析，以便判断机器人路径是否满足需求，如图 4-8 所示。

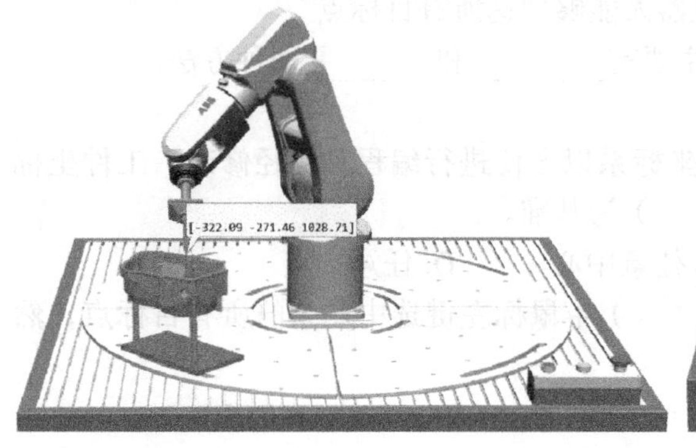

图 4-7 涂胶工具与工件发生碰撞

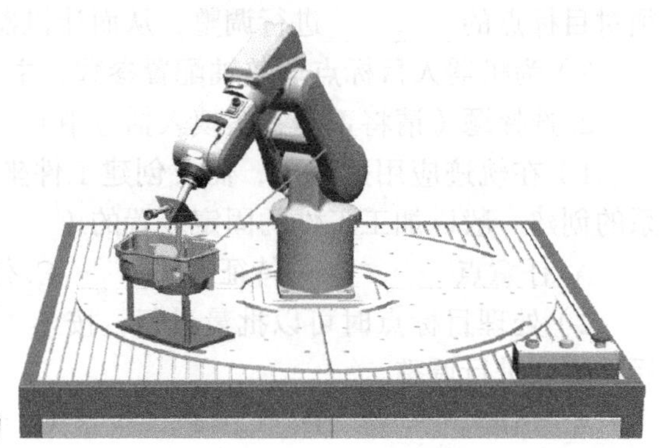

图 4-8 机器人 TCP 跟踪轨迹

任务实施

1. 完善优化离线程序

为了完善机器人离线程序，还需要设置接近点、离开点和安全点，并调整机器人空载速度、作业速度、转弯半径等参数。这里以安全点的添加为例介绍程序完善的方法，具体步骤见表 4-9。

表 4-9　安全点的添加步骤

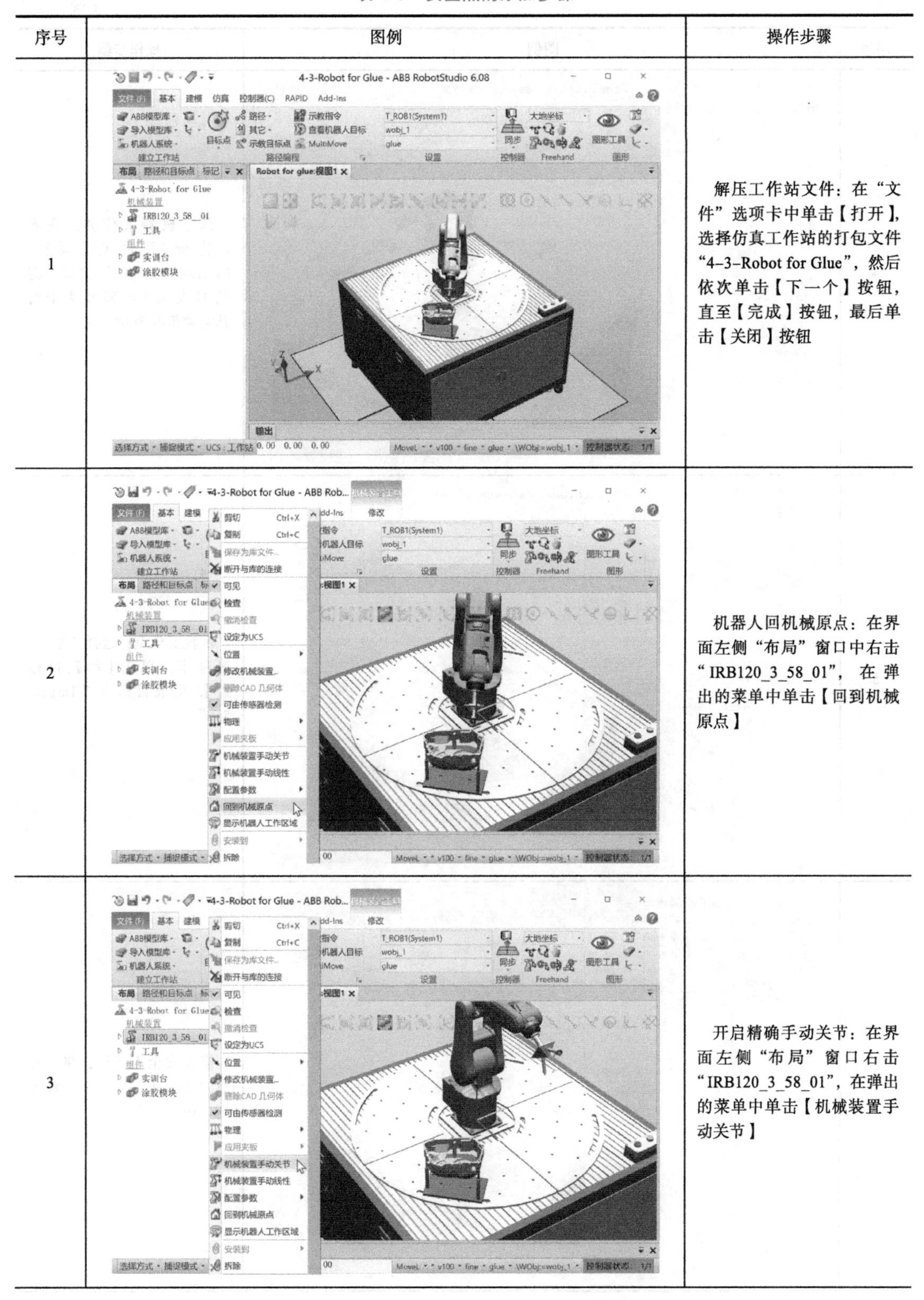

序号	图例	操作步骤
1		解压工作站文件：在“文件”选项卡中单击【打开】，选择仿真工作站的打包文件“4–3–Robot for Glue”，然后依次单击【下一个】按钮，直至【完成】按钮，最后单击【关闭】按钮
2		机器人回机械原点：在界面左侧“布局”窗口中右击“IRB120_3_58_01”，在弹出的菜单中单击【回到机械原点】
3		开启精确手动关节：在界面左侧“布局”窗口右击“IRB120_3_58_01”，在弹出的菜单中单击【机械装置手动关节】

（续）

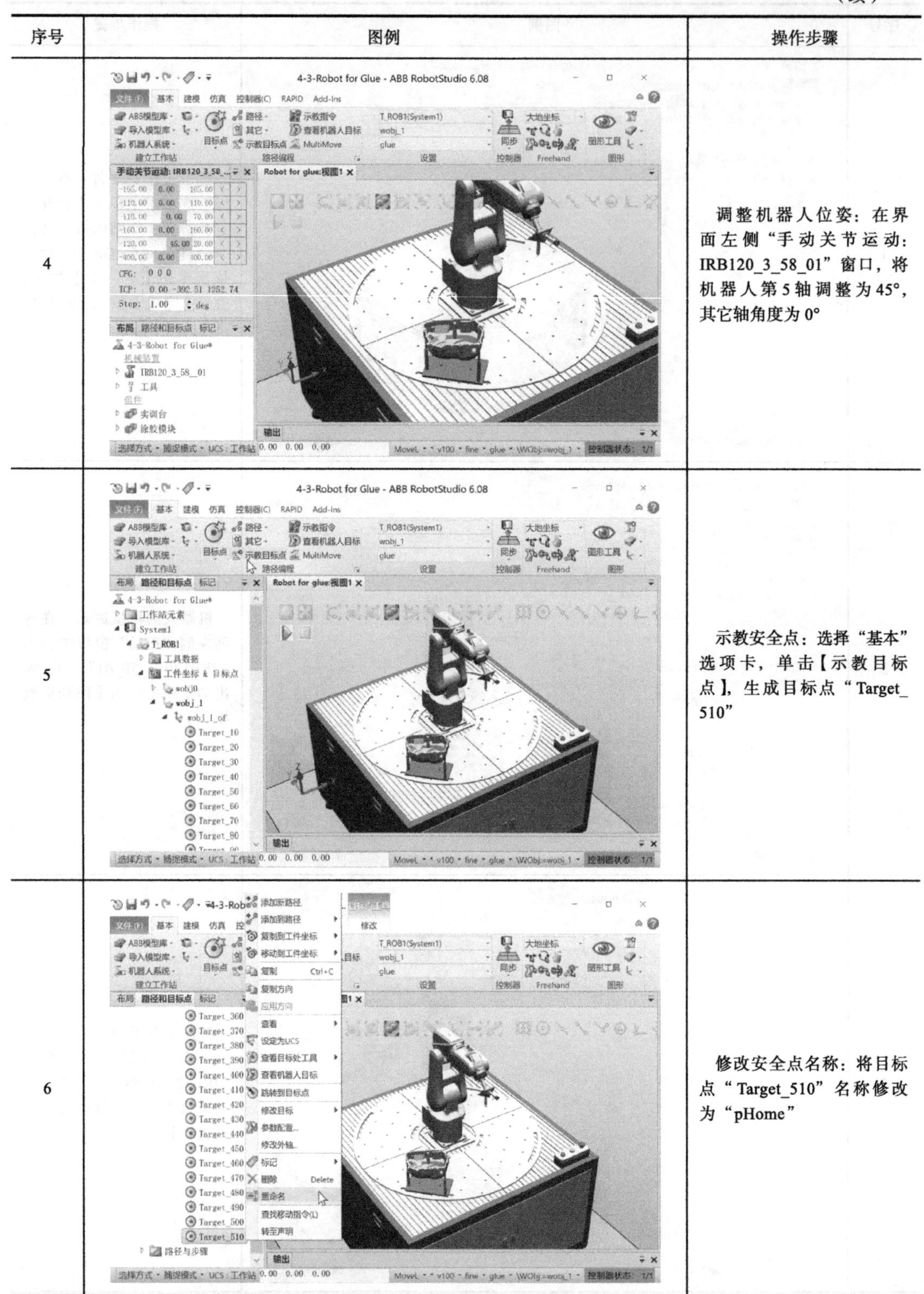

序号	图例	操作步骤
4		调整机器人位姿：在界面左侧“手动关节运动：IRB120_3_58_01”窗口，将机器人第 5 轴调整为 45°，其它轴角度为 0°
5		示教安全点：选择“基本”选项卡，单击【示教目标点】，生成目标点“Target_510”
6		修改安全点名称：将目标点“Target_510”名称修改为“pHome”

（续）

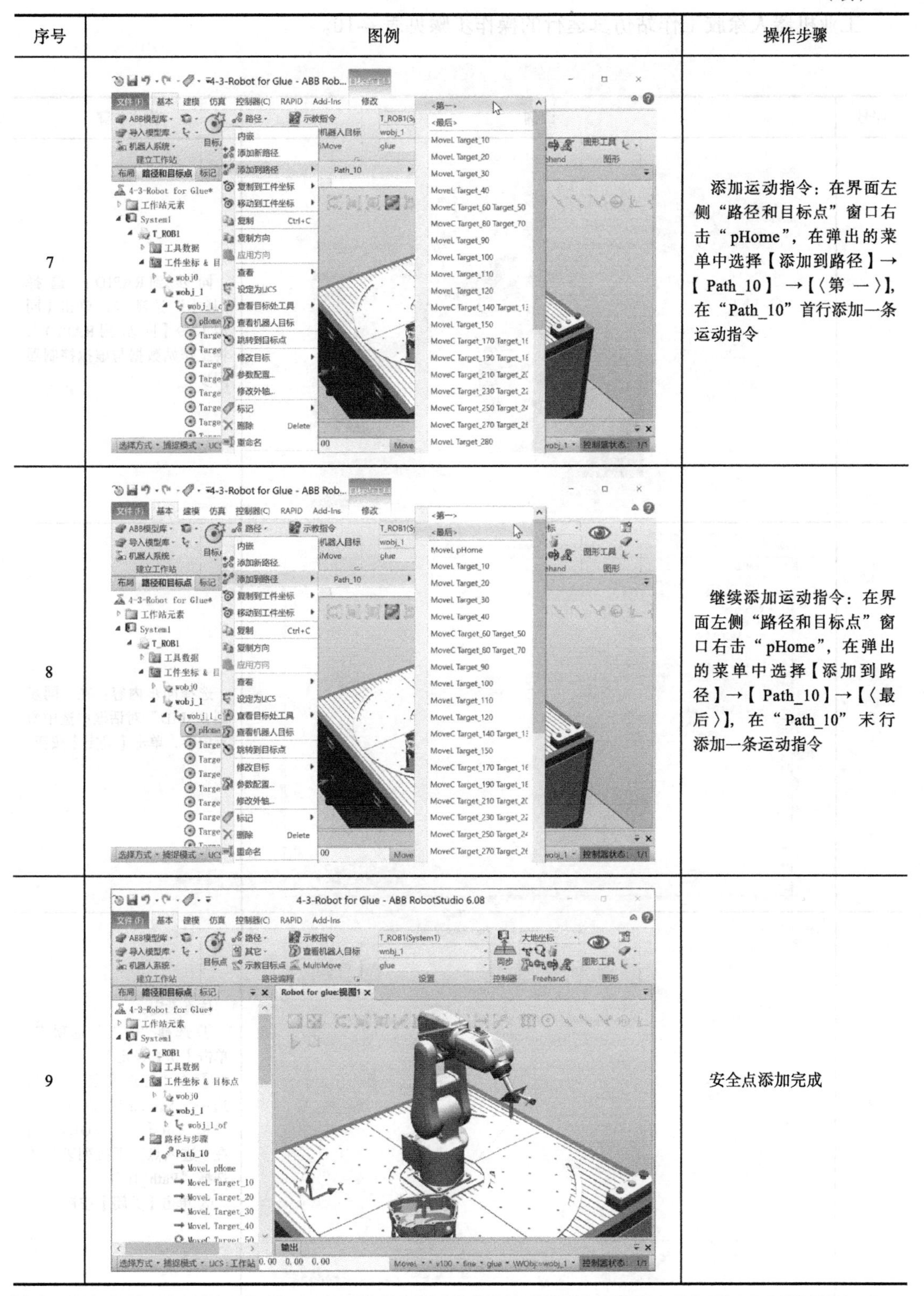

序号	图例	操作步骤
7		添加运动指令：在界面左侧“路径和目标点”窗口右击“pHome”，在弹出的菜单中选择【添加到路径】→【Path_10】→【〈第一〉】，在“Path_10”首行添加一条运动指令
8		继续添加运动指令：在界面左侧“路径和目标点”窗口右击“pHome”，在弹出的菜单中选择【添加到路径】→【Path_10】→【〈最后〉】，在“Path_10”末行添加一条运动指令
9		安全点添加完成

2. 仿真运行

工业机器人涂胶工作站仿真运行的操作步骤见表 4-10。

表 4-10　涂胶工作站仿真运行的操作步骤

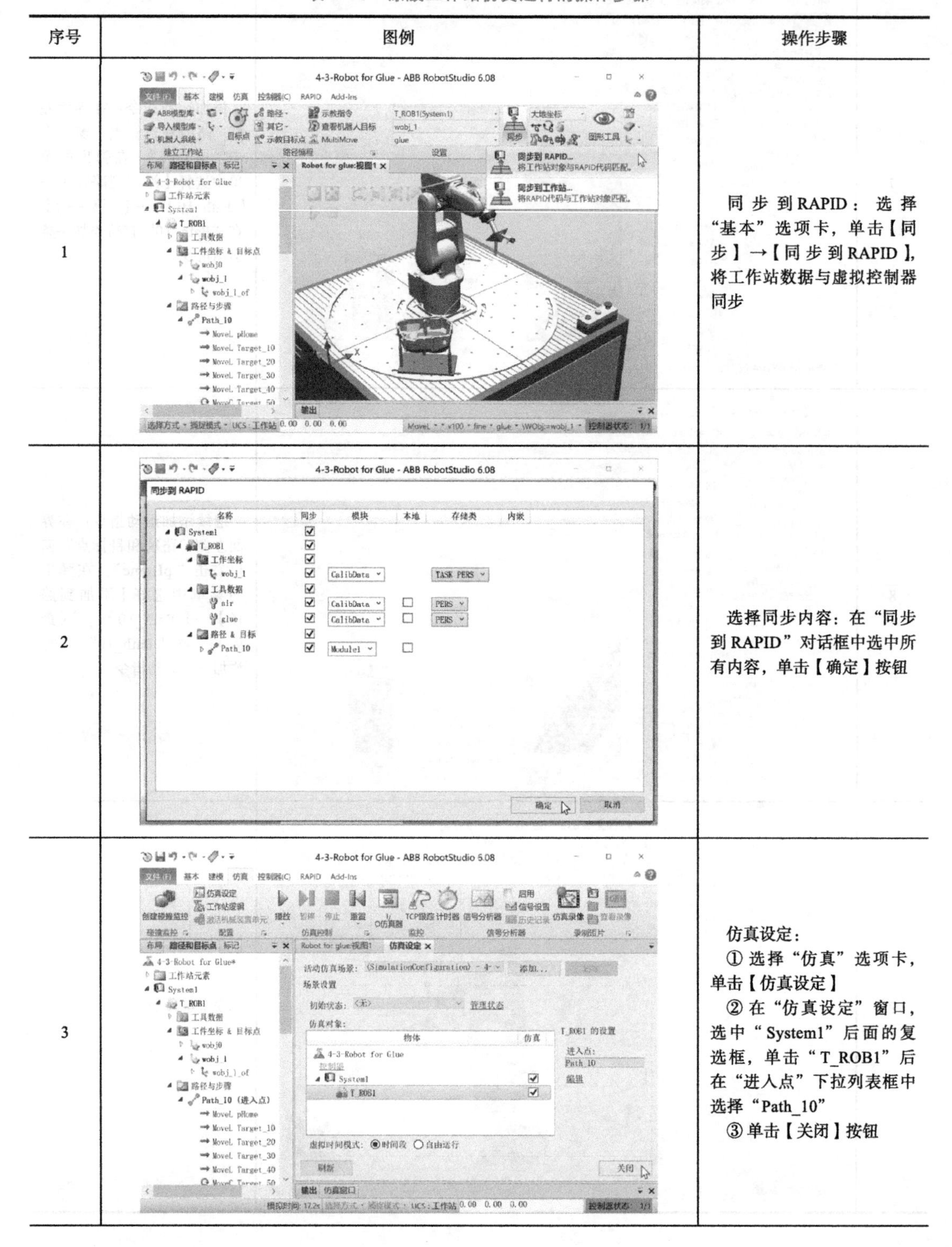

序号	图例	操作步骤
1		同步到 RAPID：选择“基本”选项卡，单击【同步】→【同步到 RAPID】，将工作站数据与虚拟控制器同步
2		选择同步内容：在“同步到 RAPID”对话框中选中所有内容，单击【确定】按钮
3		仿真设定： ① 选择“仿真”选项卡，单击【仿真设定】 ② 在“仿真设定”窗口，选中“System1”后面的复选框，单击“T_ROB1”后在“进入点”下拉列表框中选择“Path_10” ③ 单击【关闭】按钮

（续）

序号	图例	操作步骤
4	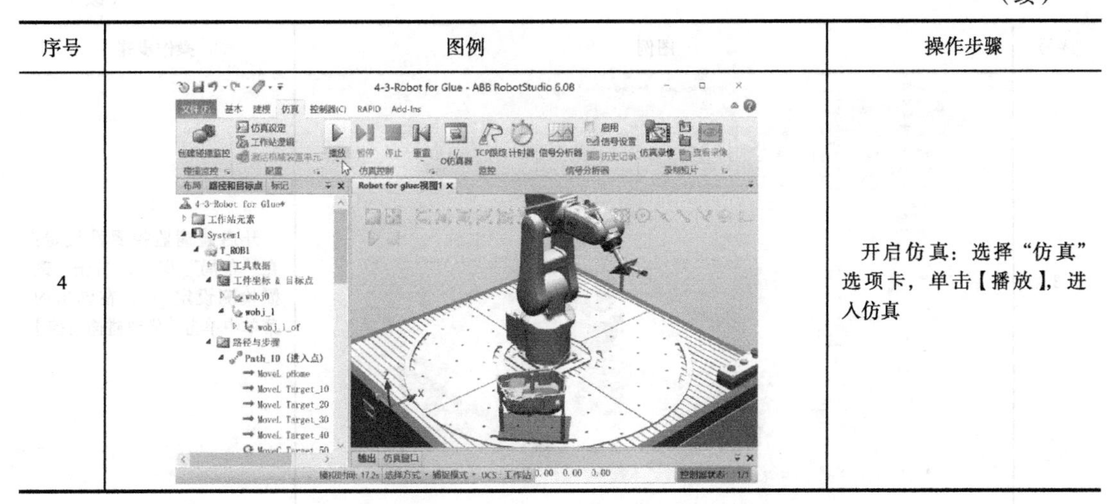	开启仿真：选择“仿真”选项卡，单击【播放】，进入仿真

3. 碰撞监控

在仿真工作站中，碰撞监控的创建步骤见表 4-11。

表 4-11 碰撞监控的创建步骤

序号	图例	操作步骤
1		开启创建碰撞监控：选择“仿真”选项卡，在“碰撞监控”选项中单击【创建碰撞监控】
2		碰撞检测对象设置：在“布局”窗口，展开“碰撞检测设定_1”，将“工具”图标拖曳到“ObjectsA”图标上，将“涂胶模块”图标拖曳到“ObjectsB”图标上

（续）

序号	图例	操作步骤
3	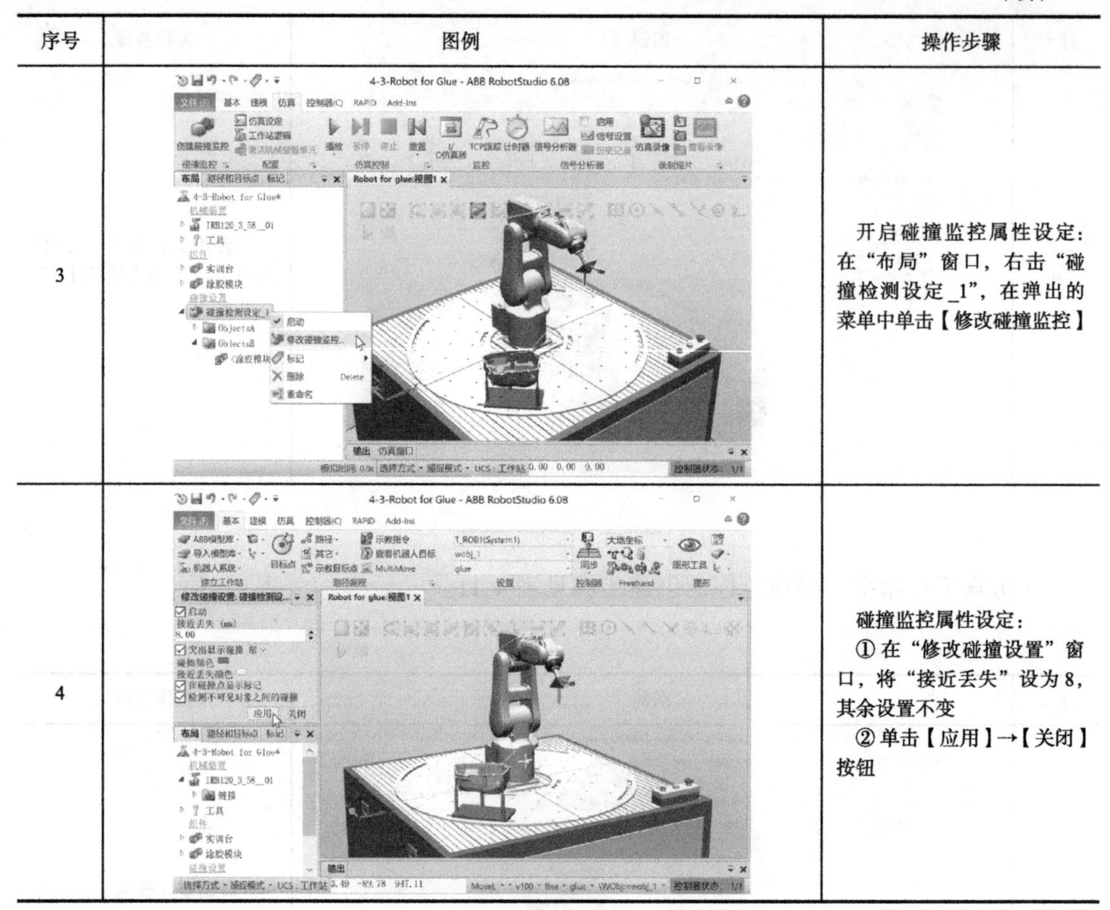	开启碰撞监控属性设定：在“布局”窗口，右击“碰撞检测设定_1”，在弹出的菜单中单击【修改碰撞监控】
4		碰撞监控属性设定： ① 在“修改碰撞设置”窗口，将“接近丢失”设为 8，其余设置不变 ② 单击【应用】→【关闭】按钮

4. TCP 跟踪

工业机器人 TCP 跟踪功能的使用步骤见表 4-12。

表 4-12　TCP 跟踪功能的使用步骤

序号	图例	操作步骤
1		开启 TCP 跟踪功能：在“仿真”选项卡的“监控”区单击【TCP 跟踪】

（续）

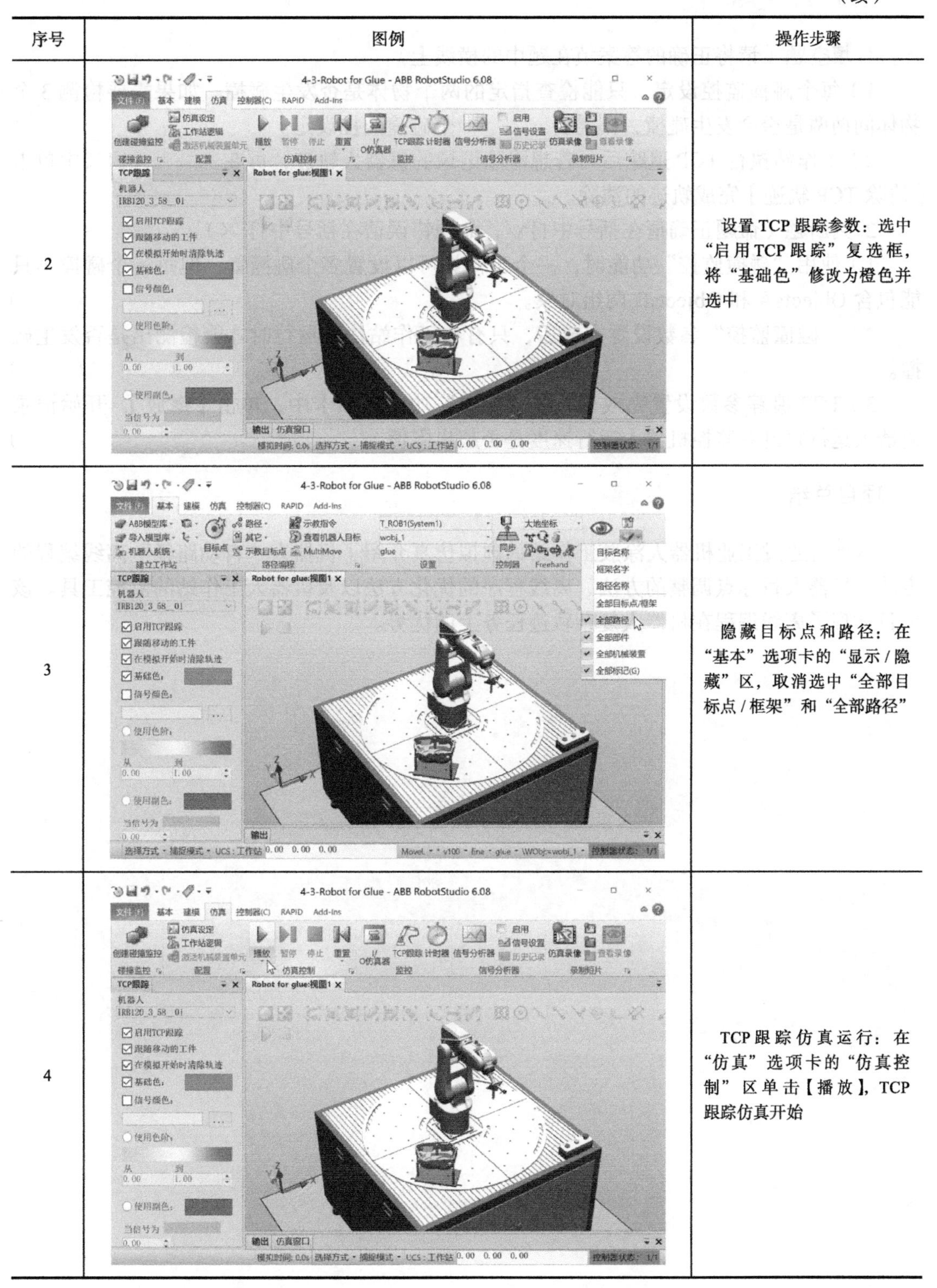

序号	图例	操作步骤
2		设置TCP跟踪参数：选中“启用TCP跟踪”复选框，将“基础色”修改为橙色并选中
3		隐藏目标点和路径：在“基本”选项卡的“显示/隐藏”区，取消选中“全部目标点/框架”和“全部路径”
4		TCP跟踪仿真运行：在“仿真”选项卡的“仿真控制”区单击【播放】，TCP跟踪仿真开始

思考与练习

1. 填空题（请将正确的答案填在题中的横线上）

1）每个碰撞监控设定，只能检查指定的两个物体是否发生碰撞。如果需要检测 3 个物体间两两是否会发生碰撞，则需要________个碰撞监控设定。

2）工作站执行 TCP 追踪后，若想清除记录的机器人轨迹，可在________窗口中单击【清除 TCP 轨迹】完成轨迹的清除。

2. 判断题（命题正确请在括号中打√，命题错误请在括号中打 ×）

1）使用“碰撞监控”功能时，一个工作站可以设置多个碰撞集，但每一个碰撞集只能包含 ObjectsA 和 ObjectsB 两组对象。（ ）

2）“碰撞监控”参数设置完成后，只有在工作站仿真运行时才能检测出是否发生碰撞。（ ）

3）TCP 追踪参数设置完成后，在“基本”功能选项卡中，单击【播放】，开始记录机器人运行轨迹并监控机器人运行速度是否超出限值。（ ）

项目总结

本项目通过工业机器人涂胶工作站的虚拟仿真介绍了机器人“自动路径”离线编程的方法、机器人目标点调整的方法、离线程序的优化方法以及机器人工作站的监控工具。该项目体现了离线编程在机器人复杂轨迹任务上的优势。

项目五

工业机器人搬运离线仿真

学习情境

物料搬运是机器人在工业领域中的常见应用。ABB 工业机器人在食品、医药、化工、金属加工、3C 等行业有众多成熟的搬运解决方案。采用机器人替代人工搬运可大幅提高生产效率、节省人力成本、提高定位精度并降低搬运过程中的产品损坏率。

学习目标

1. 知识目标

- 了解工业机器人搬运工作站的组成。
- 熟悉搬运机器人的类型和特点。
- 掌握 Smart 组件的基本概念。
- 掌握创建与调试 Smart 组件的方法。
- 掌握创建工作站 I/O 信号的基本方法。
- 掌握设定工作站逻辑的基本原理。

2. 能力目标

- 能够正确应用 Smart 子组件。
- 能够利用 I/O 信号仿真器调试 Smart 组件。
- 能够创建机器人搬运离线程序。
- 能够进行工作站逻辑设定。
- 能够对搬运工作站系统进行仿真调试。

任务一　创建机器人搬运仿真工作站

任务描述

在本次任务中，以轮毂搬运为例创建工业机器人搬运仿真工作站。仿真工作站利用 ABB 工业机器人将产品从输送带末端搬到栈板上，并按次序合理放置。

1. 机器人搬运工作站的组成

搬运作业就是将工件从一个加工位置移动到另一个加工位置的过程。若采用工业机器人来完成搬运作业，则整个搬运系统称为工业机器人搬运工作站。

通常来说，一个完整的工业机器人搬运工作站由以下几部分构成：

1）一台或多台工业机器人，包括机器人本体和机器人控制系统。

2）用于拾取工件的机器人末端执行器，如手爪、吸盘夹具。

3）工作站周边设备，如传送工件的输送装置、存放工件的料仓等。

4）周边设备的控制系统，如 PLC 控制柜。

5）用于安全防护的安全围栏及安全门等。

ABB 工业机器人进行搬运作业的典型应用如图 5-1 所示。

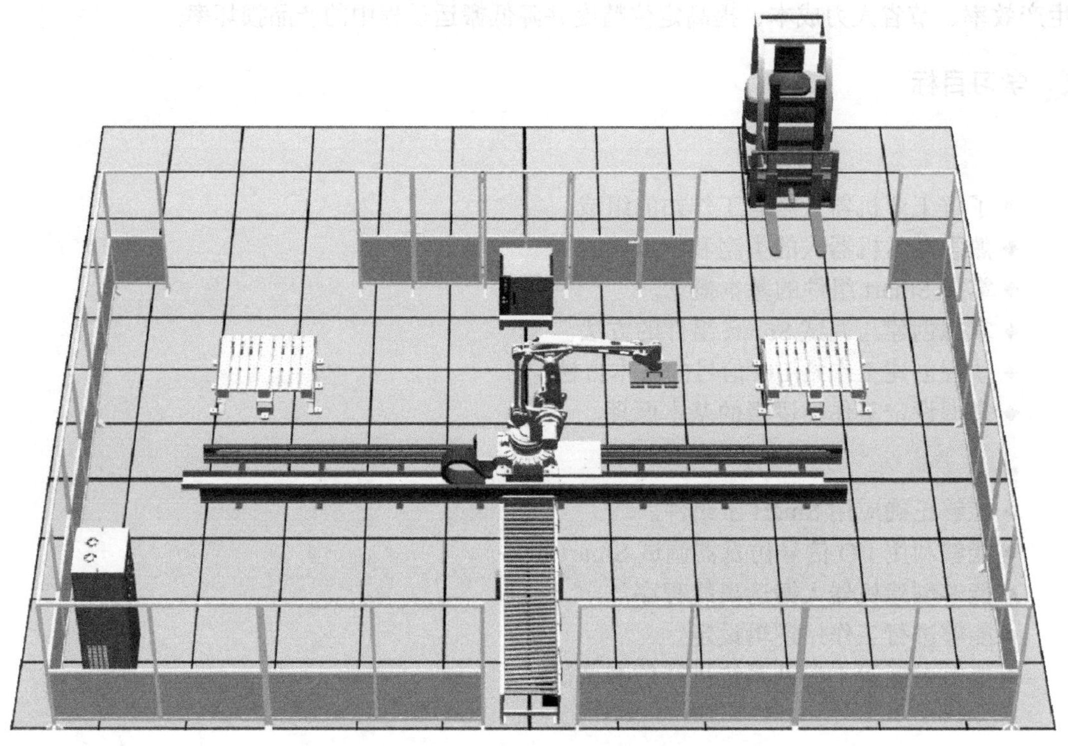

图 5-1　机器人搬运工作站

2. 搬运机器人

常用的搬运机器人类型有 SCARA 机器人、关节型机器人、并联机器人和直角坐标机器人等，如图 5-2 所示。

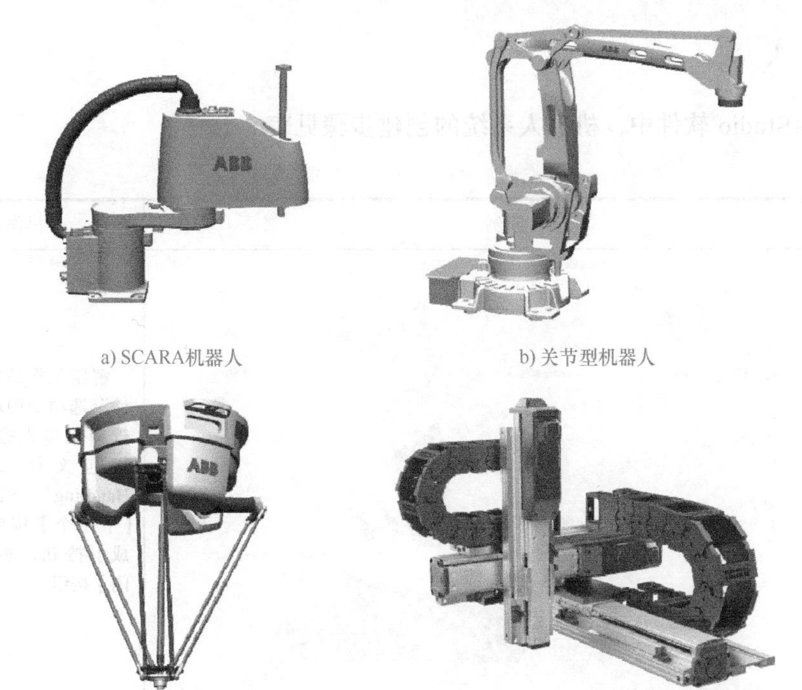

a) SCARA机器人 b) 关节型机器人

c) 并联机器人 d) 直角坐标机器人

图 5-2 搬运机器人

（1）SCARA 机器人 SCARA 是 Selective Compliance Assembly Robot Arm 的缩写，意思是一种应用于装配作业的机器人手臂，如图 5-2a 所示。SCARA 机器人一般有四个关节轴，即三个旋转轴和一个上下移动的关节轴。其中，三个旋转关节的轴线相互平行，在平面内进行定位和定向；另一个关节是移动关节，用于完成垂直于平面的运动。这类机器人的结构轻便、响应快，最适用于平面定位和在垂直方向进行装配作业。

（2）关节型机器人 关节型机器人是现今的主流工业机器人类型，一般由四个或六个旋转关节轴构成，如图 5-2b 所示。现在市场上各大厂家推出的工业机器人产品绝大多数都是这种类型，因为关节型机器人的作业范围大、动作灵活，故而应用十分广泛。

（3）并联机器人 并联机器人相对于目前广泛应用的串联机器人，具有精度高、负载自重比大、刚度高、速度快等显著优点，但工作空间较小。并联机器人配以机器视觉、传送带跟踪等应用功能，就可以打造极具柔性的物料搬运生产线。图 5-2c 所示是一种 4 自由度的并联机器人。

（4）直角坐标机器人 在工业应用中，能够实现自动控制的、可重复编程的、运动自由度仅包含三维空间正交平移的自动化设备称为直角坐标机器人。作为一种成本低廉、系统结构简单的机器人系统解决方案，直角坐标机器人因其行程大、负载能力强、精度高、组合方便而被广泛应用于涂胶、上下料、码垛、包装、焊接、搬运、装配等生产领域。它在替代人工、提高生产效率、稳定产品质量等方面具备显著的应用价值。图 5-2d 所示是一种直角坐标机器人。

任务实施

在 RobotStudio 软件中，机器人系统的创建步骤见表 5-1。

表 5-1 机器人系统的创建步骤

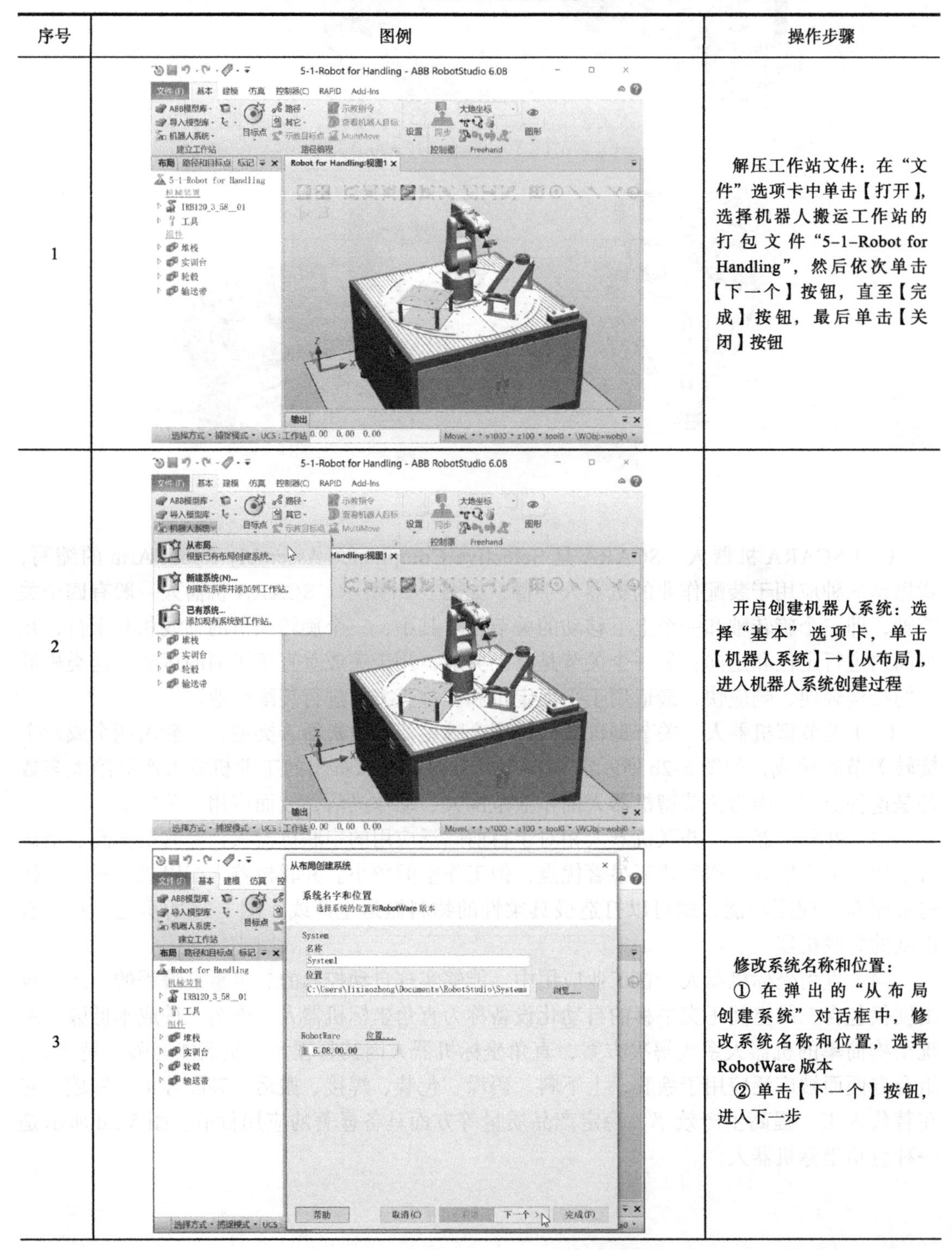

序号	图例	操作步骤
1		解压工作站文件：在“文件”选项卡中单击【打开】，选择机器人搬运工作站的打包文件“5-1-Robot for Handling”，然后依次单击【下一个】按钮，直至【完成】按钮，最后单击【关闭】按钮
2		开启创建机器人系统：选择“基本”选项卡，单击【机器人系统】→【从布局】，进入机器人系统创建过程
3		修改系统名称和位置： ① 在弹出的“从布局创建系统”对话框中，修改系统名称和位置，选择 RobotWare 版本 ② 单击【下一个】按钮，进入下一步

（续）

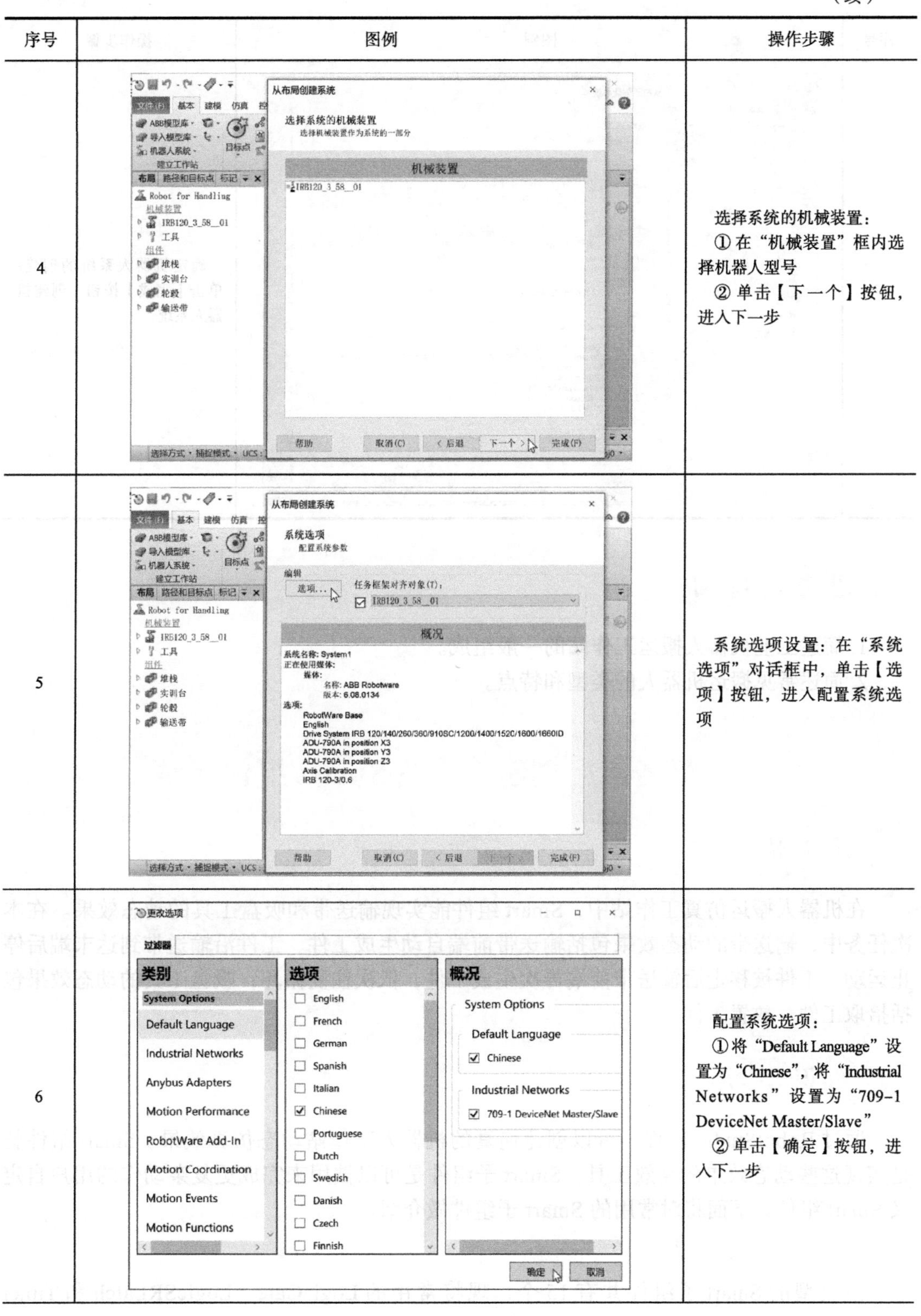

序号	图例	操作步骤
4		选择系统的机械装置： ① 在“机械装置”框内选择机器人型号 ② 单击【下一个】按钮，进入下一步
5		系统选项设置：在“系统选项”对话框中，单击【选项】按钮，进入配置系统选项
6		配置系统选项： ① 将“Default Language”设置为“Chinese”，将“Industrial Networks”设置为“709-1 DeviceNet Master/Slave” ② 单击【确定】按钮，进入下一步

（续）

序号	图例	操作步骤
7	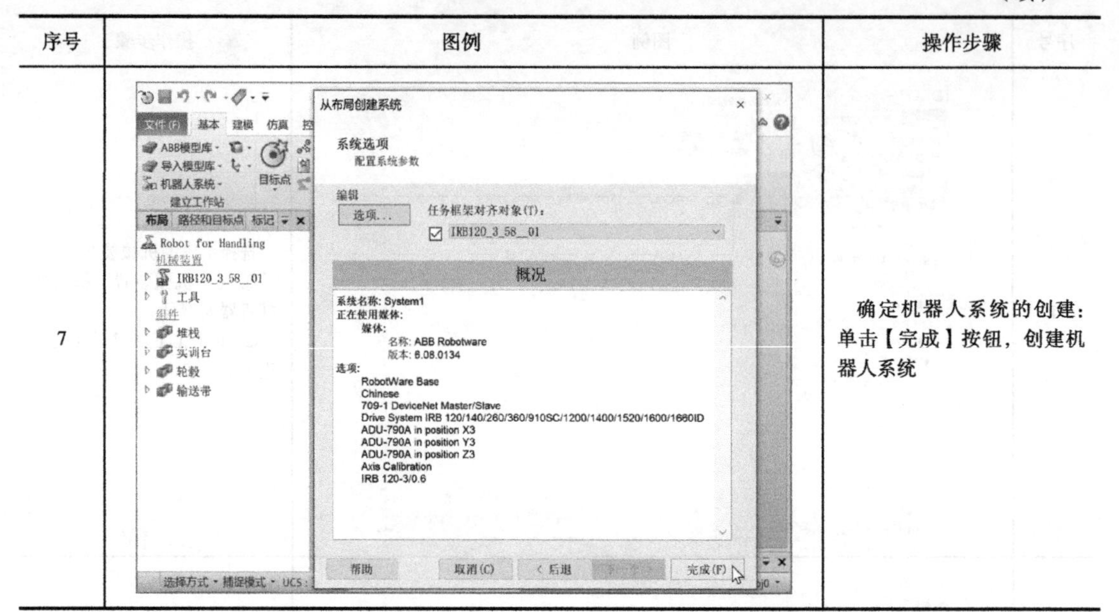	确定机器人系统的创建：单击【完成】按钮，创建机器人系统

思考与练习

1. 简述工业机器人搬运工作站的一般组成。
2. 简述常见搬运机器人的类型和特点。

任务二　创建工作站 Smart 组件

任务描述

在机器人搬运仿真工作站中，Smart 组件能实现输送带和吸盘工具的动态效果。在本次任务中，输送带的动态效果包括输送带前端自动生成工件、工件沿输送带到达末端后停止运动、工件被移走后输送带前端再次生成工件，依次往复循环；吸盘工具的动态效果包括拾取工件、放置工件。

知识学习

通过 RobotStudio 软件，可以创建逼真的机器人工作站动态仿真效果。Smart 组件就是实现这些动态效果的高效工具。Smart 子组件是可以被用来完成更复杂动作的用户自定义 Smart 组件。下面将对常用的 Smart 子组件做介绍。

1.“信号和属性”子组件

该类型的 Smart 子组件共有 15 个，现将常用的 LogicGate、LogicSRLatch 和 Timer

做详细说明。

（1）LogicGate　LogicGate 用于对数字信号进行逻辑运算。输出信号 Output 由输入信号 InputA 和 InputB 在 Operator 中指定的逻辑运算结果决定，延迟在 Delay 中指定。LogicGate 的属性与信号说明见表 5-2。

表 5-2　LogicGate 的属性与信号说明

属性	说明
Operator	各种逻辑运算符：AND、OR、XOR、NOT、NOP
Delay	用于设定输出信号变化延迟时间
信号	说明
InputA	第一个输入信号
InputB	第二个输入信号
Output	逻辑运算的结果

（2）LogicSRLatch　LogicSRLatch 用于置位 / 复位信号，并能将输出信号取反。当 Set 由 0 变 成 1 后，Output=1，InvOutput=0； 当 Reset 由 0 变 成 1 后，Output=0，InvOutput=1。LogicSRLatch 的信号说明见表 5-3。

表 5-3　LogicSRLatch 的信号说明

信号	说明
Set	设定置位信号
Reset	设定复位信号
Output	指定输出信号
InvOutput	指定反转输出信号

（3）Timer　Timer 是以指定间隔时间发脉冲信号。当使能信号 Active 为 1 时，当前仿真时间 CurrentTime 持续计时。一旦当前仿真时间等于 SartTime 的值时，将在 Output 输出首个脉冲。若 Repeat 的值为 True，首个脉冲触发后，每隔 Interval 中指定的时间将再次触发一个脉冲信号。当 Active 为 0 时，CurrentTime 将停止递增；当 Reset 为 1 时，CurrentTime 将被重置为 0。Timer 的属性与信号说明见表 5-4。

表 5-4　Timer 的属性与信号说明

属性	说明
StartTime	指定触发第一个脉冲前的时间
Interval	指定每个脉冲间的仿真时间
Repeat	指定信号是重复还是仅执行一次
CurrentTime	指定当前仿真时间
信号	说明
Active	将该信号设为 True 启用 Timer，设为 False 停用 Timer
Output	在指定时间间隔发出脉冲
Reset	设定为 1 时来复位当前仿真计时

2."参数模型"子组件

该类型的 Smart 子组件共 8 个，主要用来创建几何模型和阵列几何模型。这里分别以 ParametricBox 和 LinearRepeater 为例做介绍。

（1）ParametricBox　ParametricBox 生成一个指定长度、宽度和高度尺寸的盒形几何体。ParametricBox 的属性与信号说明见表 5-5。

表 5-5　ParametricBox 的属性与信号说明

属性	说明
SizeX	沿 X 轴方向指定该盒形固体的长度
SizeY	沿 Y 轴方向指定该盒形固体的宽度
SizeZ	沿 Z 轴方向指定该盒形固体的高度
KeepGeometry	设置为 False 时，将删除生成部件中的几何信息
信号	**说明**
Update	设置该信号为 1 时，更新生成的部件

（2）LinearRepeater　LinearRepeater 是根据给定的间隔和方向对一定数量的几何体创建线性阵列。LinearRepeater 的属性说明见表 5-6。

表 5-6　LinearRepeater 的属性说明

属性	说明
Source	指定要复制的对象
Offset	指定复制对象间的距离
Distance	指定复制间的距离
Count	指定要创建的复制对象数量

3."传感器"子组件

该类型的 Smart 子组件共 8 个，主要用来创建各类检测传感器。现以常用的 LineSensor、PlaneSensor 传感器为例做介绍。

（1）LineSensor　LineSensor 根据起始点、结束点和半径来定义一条线段。当 Active 信号持续为 1 时，传感器将检测与该线段相交的对象。出现相交时，输出信号 SensorOut 为 1。LineSensor 的属性与信号说明见表 5-7。

表 5-7　LineSensor 的属性与信号说明

属性	说明
Start	指定起始点
End	指定结束点
Radius	指定半径
SensedPart	指定与 LineSensor 相交的部件
SensedPoint	指定相交对象上的点，距离起始点最近
信号	**说明**
Active	指定 LineSensor 是否激活
SensorOut	当 Sensor 与某一对象相交时为 True

（2）PlaneSensor　PlaneSensor 通过原点、两轴线定义平面。当 Active 为 1 时，传感器会检测与平面相交的对象。出现相交时，相交对象会显示在 SensedPart 属性中，并将 SensorOut 输出信号设置为 1。PlaneSensor 的属性与信号说明见表 5-8。

表 5-8　PlaneSensor 的属性与信号说明

属性	说明
Origin	指定平面的原点
Axis1	指定平面的第一个轴
Axis2	指定平面的第二个轴
SensedPart	指定与 PlaneSensor 相交的部件
信号	**说明**
Active	指定 PlaneSensor 是否激活
SensorOut	当 PlaneSensor 与某一对象相交时为 True

4.“动作”子组件

该类型的 Smart 子组件共 7 个，主要实现对象的安装、拆除、复制、删除和隐藏等功能。这里主要介绍 Source、Attacher 和 Detacher。

（1）Source　Source 是创建一个对图形对象的复制。Source 的属性与信号说明见表 5-9。

表 5-9　Source 的属性与信号说明

属性	说明
Source	指定要复制的对象
Copy	指定复制
Parent	指定要复制的父对象
Position	指定复制相对于其父对象的位置
Orientation	指定复制相对于其父对象的方向
Transient	如果在仿真时创建了复制，将其标识为瞬时的，这样的复制不会被添加至撤销队列中且在仿真停止时自动被删除
信号	**说明**
Execute	设该信号为 True 创建对象的复制
Executed	当完成时发出脉冲

（2）Attacher　Attacher 是指安装一个对象。设置 Execute 信号为 1 时，Attacher 将 Child 安装到 Parent 上。如果 Parent 为机械装置，还必须指定要安装的 Flange。如果选中 Mount，还会使用指定的 Offset 和 Orientation 将子对象装配到父对象上。完成时，将设置

Executed 输出信号。Attacher 的属性与信号说明见表 5-10。

表 5-10　Attacher 的属性与信号说明

属性	说明
Parent	指定子对象要安装在哪个对象上
Flange	指定要安装在机械装置的哪个法兰上（编号）
Child	指定要安装的对象
Mount	如果为 True，子对象装配在父对象上
Offset	当使用 Mount 时，指定相对于父对象的位置
Orientation	当使用 Mount 时，指定相对于父对象的方向
信号	**说明**
Execute	设为 True 进行安装
Executed	当完成时发出脉冲

（3）Detacher　Detacher 是指拆除一个已经安装的对象。设置 Execute 信号为 1 时，Detacher 会将 Child 从其所安装的父对象上拆除。如果选中了 KeepPosition，位置将保持不变，否则将相对于其父对象放置子对象的位置。完成时，将设置 Executed 信号。Detacher 的属性与信号说明见表 5-11。

表 5-11　Detacher 的属性与信号说明

属性	说明
Child	指定要拆除的对象
KeepPosition	如果为 False，被安装的对象将返回其原始的位置
信号	**说明**
Execute	设置该信号为 True，移除安装的物体
Executed	当完成时发出脉冲

5.“本体”子组件

该类型的 Smart 子组件共 8 个，主要是实现各种动画效果的功能。现以 LinearMover、PoseMover 两个子组件为例做介绍。

（1）LinearMover　LinearMover 是指让对象按指定的速度和方向在一条直线上移动。LinearMover 的属性与信号说明见表 5-12。

表 5-12　LinearMover 的属性与信号说明

属性	说明
Object	指定要移动的对象
Direction	指定移动对象的方向
Speed	指定对象移动的速度
Reference	指定参考坐标系
信号	**说明**
Execute	将该信号设为 True，开始移动对象；设为 False 时，停止

（2）PoseMover　PoseMover 是指将机械装置的关节运动到一个已定义的姿态。设置 Execute 输入信号为 1 时，机械装置的关节移向给定姿态。达到给定姿态时，设置 Executed 输出信号为 1。PoseMover 的属性与信号说明见表 5-13。

表 5-13　PoseMover 的属性与信号说明

属性	说明
Mechanism	指定要进行移动的机械装置
Pose	指定要移动到的姿态的编号
Duration	指定机械装置移动到指定姿态的时间
信号	说明
Execute	设为 True，开始或重新开始移动机械装置
Pause	暂停动作
Cancel	取消动作
Executed	当机械装置达到位姿时，信号为 High
Executing	在运动过程中为 High
Paused	当暂停时为 High

6.“其它”子组件

还有一些其它功能的 Smart 子组件，比如切换视角、生成随机数等，这里主要介绍一下 Queue 子组件。

Queue 表示对象遵循 FIFO（first in, first out）的队列。当信号 Enqueue 被设置为 1 时，在 Back 中的对象将被添加到队列，队列前端对象将显示在 Front 中；当设置 Dequeue 信号为 1 时，Front 对象将从队列中移除；当设置 Clear 信号为 1 时，队列中所有对象将被删除。Queue 的属性与信号说明见表 5-14。

表 5-14　Queue 的属性与信号说明

属性	说明
Back	指定 Enqueue 的对象
Front	指定队列的第一个对象
NumberOfObjects	指定队列中的对象数目
信号	说明
Enqueue	将在 Back 中的对象添加至队列末尾
Dequeue	将队列前端的对象移除
Clear	将队列中所有对象移除
Delete	将在队列前端的对象移除并将该对象从工作站移除
DeleteAll	清空队列并将所有对象从工作站中移除

1. 创建输送带 Smart 组件

（1）设定物料源　物料源设定的步骤见表 5-15。

表 5-15　物料源设定的步骤

序号	图例	操作步骤
1	5-2-Robot for Handling - ABB RobotStudio 6.08 文件(F) 基本 建模 仿真 控制器(C) RAPID Add-Ins ABB模型库 导入模型库 机器人系统 目标点 路径 其它 示教目标点 示教指令 查看机器人目标 MultiMove T_ROB1(System1) wobj0 tool0 同步 大地坐标 图形工具 建立工作站 路径编程 设置 控制器 Freehand 图形 布局 路径和目标点 标记 Robot for Handling:视图1 5-2-Robot for Handling 机械装置 IRB120_3_58__01 链接 工具 组件 堆栈 实训台 轮毂 输送带 输出 选择方式 捕捉模式 UCS：工作站 0.00 0.00 0.00 MoveL v1000 z100 tool0 \WObj:=wobj0 控制器状态：1/1	解压工作站文件：在“文件”选项卡中单击【打开】，选择机器人搬运工作站的打包文件“5-2-Robot for Handling”，然后依次单击【下一个】按钮，直至【完成】按钮，最后单击【关闭】按钮
2	5-2-Robot for Handling - ABB RobotStudio 6.08 文件(F) 基本 建模 仿真 控制器(C) RAPID Add-Ins 组件组 空部件 Smart组件 导入几何体 框架 标记 固体 表面 曲线 修改曲线 点到点 大地坐标 创建机械装置 创建工具 创建输送带 创建连接 创建 CAD 操作 测量 Freehand 机械 布局 物理 标记 Robot for Handling:视图1 5-2-Robot for Handling 机械装置 IRB120_3_58__01 链接 工具 组件 堆栈 实训台 轮毂 输送带 输出 打包 打包完成 选择方式 捕捉模式 UCS：工作站 0.00 0.00 0.00 控制器状态：1/1	开启创建 Smart 组件：选择“建模”选项卡，单击【Smart 组件】
3	可见 检查 撤消检查 设定为UCS 位置 设定本地原点 安装到 拆除 仿真 编辑组件 属性 标记 删除 Delete 重命名 属性: SmartComponent_1 布局 物理 标记 5-2-Robot for Handl… 机械装置 IRB120_3_58__01 链接 工具 组件 SmartComponent_1 堆栈 实训台 轮毂 输送带 SmartComponent_1 描述 English 添加组件 编辑父对象 导出到Xml... 已保存状态 名称 日期 描述 保存当前状态 恢复已选择状态 详细 删除 资产 Asset名字 原始源 添加Asset 设定图标 更新所有Assets 视图 保存 删除 输出 选择方式 捕捉模式 UCS：工作站 0.00 0.00 0.00 控制器状态：1/1	重命名 Smart 组件：在界面左侧“布局”窗口右击“Smart Component_1”，在弹出的菜单中单击【重命名】，将名称修改为“SC_Conveyor”

（续）

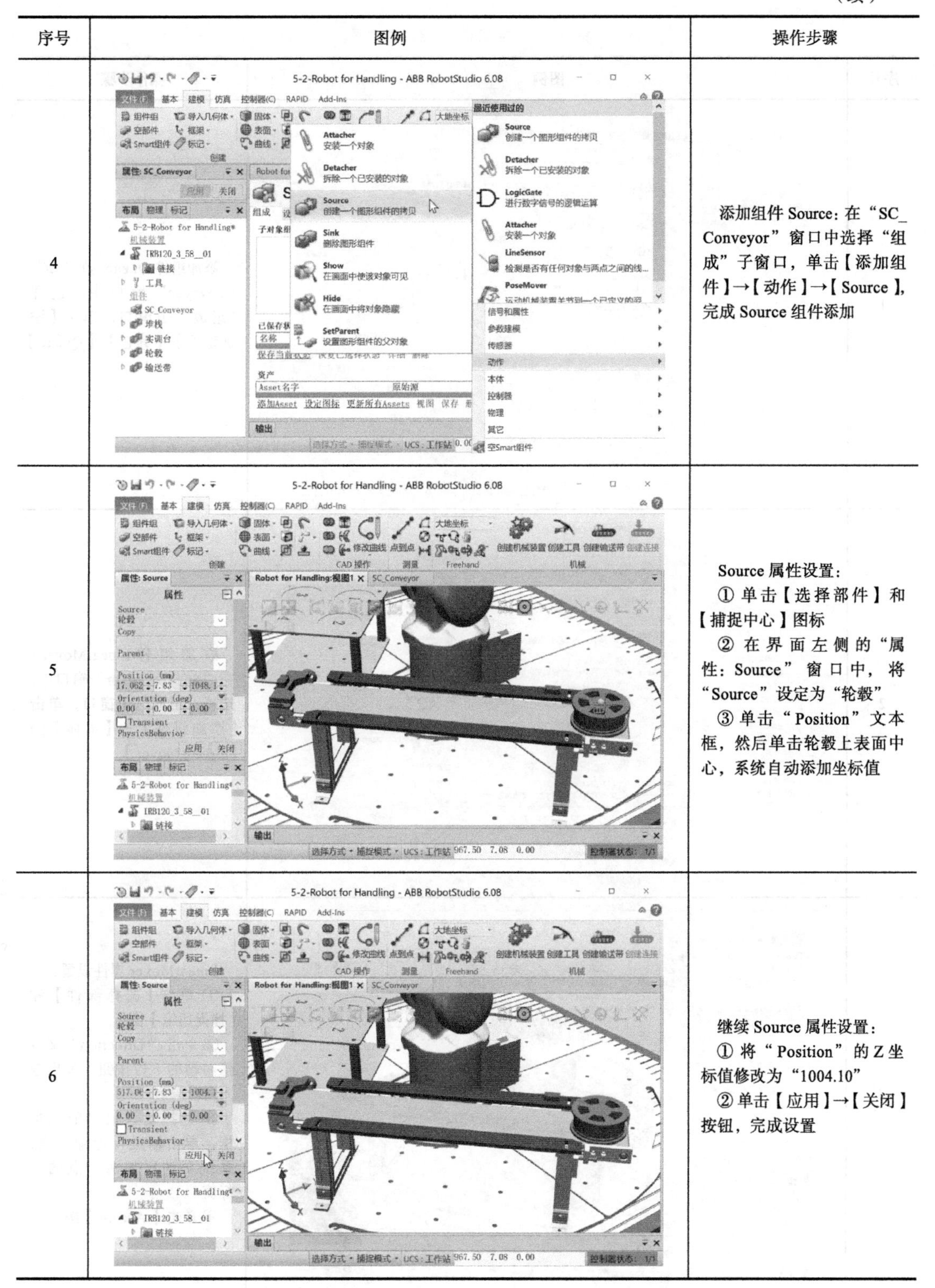

序号	图例	操作步骤
4		添加组件 Source：在“SC_Conveyor”窗口中选择“组成”子窗口，单击【添加组件】→【动作】→【Source】，完成 Source 组件添加
5		Source 属性设置： ① 单击【选择部件】和【捕捉中心】图标 ② 在界面左侧的“属性：Source”窗口中，将“Source”设定为“轮毂” ③ 单击“Position”文本框，然后单击轮毂上表面中心，系统自动添加坐标值
6		继续 Source 属性设置： ① 将“Position”的 Z 坐标值修改为“1004.10” ② 单击【应用】→【关闭】按钮，完成设置

（2）设定运动属性　运动属性设定的步骤见表 5-16。

表 5-16　运动属性设定的步骤

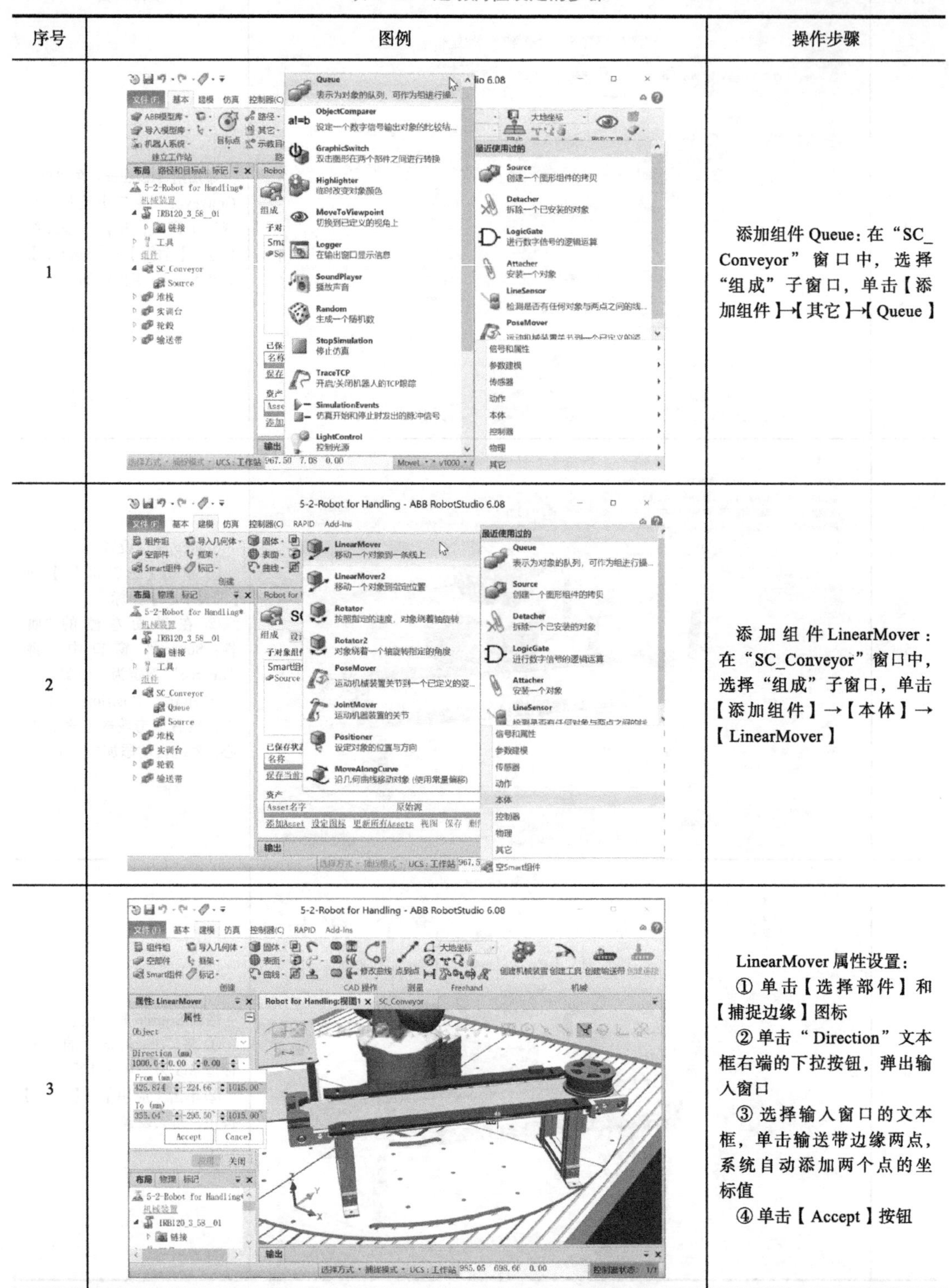

序号	图例	操作步骤
1		添加组件 Queue：在“SC_Conveyor”窗口中，选择“组成”子窗口，单击【添加组件】→【其它】→【Queue】
2		添加组件 LinearMover：在“SC_Conveyor”窗口中，选择“组成”子窗口，单击【添加组件】→【本体】→【LinearMover】
3		LinearMover 属性设置： ① 单击【选择部件】和【捕捉边缘】图标 ② 单击“Direction”文本框右端的下拉按钮，弹出输入窗口 ③ 选择输入窗口的文本框，单击输送带边缘两点，系统自动添加两个点的坐标值 ④ 单击【Accept】按钮

（续）

序号	图例	操作步骤
4	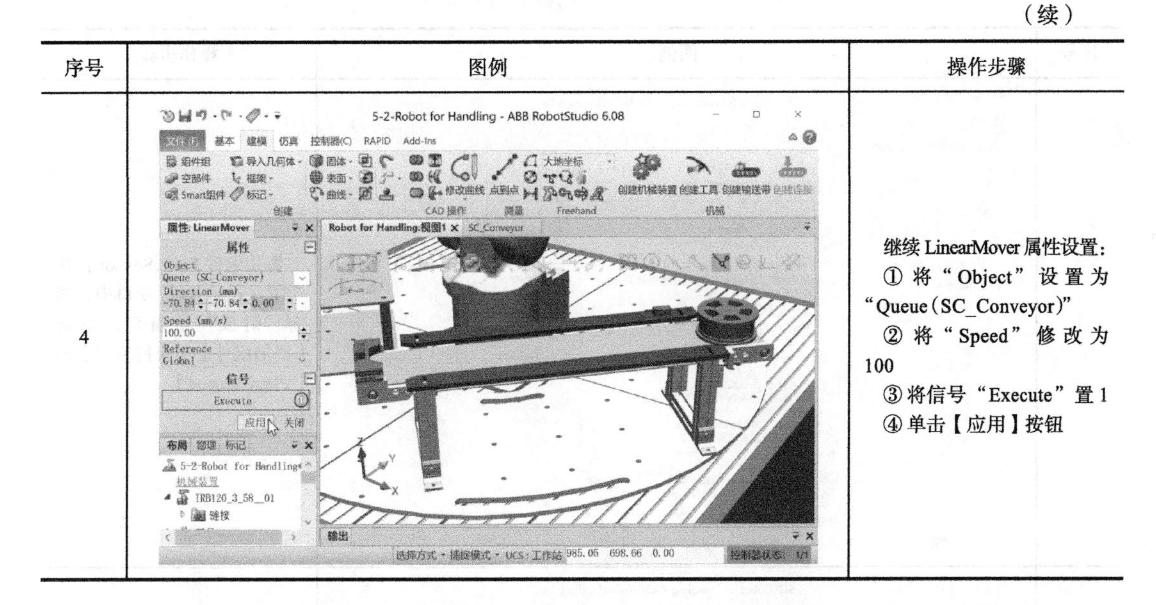	继续 LinearMover 属性设置： ① 将“Object”设置为“Queue（SC_Conveyor）” ② 将“Speed”修改为100 ③ 将信号“Execute”置 1 ④ 单击【应用】按钮

（3）创建限位传感器　输送带通过在其末端设置限位传感器来检测产品到位，并发出一个数字输出信号用于逻辑控制。这里采用的面传感器需要设定“Origin”“Axis1”和“Axis2”三个参数来创建，即选择一点作为原点（Origin），然后设定基于原点的两个延伸轴（Axis1 和 Axis2），如图 5-3 所示。限位传感器的创建步骤见表 5-17。

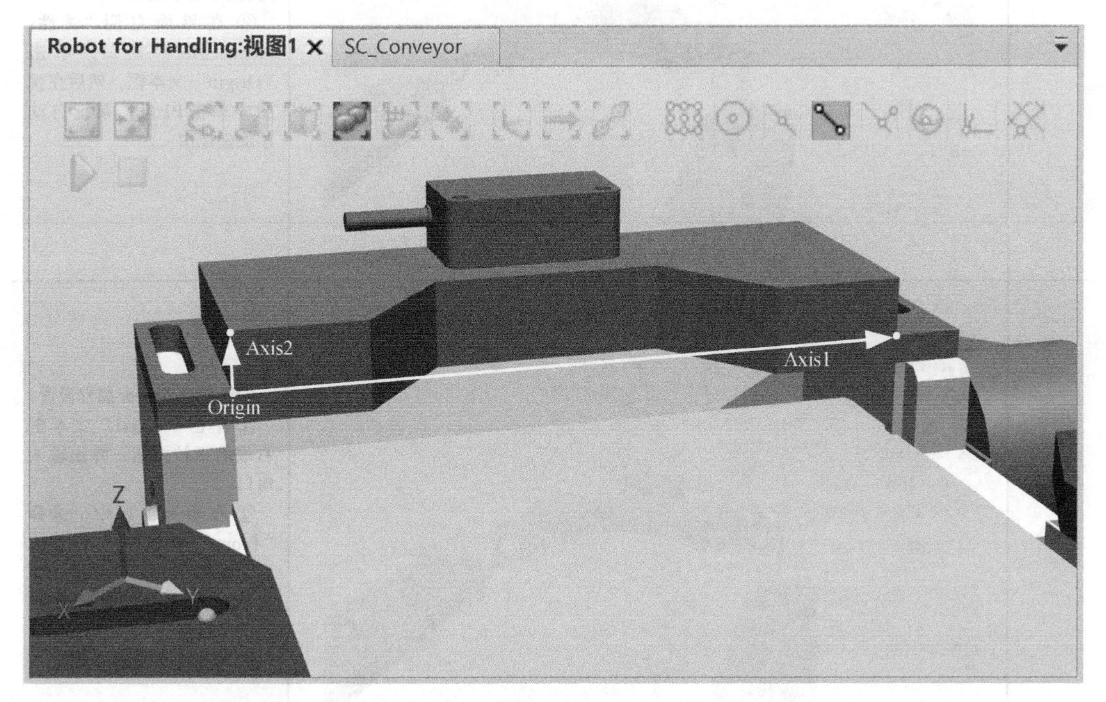

图 5-3　面传感器的原点及延伸轴

表 5-17　限位传感器的创建步骤

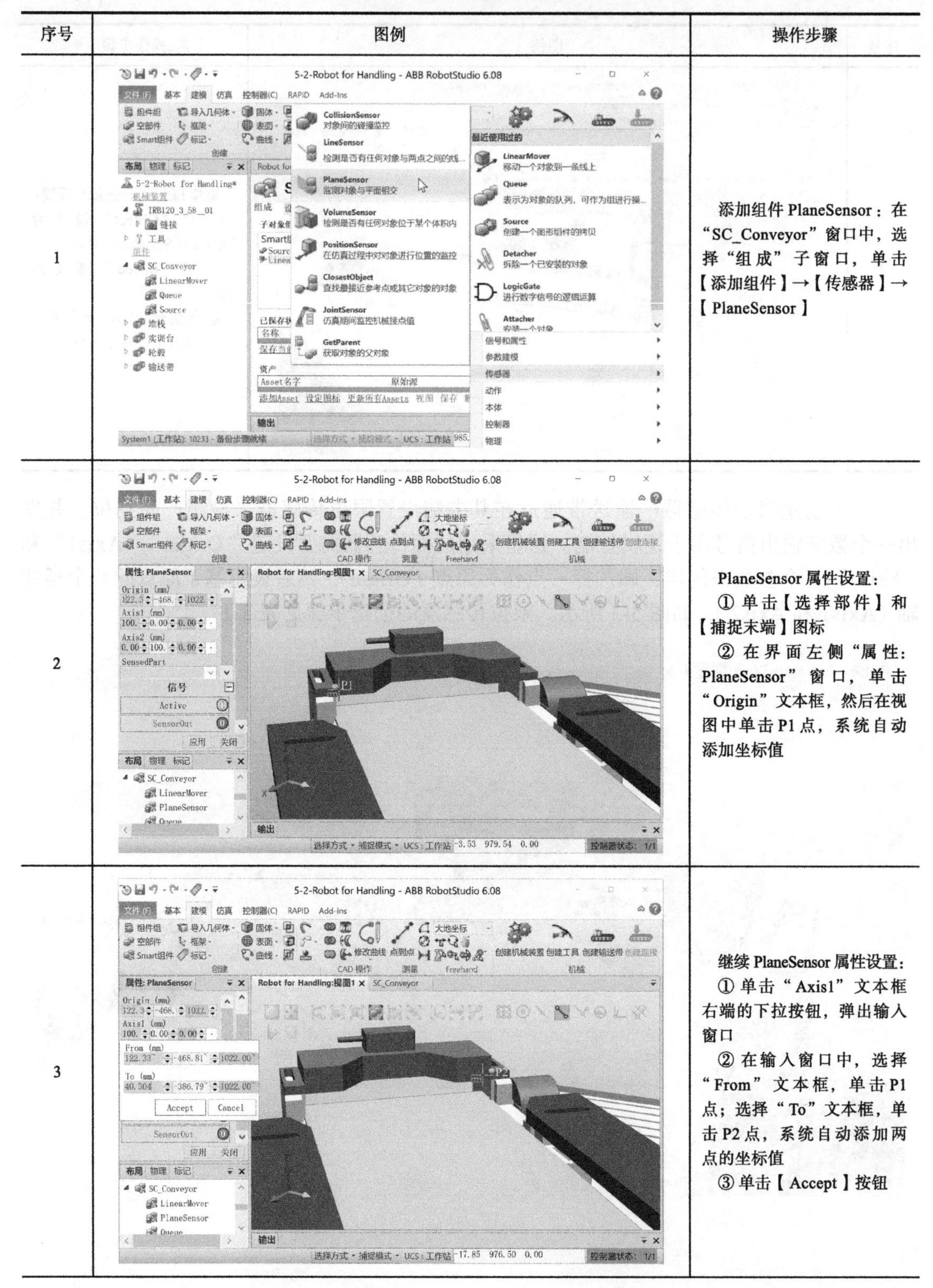

序号	图例	操作步骤
1		添加组件 PlaneSensor：在“SC_Conveyor”窗口中，选择“组成”子窗口，单击【添加组件】→【传感器】→【PlaneSensor】
2		PlaneSensor 属性设置： ① 单击【选择部件】和【捕捉末端】图标 ② 在界面左侧“属性：PlaneSensor”窗口，单击“Origin”文本框，然后在视图中单击 P1 点，系统自动添加坐标值
3		继续 PlaneSensor 属性设置： ① 单击“Axis1”文本框右端的下拉按钮，弹出输入窗口 ② 在输入窗口中，选择“From”文本框，单击 P1 点；选择“To”文本框，单击 P2 点，系统自动添加两点的坐标值 ③ 单击【Accept】按钮

（续）

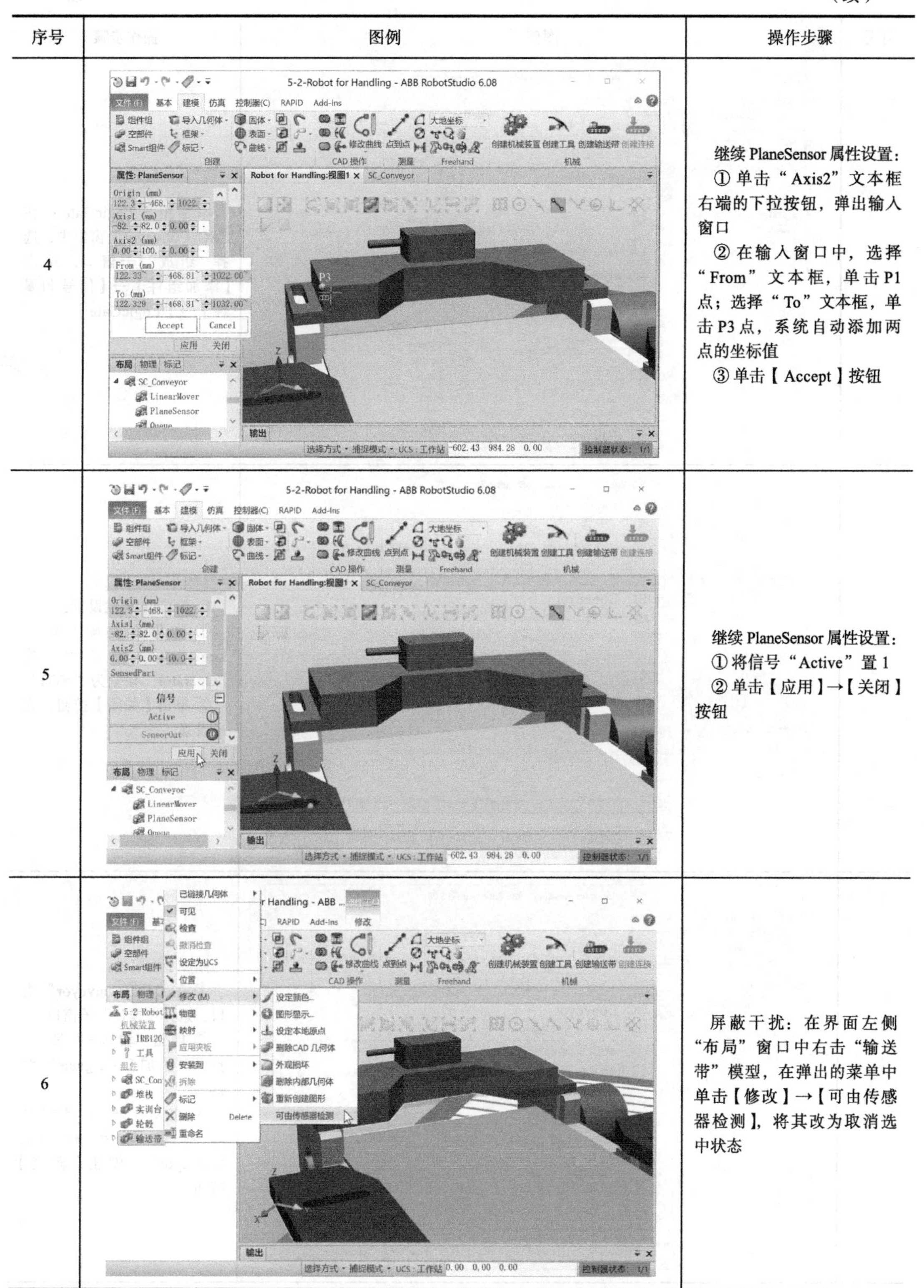

序号	图例	操作步骤
4		继续 PlaneSensor 属性设置： ① 单击“Axis2”文本框右端的下拉按钮，弹出输入窗口 ② 在输入窗口中，选择“From”文本框，单击 P1 点；选择“To”文本框，单击 P3 点，系统自动添加两点的坐标值 ③ 单击【Accept】按钮
5		继续 PlaneSensor 属性设置： ① 将信号“Active”置 1 ② 单击【应用】→【关闭】按钮
6		屏蔽干扰：在界面左侧“布局”窗口中右击“输送带”模型，在弹出的菜单中单击【修改】→【可由传感器检测】，将其改为取消选中状态

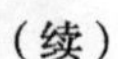
（续）

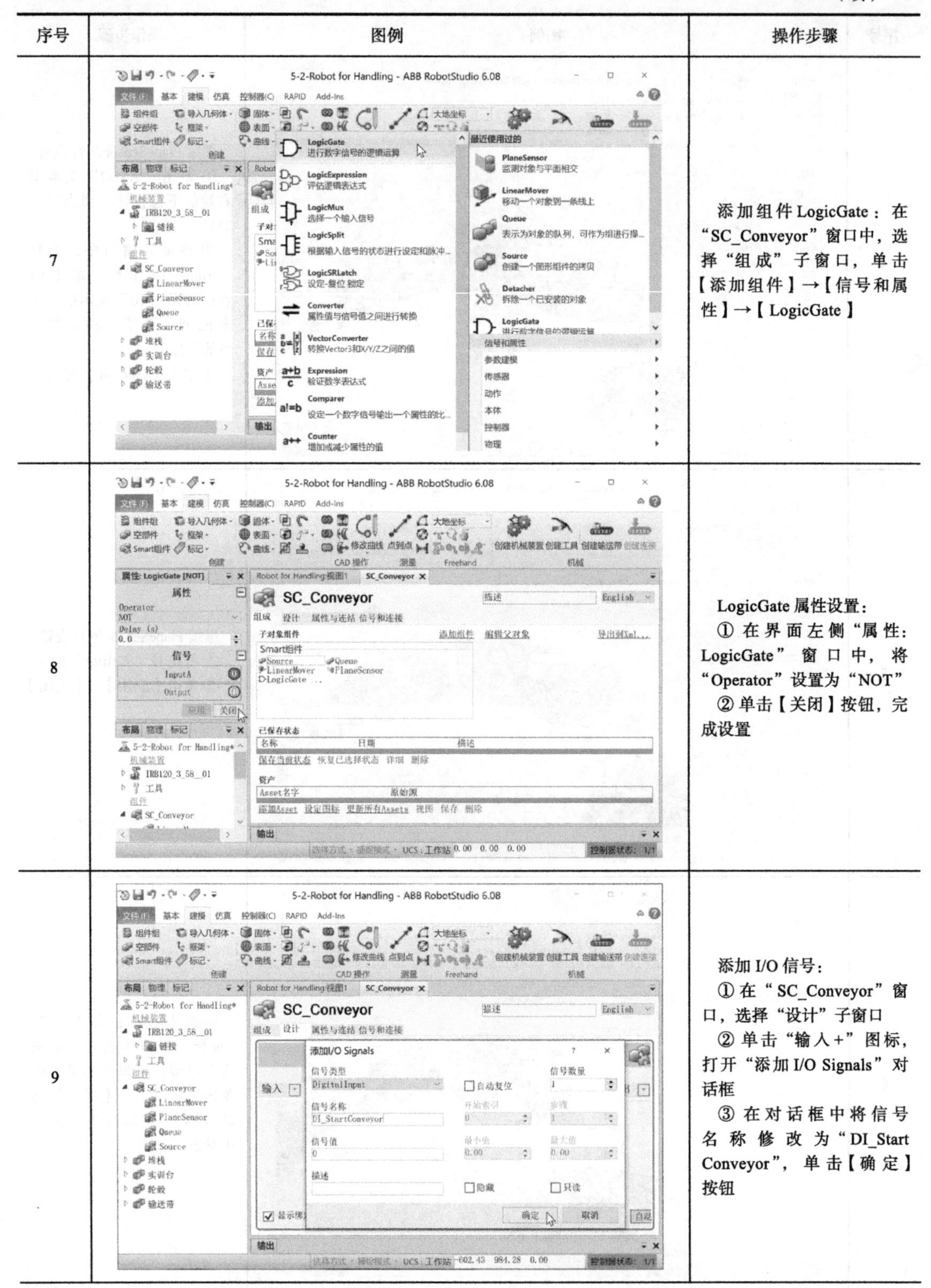

序号	图例	操作步骤
7		添加组件 LogicGate：在“SC_Conveyor”窗口中，选择“组成”子窗口，单击【添加组件】→【信号和属性】→【LogicGate】
8		LogicGate 属性设置： ① 在界面左侧“属性：LogicGate”窗口中，将“Operator”设置为“NOT” ② 单击【关闭】按钮，完成设置
9		添加 I/O 信号： ① 在“SC_Conveyor”窗口，选择“设计”子窗口 ② 单击“输入+”图标，打开“添加 I/O Signals”对话框 ③ 在对话框中将信号名称修改为“DI_Start Conveyor”，单击【确定】按钮

（续）

序号	图例	操作步骤
10	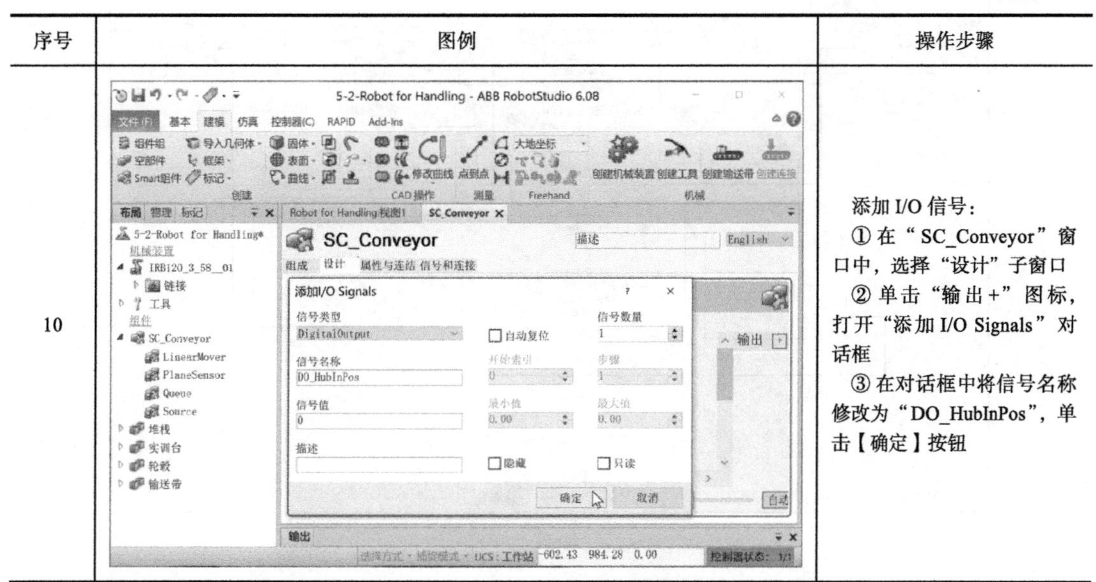	添加 I/O 信号： ① 在“SC_Conveyor”窗口中，选择“设计”子窗口 ② 单击“输出+”图标，打开“添加 I/O Signals”对话框 ③ 在对话框中将信号名称修改为“DO_HubInPos”，单击【确定】按钮

这里有必要对 Smart 组件中“非门”的使用进行说明。在 Smart 组件应用中，只有信号发生 0→1 的变化时，才可以触发事件。假如有一个信号 A，要求信号 A 由 0 变成 1 时触发事件 B，信号 A 由 1 变成 0 时触发事件 C。在 Smart 组件设计时，事件 B 可以直接与信号 A 连接进行触发，但是事件 C 就需要引入一个非门与信号 A 连接。这样当信号 A 由 1 变成 0 时，经过非门运算之后就转换为由 0 变成 1，随即触发事件 C。

（4）属性连接与信号连接　为了实现输送带的动态效果，需要对有关 Smart 组件进行属性连接和信号连接，如图 5-4 所示。

首先，Source 的属性“Copy”指的物料源的复制品，Queue 的属性“Back”指的是下一个加入队列的物体，这两者的连接可实现物料源产生的复制品在“加入队列”动作触发后被自动加入到队列 Queue 中。

其次，Smart 组件内部信号的连接则是保证输送带的自动传输过程：

① 启动信号 DI_StartConveyor 触发一次 Source，使其产生一个复制品。

② 复制品自动加入到队列 Queue 中，并随 Queue 一起沿着输送带运动。

③ 当复制品到达输送带末端时，触发限位传感器，并自动退出队列，同时将复制品到位信号置 1。

④ 当没有复制品与限位传感器接触时，通过非门连接自动触发 Source 产生一个复制品，此后进入下一个循环。

2. 创建搬运工具 Smart 组件

（1）调整工具姿态　机器人工具姿态调整的步骤见表 5-18。

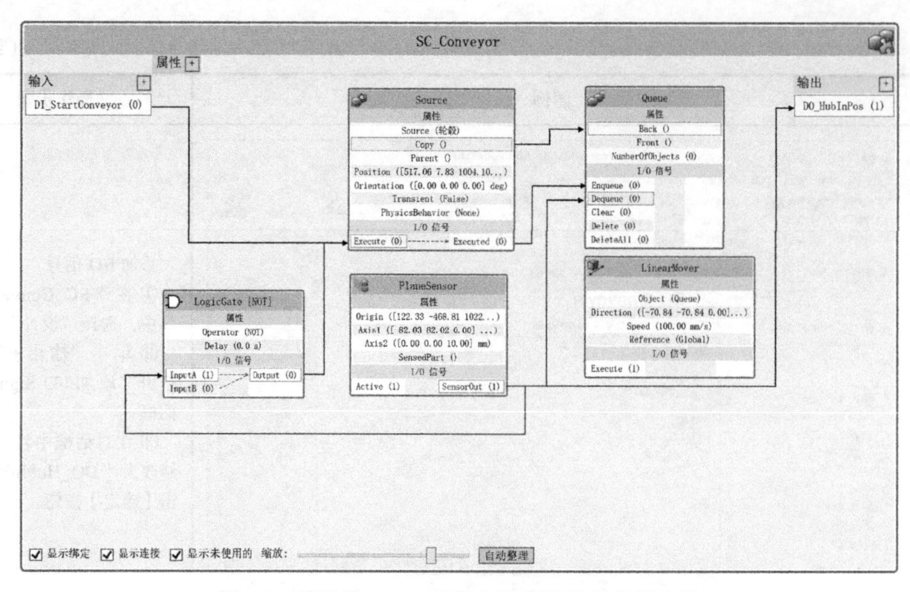

图 5-4 输送带 Smart 组件的属性连接和信号连接

表 5-18 工具姿态调整的步骤

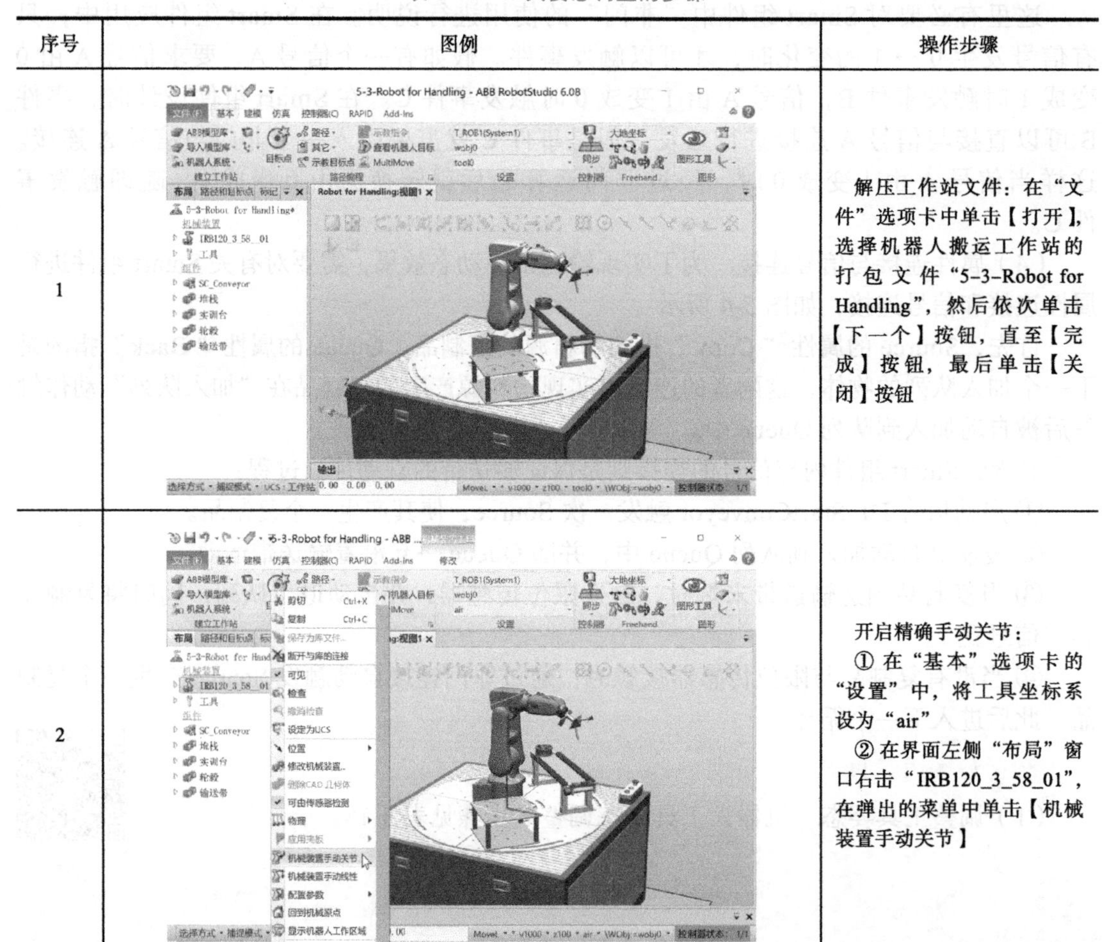

序号	图例	操作步骤
1		解压工作站文件：在“文件”选项卡中单击【打开】，选择机器人搬运工作站的打包文件“5-3-Robot for Handling”，然后依次单击【下一个】按钮，直至【完成】按钮，最后单击【关闭】按钮
2		开启精确手动关节： ① 在“基本”选项卡的“设置”中，将工具坐标系设为“air” ② 在界面左侧“布局”窗口右击“IRB120_3_58_01”，在弹出的菜单中单击【机械装置手动关节】

（续）

序号	图例	操作步骤
3		调整工具姿态：在界面左侧的“手动关节运动：IRB120_3_58_01”窗口中，将第5轴调整为45°，第6轴调整为180°

（2）设定工具属性　工具属性设定的步骤见表5-19。

表5-19　工具属性设定的步骤

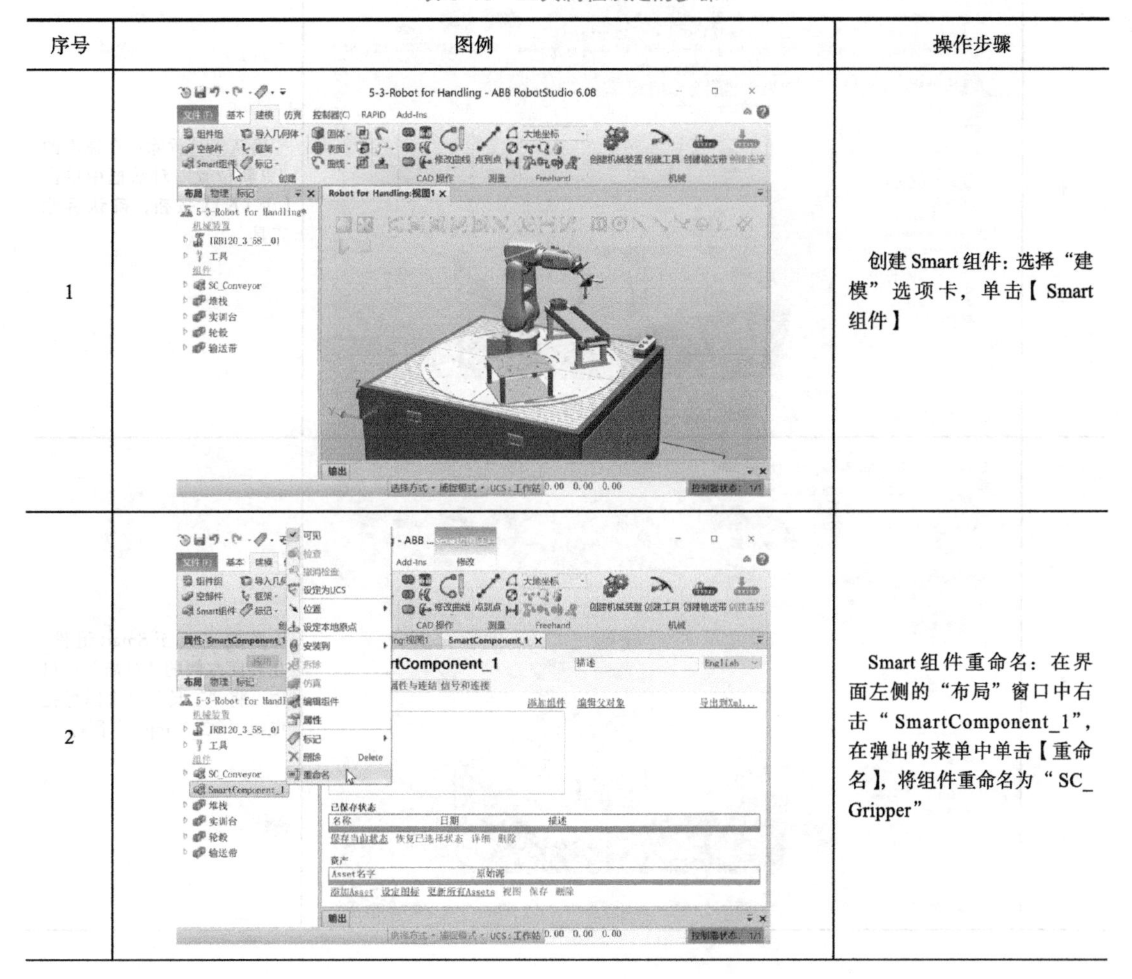

序号	图例	操作步骤
1		创建Smart组件：选择“建模”选项卡，单击【Smart组件】
2		Smart组件重命名：在界面左侧的“布局”窗口中右击“SmartComponent_1”，在弹出的菜单中单击【重命名】，将组件重命名为“SC_Gripper”

（续）

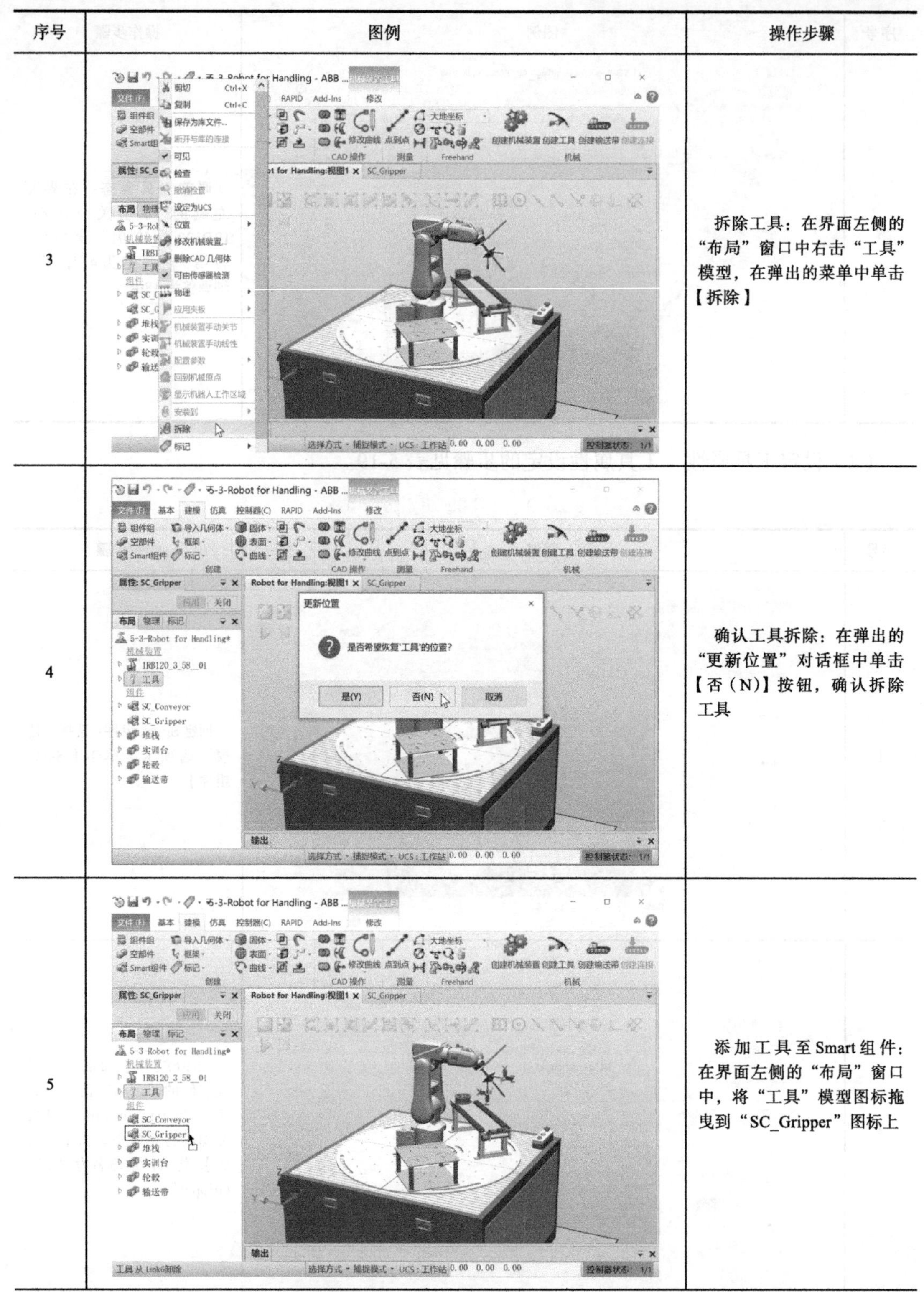

序号	图例	操作步骤
3		拆除工具：在界面左侧的“布局”窗口中右击“工具”模型，在弹出的菜单中单击【拆除】
4		确认工具拆除：在弹出的“更新位置”对话框中单击【否（N)】按钮，确认拆除工具
5		添加工具至Smart组件：在界面左侧的“布局”窗口中，将“工具”模型图标拖曳到“SC_Gripper”图标上

（续）

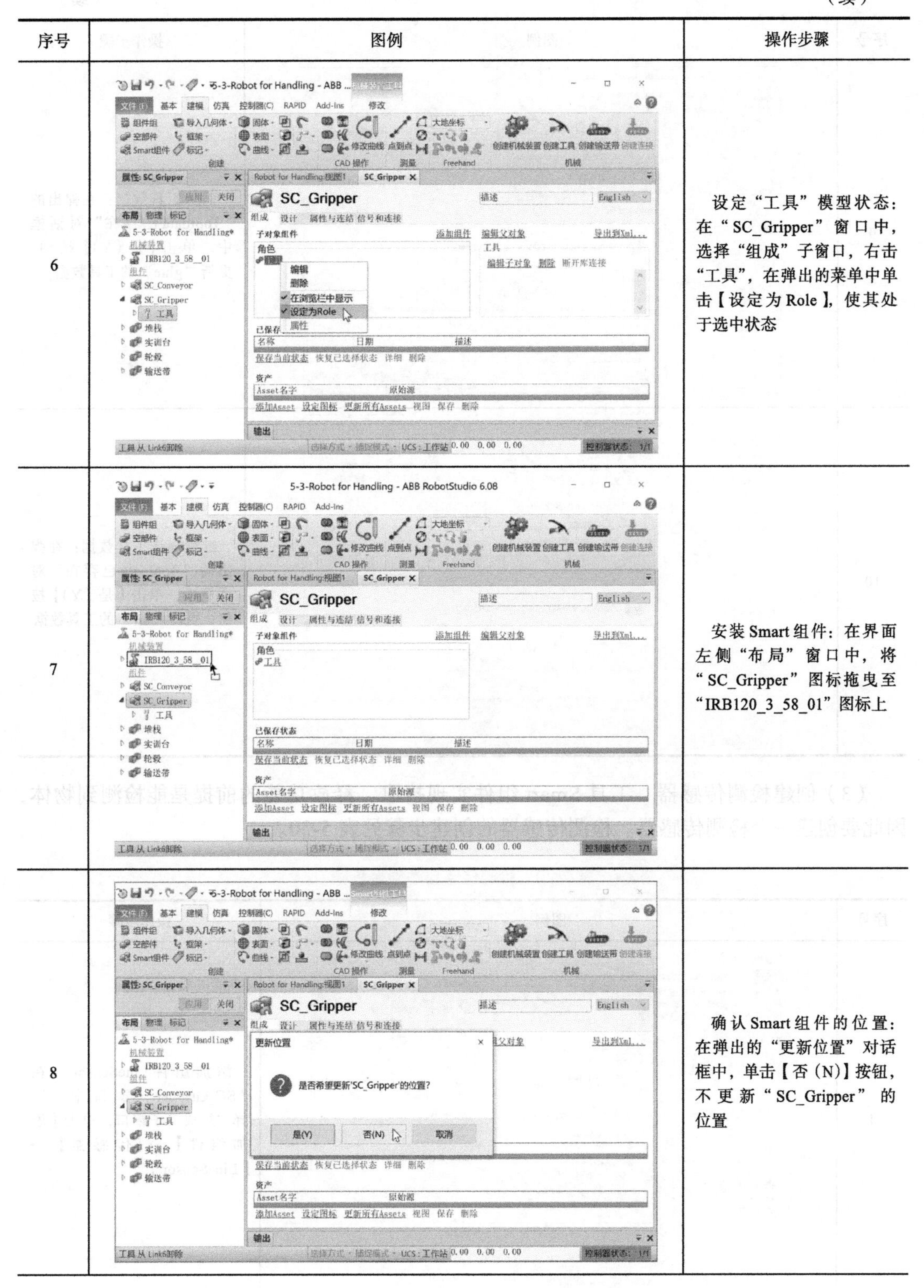

序号	图例	操作步骤
6		设定“工具”模型状态：在“SC_Gripper”窗口中，选择“组成”子窗口，右击“工具”，在弹出的菜单中单击【设定为Role】，使其处于选中状态
7		安装Smart组件：在界面左侧“布局”窗口中，将“SC_Gripper”图标拖曳至“IRB120_3_58_01”图标上
8		确认Smart组件的位置：在弹出的“更新位置”对话框中，单击【否(N)】按钮，不更新“SC_Gripper”的位置

（续）

序号	图例	操作步骤
9	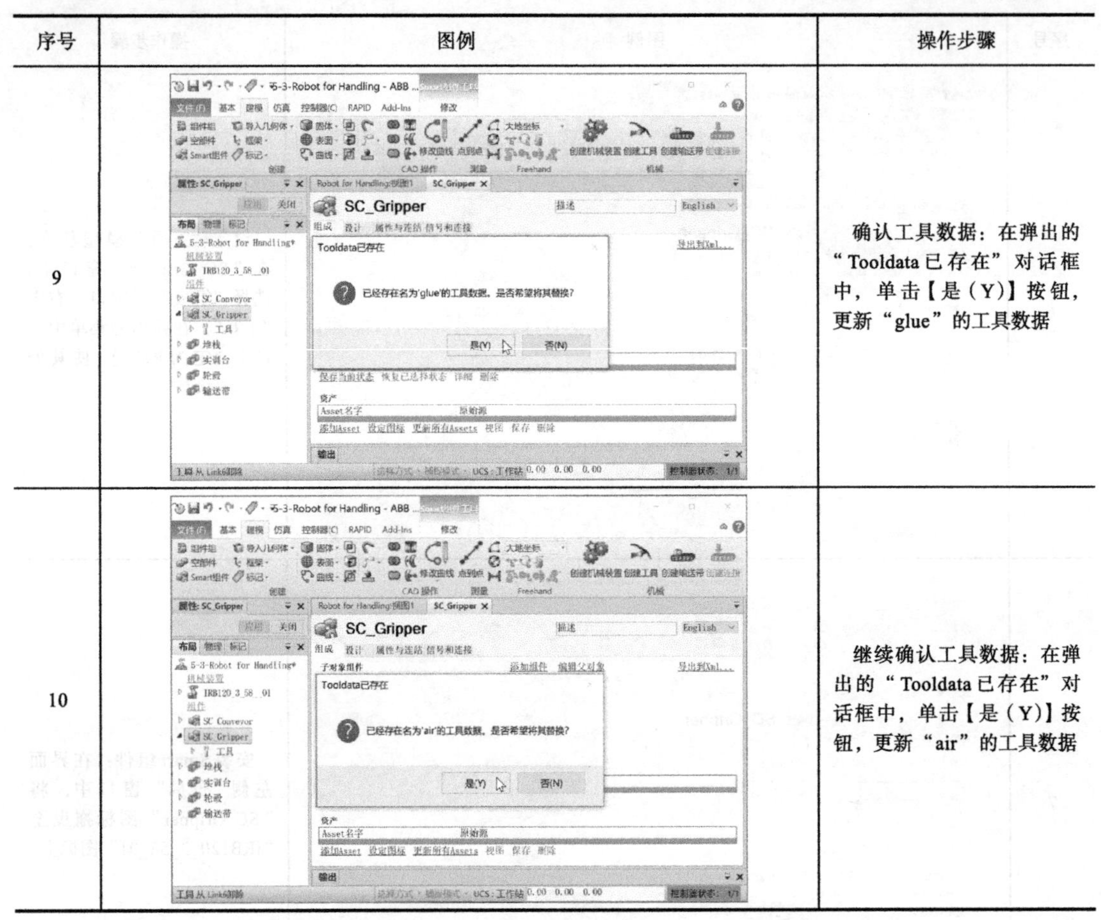	确认工具数据：在弹出的“Tooldata已存在”对话框中，单击【是（Y）】按钮，更新“glue”的工具数据
10		继续确认工具数据：在弹出的“Tooldata已存在”对话框中，单击【是（Y）】按钮，更新“air”的工具数据

（3）创建检测传感器　工具Smart组件实现拾取、释放功能的前提是能检测到物体，因此要创建一个检测传感器。检测传感器的创建步骤见表5-20。

表5-20　检测传感器的创建步骤

序号	图例	操作步骤
1		添加组件LineSensor：在“SC_Gripper”窗口中，选择“组成”子窗口，单击【添加组件】→【传感器】→【LineSensor】

（续）

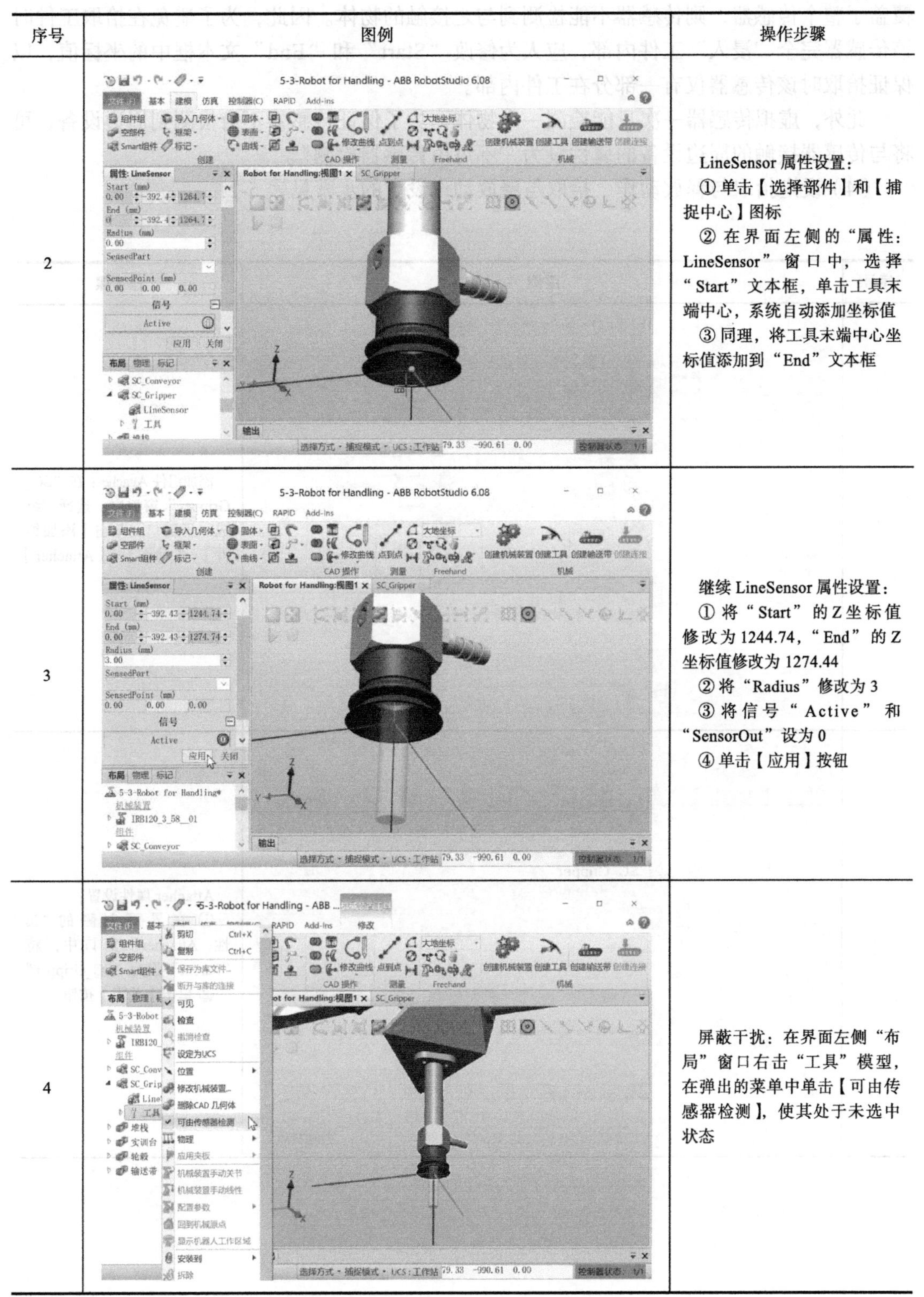

序号	图例	操作步骤
2		LineSensor 属性设置： ①单击【选择部件】和【捕捉中心】图标 ②在界面左侧的“属性：LineSensor”窗口中，选择“Start”文本框，单击工具末端中心，系统自动添加坐标值 ③同理，将工具末端中心坐标值添加到“End”文本框
3		继续 LineSensor 属性设置： ①将“Start”的 Z 坐标值修改为 1244.74，“End”的 Z 坐标值修改为 1274.44 ②将“Radius”修改为 3 ③将信号“Active”和“SensorOut”设为 0 ④单击【应用】按钮
4		屏蔽干扰：在界面左侧“布局”窗口右击“工具”模型，在弹出的菜单中单击【可由传感器检测】，使其处于未选中状态

这里需要注意虚拟传感器的使用限制，即当物体与传感器接触时，如果接触部分完全覆盖了整个传感器，则传感器不能检测到与之接触的物体。因此，为了避免在拾取工件时该传感器完全“浸入”工件内部，应人为修改“Start”和“End”文本框中的坐标值，以保证拾取时该传感器仅有一部分在工件内部。

此外，虚拟传感器一次只能检测一个物体，为了保证传感器不会检测到周边设备，可将与传感器接触的周边设备的属性设为“不可由传感器检测”。

（4）设定拾取与释放动作　拾取与释放动作设定的步骤见表 5-21。

表 5-21　拾取与释放动作设定的步骤

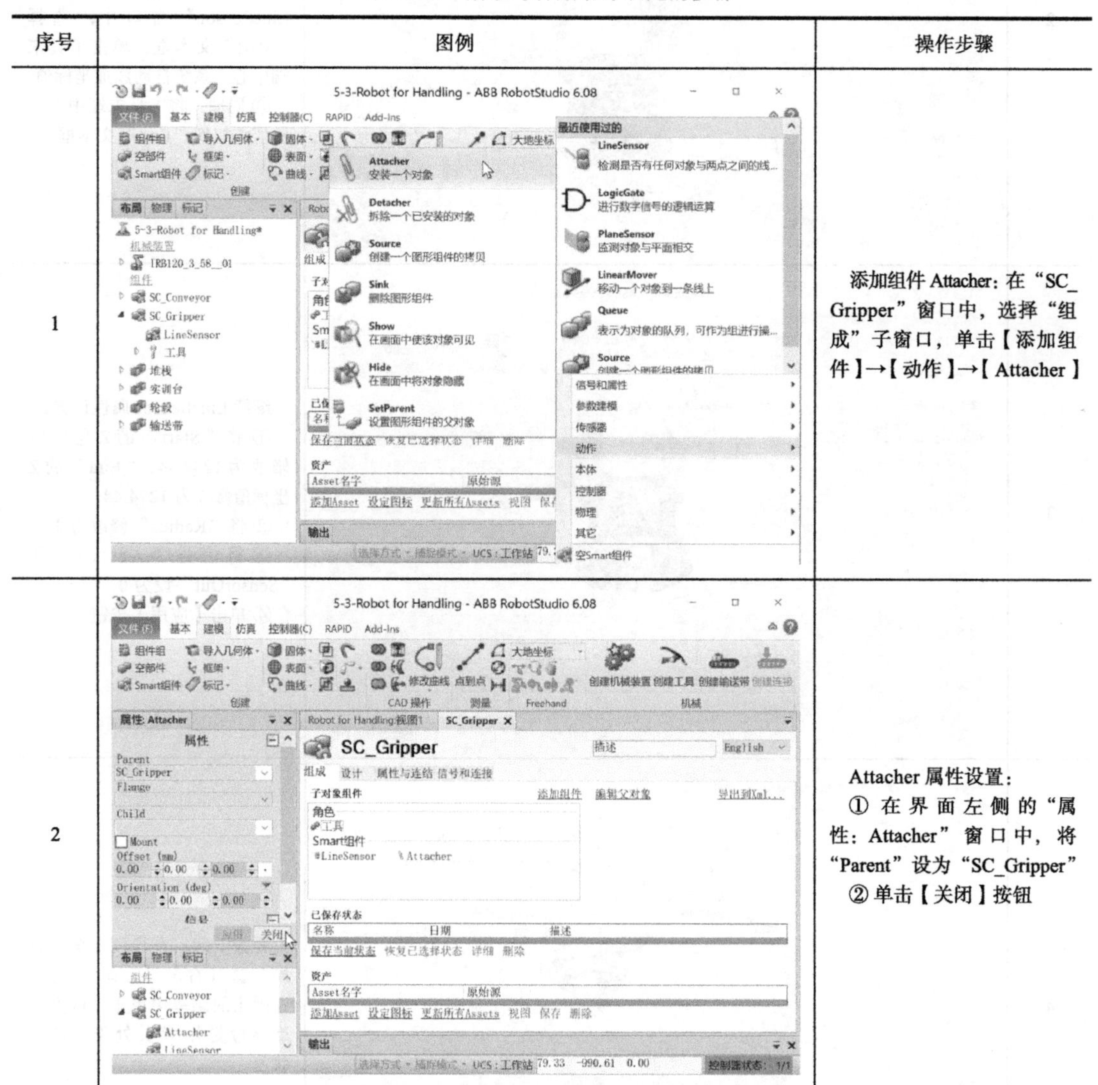

序号	图例	操作步骤
1	（图）	添加组件 Attacher：在“SC_Gripper”窗口中，选择“组成”子窗口，单击【添加组件】→【动作】→【Attacher】
2	（图）	Attacher 属性设置： ① 在界面左侧的“属性：Attacher”窗口中，将“Parent”设为“SC_Gripper” ② 单击【关闭】按钮

（续）

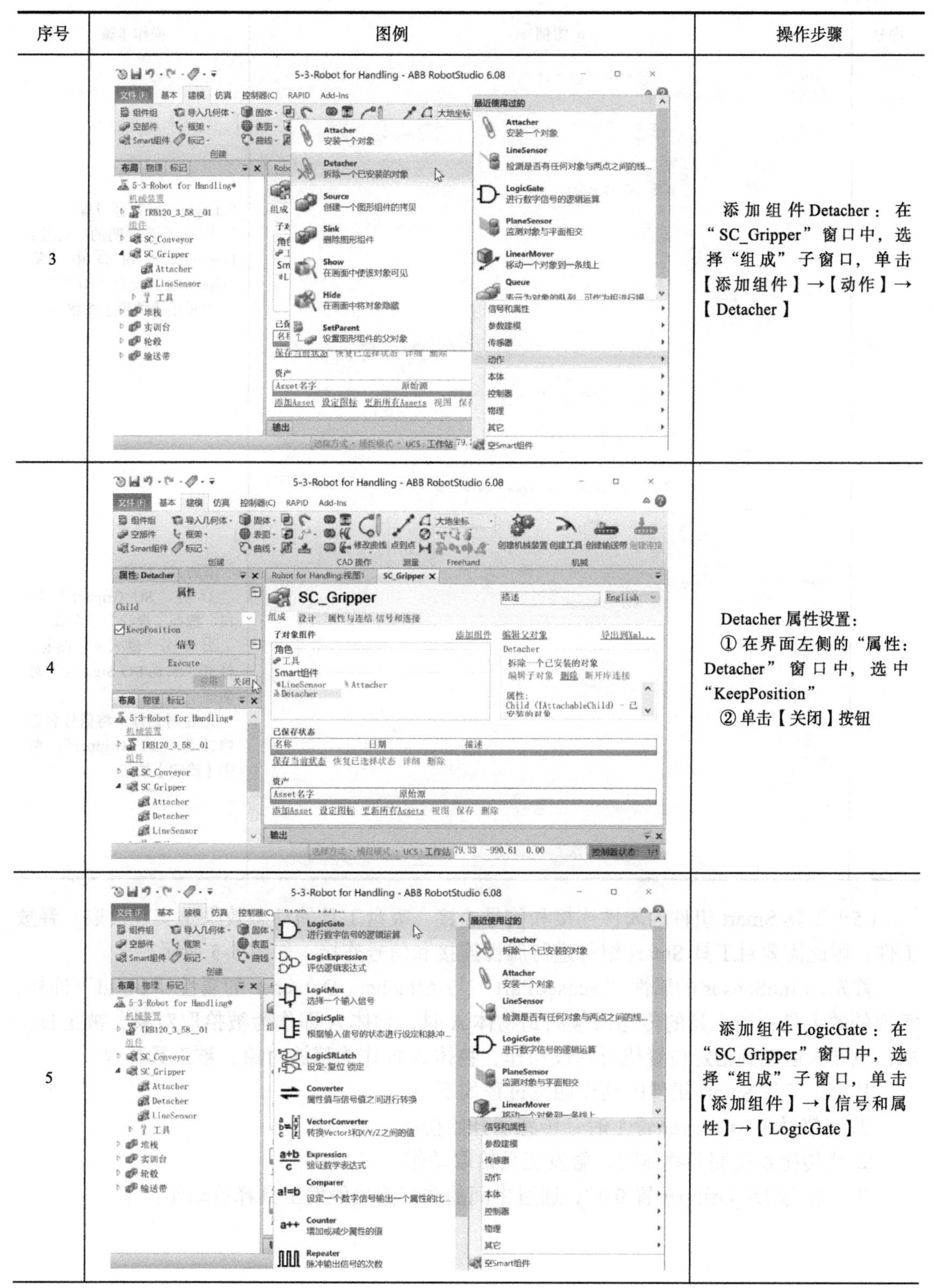

序号	图例	操作步骤
3		添加组件 Detacher：在“SC_Gripper”窗口中，选择“组成”子窗口，单击【添加组件】→【动作】→【Detacher】
4		Detacher 属性设置： ① 在界面左侧的“属性：Detacher”窗口中，选中“KeepPosition” ② 单击【关闭】按钮
5		添加组件 LogicGate：在“SC_Gripper”窗口中，选择“组成”子窗口，单击【添加组件】→【信号和属性】→【LogicGate】

（续）

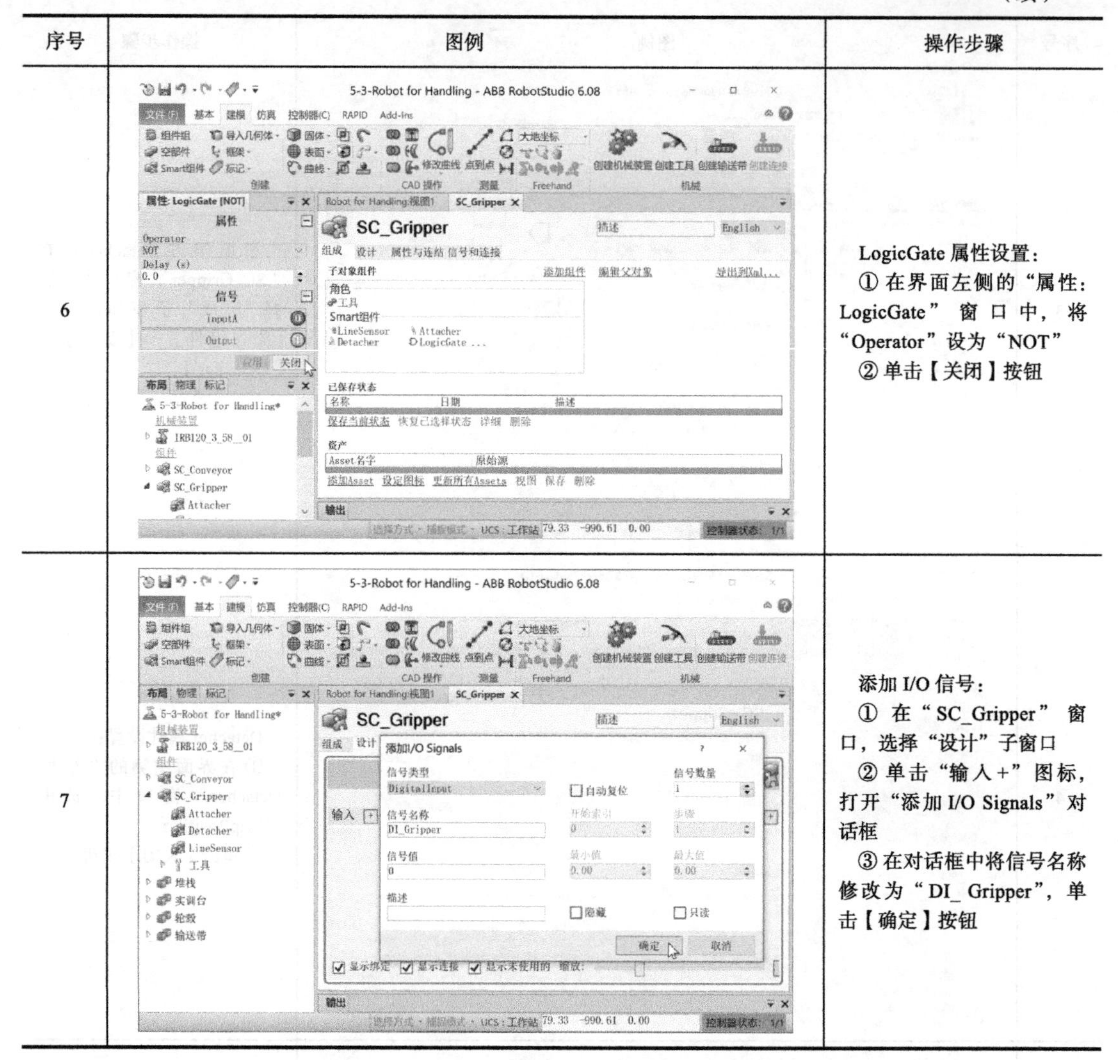

序号	图例	操作步骤
6		LogicGate 属性设置： ① 在界面左侧的“属性：LogicGate”窗口中，将“Operator”设为“NOT” ② 单击【关闭】按钮
7		添加 I/O 信号： ① 在“SC_Gripper”窗口，选择“设计”子窗口 ② 单击“输入+”图标，打开“添加 I/O Signals”对话框 ③ 在对话框中将信号名称修改为“DI_Gripper”，单击【确定】按钮

（5）工具 Smart 组件的属性连接和信号连接　吸盘工具的动态效果是实现拾取、释放工件，因此需要对工具 Smart 组件进行属性连接和信号连接，如图 5-5 所示。

首先，LineSensor 的属性“SensedPart”与 Attacher、Detacher 的属性“Child”连接，实现的效果是：当工具的传感器检测到物体 A 时，物体 A 即作为被拾取对象，被工具拾取；机器人运动到指定位置执行释放动作，物体 A 即作为释放对象，被工具释放。

其次，工具 Smart 组件的动作触发过程如下：

① 当信号 DI_Gripper 置 1 时，传感器开始检测。

② 当传感器检测到物体时，触发工具拾取动作。

③ 当信号 DI_Gripper 置 0 时，通过中间的非门连接触发工具释放动作。

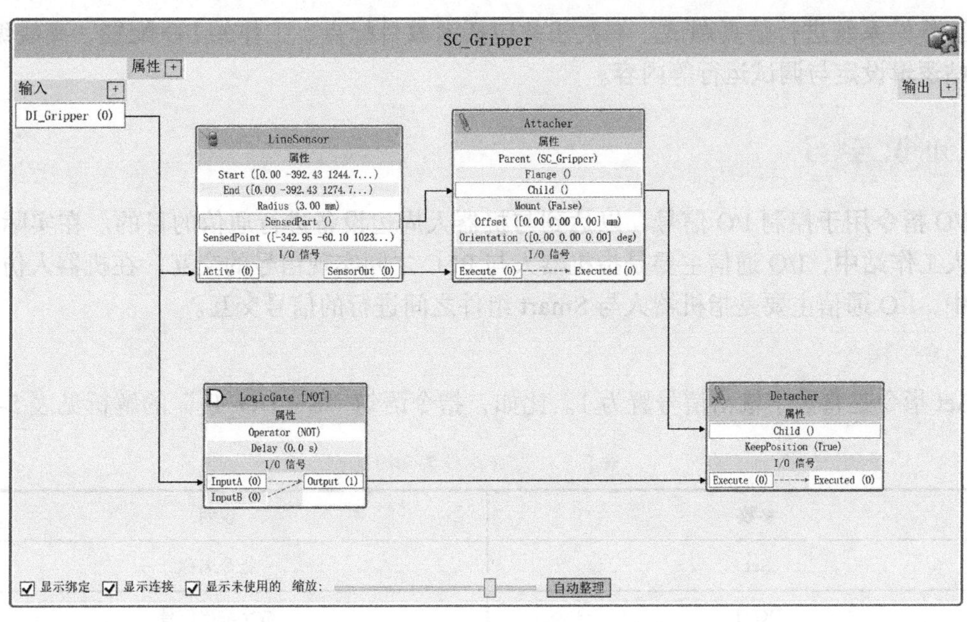

图 5-5 工具 Smart 组件的属性连接和信号连接

思考与练习

1. 填空题（请将正确的答案填在题中的横线上）

1）________功能就是在 RobotStudio 软件中实现动态效果的高效工具。

2）Smart 组件的动作类子组件主要有________、________、________、________和 Show、Hide、SetParent 等。

3）创建工具 Smart 组件时，若释放工件后需保持工件的位置不变，可选中________参数。

4）创建工作站时为避免不相关的部件触发传感器导致工作站不能正常运行，通常可将其设置为________。

2. 选择题（请将正确答案填入括号中）

1）创建工具 Smart 组件时，若工具释放工件后需保持工件的位置不变，可以选中动作 Detacher 中的（　　）参数。

A. Transition　　B. KeepPosition　　C. Active　　D. SensorOut

2）“信号和属性”子组件中的 LogicGate 操作数有（　　）。（多选题）

A. AND、OR　　B. XOR　　C. NOT　　D. NOP

任务三　机器人搬运程序创建与仿真调试

任务描述

机器人搬运工作站创建完成后，先根据机器人搬运轨迹路径创建机器人搬运程序，然后对工作站系统进行仿真调试。本次任务包括示教目标点、工作站 I/O 配置、离线编程、工作站逻辑设定与调试运行等内容。

I/O 指令用于控制 I/O 信号，以达到与机器人周边设备进行通信的目的。在实际工业机器人工作站中，I/O 通信主要是指机器人与 PLC 之间实现信号的交互；在机器人仿真工作站中，I/O 通信主要是指机器人与 Smart 组件之间进行的信号交互。

1. Set 指令

Set 指令是将数字输出信号置为 1。比如，指令语句“Set DO_1;”的解析见表 5-22。

表 5-22　Set 指令语句解析

参数	说明
Set	指令名称
DO_1	数字输出信号

2. Reset 指令

Reset 指令是将数字输出信号置为 0。比如，指令语句“Reset DO_1;”的解析见表 5-23。

表 5-23　Reset 指令语句解析

参数	说明
Reset	指令名称
DO_1	数字输出信号

3. WaitDI 指令

WaitDI 指令是等待一个数字输入信号状态为设定值，然后程序继续执行；否则，达到最大等待时间后机器人报警。比如，指令语句“WaitDI DI_1，1;”的解析见表 5-24。

表 5-24　WaitDI 指令语句解析

参数	说明
WaitDI	指令名称
DI_1	数字输入信号
1	数字输入信号的设定值

4. WaitDO 指令

WaitDO 指令是等待一个数字输出信号状态为设定值，然后程序继续执行；否则，达到最大等待时间后机器人报警。比如，指令语句“WaitDO DO_1，1;”的解析见表 5-25。

表 5-25　WaitDO 指令语句解析

参数	说明
WaitDO	指令名称
DO_1	数字输出信号
1	数字输出信号的设定值

5. WaitTime 指令

WaitTime 指令是等待一个指定的时间，之后程序继续执行。比如，指令语句“WaitTime 2;”的解析见表 5-26。

表 5-26　WaitTime 指令语句解析

参数	说明
WaitTime	指令名称
2	等待时间设定值

任务实施

1. 输送带仿真运行

创建完 Smart 组件后，动态输送带仿真运行的步骤见表 5-27。

表 5-27　动态输送带仿真运行的步骤

序号	图例	操作步骤
1	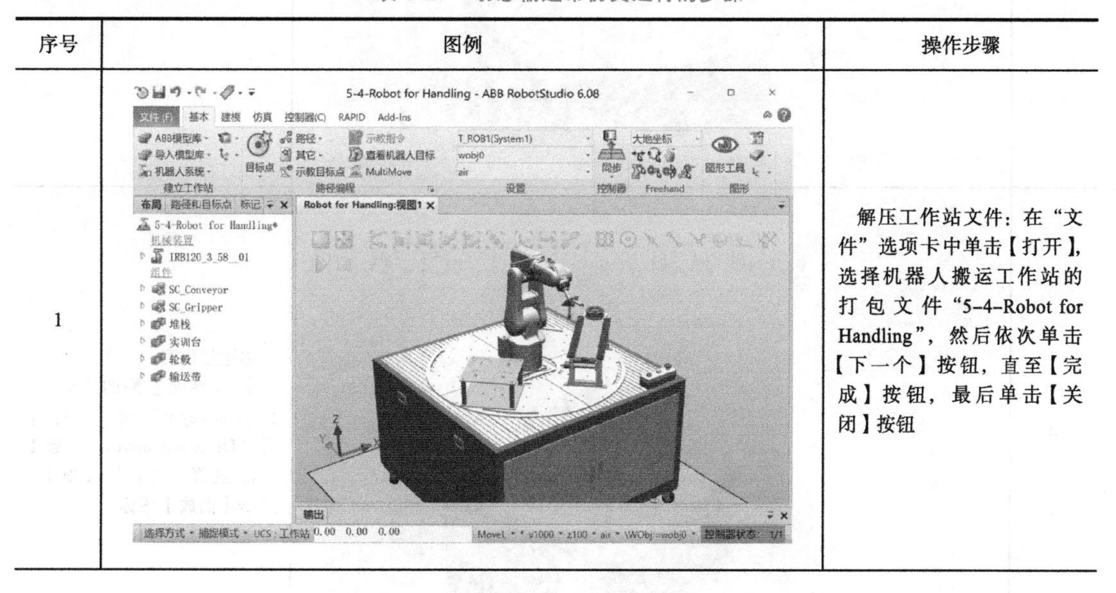	解压工作站文件：在“文件”选项卡中单击【打开】，选择机器人搬运工作站的打包文件“5-4-Robot for Handling”，然后依次单击【下一个】按钮，直至【完成】按钮，最后单击【关闭】按钮

（续）

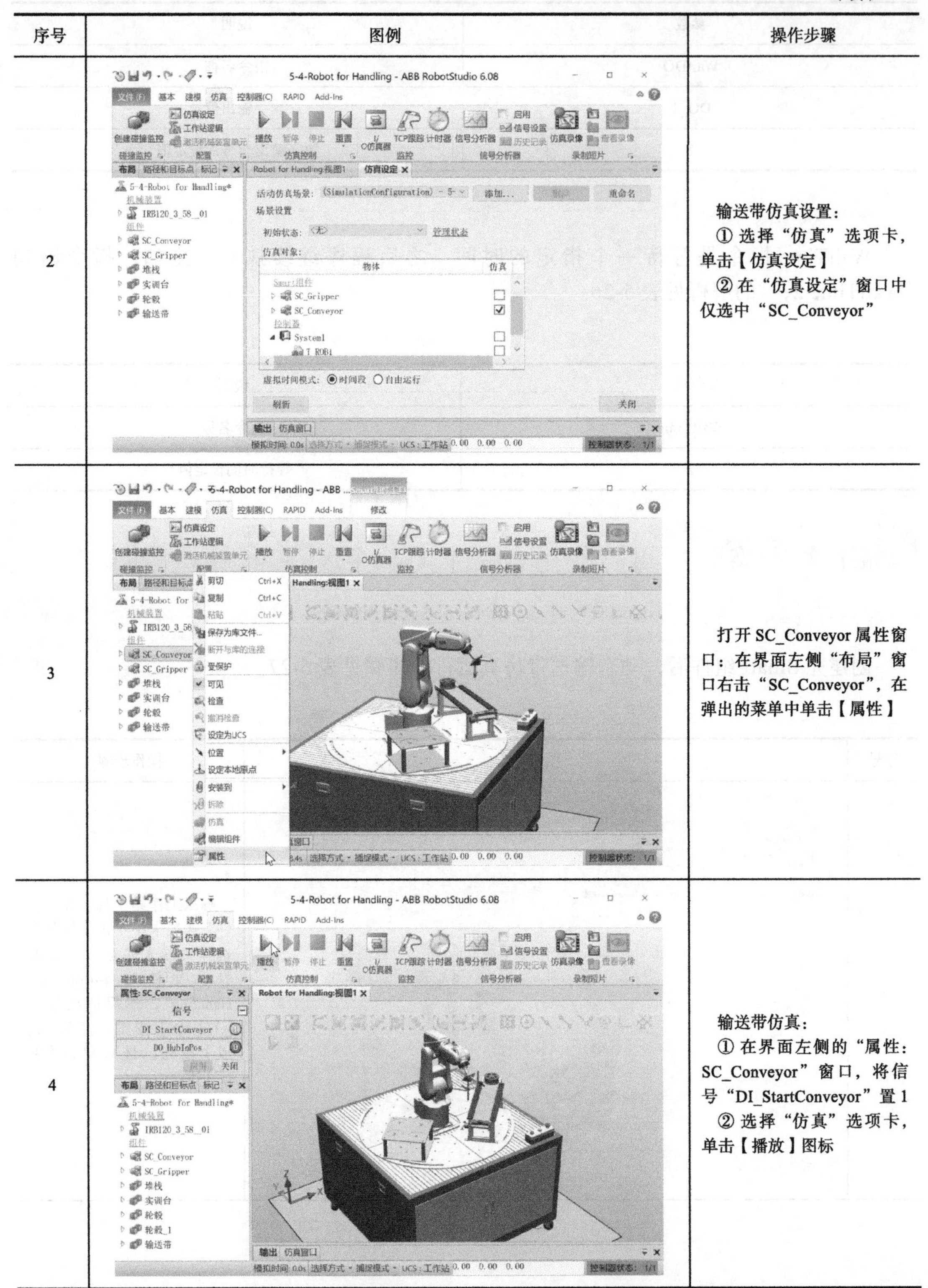

序号	图例	操作步骤
2		输送带仿真设置： ① 选择“仿真”选项卡，单击【仿真设定】 ② 在“仿真设定”窗口中仅选中“SC_Conveyor”
3		打开 SC_Conveyor 属性窗口：在界面左侧“布局”窗口右击“SC_Conveyor”，在弹出的菜单中单击【属性】
4		输送带仿真： ① 在界面左侧的“属性：SC_Conveyor”窗口，将信号“DI_StartConveyor”置 1 ② 选择“仿真”选项卡，单击【播放】图标

2. 机器人目标点示教

机器人运动轨迹目标点示教的步骤见表 5-28。

表 5-28　机器人运动轨迹目标点示教的步骤

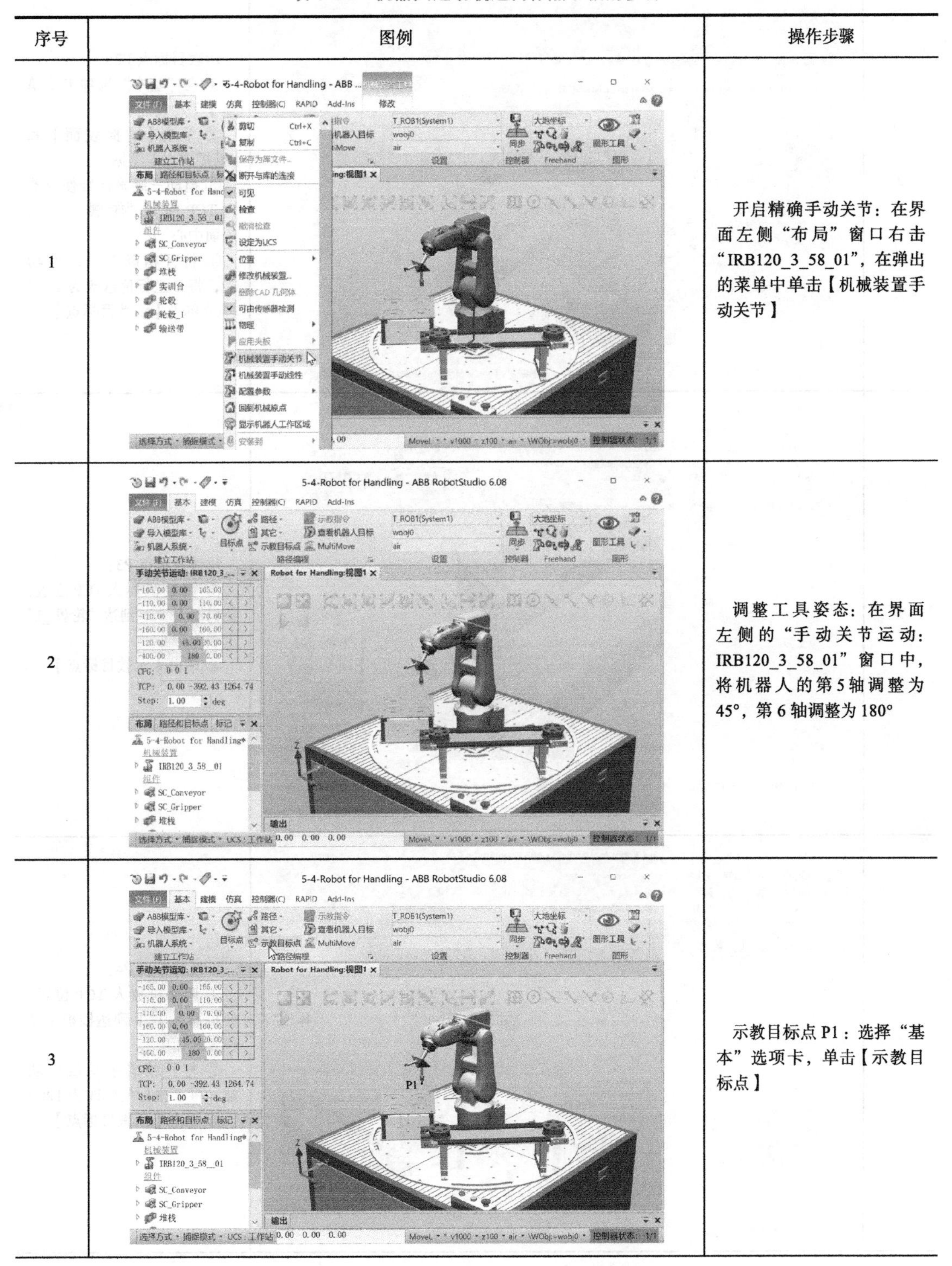

序号	图例	操作步骤
1		开启精确手动关节：在界面左侧“布局”窗口右击“IRB120_3_58_01”，在弹出的菜单中单击【机械装置手动关节】
2		调整工具姿态：在界面左侧的“手动关节运动：IRB120_3_58_01”窗口中，将机器人的第 5 轴调整为 45°，第 6 轴调整为 180°
3		示教目标点 P1：选择“基本”选项卡，单击【示教目标点】

（续）

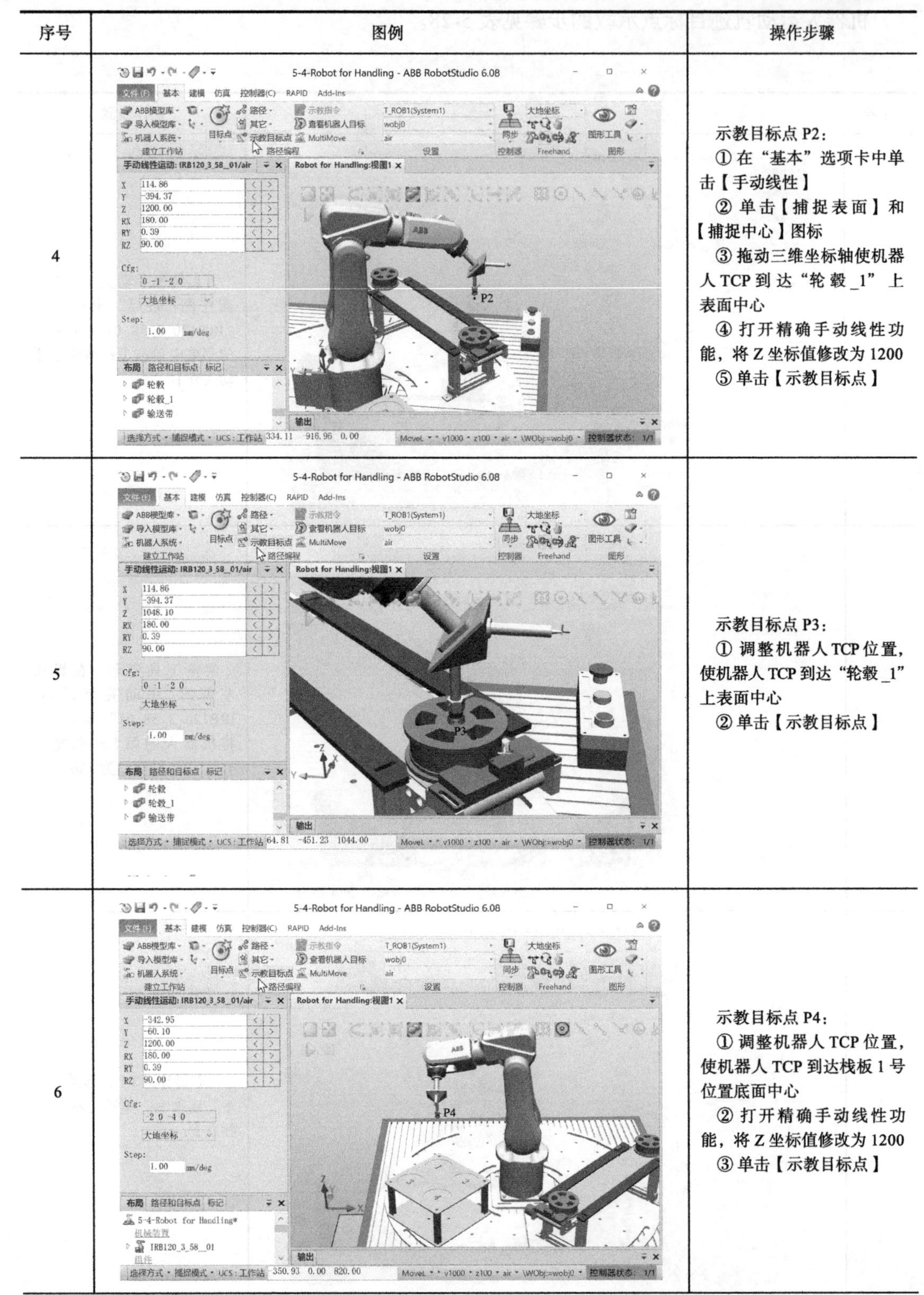

序号	图例	操作步骤
4		示教目标点 P2： ① 在“基本”选项卡中单击【手动线性】 ② 单击【捕捉表面】和【捕捉中心】图标 ③ 拖动三维坐标轴使机器人 TCP 到达“轮毂_1”上表面中心 ④ 打开精确手动线性功能，将 Z 坐标值修改为 1200 ⑤ 单击【示教目标点】
5		示教目标点 P3： ① 调整机器人 TCP 位置，使机器人 TCP 到达“轮毂_1”上表面中心 ② 单击【示教目标点】
6		示教目标点 P4： ① 调整机器人 TCP 位置，使机器人 TCP 到达栈板 1 号位置底面中心 ② 打开精确手动线性功能，将 Z 坐标值修改为 1200 ③ 单击【示教目标点】

（续）

序号	图例	操作步骤
7	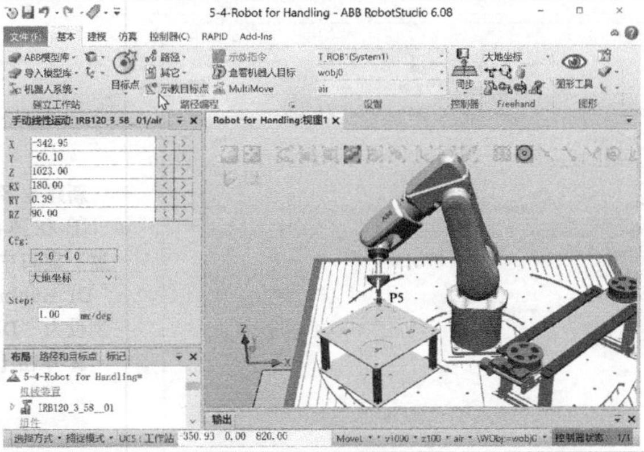 5-4-Robot for Handling - ABB RobotStudio 6.08	示教目标点 P5： ① 调整机器人 TCP 位置，在“手动线性运动：IRB120_3_58_01”窗口，将 Z 坐标值修改为 1023 ② 单击【示教目标点】

3. 添加 I/O 信号

在创建机器人运动路径之前，需要添加机器人 I/O 信号，以便与各个 Smart 组件通信。机器人 I/O 信号添加的步骤见表 5-29。

表 5-29 机器人 I/O 信号添加的步骤

序号	图例	操作步骤
1	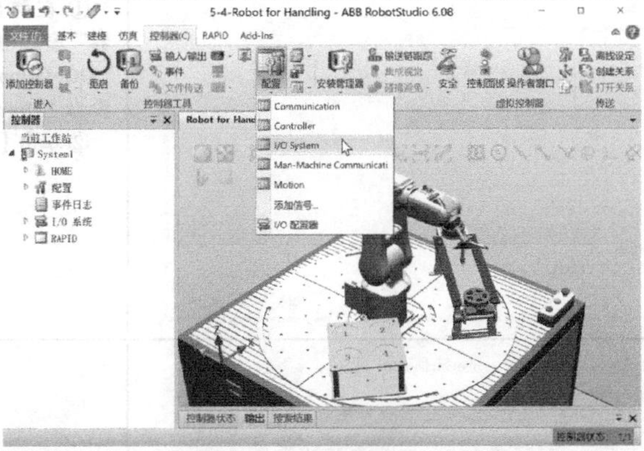 5-4-Robot for Handling - ABB RobotStudio 6.08	开启 I/O 系统配置：选择“控制器”选项卡，单击【配置】，然后单击选择【I/O System】
2	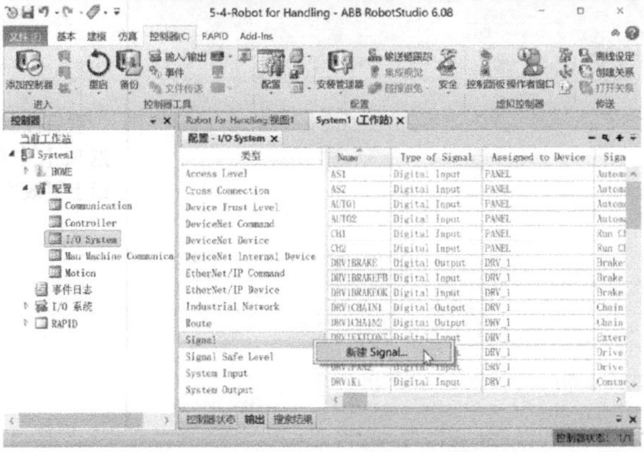 5-4-Robot for Handling - ABB RobotStudio 6.08	开启新建信号功能：选择“System 1（工作站）”窗口，在“配置 –I/O System”表的“类型”列中右击“Signal”，在弹出的菜单中单击【新建 Signal】

（续）

序号	图例	操作步骤
3		新建数字输入信号： ① 在弹出的“实例编辑器”窗口中，将名称修改为“DI_HubInPos”，将信号类型设为“Digital Input” ② 单击【确定】按钮
4		新建数字输出信号： ① 在弹出的“实例编辑器”窗口中，将名称修改为“DO_Gripper”，将信号类型设为“Digital Output” ② 单击【确定】按钮
5		重启控制器：在“控制器”选项卡中单击【重启】，使以上更改生效

4. 创建机器人搬运程序

搬运仿真工作站的任务要求工业机器人利用吸盘工具从输送带的末端拾取工件，搬运到指定位置后释放。为了完成搬运任务，可以将机器人的搬运过程分为取料和放料。因此，机器人搬运程序除了主程序，还有取料子程序、放料子程序。机器人搬运程序的创建过程见表 5-30 ～表 5-32。

1）取料子程序的创建步骤见表 5-30。

表 5-30 取料子程序的创建步骤

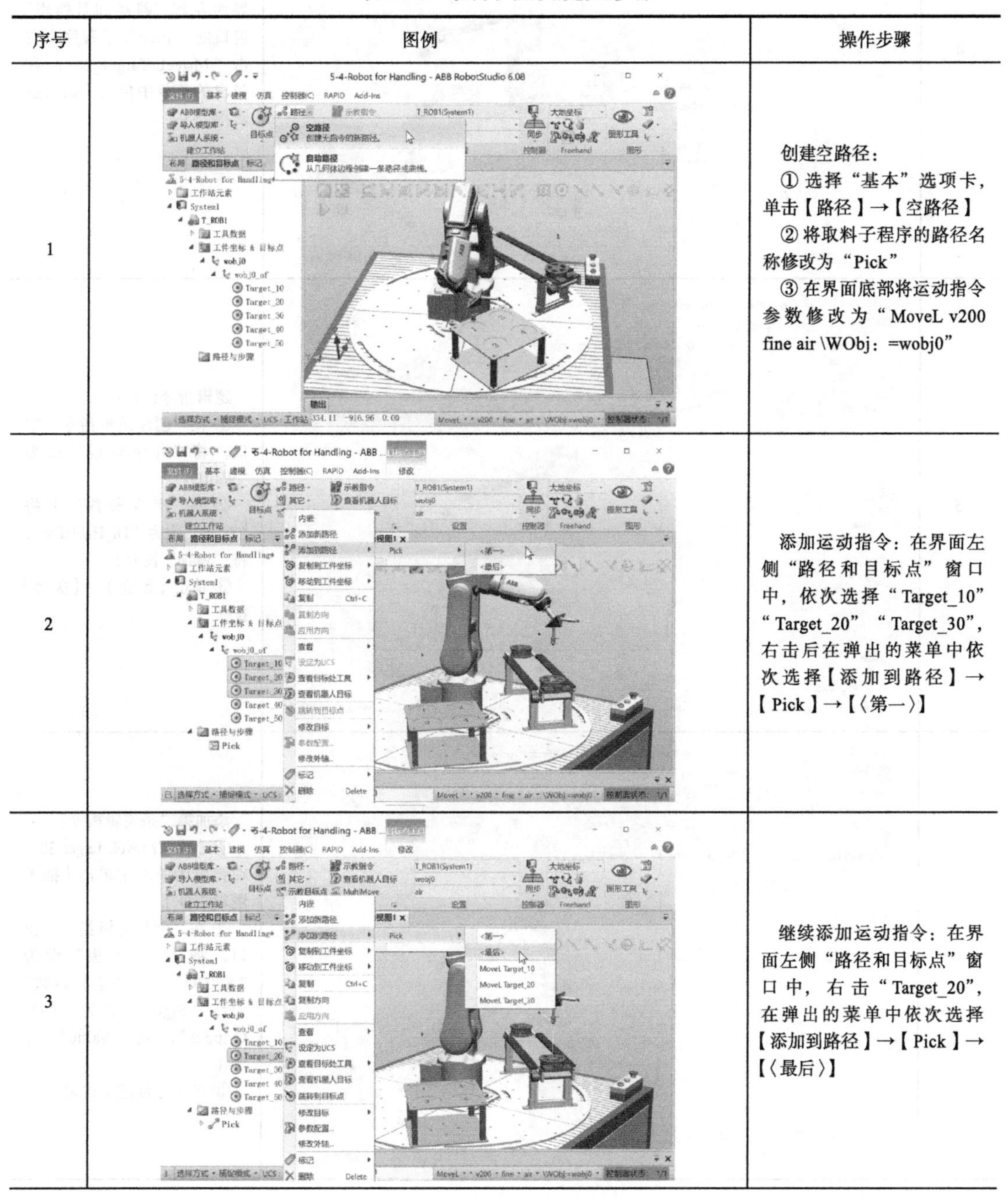

序号	图例	操作步骤
1		创建空路径： ① 选择“基本”选项卡，单击【路径】→【空路径】 ② 将取料子程序的路径名称修改为“Pick” ③ 在界面底部将运动指令参数修改为“MoveL v200 fine air \WObj：=wobj0”
2		添加运动指令：在界面左侧“路径和目标点”窗口中，依次选择“Target_10”“Target_20”“Target_30”，右击后在弹出的菜单中依次选择【添加到路径】→【Pick】→【〈第一〉】
3		继续添加运动指令：在界面左侧“路径和目标点”窗口中，右击“Target_20”，在弹出的菜单中依次选择【添加到路径】→【Pick】→【〈最后〉】

（续）

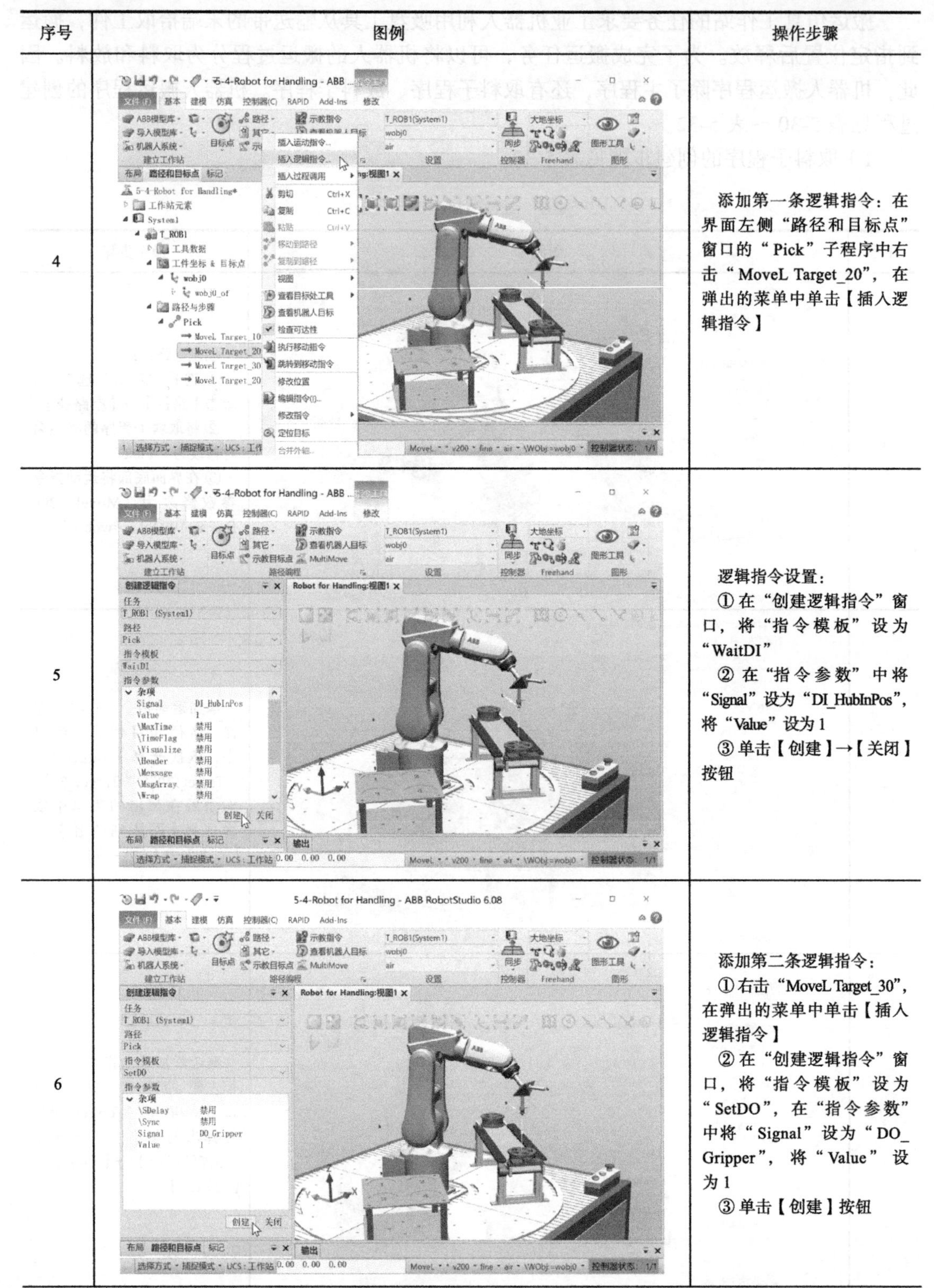

序号	图例	操作步骤
4		添加第一条逻辑指令：在界面左侧“路径和目标点”窗口的“Pick”子程序中右击“MoveL Target_20”，在弹出的菜单中单击【插入逻辑指令】
5		逻辑指令设置： ①在“创建逻辑指令”窗口，将“指令模板”设为“WaitDI” ②在“指令参数”中将“Signal”设为“DI_HubInPos”，将“Value”设为1 ③单击【创建】→【关闭】按钮
6		添加第二条逻辑指令： ①右击“MoveL Target_30”，在弹出的菜单中单击【插入逻辑指令】 ②在“创建逻辑指令”窗口，将“指令模板”设为“SetDO”，在“指令参数”中将“Signal”设为“DO_Gripper”，将“Value”设为1 ③单击【创建】按钮

（续）

序号	图例	操作步骤
7	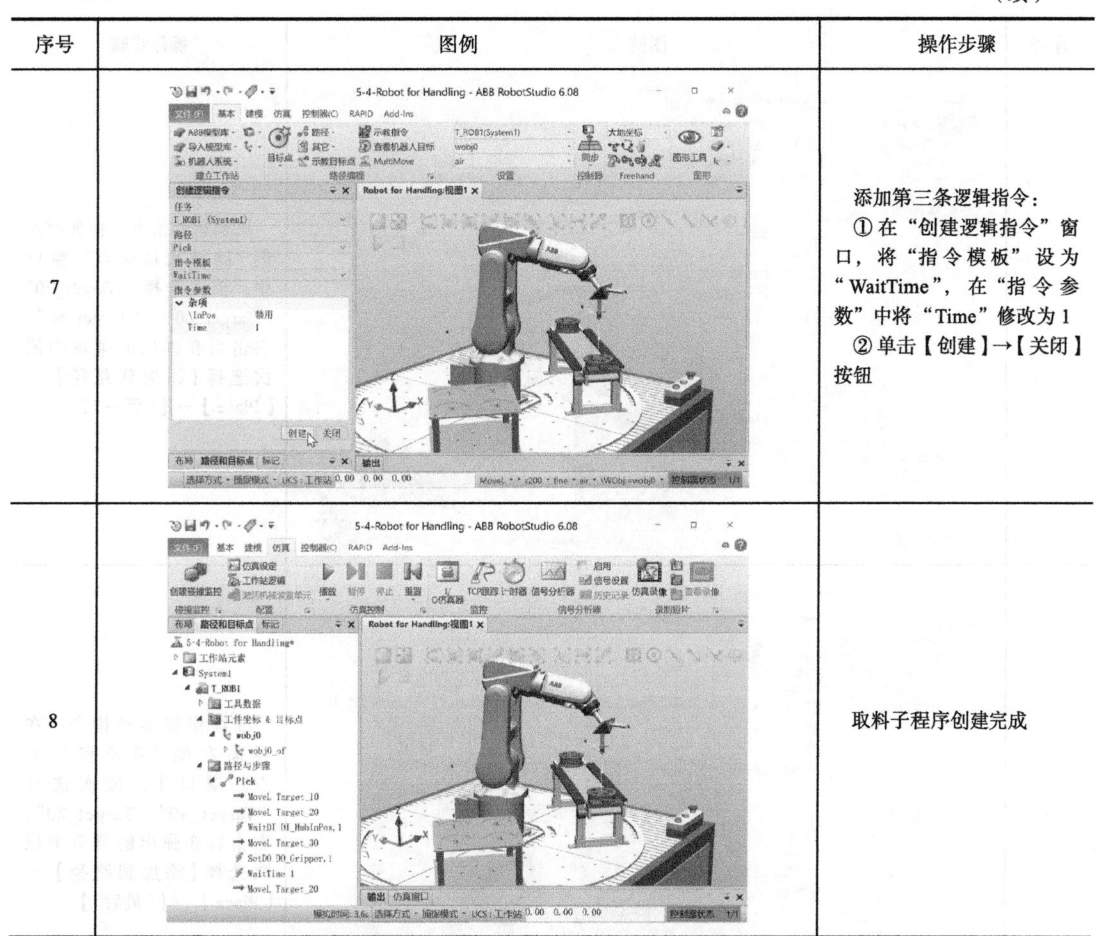	添加第三条逻辑指令： ① 在“创建逻辑指令”窗口，将“指令模板”设为“WaitTime”，在“指令参数”中将“Time”修改为 1 ② 单击【创建】→【关闭】按钮
8		取料子程序创建完成

2）放料子程序的创建步骤见表 5-31。

表 5-31　放料子程序的创建步骤

序号	图例	操作步骤
1		创建空路径： ① 选择“基本”选项卡，单击【路径】→【空路径】 ② 将放料子程序的路径名称修改为“Place” ③ 在界面底部将运动指令参数修改为“MoveL v200 fine air \WObj：=wobj0”

（续）

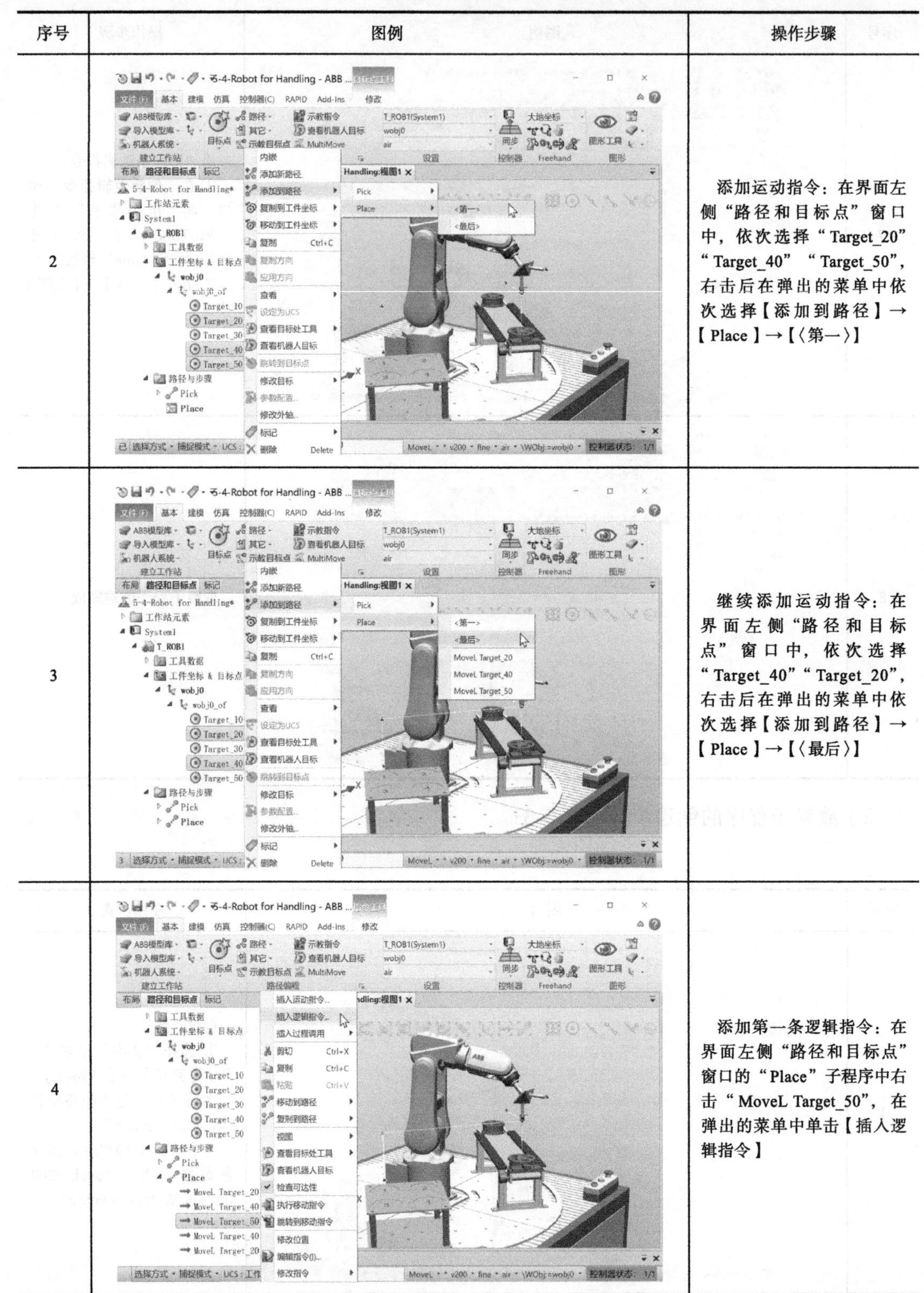

序号	图例	操作步骤
2		添加运动指令：在界面左侧“路径和目标点”窗口中，依次选择“Target_20”“Target_40”“Target_50”，右击后在弹出的菜单中依次选择【添加到路径】→【Place】→【〈第一〉】
3		继续添加运动指令：在界面左侧“路径和目标点”窗口中，依次选择“Target_40”“Target_20”，右击后在弹出的菜单中依次选择【添加到路径】→【Place】→【〈最后〉】
4		添加第一条逻辑指令：在界面左侧“路径和目标点”窗口的“Place”子程序中右击“MoveL Target_50”，在弹出的菜单中单击【插入逻辑指令】

（续）

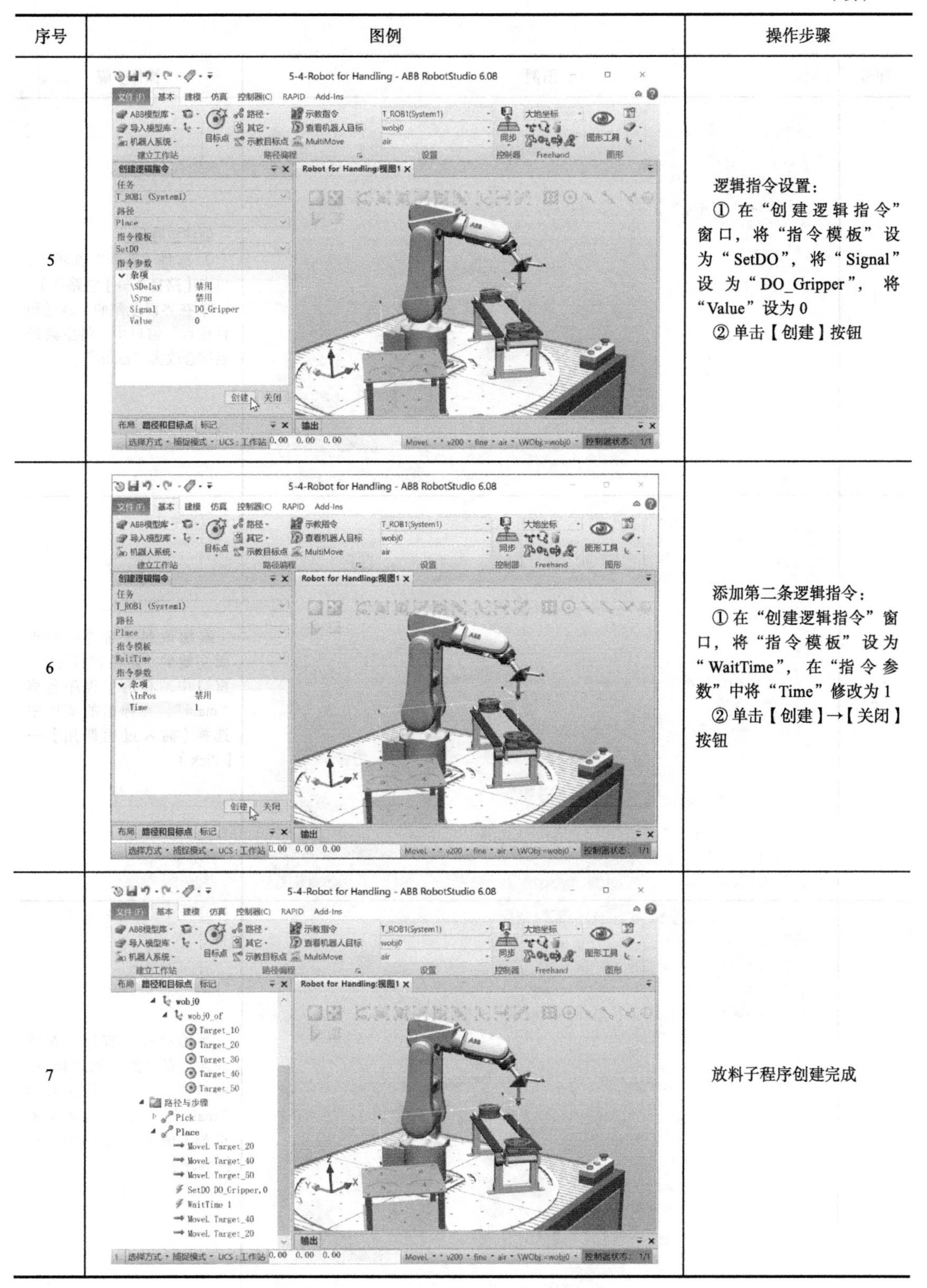

序号	图例	操作步骤
5		逻辑指令设置： ①在“创建逻辑指令”窗口，将“指令模板”设为“SetDO”，将“Signal”设为“DO_Gripper”，将“Value”设为0 ②单击【创建】按钮
6		添加第二条逻辑指令： ①在“创建逻辑指令”窗口，将“指令模板”设为“WaitTime”，在“指令参数”中将“Time”修改为1 ②单击【创建】→【关闭】按钮
7		放料子程序创建完成

3）机器人搬运主程序的创建步骤见表 5-32。

表 5-32　机器人搬运主程序的创建步骤

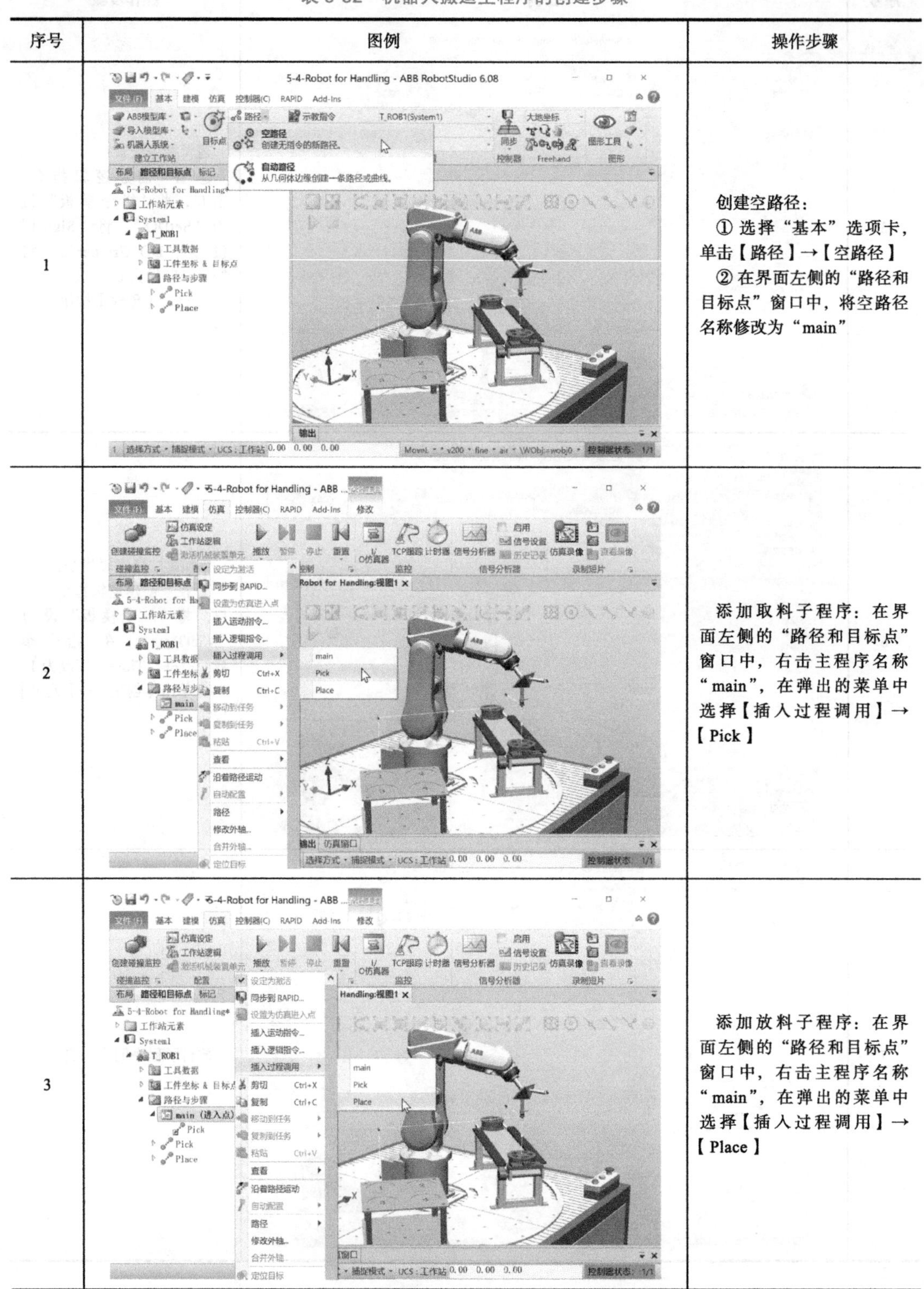

序号	图例	操作步骤
1		创建空路径： ① 选择“基本”选项卡，单击【路径】→【空路径】 ② 在界面左侧的“路径和目标点”窗口中，将空路径名称修改为“main”
2		添加取料子程序：在界面左侧的“路径和目标点”窗口中，右击主程序名称“main”，在弹出的菜单中选择【插入过程调用】→【Pick】
3		添加放料子程序：在界面左侧的“路径和目标点”窗口中，右击主程序名称“main”，在弹出的菜单中选择【插入过程调用】→【Place】

（续）

序号	图例	操作步骤
4	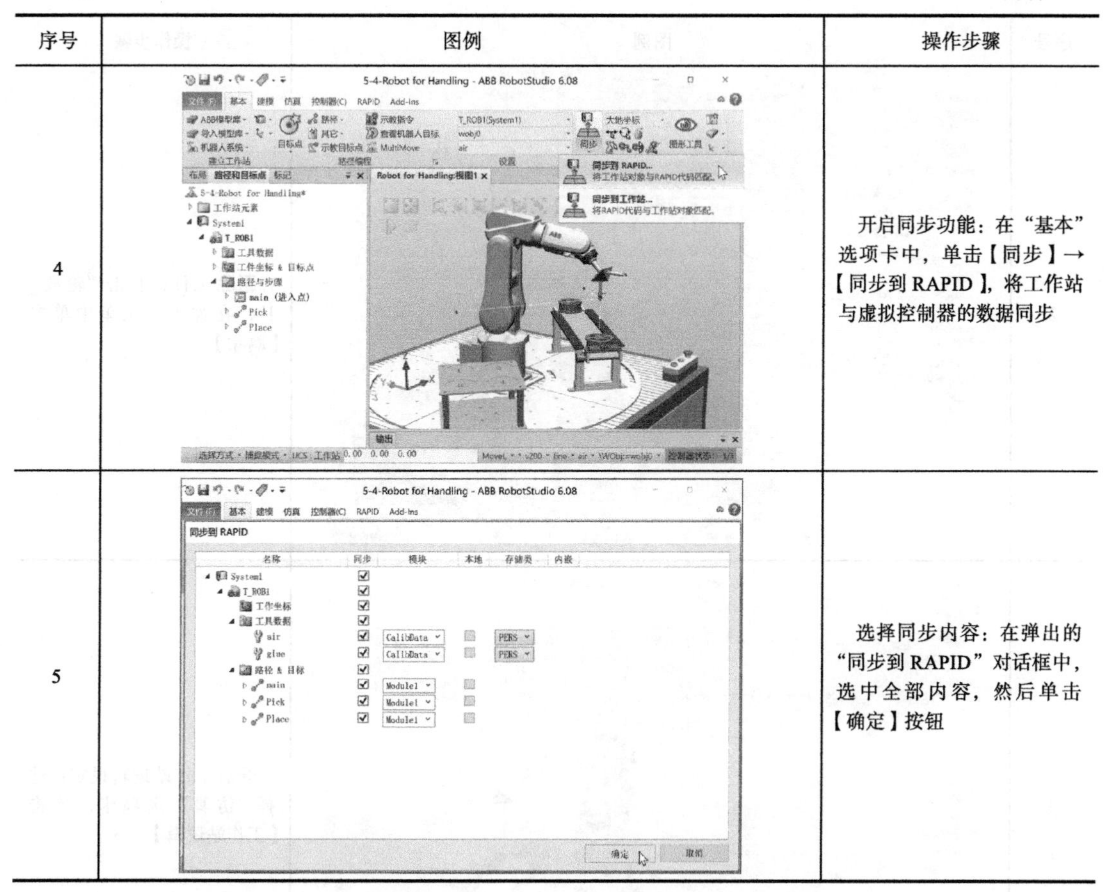	开启同步功能：在“基本”选项卡中，单击【同步】→【同步到 RAPID】，将工作站与虚拟控制器的数据同步
5		选择同步内容：在弹出的“同步到 RAPID”对话框中，选中全部内容，然后单击【确定】按钮

5. 设定工作站逻辑

在机器人系统、动态输送带和动态工具全部创建好的基础上，现在需要将它们的信号关联起来，这里称为设定工作站逻辑。工作站逻辑设定的步骤见表 5-33。

表 5-33　工作站逻辑设定的步骤

序号	图例	操作步骤
1		解压工作站文件：在“文件”选项卡中单击【打开】，选择机器人搬运工作站的打包文件“5-5-Robot for Handling”，然后依次单击【下一个】按钮，直至【完成】按钮，最后单击【关闭】按钮

（续）

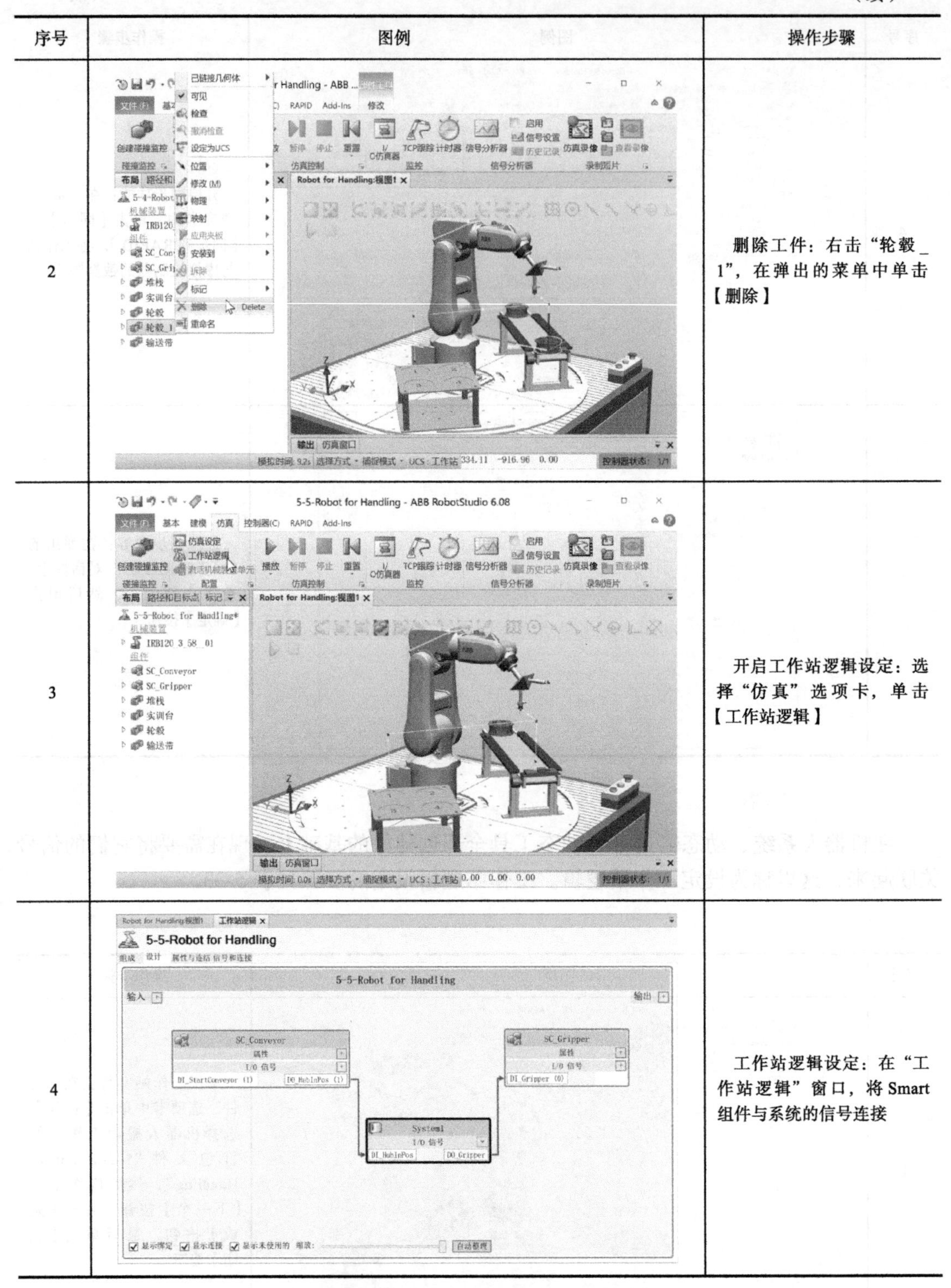

序号	图例	操作步骤
2		删除工件：右击“轮毂_1”，在弹出的菜单中单击【删除】
3		开启工作站逻辑设定：选择“仿真”选项卡，单击【工作站逻辑】
4		工作站逻辑设定：在“工作站逻辑”窗口，将 Smart 组件与系统的信号连接

6. 仿真调试

工业机器人搬运工作站仿真调试的步骤见表 5-34。

表 5-34　搬运工作站仿真调试的步骤

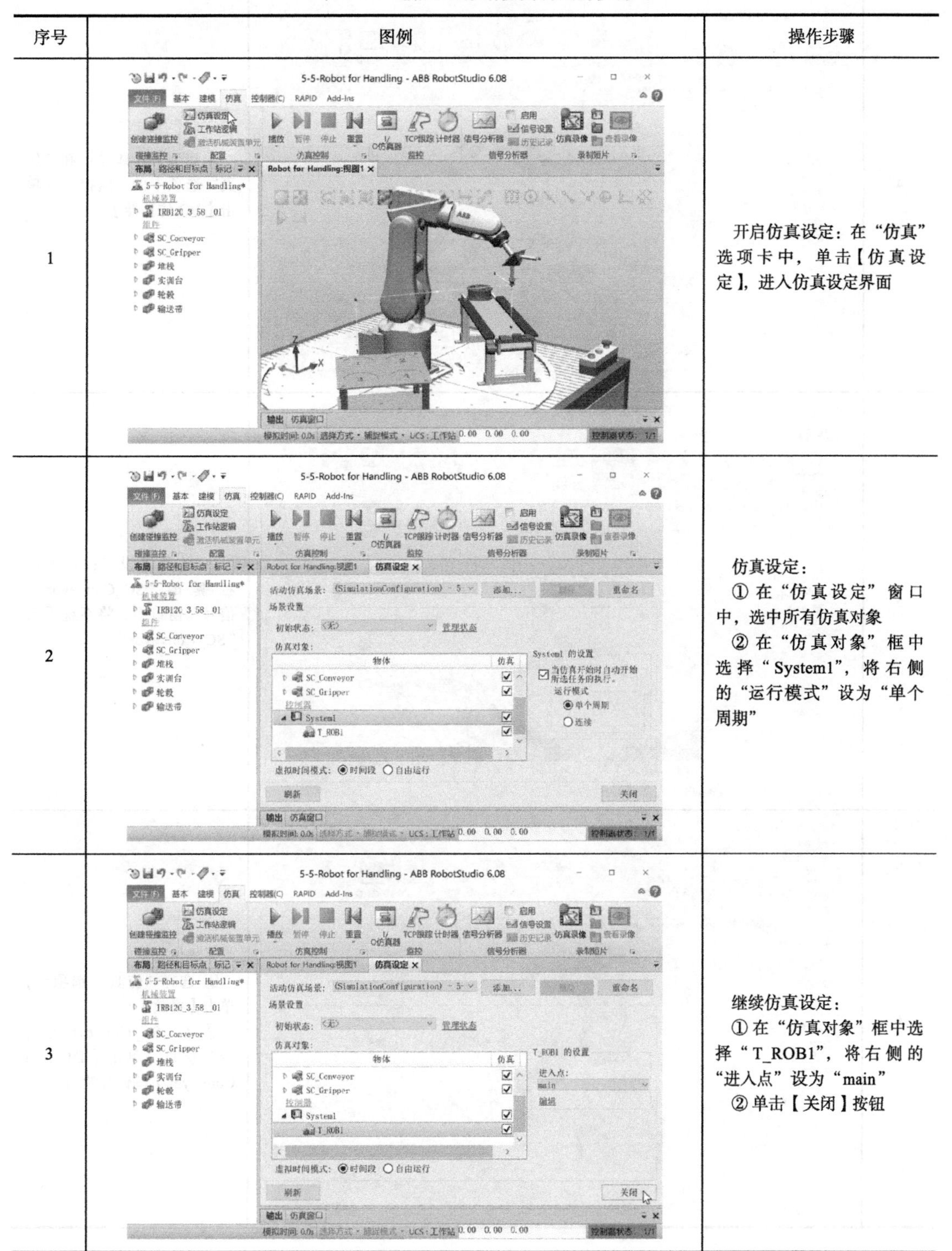

序号	图例	操作步骤
1		开启仿真设定：在“仿真”选项卡中，单击【仿真设定】，进入仿真设定界面
2		仿真设定： ① 在“仿真设定”窗口中，选中所有仿真对象 ② 在“仿真对象”框中选择“System1”，将右侧的“运行模式”设为“单个周期”
3		继续仿真设定： ① 在“仿真对象”框中选择“T_ROB1”，将右侧的“进入点”设为“main” ② 单击【关闭】按钮

（续）

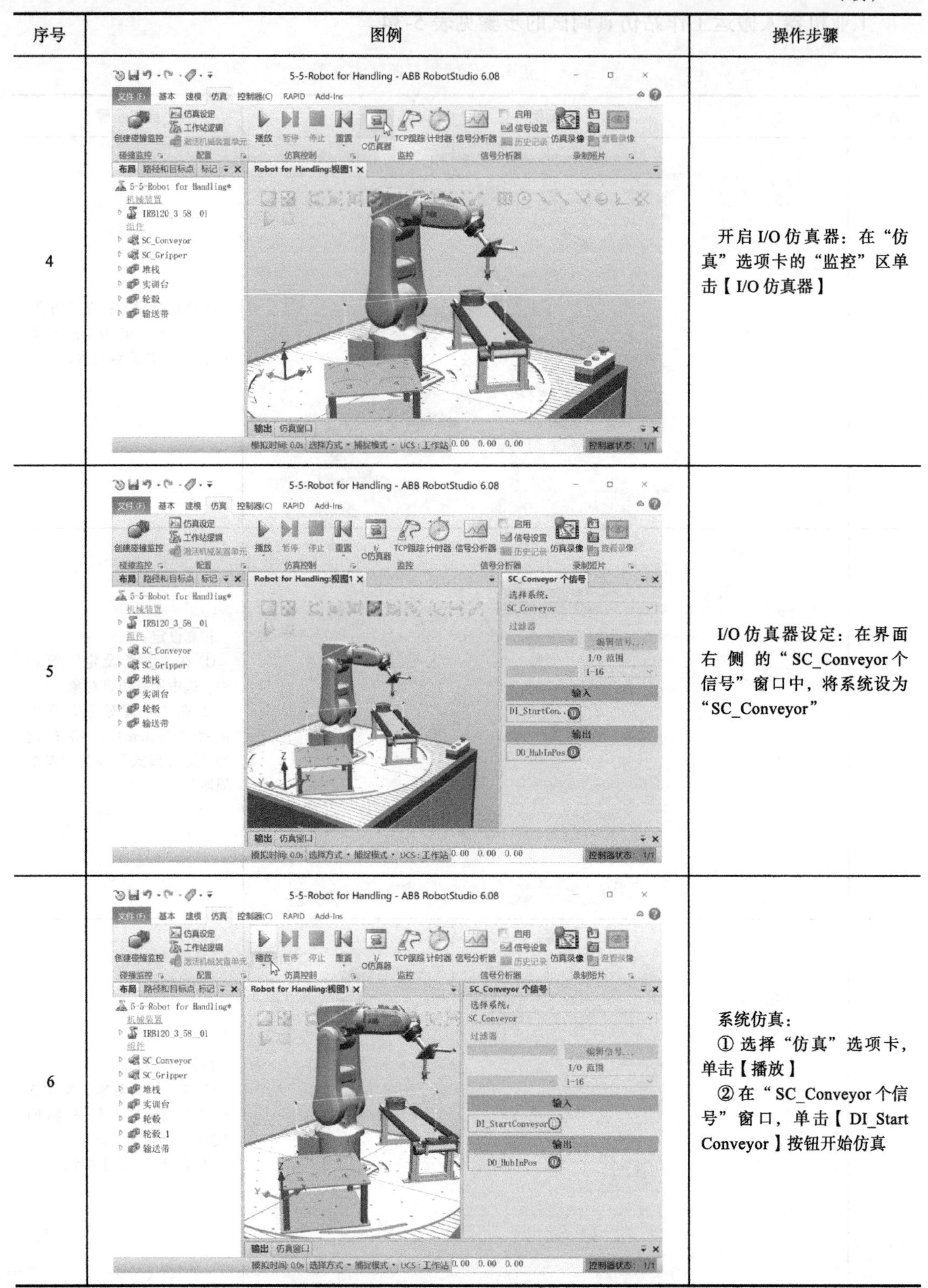

序号	图例	操作步骤
4		开启 I/O 仿真器：在“仿真”选项卡的“监控”区单击【I/O 仿真器】
5		I/O 仿真器设定：在界面右侧的“SC_Conveyor 个信号”窗口中，将系统设为“SC_Conveyor”
6		系统仿真： ① 选择“仿真”选项卡，单击【播放】 ② 在“SC_Conveyor 个信号”窗口，单击【DI_Start Conveyor】按钮开始仿真

思考与练习

1. 填空题（请将正确的答案填在题中的横线上）

1）在实际工业机器人工作站中，I/O 通信主要是指________与________之间实现信号的交互。

2）工作站逻辑设定本质上是根据设计逻辑建立________与________之间的信号连接，有时也需建立各 Smart 组件之间的信号连接。

2. 选择题（请将正确答案填入括号中）

1）工作站中的目标点示教完成，需进行（　　）的同步操作。（多选题）

A. Smart 组件　　B. 机器人系统　　C. 工作站　　D.RAPID

2）在实际的工业机器人工作站中，机器人轨迹路径中的（　　）点根据需要可以设置在机械原点处。

A. 原始　　B. 轨迹起始接近　　C. 轨迹结束离开　　D. 安全位置

3）RAPID 程序中的程序数据有（　　）类型。（多选题）

A. FALSE　　B. PRES　　C. VAR　　D. CONST

项目总结

本项目通过工业机器人搬运工作站的创建与仿真运行，对 Smart 组件创建、工作站 I/O 信号配置、机器人目标点示教、离线程序编写与调试等内容做了详细介绍，有助于读者理解各类型工业机器人仿真工作站的设计方法。

项目六 ▷▷▷▶▶▶

工业机器人弧焊离线仿真

学习情境

在现代制造业中，焊接技术作为重要的加工手段占有十分重要的地位。随着微电子技术、计算机技术、传感器技术等先进技术的发展，实现焊接的自动化和智能化已是必然趋势。因此，焊接机器人的普及应用成为衡量焊接自动化水平的主要标志。目前，焊接机器人已经在汽车、工程机械、船舶等领域得到了广泛应用。

学习目标

1. 知识目标

- 了解工业机器人弧焊工作站的基本组成。
- 熟悉常见弧焊设备。
- 掌握弧焊机器人系统的创建方法。
- 掌握事件管理器的创建方法。
- 掌握弧焊常用信号的作用。
- 掌握弧焊参数的配置方法。
- 掌握弧焊程序创建的基本流程。

2. 能力目标

- 能够创建带变位机的弧焊机器人系统。
- 能够创建弧焊常用信号。
- 能够正确配置弧焊参数。
- 能够创建和调试机器人弧焊程序。

任务一 创建弧焊机器人系统

任务描述

本次任务以工业机器人弧焊工作站为载体，介绍创建弧焊机器人系统的方法，并深入学习机器人弧焊工作站的基本组成。

1. 机器人弧焊工作站的组成

机器人弧焊作业主要包括熔化极焊接和非熔化极焊接两种作业类型。由于工业机器人速度快、重复定位精度高、易于实现自动化，所以弧焊机器人在提高和稳定焊接质量、改善工人劳动环境、提高生产率、焊接柔性化等方面成效显著。

工业机器人弧焊工作站是由机器人握持焊枪，替代手工完成弧焊作业的自动化焊接系统，如图 6-1 所示。一个完整的机器人弧焊系统通常由以下几个部分组成：

1）机器人系统，包括机器人本体、控制柜、示教器及电缆等。

2）焊接系统，包括焊接电源、送丝机、送丝桶或丝盘、焊枪、清枪站、保护气供应设施、电缆等。

3）外围控制系统，包括变位机、工装夹具、行走地轨等。

4）安全防护系统，包括吸烟除尘设备、防护栏、三色灯与蜂鸣器、安全光栅等。

5）总控系统，包括电气控制柜、弧焊软件等。

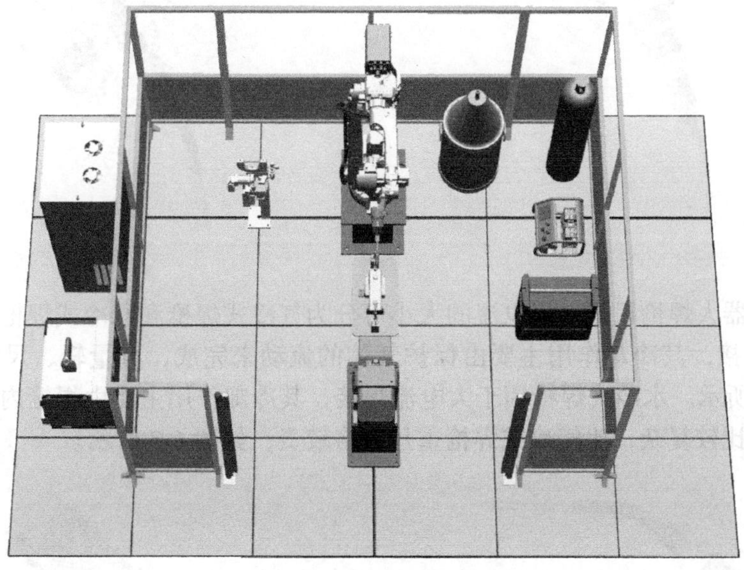

图 6-1　机器人弧焊工作站

2. 常见弧焊设备

（1）焊接电源　机器人弧焊电源需要具有稳定性高、动态性能佳、调节性能好的品质特点，同时具备可以与机器人进行通信的接口。如图 6-2 所示的焊接电源，模块化的设计理念和系统的可拓展性使其在焊接性能、人机界面以及操作方面带来了极大提升。

（2）自动送丝机　送丝是焊接过程中一个非常重要的环节。在送丝过程中，应保证送丝的稳定均匀，否则会影响焊接质量。自动送丝机是在微型计算机控制下，根据设定的焊接参数，连续稳定地送出焊丝的装置，如图 6-3 所示。

图 6-2 FRONIUS 公司的 TPS 500i 焊接电源

图 6-3 FRONIUS 公司的自动送丝机

（3）焊枪 焊枪是直接用于完成焊接工作的工具。机器人焊枪在安装方式上可分为内置式和外置式两种。内置式焊枪（见图 6-4）安装在专用焊接机器人的第六轴上，专用焊接机器人的第六轴为中空设计且焊枪的送丝管与保护气体管直接穿入其中。外置式焊枪是通过支架安装在机器人第六轴，送丝管与保护气管外置，如图 6-5 所示。

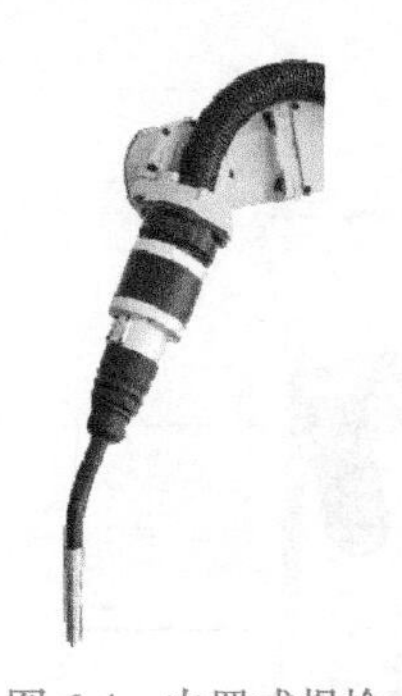

图 6-4 内置式焊枪

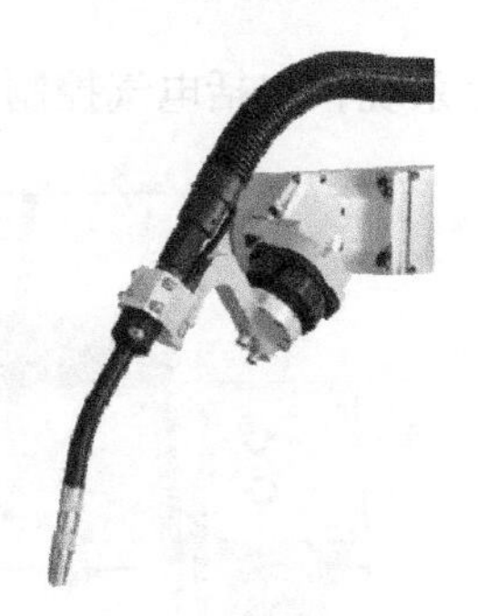

图 6-5 外置式焊枪

另外，机器人焊枪根据焊接电流的大小可分为气冷式焊枪和水冷式焊枪。气冷式焊枪用于小电流焊接，其冷却作用主要由保护气体的流动来完成，重量轻、尺寸小、结构紧凑，如图 6-6 所示。水冷式焊枪用于大电流焊接，其冷却作用主要由焊枪内的循环水系统来实现，结构比较复杂，比气冷式焊枪重且价格较贵，如图 6-7 所示。

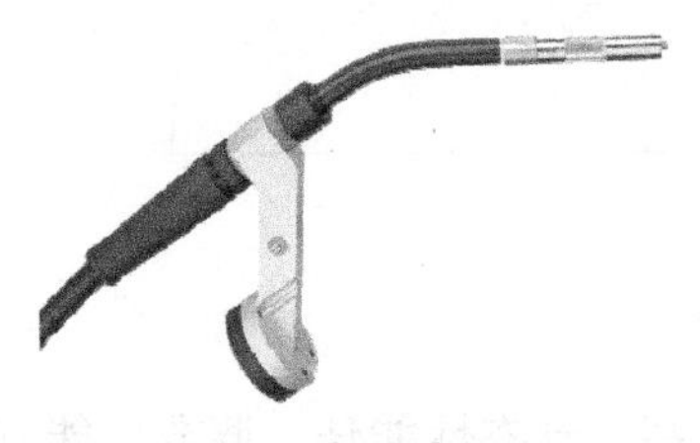

图 6-6 气冷式焊枪

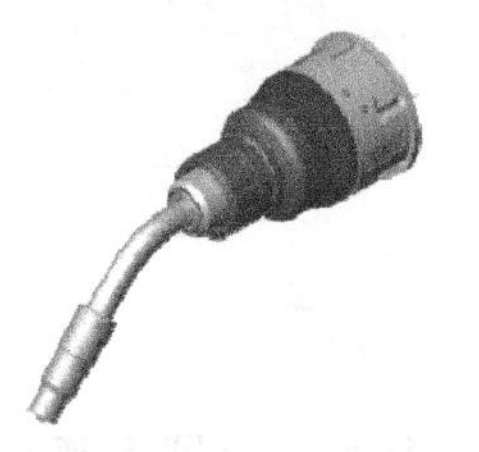

图 6-7 水冷式焊枪

（4）变位机 变位机是将工件沿转盘回转和沿重力方向倾斜翻转，使工件达到理想的加工位置或焊接速度的专用焊接辅助设备，如图 6-8 所示。变位机将立焊、仰焊等焊接操作转变为船形焊、平焊或平角焊等焊接作业，不仅保证了焊接质量，而且提高了焊接生产率和生产过程的安全性。

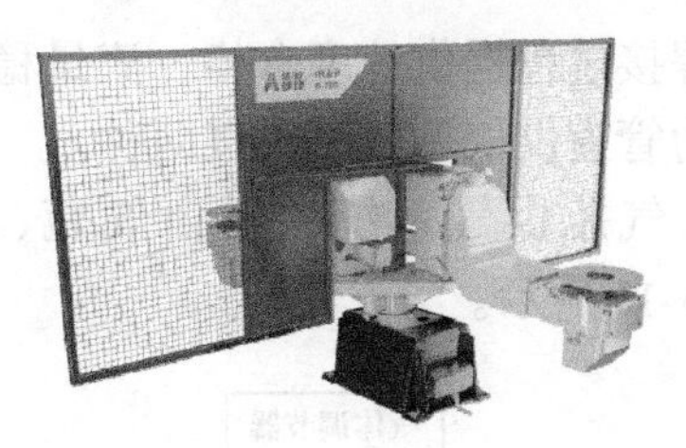

a) 单轴变位机　　b) 双轴变位机　　c) 三轴变位机

图 6-8　ABB 公司的典型变位机

（5）自动清枪站　自动清枪站主要由清枪装置、剪丝装置、喷防飞溅液装置和 TCP 校正点组成，如图 6-9 所示。

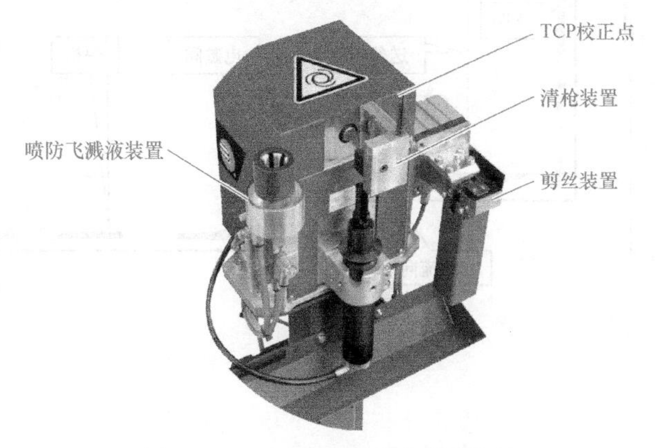

图 6-9　BINZEL 公司的自动清枪站

清枪装置采用“三点定位”夹紧机构将喷嘴固定于与铰刀同心位置，铰刀旋转上升，将喷嘴和导电嘴上残留的焊渣清理干净。

剪丝装置通过剪切焊丝末端形成的结球，可以保证一致的焊丝干伸长、清洁的焊丝末端以及更佳的起弧能力。

喷防飞溅液装置将焊枪置于独立密闭的空间里，使防飞溅液均匀喷洒在喷嘴、导电嘴表面，从而减少焊渣的粘连。

TCP 校正点用于机器人焊枪的 TCP 校正，可以保证焊枪 TCP 的精确程度满足焊接工艺要求。

如图 6-10 所示，通过焊枪清渣前后的对比可以看出，自动清枪站对提高机器人焊接质量有重要意义。

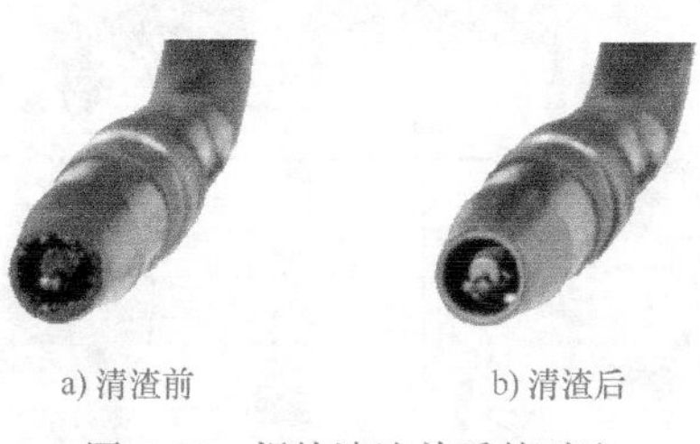

a) 清渣前　　b) 清渣后

图 6-10　焊枪清渣前后的对比

（6）焊接供气设备　机器人弧焊作业常使用保护气体，因此焊接供气系统的作用就是为焊接过程提供纯度合格、流量稳定、输出平稳的保护气体。目前，保护气体的供应方式分为管道供气和气瓶供气两种。

气瓶供气系统主要由气瓶、气体调节器、电磁阀及其控制电路、气路组成，如图 6-11 所示。

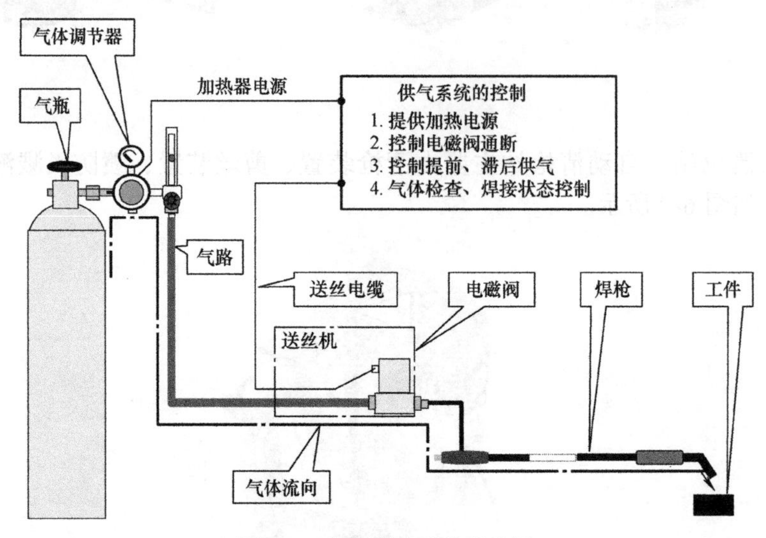

图 6-11　气瓶供气系统示意图

任务实施

ABB 公司所开发的弧焊包可以匹配当今市场上大多数品牌的焊机。因此，创建弧焊机器人系统时需添加弧焊包。弧焊机器人系统的创建步骤见表 6-1。

表 6-1　弧焊机器人系统的创建步骤

序号	图例	操作步骤
1		解压工作站文件：在“文件”选项卡中单击【打开】，选择机器人弧焊工作站的打包文件“6-1-ARC_Welding_Station”，然后依次单击【下一个】按钮，直至【完成】按钮，最后单击【关闭】按钮

（续）

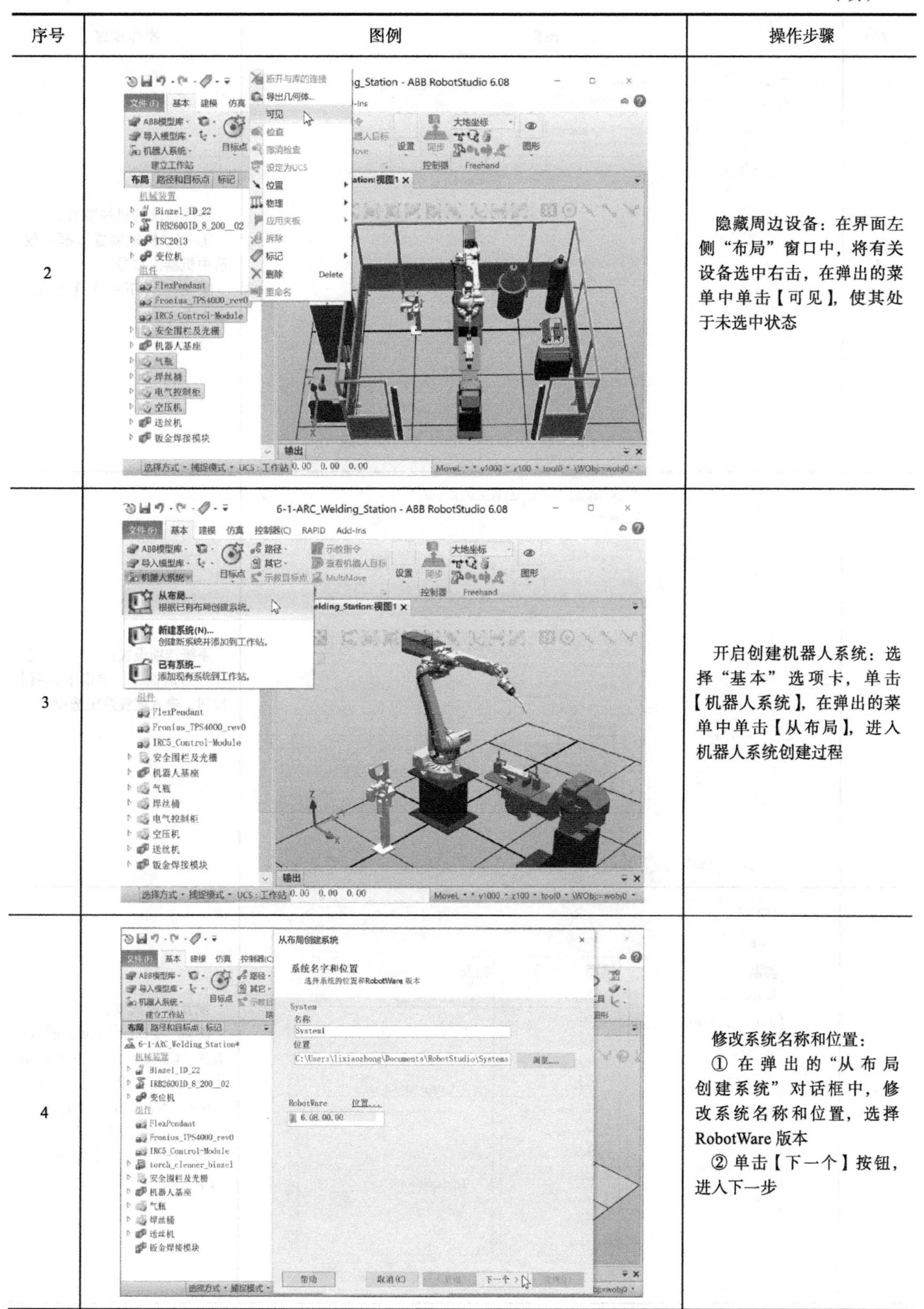

序号	图例	操作步骤
2		隐藏周边设备：在界面左侧“布局”窗口中，将有关设备选中右击，在弹出的菜单中单击【可见】，使其处于未选中状态
3		开启创建机器人系统：选择“基本”选项卡，单击【机器人系统】，在弹出的菜单中单击【从布局】，进入机器人系统创建过程
4		修改系统名称和位置： ① 在弹出的“从布局创建系统”对话框中，修改系统名称和位置，选择RobotWare版本 ② 单击【下一个】按钮，进入下一步

（续）

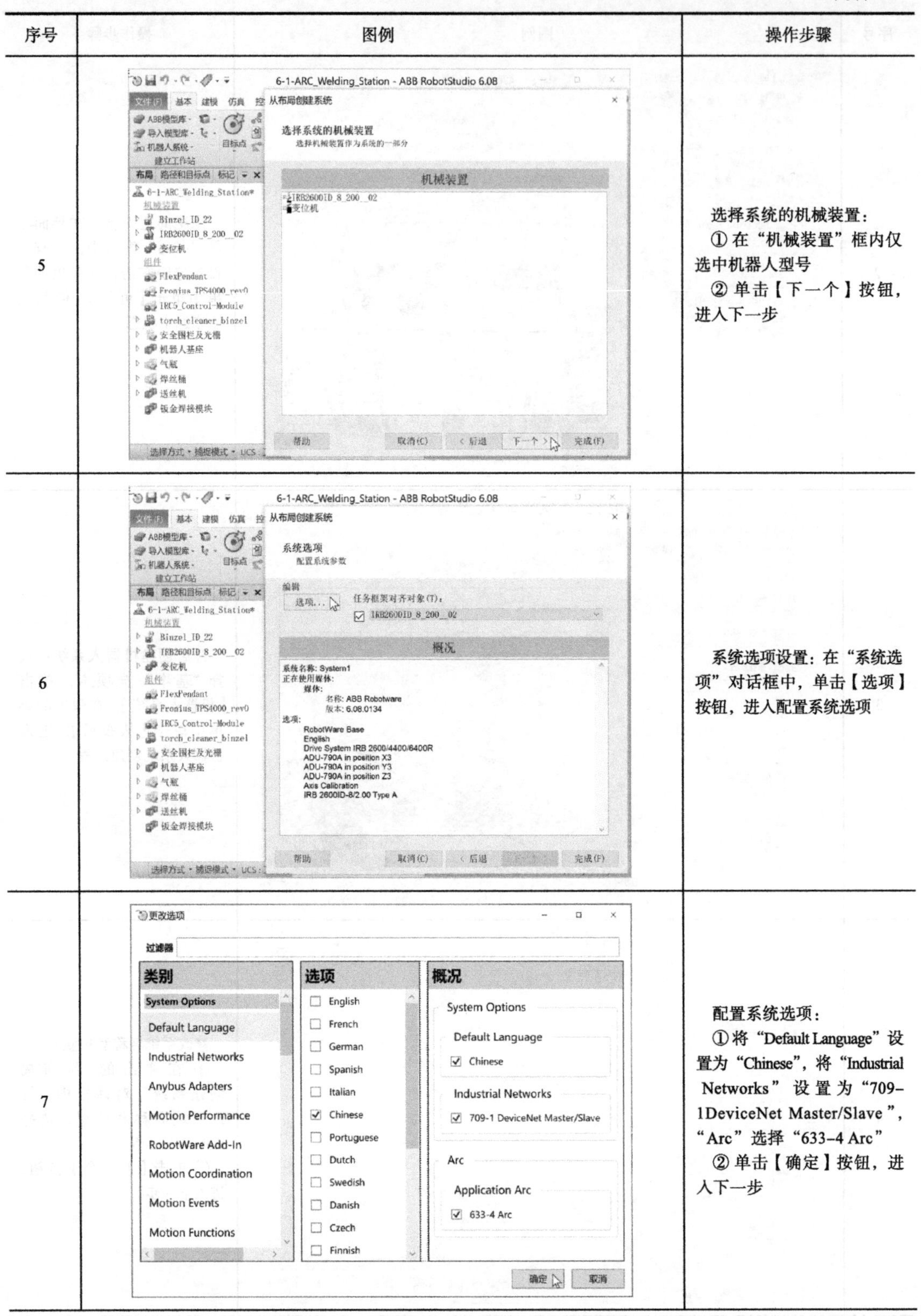

序号	图例	操作步骤
5		选择系统的机械装置： ①在“机械装置”框内仅选中机器人型号 ②单击【下一个】按钮，进入下一步
6		系统选项设置：在“系统选项”对话框中，单击【选项】按钮，进入配置系统选项
7		配置系统选项： ①将“Default Language”设置为“Chinese”，将“Industrial Networks”设置为“709-1DeviceNet Master/Slave”，“Arc”选择“633-4 Arc” ②单击【确定】按钮，进入下一步

（续）

序号	图例	操作步骤
8	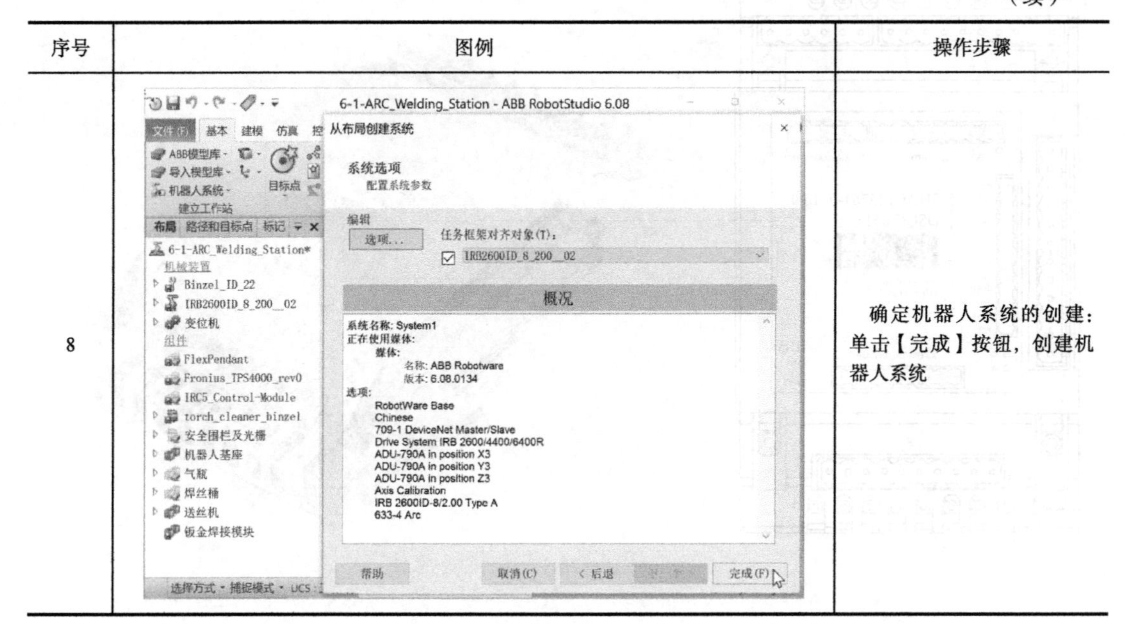	确定机器人系统的创建：单击【完成】按钮，创建机器人系统

思考与练习

1. 简述工业机器人弧焊工作站的组成。
2. 简述自动送丝机的作用。
3. 简述机器人焊枪的分类。
4. 简述自动清枪站的组成与作用。

任务二　机器人信号创建与弧焊参数配置

任务描述

工业机器人弧焊系统的通信方式主要采用ABB标准I/O板，建立弧焊机器人与弧焊设备之间的信号交互。本次任务中，将创建机器人I/O信号、配置弧焊参数。

知识学习

1. ABB标准I/O板DSQC651

ABB标准I/O板挂在DeviceNet总线上，在弧焊机器人上选用的型号是DSQC651，它支持8个数字输入信号、8个数字输出信号和2个模拟输出信号的处理。

DSQC651板的各模块接口如图6-12所示，各模块接口详细说明见表6-2～表6-5。

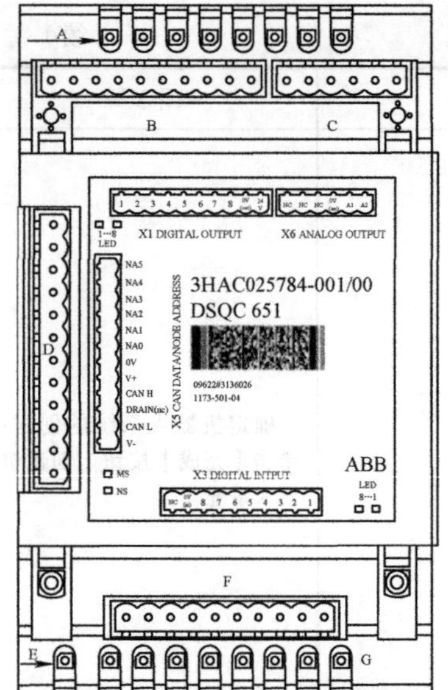

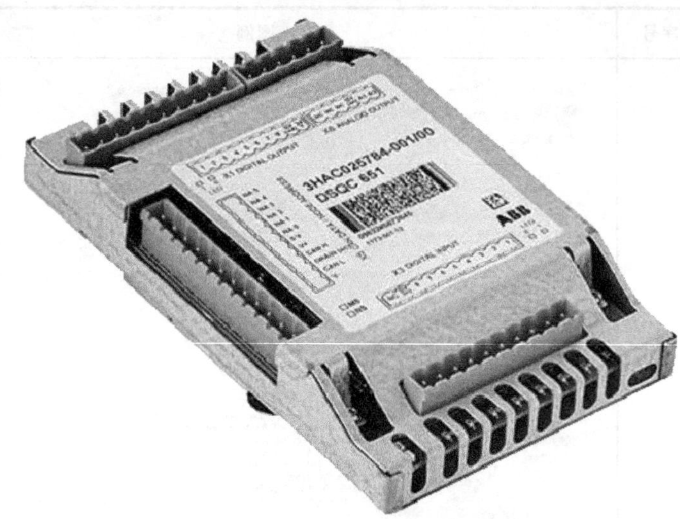

图 6-12　ABB 标准 I/O 板 DSQC651

A—数字输出信号指示灯　B—数字输出信号接口 X1　C—模拟输出信号接口 X6　D—DeviceNet 接口 X5
E—模块状态指示灯　F—数字输入信号接口 X3　G—数字输入信号指示灯

表 6-2　数字输出信号接口 X1 端子定义与地址分配

X1 端子编号	使用定义	地址分配
1	DO_CH1	32
2	DO_ CH2	33
3	DO_ CH3	34
4	DO_CH4	35
5	DO_CH5	36
6	DO_CH6	37
7	DO_CH7	38
8	DO_CH8	39
9	0V	—
10	24V	—

表 6-3　数字输入信号接口 X3 端子定义与地址分配

X3 端子编号	使用定义	地址分配
1	DI_CH1	0
2	DI_CH2	1
3	DI_CH3	2

（续）

X3 端子编号	使用定义	地址分配
4	DI_CH4	3
5	DI_CH5	4
6	DI_CH6	5
7	DI_CH7	6
8	DI_CH8	7
9	0V	—
10	未使用	—

表 6-4　模拟输出信号接口 X6 端子定义与地址分配

X6 端子编号	使用定义	地址分配
1	未使用	—
2	未使用	—
3	未使用	—
4	0V	—
5	AO_CH1	0–15
6	AO_CH2	16–31

表 6-5　DeviceNet 接口 X5 端子定义

X5 端子编号	使用定义	X5 端子编号	使用定义
1	0V BLACK	7	模块 ID bit0
2	CAN 信号线 low BLUE	8	模块 ID bit1
3	屏蔽线	9	模块 ID bit2
4	CAN 信号线 high WHITE	10	模块 ID bit3
5	24V RED	11	模块 ID bit4
6	GND 地址选择公共端	12	模块 ID bit5

ABB 标准 I/O 板在 DeviceNet 总线中的地址是由 X5 端子上编号 6 ～ 12 跳线来决定的，可用范围为 10 ～ 63。如图 6-13 所示，如果将第 8 脚和第 10 脚的跳线剪去，就获得 10（2+8=10）的地址。

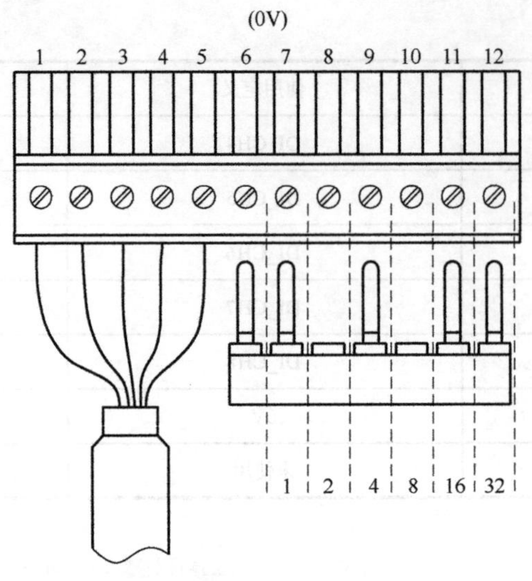

图 6-13 DeviceNet 接口 X5 接线

2. ABB 机器人弧焊参数

在弧焊的连续工艺过程中，需要根据材质或焊缝的特性来调整焊接电压或电流的大小，或焊枪是否需要摆动、摆动的形式和幅度大小等参数。在弧焊机器人系统中为了控制这些变化的因素，需要设定如下三个参数。

（1）焊接参数（WeldData） 焊接参数用来控制在焊接过程中机器人的焊接速度，以及焊机输出的电压和电流的大小。需要设定的焊接参数见表 6-6。

表 6-6 焊接参数

参数名称	参数说明
Weld_speed	焊接速度
Voltage	焊接电压
Current	焊接电流

（2）起弧收弧参数（SeamData） 起弧收弧参数控制焊接开始前和结束后的吹保护气的时长，以保证焊接时的稳定性和焊缝的完整性。需要设定的起弧收弧参数见表 6-7。

表 6-7 起弧收弧参数

参数名称	参数说明
Purge_time	清枪吹气时间
Preflow_time	预吹气时间
Postflow_time	尾气吹气时间

（3）摆弧参数（WeaveData） 摆弧参数控制机器人在焊接过程中焊枪的摆动，通常在焊缝的宽度超过焊丝直径较多的时候通过焊枪的摆动去填充焊缝。该参数属于可选项，如果焊缝宽度较小，在机器人线性焊接可以满足的情况下可不选用该参数。需要设定的摆弧参数见表 6-8。

表 6-8　摆弧参数

参数名称	参数说明
Weave_shape	摆动的形状
Weave_type	摆动的模式
Weave_length	一个周期前进的距离
Weave_width	摆动的宽度
Weave_height	摆动的高度

任务实施

1. 添加标准 I/O 板

在 RobotStudio 软件中，ABB 标准 I/O 板的添加步骤见表 6-9。

表 6-9　ABB 标准 I/O 板的添加步骤

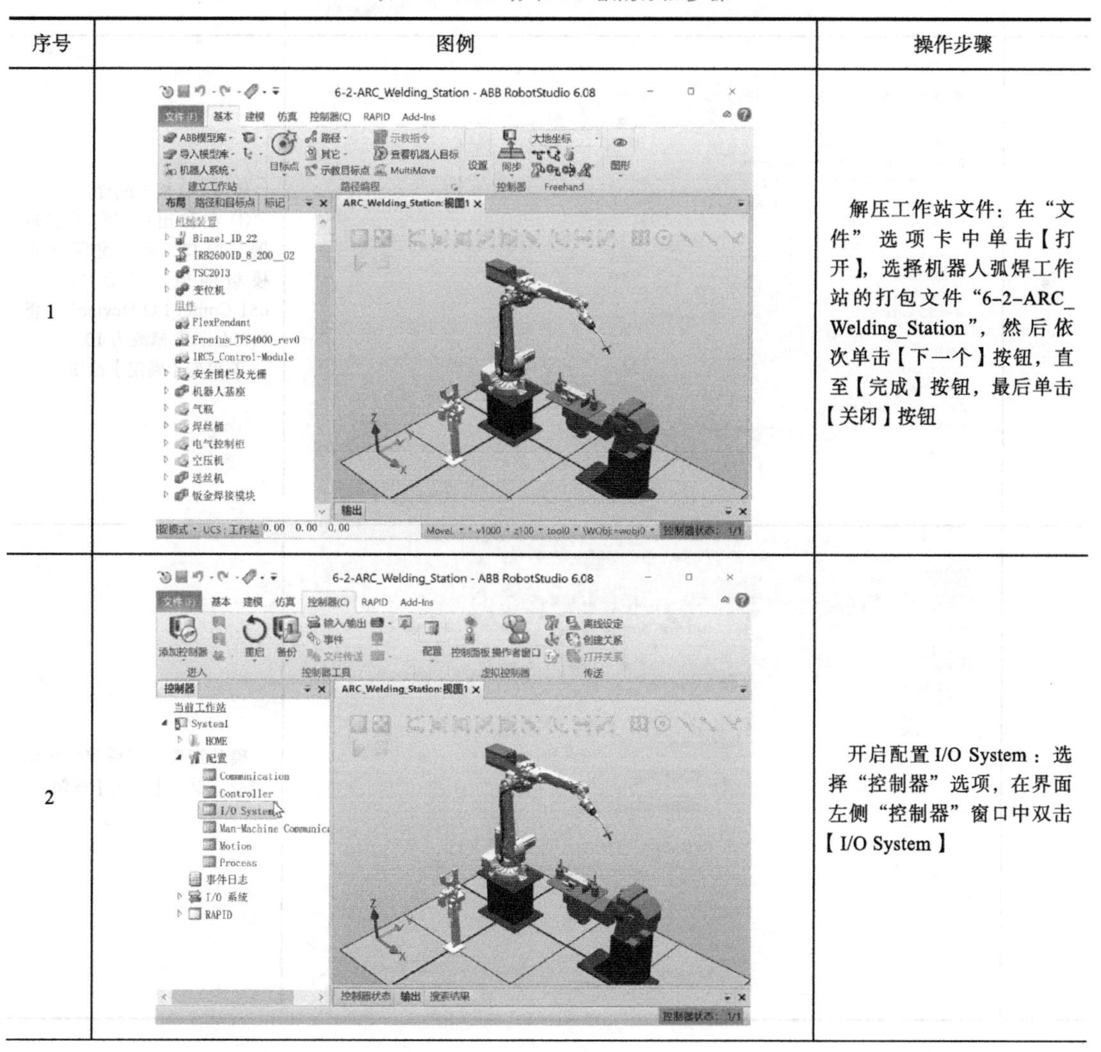

序号	图例	操作步骤
1		解压工作站文件：在“文件”选项卡中单击【打开】，选择机器人弧焊工作站的打包文件“6-2-ARC_Welding_Station”，然后依次单击【下一个】按钮，直至【完成】按钮，最后单击【关闭】按钮
2		开启配置 I/O System：选择“控制器”选项，在界面左侧“控制器”窗口中双击【I/O System】

（续）

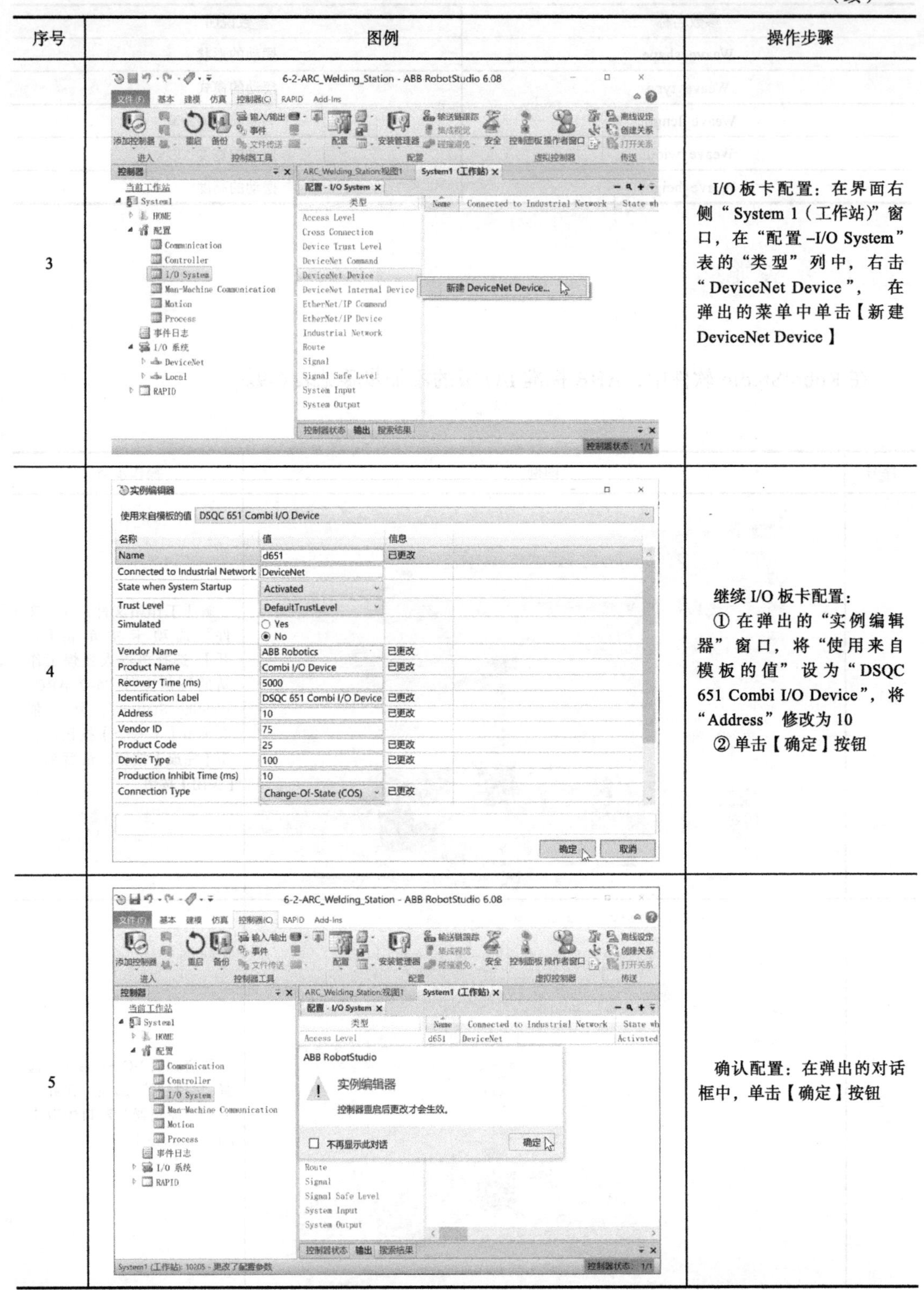

序号	图例	操作步骤
3		I/O 板卡配置：在界面右侧“System 1（工作站）”窗口，在“配置 –I/O System”表的“类型”列中，右击“DeviceNet Device”，在弹出的菜单中单击【新建 DeviceNet Device】
4		继续 I/O 板卡配置： ① 在弹出的“实例编辑器”窗口，将“使用来自模板的值”设为“DSQC 651 Combi I/O Device”，将“Address”修改为 10 ② 单击【确定】按钮
5		确认配置：在弹出的对话框中，单击【确定】按钮

2. 添加 I/O 信号

弧焊机器人需要与焊接设备进行通信，常用的信号分为模拟信号和数字信号。机器人弧焊相关信号的配置见表 6-10。机器人信号的创建步骤见表 6-11。

表 6-10　机器人弧焊相关信号的配置

信号名称	信号类型	信号分配	信号地址	信号注释
AoVoltage	AO	D651	0 ~ 15	焊接电压控制信号
AoCurrent	AO	D651	16 ~ 31	焊接电流控制信号
DO_GasOn	DO	D651	32	送气控制信号
DO_WeldOn	DO	D651	33	焊接起动控制信号
DO_FeedOn	DO	D651	34	送丝控制信号
DO_Position1	DO	D651	35	变位机位置 1 信号
DO_Position2	DO	D651	36	变位机位置 2 信号
DO_SlagRemove	DO	D651	37	清渣控制信号
DO_Spray	DO	D651	38	喷防飞溅液控制信号
DO_WireCut	DO	D651	39	剪丝控制信号

表 6-11　机器人信号的创建步骤

序号	图例	操作步骤
1	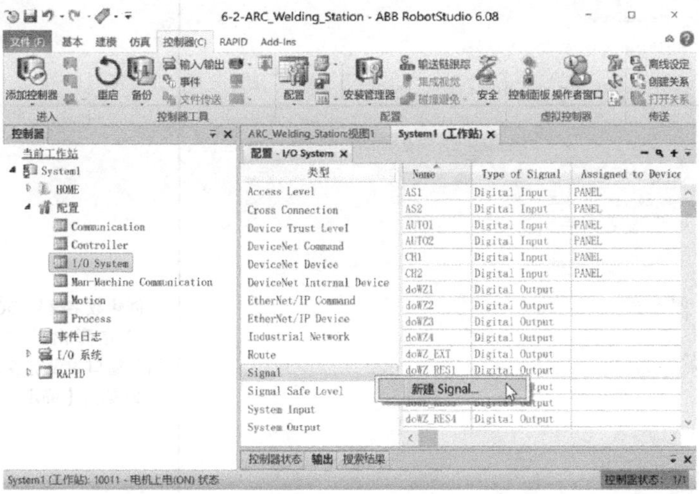 6-2-ARC_Welding_Station - ABB RobotStudio 6.08 文件(F) 基本 建模 仿真 控制器(C) RAPID Add-Ins 添加控制器 重启 备份 输入/输出 事件 文件传送 配置 安装管理器 输送链跟踪 集成视觉 碰撞避免 安全 控制面板 操作者窗口 离线设定 创建关系 打开关系 进入 控制器工具 配置 虚拟控制器 传送 控制器 ARC_Welding_Station:视图1 System1 (工作站) 当前工作站 System1 HOME 配置 Communication Controller I/O System Man-Machine Communication Motion Process 事件日志 I/O 系统 RAPID 配置 - I/O System 类型: Access Level, Cross Connection, Device Trust Level, DeviceNet Command, DeviceNet Device, DeviceNet Internal Device, EtherNet/IP Command, EtherNet/IP Device, Industrial Network, Route, Signal, Signal Safe Level, System Input, System Output Name / Type of Signal / Assigned to Device: AS1 Digital Input PANEL; AS2 Digital Input PANEL; AUTO1 Digital Input PANEL; AUTO2 Digital Input PANEL; CH1 Digital Input PANEL; CH2 Digital Input PANEL; doWZ1 Digital Output; doWZ2 Digital Output; doWZ3 Digital Output; doWZ4 Digital Output; doWZ_EXT Digital Output; doWZ_RES1 Digital Output; doWZ_RES4 Digital Output 新建 Signal... 控制器状态 输出 搜索结果 System1 (工作站): 10011 - 电机上电(ON) 状态 控制器状态: 1/1	开启创建信号：在界面右侧“System 1（工作站）”窗口，在“配置 -I/O System”表的“类型”列中，右击“Signal”，在弹出的菜单中单击【新建 Signal】

（续）

序号	图例	操作步骤
2	实例编辑器 名称 / 值 / 信息 Name / AoVoltage / 已更改 Type of Signal / Analog Output Assigned to Device / d651 Signal Identification Label / Device Mapping / 0-15 Category / Access Level / Default Default Value / 12 / 已更改 Analog Encoding Type / Unsigned / 已更改 Maximum Logical Value / 40.2 Maximum Physical Value / 10 / 已更改 Maximum Physical Value Limit / 10 / 已更改 Maximum Bit Value / 65535 / 已更改 Minimum Logical Value / 12 / 已更改 Minimum Physical Value / 0 Minimum Physical Value Limit / 0 Minimum Bit Value / 0 Safe Level / DefaultSafeLevel Value (RAPID) 控制器重启后更改才会生效。最小字符数为 <无效>。最大字符数为 <无效>。 确定 取消	创建模拟信号 AoVoltage： ① 在弹出的“实例编辑器”窗口中设定各项参数 ② 单击【确定】按钮
3	实例编辑器 名称 / 值 / 信息 Name / AoCurrent / 已更改 Type of Signal / Analog Output Assigned to Device / d651 Signal Identification Label / Device Mapping / 16-31 Category / Access Level / Default Default Value / 30 / 已更改 Analog Encoding Type / Two Complement Maximum Logical Value / 350 Maximum Physical Value / 10 / 已更改 Maximum Physical Value Limit / 10 / 已更改 Maximum Bit Value / 65535 / 已更改 Minimum Logical Value / 30 / 已更改 Minimum Physical Value / 0 Minimum Physical Value Limit / 0 Minimum Bit Value / 0 Safe Level / DefaultSafeLevel Value (RAPID) 控制器重启后更改才会生效。最小字符数为 <无效>。最大字符数为 <无效>。 确定 取消	创建模拟信号 AoCurrent： ① 在弹出的“实例编辑器”窗口中设定各项参数 ② 单击【确定】按钮
4	实例编辑器 名称 / 值 / 信息 Name / DO_Gas / 已更改 Type of Signal / Digital Output / 已更改 Assigned to Device / d651 / 已更改 Signal Identification Label / Device Mapping / 32 / 已更改 Category / Access Level / Default Default Value / 0 Invert Physical Value / Yes / No Safe Level / DefaultSafeLevel Value (RAPID) 控制器重启后更改才会生效。最小字符数为 <无效>。最大字符数为 <无效>。 确定 取消	创建数字信号 DO_Gas： ① 在弹出的“实例编辑器”窗口中设定各项参数 ② 单击【确定】按钮

（续）

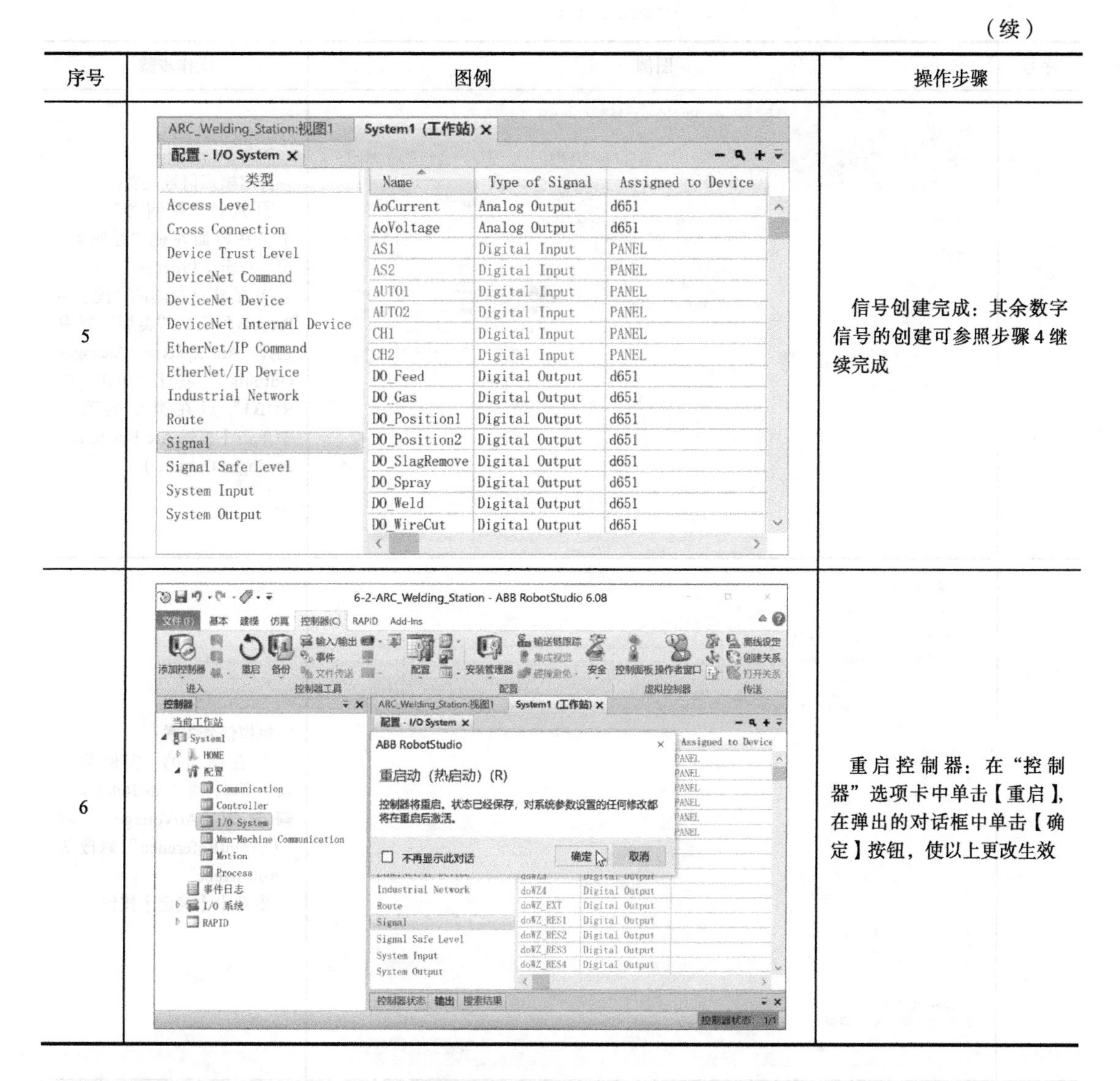

序号	图例	操作步骤
5		信号创建完成：其余数字信号的创建可参照步骤4继续完成
6		重启控制器：在“控制器”选项卡中单击【重启】，在弹出的对话框中单击【确定】按钮，使以上更改生效

3. 信号关联

创建完成机器人I/O信号后，需要将部分信号与ABB机器人弧焊包的参数进行关联，关联后弧焊系统会自动处理关联好的信号。弧焊关联的信号见表6-12。I/O信号与焊接参数关联的操作步骤见表6-13。

表6-12 弧焊关联的信号

I/O信号名称	信号类型	参数名称
AoVoltage	Arc Equipment Analogue Output	CurrentReference
AoCurrent	Arc Equipment Analogue Output	VoltReference
Do_GasOn	Arc Equipment Digital Output	GasOn
Do_WeldOn	Arc Equipment Digital Output	WeldOn
Do_FeedOn	Arc Equipment Digital Output	FeedOn

表 6-13　I/O 信号与焊接参数关联的操作步骤

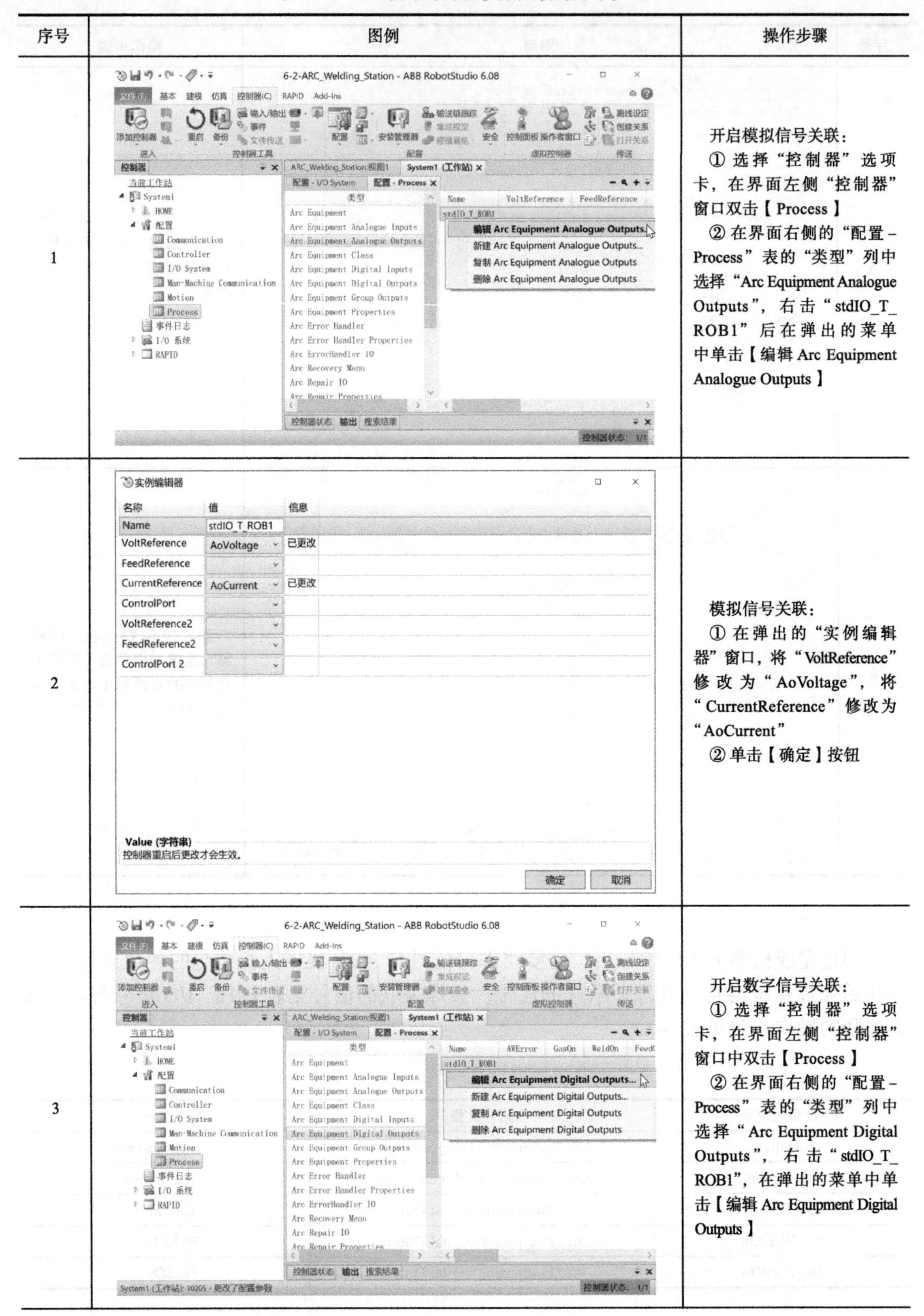

序号	图例	操作步骤
1		开启模拟信号关联： ① 选择“控制器”选项卡，在界面左侧“控制器”窗口双击【Process】 ② 在界面右侧的“配置 - Process”表的“类型”列中选择“Arc Equipment Analogue Outputs”，右击“stdIO_T_ROB1”后在弹出的菜单中单击【编辑 Arc Equipment Analogue Outputs】
2		模拟信号关联： ① 在弹出的“实例编辑器”窗口，将“VoltReference”修改为“AoVoltage”，将“CurrentReference”修改为“AoCurrent” ② 单击【确定】按钮
3		开启数字信号关联： ① 选择“控制器”选项卡，在界面左侧“控制器”窗口中双击【Process】 ② 在界面右侧的“配置 - Process”表的“类型”列中选择“Arc Equipment Digital Outputs”，右击“stdIO_T_ROB1”，在弹出的菜单中单击【编辑 Arc Equipment Digital Outputs】

（续）

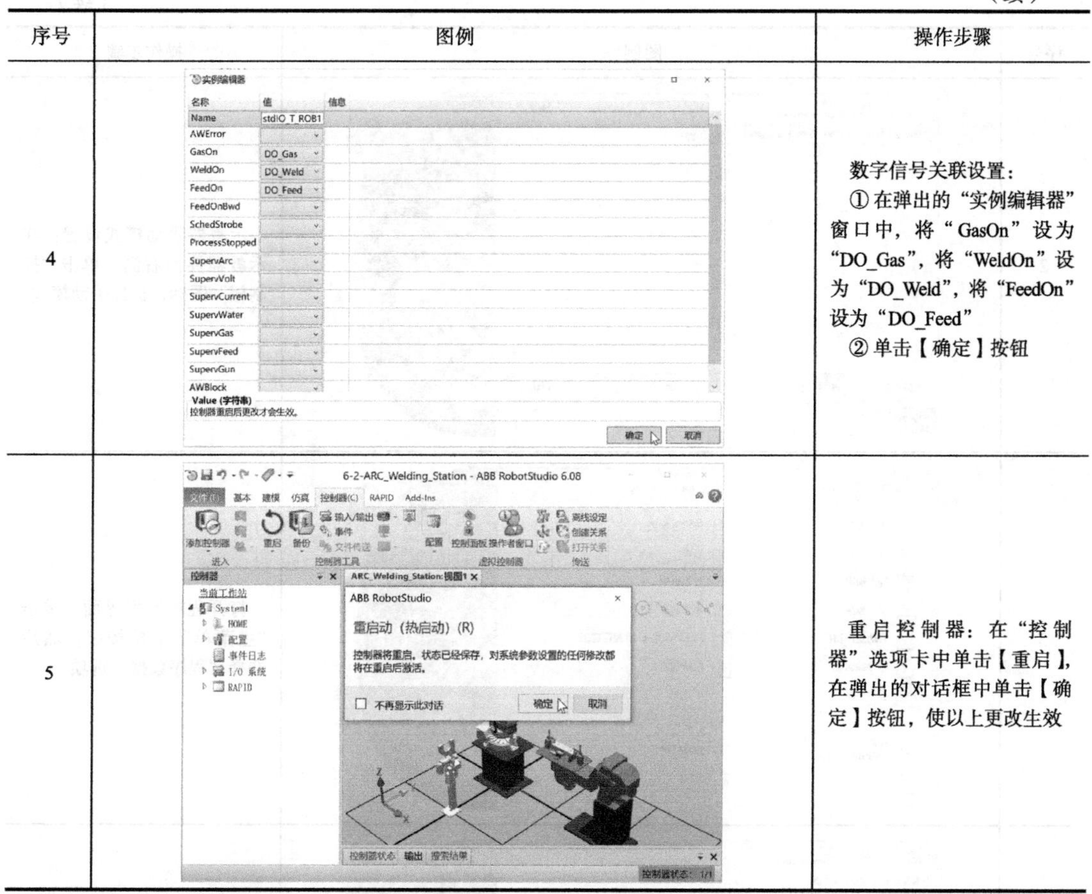

序号	图例	操作步骤
4		数字信号关联设置： ①在弹出的“实例编辑器”窗口中，将“GasOn”设为“DO_Gas”，将“WeldOn”设为“DO_Weld”，将“FeedOn”设为“DO_Feed” ②单击【确定】按钮
5		重启控制器：在“控制器”选项卡中单击【重启】，在弹出的对话框中单击【确定】按钮，使以上更改生效

4. 配置弧焊参数

弧焊参数的变化在 ABB 工业机器人系统中用程序数据来控制。弧焊参数配置的步骤见表 6-14。

表 6-14 弧焊参数配置的步骤

序号	图例	操作步骤
1		开启虚拟示教器：选择“控制器”选项卡，选择“虚拟示教器”图标，单击【虚拟示教器】，打开示教器界面

（续）

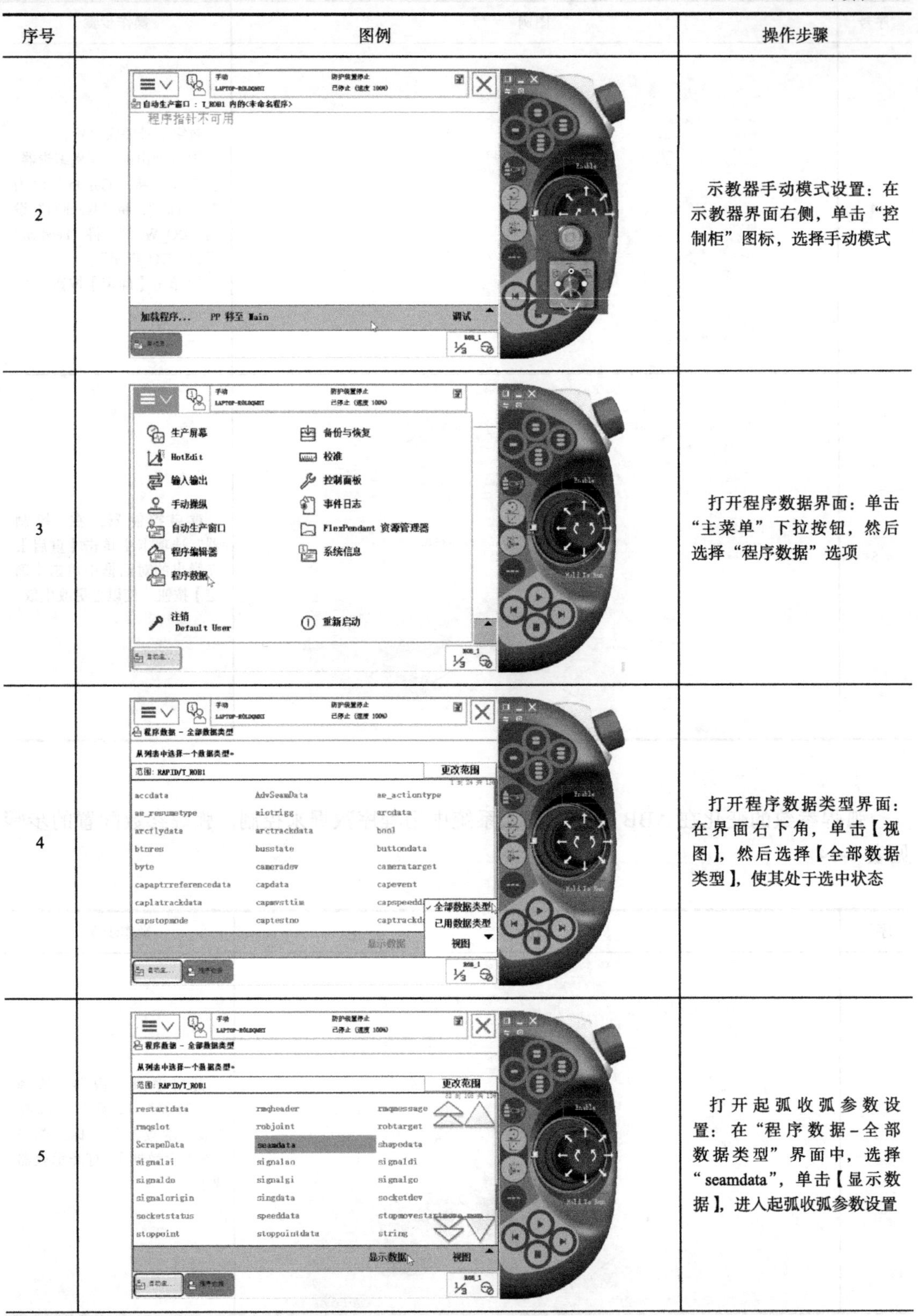

序号	图例	操作步骤
2		示教器手动模式设置：在示教器界面右侧，单击“控制柜”图标，选择手动模式
3		打开程序数据界面：单击“主菜单”下拉按钮，然后选择“程序数据”选项
4		打开程序数据类型界面：在界面右下角，单击【视图】，然后选择【全部数据类型】，使其处于选中状态
5		打开起弧收弧参数设置：在“程序数据-全部数据类型”界面中，选择“seamdata”，单击【显示数据】，进入起弧收弧参数设置

（续）

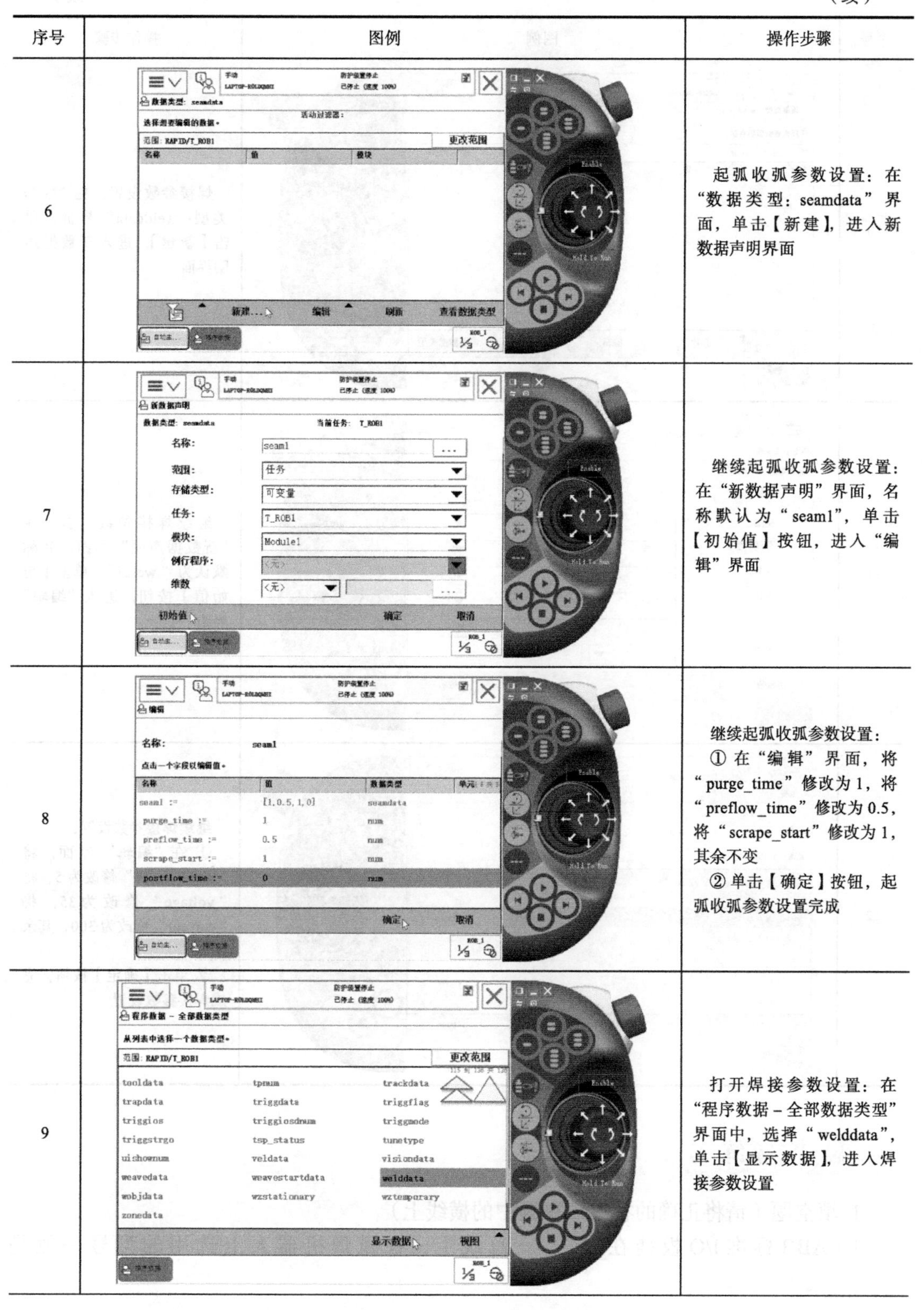

序号	图例	操作步骤
6		起弧收弧参数设置：在“数据类型：seamdata”界面，单击【新建】，进入新数据声明界面
7		继续起弧收弧参数设置：在“新数据声明”界面，名称默认为“seam1”，单击【初始值】按钮，进入“编辑”界面
8		继续起弧收弧参数设置： ① 在“编辑”界面，将“purge_time”修改为1，将“preflow_time”修改为0.5，将“scrape_start”修改为1，其余不变 ② 单击【确定】按钮，起弧收弧参数设置完成
9		打开焊接参数设置：在“程序数据 - 全部数据类型”界面中，选择“welddata”，单击【显示数据】，进入焊接参数设置

（续）

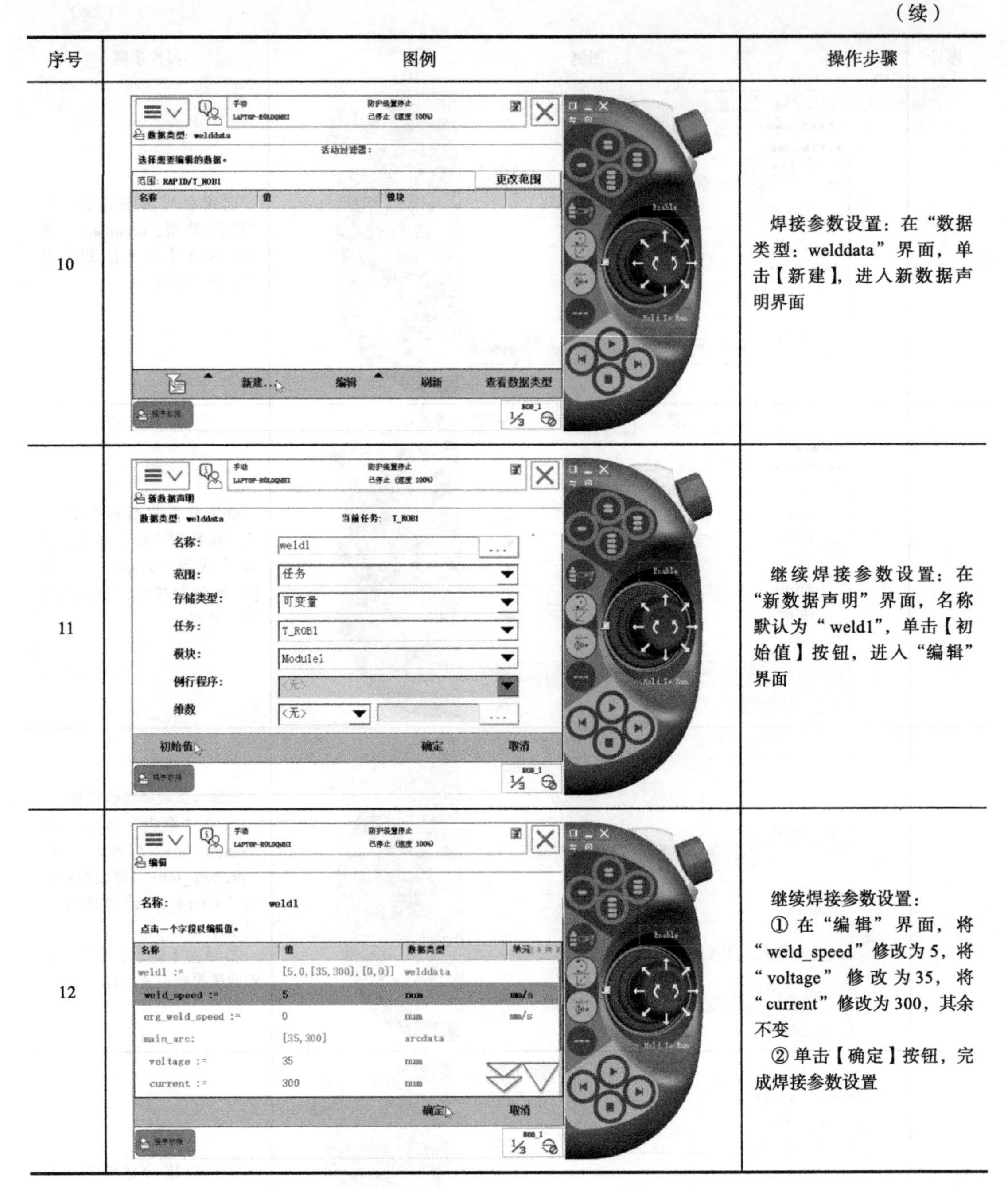

序号	图例	操作步骤
10		焊接参数设置：在“数据类型：welddata”界面，单击【新建】，进入新数据声明界面
11		继续焊接参数设置：在“新数据声明”界面，名称默认为“weld1”，单击【初始值】按钮，进入“编辑”界面
12		继续焊接参数设置： ① 在“编辑”界面，将“weld_speed”修改为 5，将“voltage”修改为 35，将“current”修改为 300，其余不变 ② 单击【确定】按钮，完成焊接参数设置

思考与练习

1. 填空题（请将正确的答案填在题中的横线上）

1）ABB 标准 I/O 板挂在________总线上，在弧焊机器人上选用的型号一般是________。

2）起弧收弧参数（SeamData）用来控制焊接前和结束后的吹保护气的________，以保证焊接时的________和焊缝的________。

2. 判断题（命题正确请在括号中打√，命题错误请在括号中打 ×）

1）焊接参数（WeldData）是用来控制在焊接过程中机器人的焊接速度，以及焊机输出的电压和电流的大小。（　　）

2）摆弧参数（WeaveData）必须设置，即焊缝宽度较小，在机器人线性焊接可以满足的情况下也应当设置该参数。（　　）

3. 简述如何确定 ABB 标准 I/O 板 DSQC651 在 DeviceNet 总线中的地址。

任务三　机器人弧焊程序创建与仿真调试

任务描述

本次任务首先利用事件管理器实现变位机的动态效果，然后根据焊接工艺过程创建初始化子程序、焊接子程序、清枪子程序、主程序，最后完成对机器人焊接作业的仿真调试。

知识学习

1. 弧焊常用指令

任何焊接程序都必须以 ArcLStart 或者 ArcCStart 开始，通常运用 ArcLStart 作为起始语句；任何焊接过程都必须以 ArcLEnd 或者 ArcCEnd 结束；焊接中间点用 ArcL 或者 ArcC 语句；焊接过程中不同语句可以使用不同的焊接参数（SeamData 和 WeldData）。

（1）线性焊接开始指令 ArcLStart　ArcLStart 用于直线焊缝的焊接开始，工具中心点线性移动到指定目标位置，整个焊接过程通过参数监控和控制。程序举例如下：

```
ArcLStart p1,v100,seaml,weld5,fine,tWeldGun;
```

如图 6-14 所示，机器人线性运行到 P1 点起弧，焊接开始。

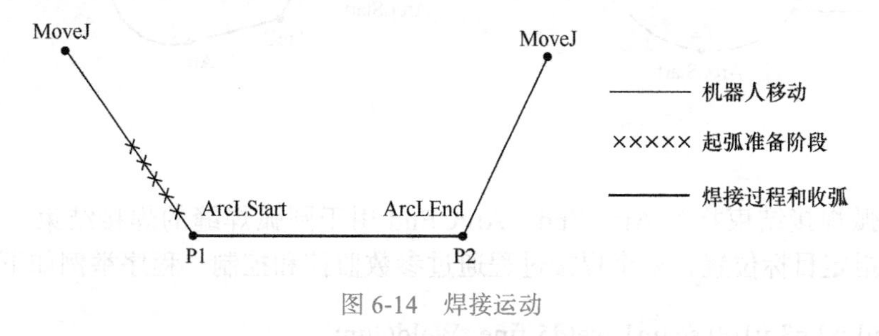

图 6-14　焊接运动

（2）线性焊接指令 ArcL　ArcL 用于直线焊缝的焊接，工具中心点线性移动到指定目标位置，焊接过程通过参数控制。程序举例如下：

ArcL *,v100,seam1,weld5\Weave：=Weave1,z10,tWeldGun;

如图6-15所示，机器人线性焊接的部分应使用ArcL指令。

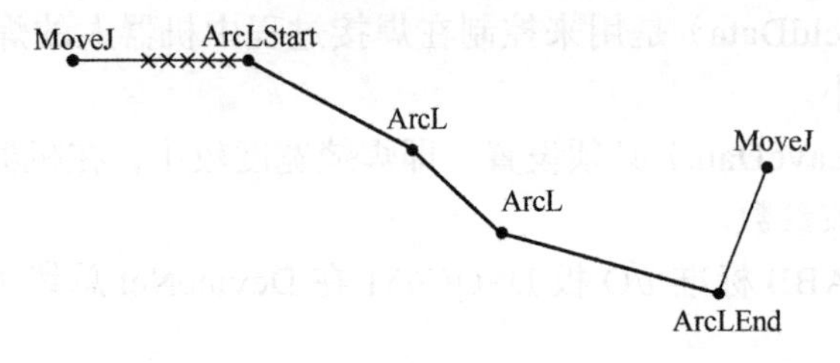

图6-15 线性焊接指令

（3）线性焊接结束指令ArcLEnd ArcLEnd用于直线焊缝的焊接结束，工具中心点线性移动到指定目标位置，整个焊接过程通过参数监控和控制。程序举例如下：

ArcLEnd p2,v100,seam1,weld5,fine,tWeldGun;

如图6-14所示，机器人在P2点使用ArcLEnd指令结束焊接。

（4）圆弧焊接开始指令ArcCStart ArcCStart用于圆弧焊缝的焊接开始，工具中心点圆周运动到指定目标位置，整个焊接过程通过参数监控和控制。程序举例如下：

ArcCStart p2,p3,v100,seam1,weld5,fine,tWeldGun;

如图6-16a所示，机器人圆弧运动到P3点，在P3点开始焊接。

（5）圆弧焊接指令ArcC ArcC用于圆弧焊缝的焊接，工具中心点线性移动到指定目标位置，焊接过程通过参数控制。程序举例如下：

ArcC *,*,v100,seam1,weld1\Weave：=Weave1,z10,tWeldGun;

如图6-16b所示，机器人圆弧焊接部分应使用ArcC指令。

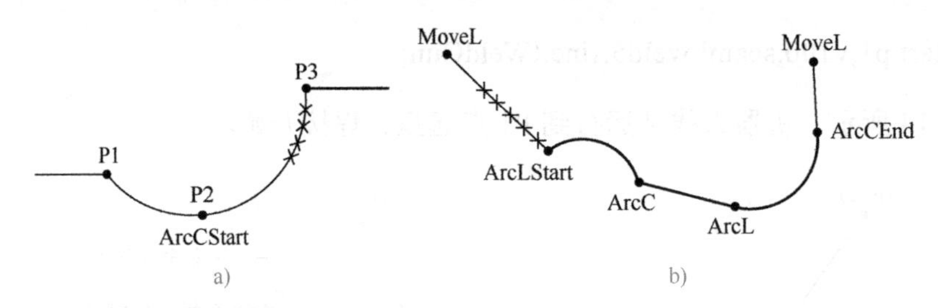

图6-16 圆弧焊接指令

（6）圆弧焊接结束指令ArcCEnd ArcCEnd用于圆弧焊缝的焊接结束，工具中心点圆周运动到指定目标位置，整个焊接过程通过参数监控和控制。程序举例如下：

ArcCEnd,p2,p3,v100,seam1,weld5,fine,tWeldGun;

如图6-17所示，机器人在P3点使用ArcCEnd指令结束焊接。

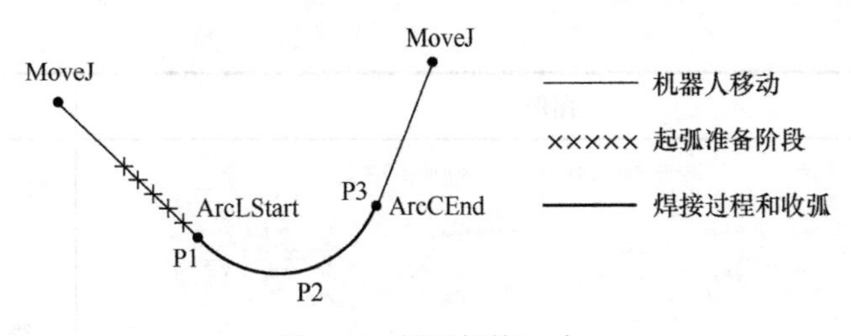

图 6-17　圆弧焊接运动

2. RAPID 程序结构

ABB 机器人所采用的编程语言称为 RAPID。RAPID 所包含的指令可以移动机器人、设置输出、读取输入，还能实现决策、重复其他指令、构造程序、与系统操作员交流等功能。应用程序是使用 RAPID 编程语言的特定词汇和语法编写而成的。RAPID 程序由程序模块和系统模块组成，其基本结构见表 6-15。

表 6-15　RAPID 程序的基本结构

RAPID 程序				
程序模块 1	程序模块 2	…	程序模块 n	若干系统模块
程序数据	程序数据	…	…	程序数据
例行程序	例行程序	…	…	例行程序
中断程序	中断程序	…	…	中断程序
功能	功能	…	…	功能
主程序 main	—	—	—	—

RAPID 程序结构的说明如下：

1）RAPID 程序由程序模块与系统模块组成。一般地，只通过新建程序模块来构建机器人的程序，而系统模块多用于系统方面的控制。

2）可以根据不同的用途创建多个程序模块，如专门用于主控的程序模块、用于位置计算的程序模块和用于存放数据的程序模块，这样便于归类管理不同用途的例行程序与数据。

3）每一个程序模块包含了程序数据、例行程序、中断程序和功能四种对象，但不一定在一个模块中都有这四种对象，程序模块之间的数据、例行程序、中断程序和功能是可以互相调用的。

4）在 RAPID 程序中，只有一个主程序 main，存在于任意一个程序模块中，并且作为整个 RAPID 程序执行的起点。

1. 设置变位机的姿态

事件管理器可以快速设置机械设备的动态仿真效果，相对 Smart 组件的应用要简单一些。这里采用事件管理器进行变位机的 2 个工作姿态设置，具体操作步骤见表 6-16。

表 6-16　变位机工作姿态设置的步骤

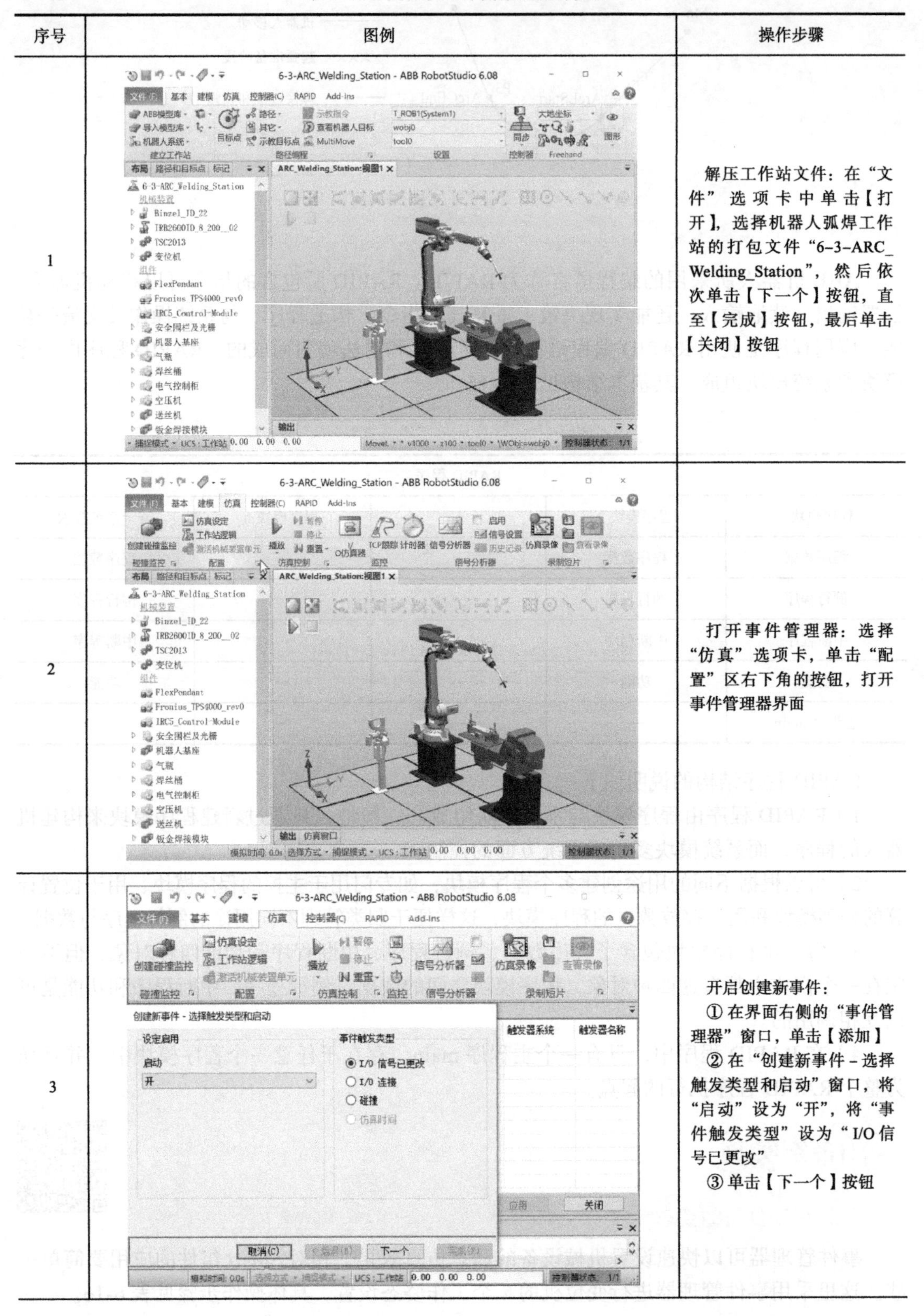

序号	图例	操作步骤
1		解压工作站文件：在“文件”选项卡中单击【打开】，选择机器人弧焊工作站的打包文件“6-3-ARC_Welding_Station”，然后依次单击【下一个】按钮，直至【完成】按钮，最后单击【关闭】按钮
2		打开事件管理器：选择“仿真”选项卡，单击“配置”区右下角的按钮，打开事件管理器界面
3		开启创建新事件： ① 在界面右侧的“事件管理器”窗口，单击【添加】 ② 在“创建新事件 - 选择触发类型和启动”窗口，将“启动”设为“开”，将“事件触发类型”设为“I/O 信号已更改” ③ 单击【下一个】按钮

（续）

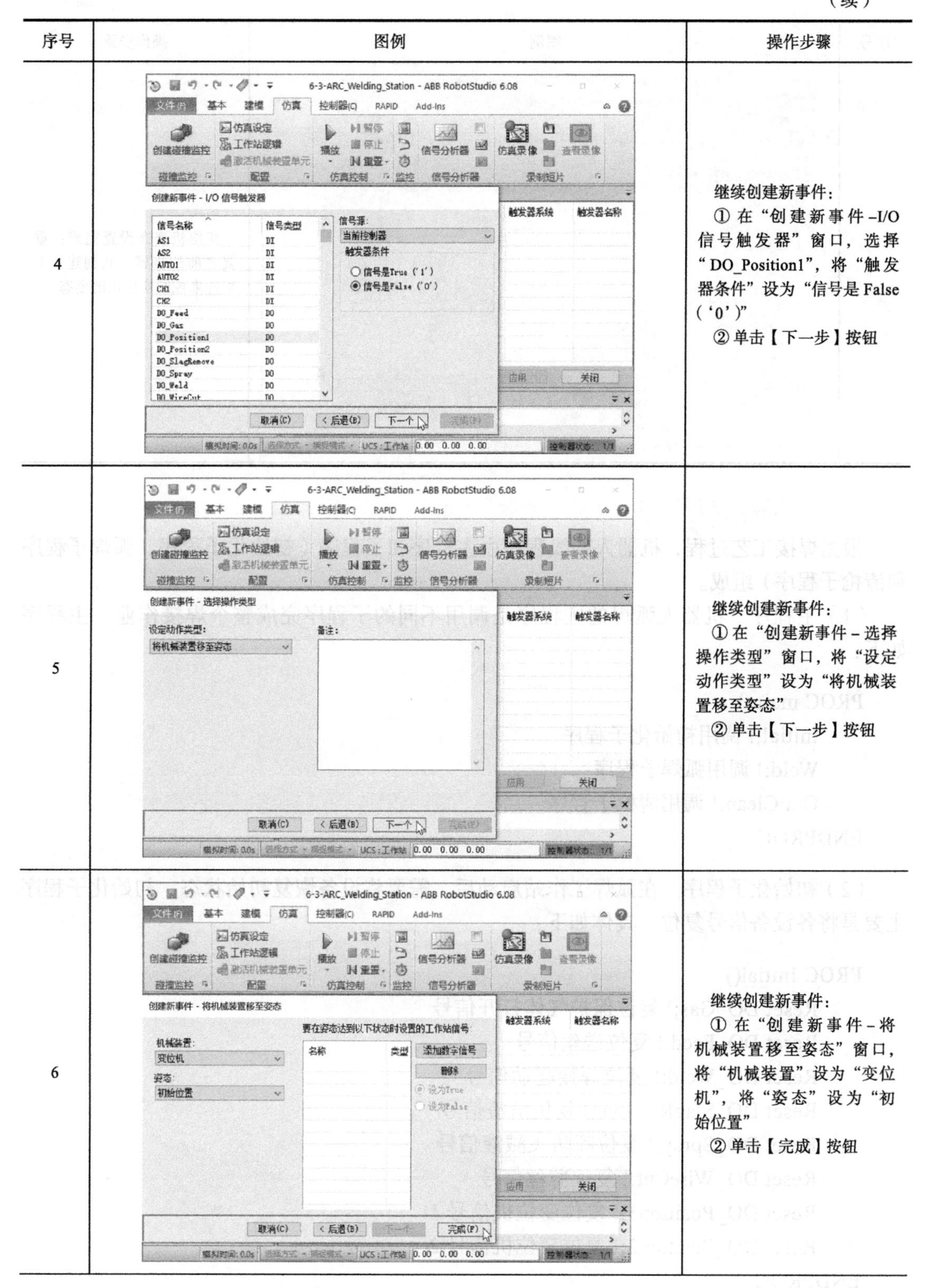

序号	图例	操作步骤
4		继续创建新事件： ① 在“创建新事件-I/O信号触发器”窗口，选择“DO_Position1”，将“触发器条件”设为“信号是False（‘0’）” ② 单击【下一步】按钮
5		继续创建新事件： ① 在“创建新事件-选择操作类型”窗口，将“设定动作类型”设为“将机械装置移至姿态” ② 单击【下一步】按钮
6		继续创建新事件： ① 在“创建新事件-将机械装置移至姿态”窗口，将“机械装置”设为“变位机”，将“姿态”设为“初始位置” ② 单击【完成】按钮

（续）

<table>
<tr><th>序号</th><th>图例</th><th>操作步骤</th></tr>
<tr><td>7</td><td>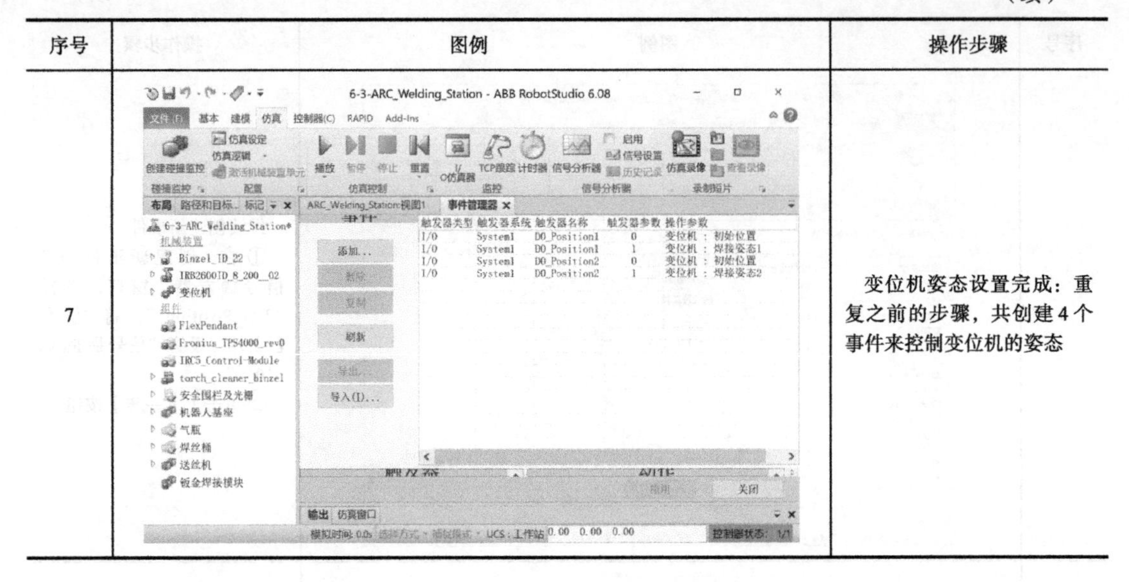
</td><td>变位机姿态设置完成：重复之前的步骤，共创建4个事件来控制变位机的姿态</td></tr>
</table>

2. 创建机器人离线程序

根据焊接工艺过程，机器人离线程序由主程序和子程序（初始化子程序、弧焊子程序和清枪子程序）组成。

（1）主程序　机器人弧焊的主程序是调用不同的子程序完成整个焊接作业。主程序如下：

```
PROC main()
    Initial;! 调用初始化子程序
    Weld;! 调用弧焊子程序
    GunClean;! 调用清枪子程序
ENDPROC
```

（2）初始化子程序　在弧焊工作站启动后，需要将设备恢复初始状态。初始化子程序主要是将各设备信号复位，具体如下：

```
PROC Initial()
    Reset DO_Gas;! 复位保护气体打开信号
    Reset DO_Feed;! 复位送丝信号
    Reset DO_Weld;! 复位焊接起动信号
    Reset DO_SlagRemove;! 复位清渣信号
    Reset DO_Spray;! 复位喷防飞溅液信号
    Reset DO_WireCut;! 复位剪丝信号
    Reset DO_Position1;! 复位变位机信号 1
    Reset DO_Position2;! 复位变位机信号 2
ENDPROC
```

（3）弧焊子程序　根据钣金结构件上两条直线焊缝的焊接要求，机器人弧焊子程序的编写如下：

```
PROC Weld()
    MoveJ pHome,v200,fine,tWeldGun;
    ! 机器人回安全点
    Set DO_Position1;
    WaitTime 2;
    ! 变位机调整到姿态 1
    MoveL pApproach1,v200,fine,tWeldGun;
    ! 机器人运动到第一条焊缝的接近点
    ArcLStart pStartWeld1,v200,seam1,weld1,fine,tWeldGun;
    ! 机器人运动到第一条焊缝的起始点开始焊接
    ArcLEnd pEndWeld1,v200,seam1,weld1,fine,tWeldGun;
    ! 机器人以直线方式焊接至第一条焊缝的结束点
    MoveL pApproach2,v200,fine,tWeldGun;
    ! 机器人运动到第一条焊缝的离开点
    MoveJ pHome,v200,fine,tWeldGun;
    ! 机器人回安全点
    Set DO_Position2;
    WaitTime 2;
    ! 变位机调整到姿态 2
    MoveL pApproach3,v200,fine,tWeldGun;
    ! 机器人运动到第二条焊缝的接近点
    ArcLStart pStartWeld2,v200,seam1,weld1,fine,tWeldGun;
    ! 机器人运动到第二条焊缝的起始点开始焊接
    ArcLEnd pEndWeld2,v200,seam1,weld1,fine,tWeldGun;
    ! 机器人以直线方式焊接至第二条焊缝的结束点
    MoveL pApproach4,v200,fine,tWeldGun;
    ! 机器人运动到第二条焊缝的离开点
    MoveJ pHome,v200,fine,tWeldGun;
    WaitTime 1;
    ! 机器人回安全点
    Reset DO_Position2;
    Reset DO_Position1;
    WaitTime 2;
    ! 变位机回初始位置
ENDPROC
```

（4）清枪子程序　机器人焊接作业完成后，焊枪需要进行清渣、喷防飞溅液和剪丝，以便为下一次焊接准备。清枪子程序如下：

```
PROC GunClean()
    MoveJ pApproach5,v200,fine,tWeldGun;
    ! 机器人运动到清枪站的接近点
    MoveL pSlagRemove,v200,fine,tWeldGun;
    ! 机器人运动到清渣位置
    Set DO_SlagRemove;
    WaitTime 2;
    Reset DO_SlagRemove;
    ! 清渣
    MoveL pApproach5,v200,fine,tWeldGun;
    MoveL pApproach6,v200,fine,tWeldGun;
    ! 机器人运动到喷防飞溅液位置的接近点
    MoveL pSpray,v200,fine,tWeldGun;
    ! 机器人运动到喷防飞溅液的位置
    Set DO_Spray;
    WaitTime 2;
    Reset DO_Spray;
    ! 喷防飞溅液
    MoveL pApproach6,v200,fine,tWeldGun;
    MoveL pApproach7,v200,fine,tWeldGun;
    ! 机器人运动到剪丝位置的接近点
    MoveL pWireCut,v200,fine,tWeldGun;
    ! 机器人运动到剪丝位置
    Set DO_WireCut;
    WaitTime 2;
    Reset DO_WireCut;
    ! 剪丝
    MoveL pApproach7,v200,fine,tWeldGun;
    MoveL pApproach5,v200,fine,tWeldGun;
    ! 机器人回清枪站的接近点
ENDPROC
```

机器人离线程序编写完成后，应将其输入机器人控制系统。这里以弧焊子程序为例，介绍在虚拟示教器里创建程序的一般方法，创建步骤见表 6-17。

表 6-17　弧焊子程序的创建步骤

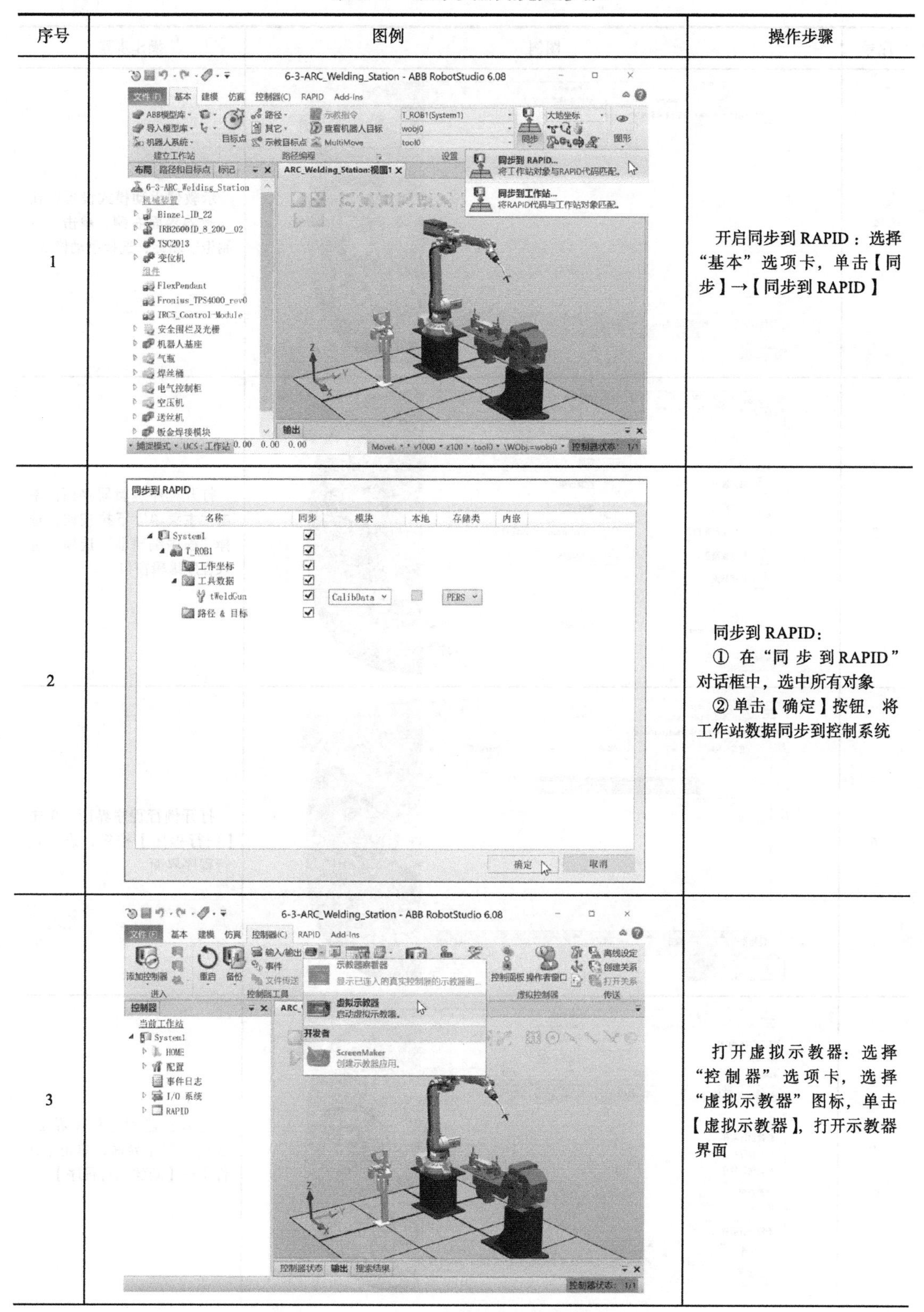

序号	图例	操作步骤
1		开启同步到 RAPID：选择“基本”选项卡，单击【同步】→【同步到 RAPID】
2		同步到 RAPID： ① 在“同步到 RAPID”对话框中，选中所有对象 ② 单击【确定】按钮，将工作站数据同步到控制系统
3		打开虚拟示教器：选择“控制器”选项卡，选择“虚拟示教器”图标，单击【虚拟示教器】，打开示教器界面

（续）

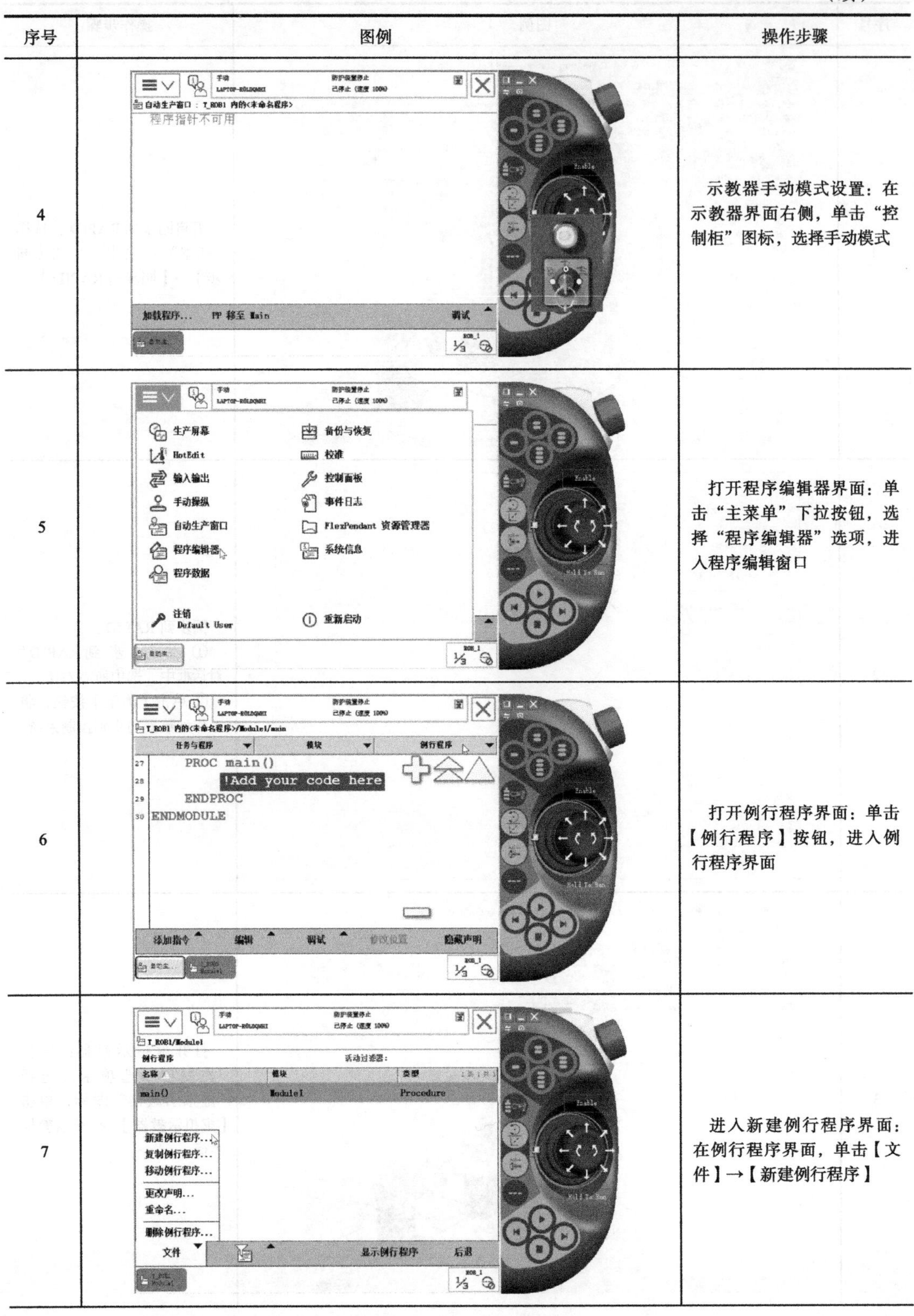

序号	图例	操作步骤
4		示教器手动模式设置：在示教器界面右侧，单击“控制柜”图标，选择手动模式
5		打开程序编辑器界面：单击“主菜单”下拉按钮，选择“程序编辑器”选项，进入程序编辑窗口
6		打开例行程序界面：单击【例行程序】按钮，进入例行程序界面
7		进入新建例行程序界面：在例行程序界面，单击【文件】→【新建例行程序】

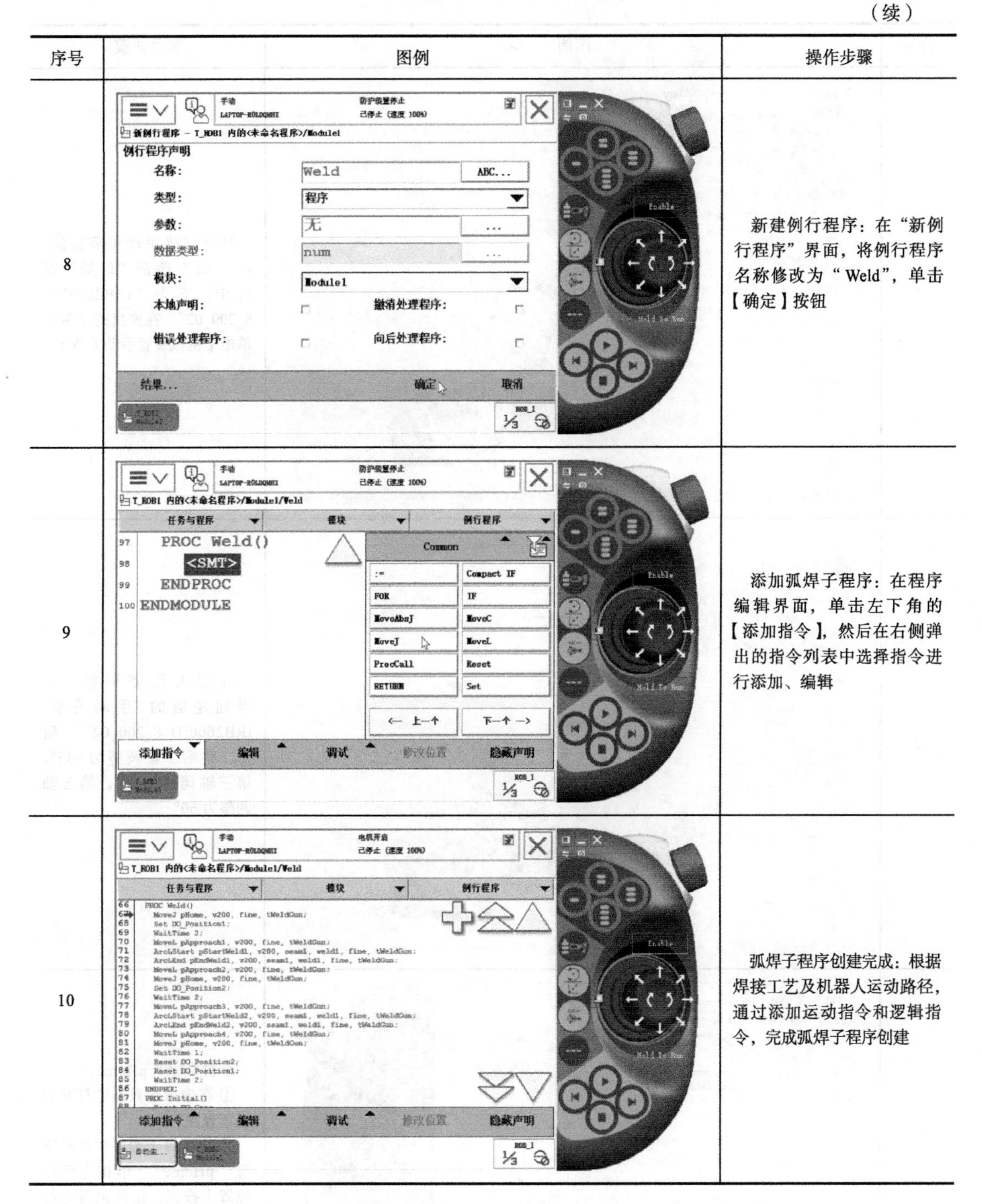

（续）

序号	图例	操作步骤
8		新建例行程序：在“新例行程序”界面，将例行程序名称修改为“Weld”，单击【确定】按钮
9		添加弧焊子程序：在程序编辑界面，单击左下角的【添加指令】，然后在右侧弹出的指令列表中选择指令进行添加、编辑
10		弧焊子程序创建完成：根据焊接工艺及机器人运动路径，通过添加运动指令和逻辑指令，完成弧焊子程序创建

3. 示教机器人程序

（1）示教弧焊子程序　示教弧焊子程序的步骤见表 6-18。

表 6-18　示教弧焊子程序的步骤

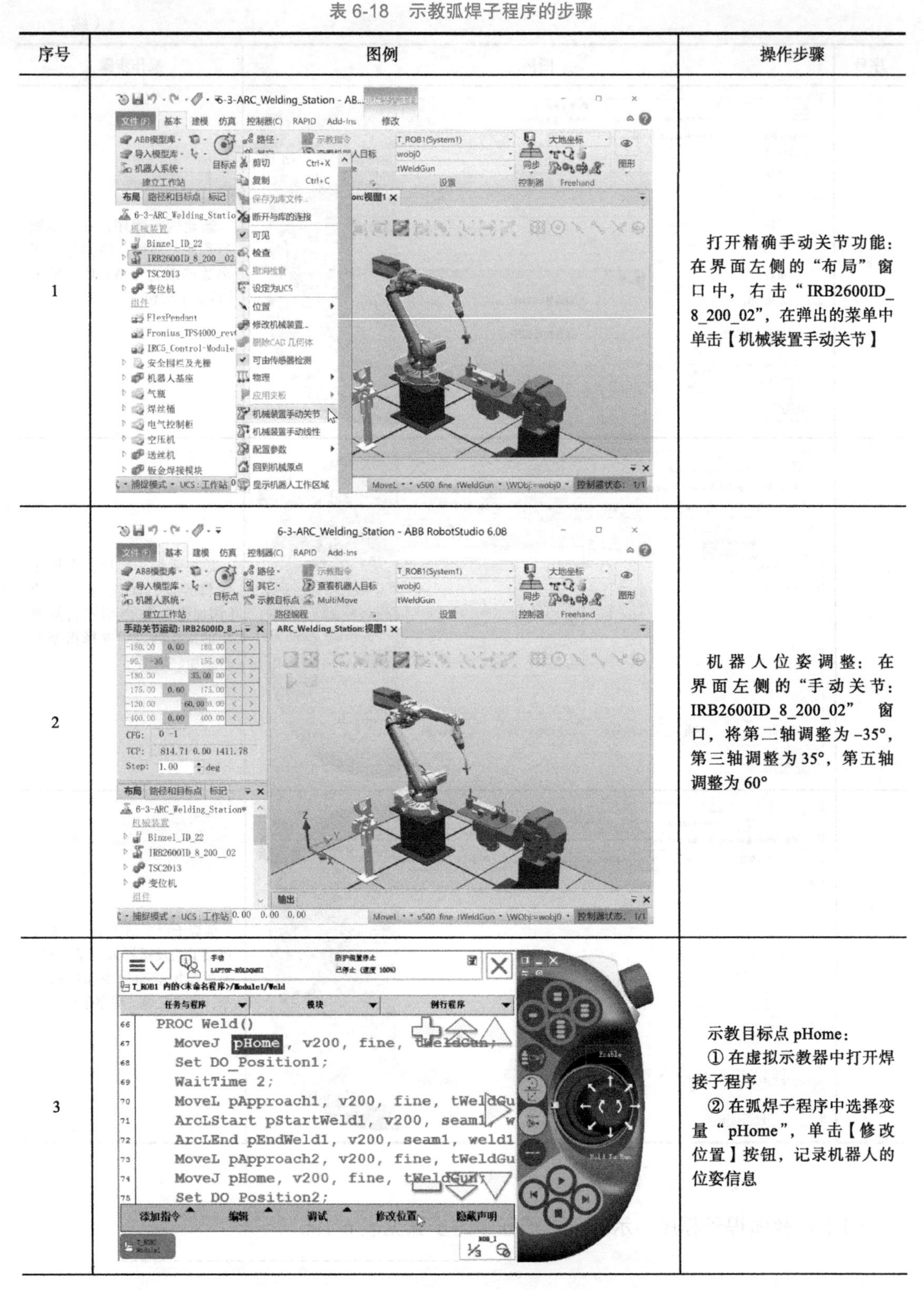

序号	图例	操作步骤
1		打开精确手动关节功能：在界面左侧的“布局”窗口中，右击“IRB2600ID_8_200_02”，在弹出的菜单中单击【机械装置手动关节】
2		机器人位姿调整：在界面左侧的“手动关节：IRB2600ID_8_200_02”窗口，将第二轴调整为 -35°，第三轴调整为 35°，第五轴调整为 60°
3		示教目标点 pHome： ① 在虚拟示教器中打开焊接子程序 ② 在弧焊子程序中选择变量“pHome”，单击【修改位置】按钮，记录机器人的位姿信息

（续）

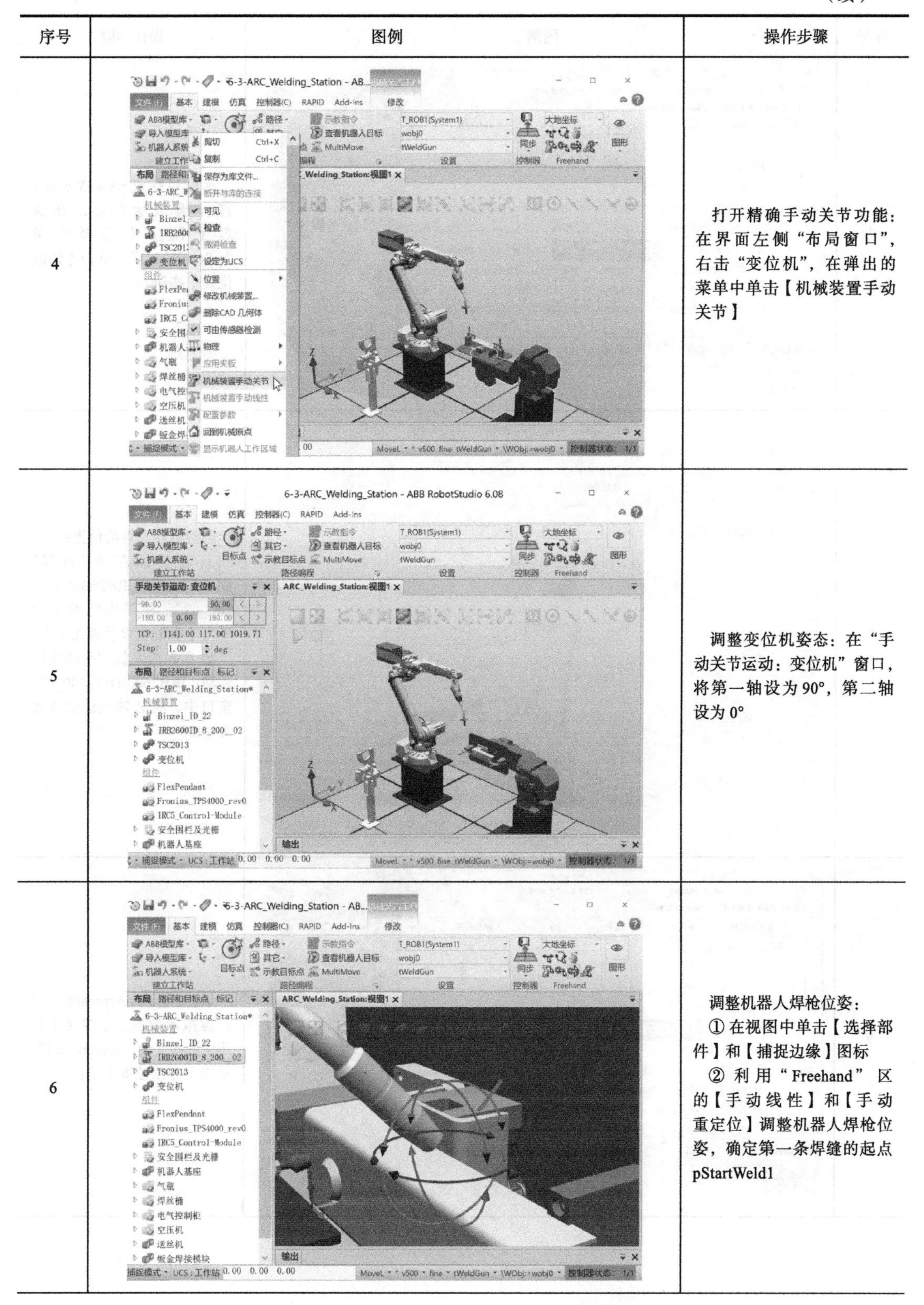

序号	图例	操作步骤
4		打开精确手动关节功能：在界面左侧“布局窗口”，右击“变位机”，在弹出的菜单中单击【机械装置手动关节】
5		调整变位机姿态：在“手动关节运动：变位机”窗口，将第一轴设为90°，第二轴设为0°
6		调整机器人焊枪位姿： ① 在视图中单击【选择部件】和【捕捉边缘】图标 ② 利用“Freehand”区的【手动线性】和【手动重定位】调整机器人焊枪位姿，确定第一条焊缝的起点pStartWeld1

（续）

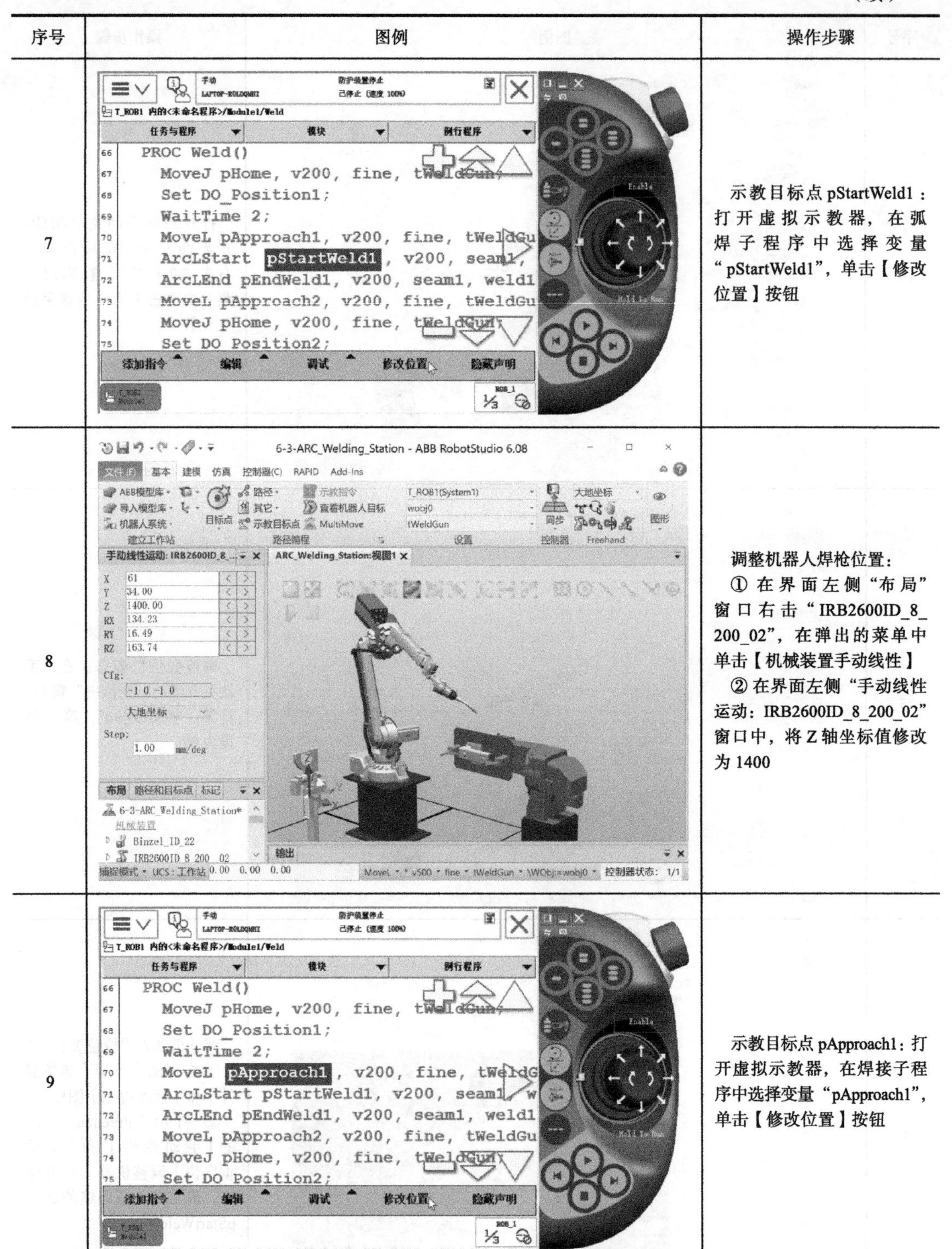

序号	图例	操作步骤
7		示教目标点 pStartWeld1：打开虚拟示教器，在弧焊子程序中选择变量“pStartWeld1”，单击【修改位置】按钮
8		调整机器人焊枪位置： ① 在界面左侧“布局”窗口右击“IRB2600ID_8_200_02”，在弹出的菜单中单击【机械装置手动线性】 ② 在界面左侧“手动线性运动：IRB2600ID_8_200_02”窗口中，将 Z 轴坐标值修改为 1400
9		示教目标点 pApproach1：打开虚拟示教器，在焊接子程序中选择变量“pApproach1”，单击【修改位置】按钮

（续）

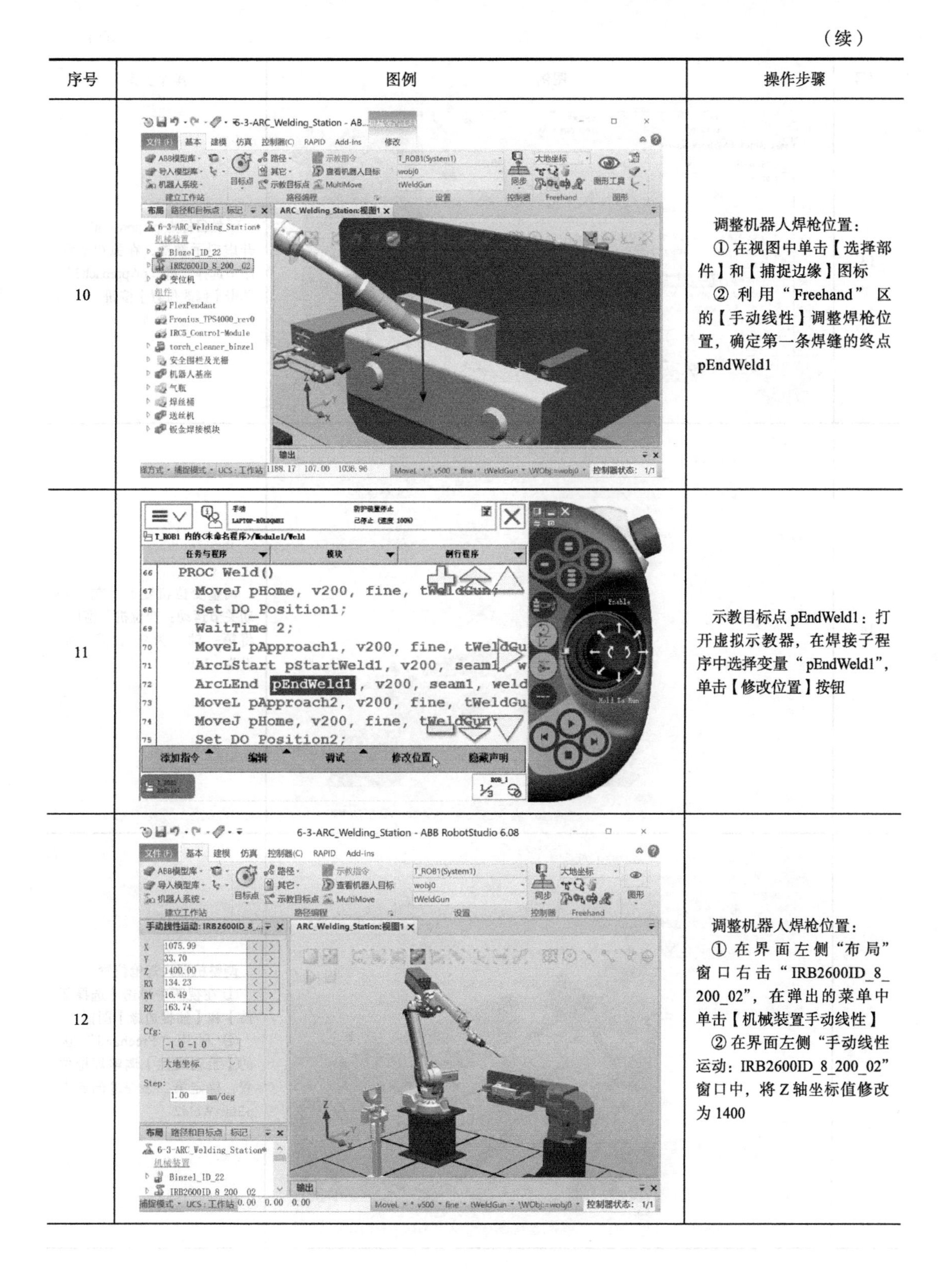

序号	图例	操作步骤
10		调整机器人焊枪位置： ① 在视图中单击【选择部件】和【捕捉边缘】图标 ② 利用“Freehand”区的【手动线性】调整焊枪位置，确定第一条焊缝的终点 pEndWeld1
11		示教目标点 pEndWeld1：打开虚拟示教器，在焊接子程序中选择变量“pEndWeld1”，单击【修改位置】按钮
12		调整机器人焊枪位置： ① 在界面左侧“布局”窗口右击“IRB2600ID_8_200_02”，在弹出的菜单中单击【机械装置手动线性】 ② 在界面左侧“手动线性运动：IRB2600ID_8_200_02”窗口中，将 Z 轴坐标值修改为 1400

（续）

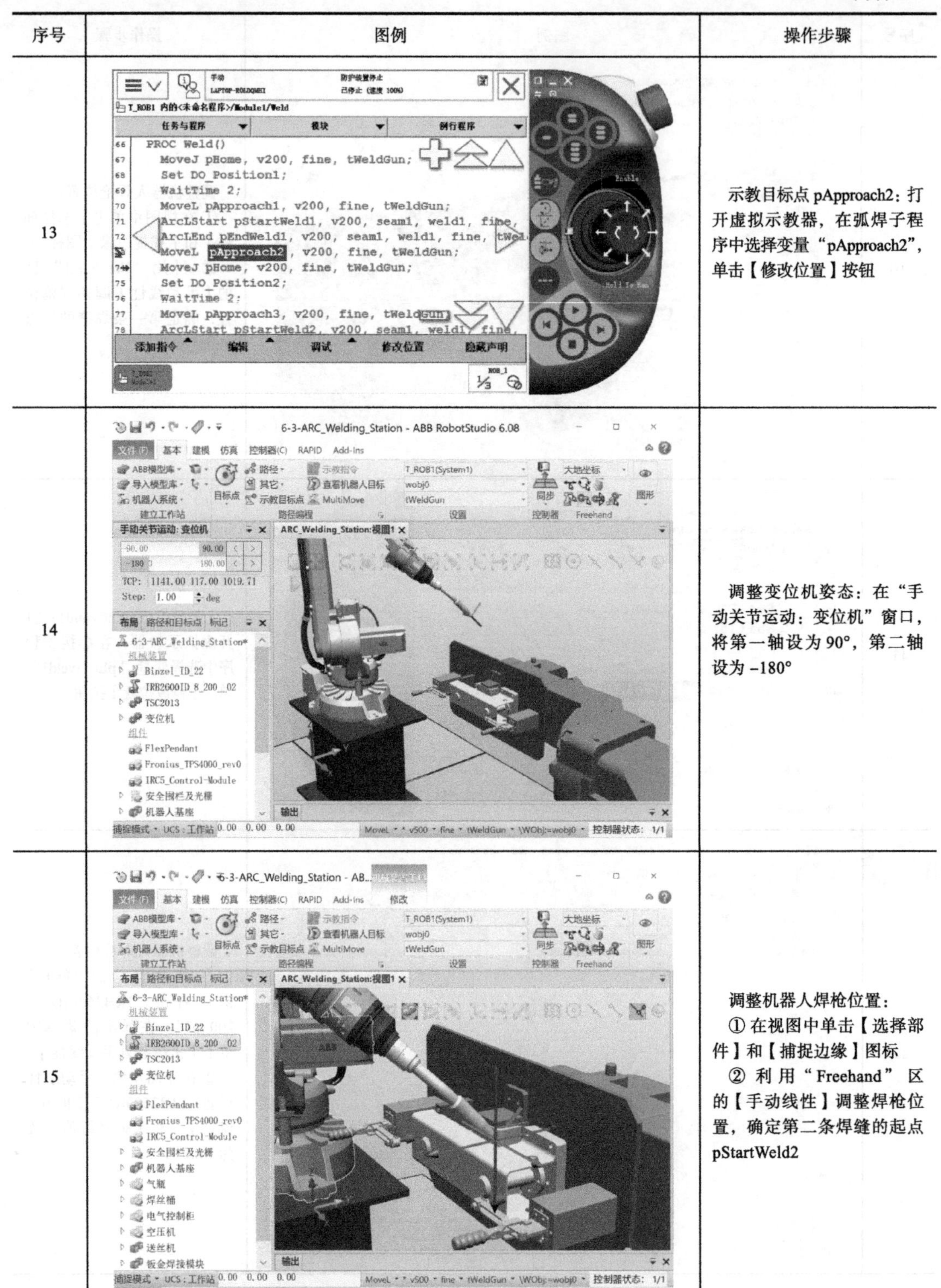

序号	图例	操作步骤
13		示教目标点 pApproach2：打开虚拟示教器，在弧焊子程序中选择变量“pApproach2”，单击【修改位置】按钮
14		调整变位机姿态：在“手动关节运动：变位机”窗口，将第一轴设为 90°，第二轴设为 -180°
15		调整机器人焊枪位置： ① 在视图中单击【选择部件】和【捕捉边缘】图标 ② 利用“Freehand”区的【手动线性】调整焊枪位置，确定第二条焊缝的起点 pStartWeld2

（续）

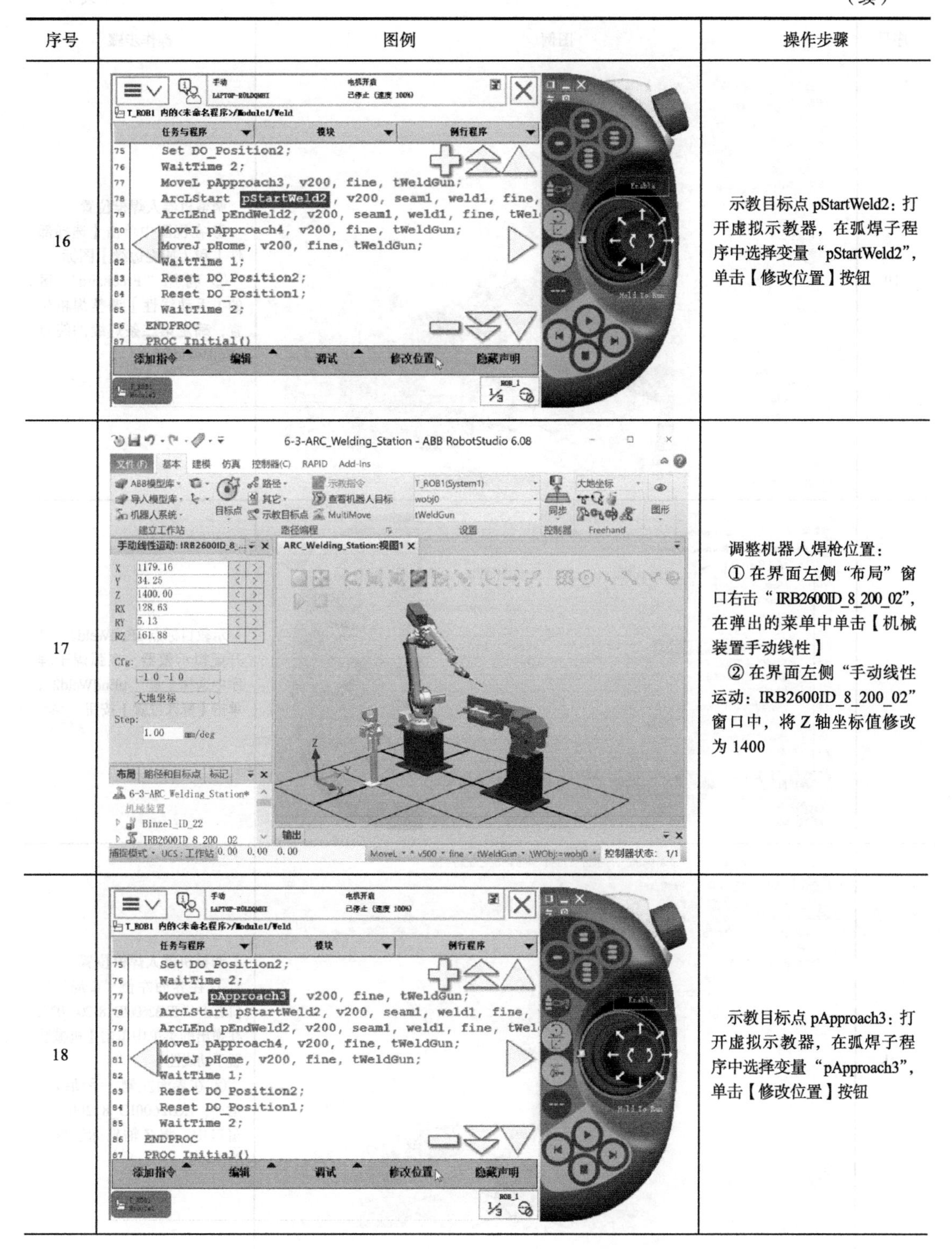

序号	图例	操作步骤
16		示教目标点 pStartWeld2：打开虚拟示教器，在弧焊子程序中选择变量“pStartWeld2”，单击【修改位置】按钮
17		调整机器人焊枪位置： ① 在界面左侧“布局”窗口右击“IRB2600ID_8_200_02”，在弹出的菜单中单击【机械装置手动线性】 ② 在界面左侧“手动线性运动：IRB2600ID_8_200_02”窗口中，将 Z 轴坐标值修改为 1400
18		示教目标点 pApproach3：打开虚拟示教器，在弧焊子程序中选择变量“pApproach3”，单击【修改位置】按钮

（续）

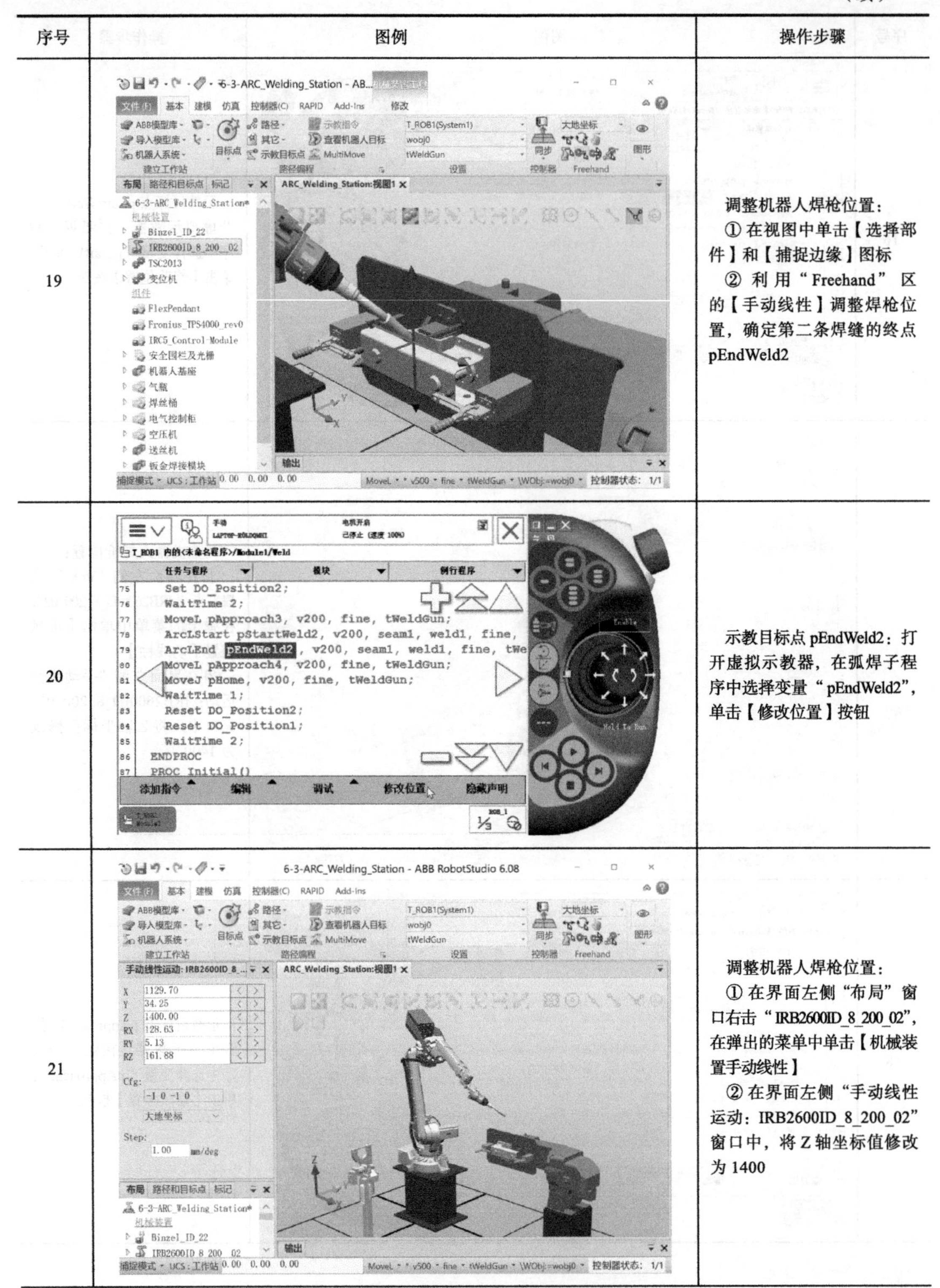

序号	图例	操作步骤
19		调整机器人焊枪位置： ① 在视图中单击【选择部件】和【捕捉边缘】图标 ② 利用“Freehand”区的【手动线性】调整焊枪位置，确定第二条焊缝的终点 pEndWeld2
20		示教目标点 pEndWeld2：打开虚拟示教器，在弧焊子程序中选择变量“pEndWeld2”，单击【修改位置】按钮
21		调整机器人焊枪位置： ① 在界面左侧“布局”窗口右击“IRB2600ID_8_200_02”，在弹出的菜单中单击【机械装置手动线性】 ② 在界面左侧“手动线性运动：IRB2600ID_8_200_02”窗口中，将 Z 轴坐标值修改为 1400

（续）

序号	图例	操作步骤
22	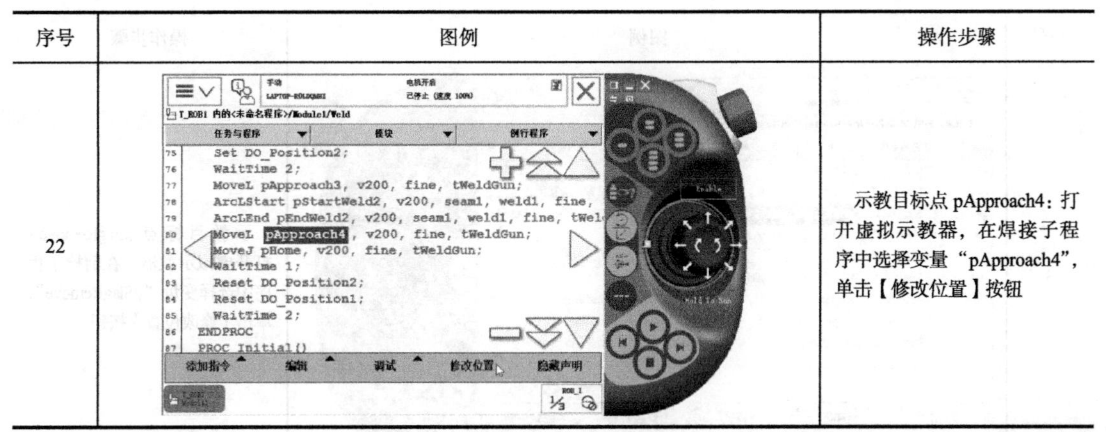	示教目标点 pApproach4：打开虚拟示教器，在焊接子程序中选择变量“pApproach4”，单击【修改位置】按钮

（2）示教清枪子程序　示教清枪子程序的步骤见表 6-19。

表 6-19　示教清枪子程序的步骤

序号	图例	操作步骤
1	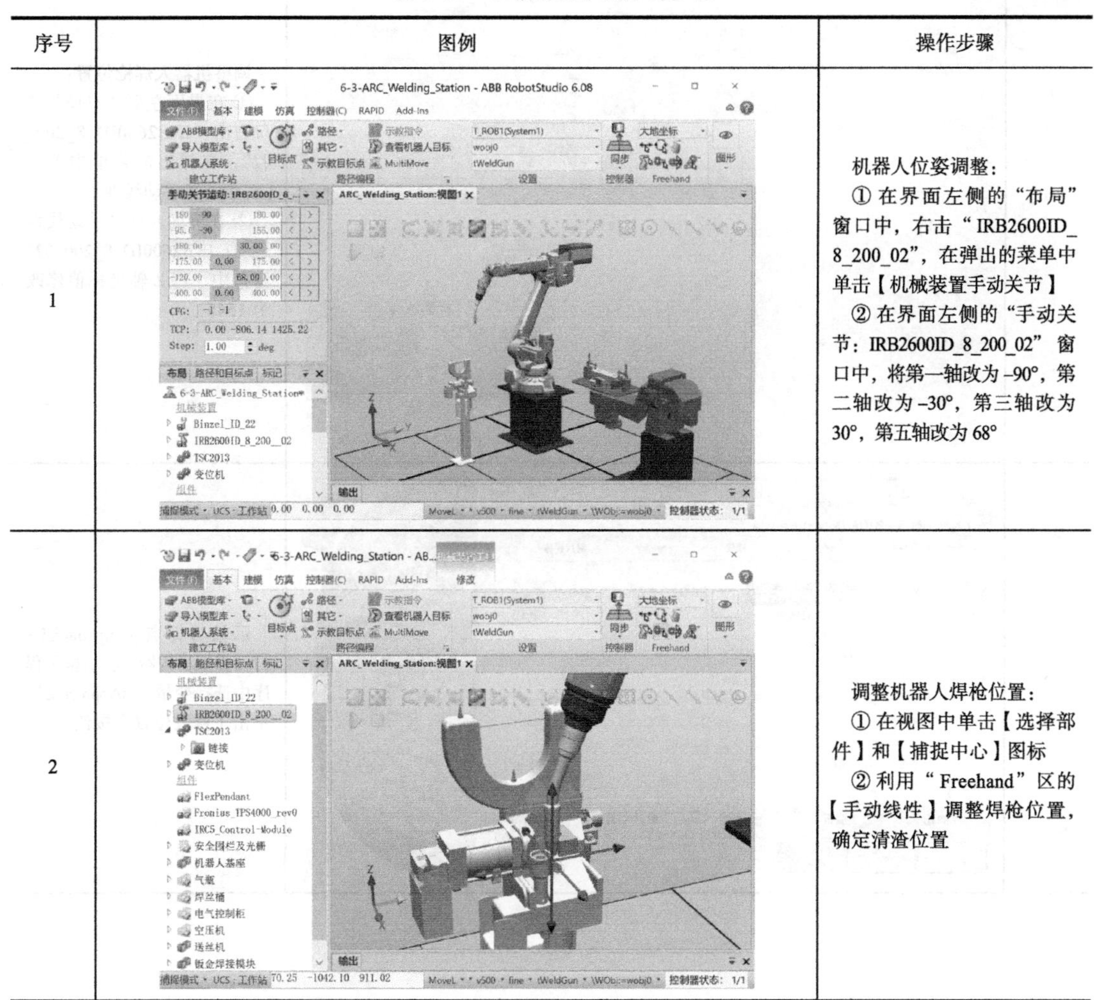	机器人位姿调整： ① 在界面左侧的“布局”窗口中，右击“IRB2600ID_8_200_02”，在弹出的菜单中单击【机械装置手动关节】 ② 在界面左侧的“手动关节：IRB2600ID_8_200_02”窗口中，将第一轴改为 -90°，第二轴改为 -30°，第三轴改为 30°，第五轴改为 68°
2		调整机器人焊枪位置： ① 在视图中单击【选择部件】和【捕捉中心】图标 ② 利用“Freehand”区的【手动线性】调整焊枪位置，确定清渣位置

（续）

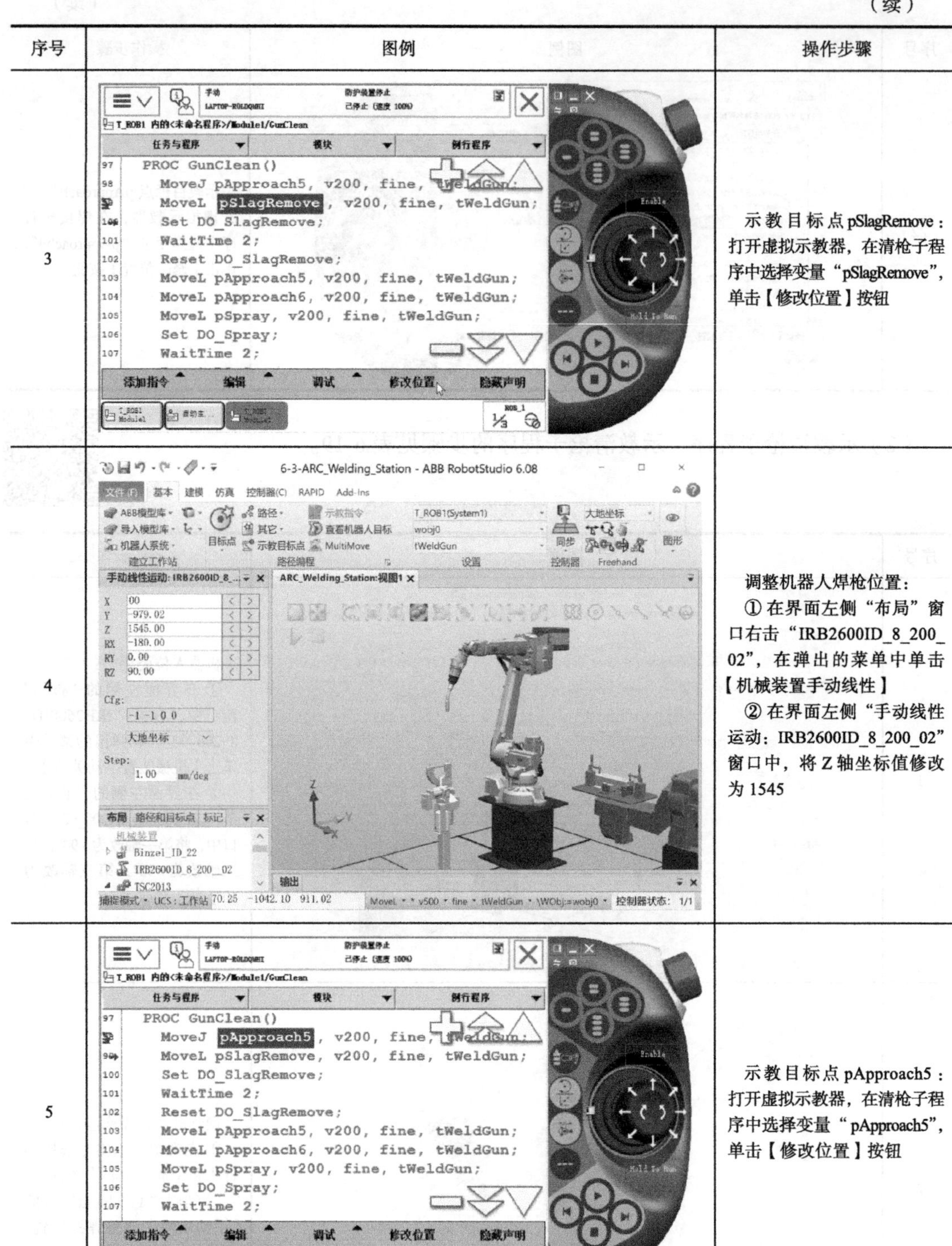

序号	图例	操作步骤
3		示教目标点 pSlagRemove：打开虚拟示教器，在清枪子程序中选择变量“pSlagRemove”，单击【修改位置】按钮
4		调整机器人焊枪位置： ① 在界面左侧“布局”窗口右击“IRB2600ID_8_200_02”，在弹出的菜单中单击【机械装置手动线性】 ② 在界面左侧“手动线性运动：IRB2600ID_8_200_02”窗口中，将 Z 轴坐标值修改为 1545
5		示教目标点 pApproach5：打开虚拟示教器，在清枪子程序中选择变量“pApproach5”，单击【修改位置】按钮

（续）

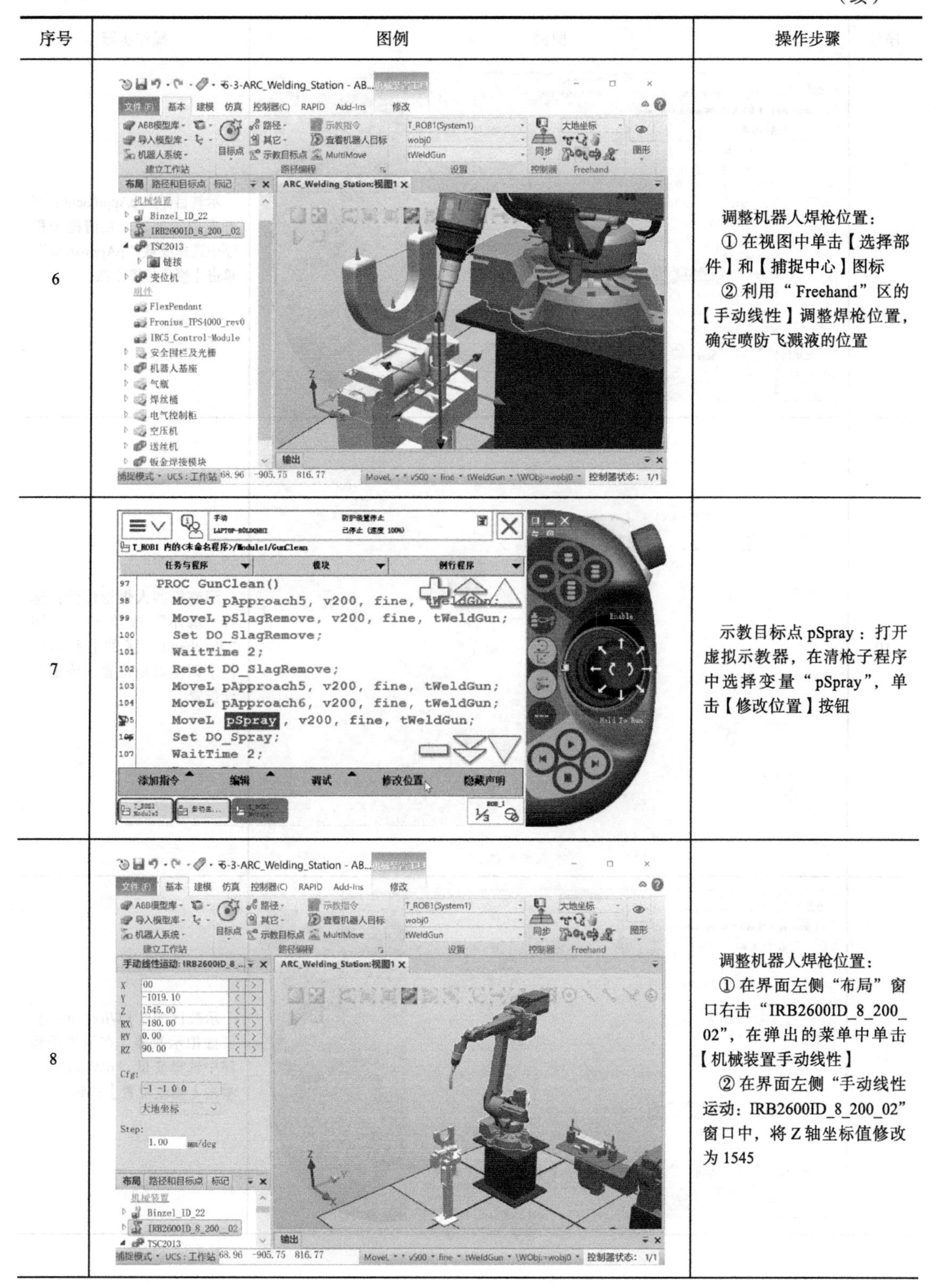

序号	图例	操作步骤
6		调整机器人焊枪位置： ① 在视图中单击【选择部件】和【捕捉中心】图标 ② 利用“Freehand”区的【手动线性】调整焊枪位置，确定喷防飞溅液的位置
7		示教目标点 pSpray：打开虚拟示教器，在清枪子程序中选择变量“pSpray”，单击【修改位置】按钮
8		调整机器人焊枪位置： ① 在界面左侧“布局”窗口右击“IRB2600ID_8_200_02”，在弹出的菜单中单击【机械装置手动线性】 ② 在界面左侧“手动线性运动：IRB2600ID_8_200_02”窗口中，将 Z 轴坐标值修改为 1545

（续）

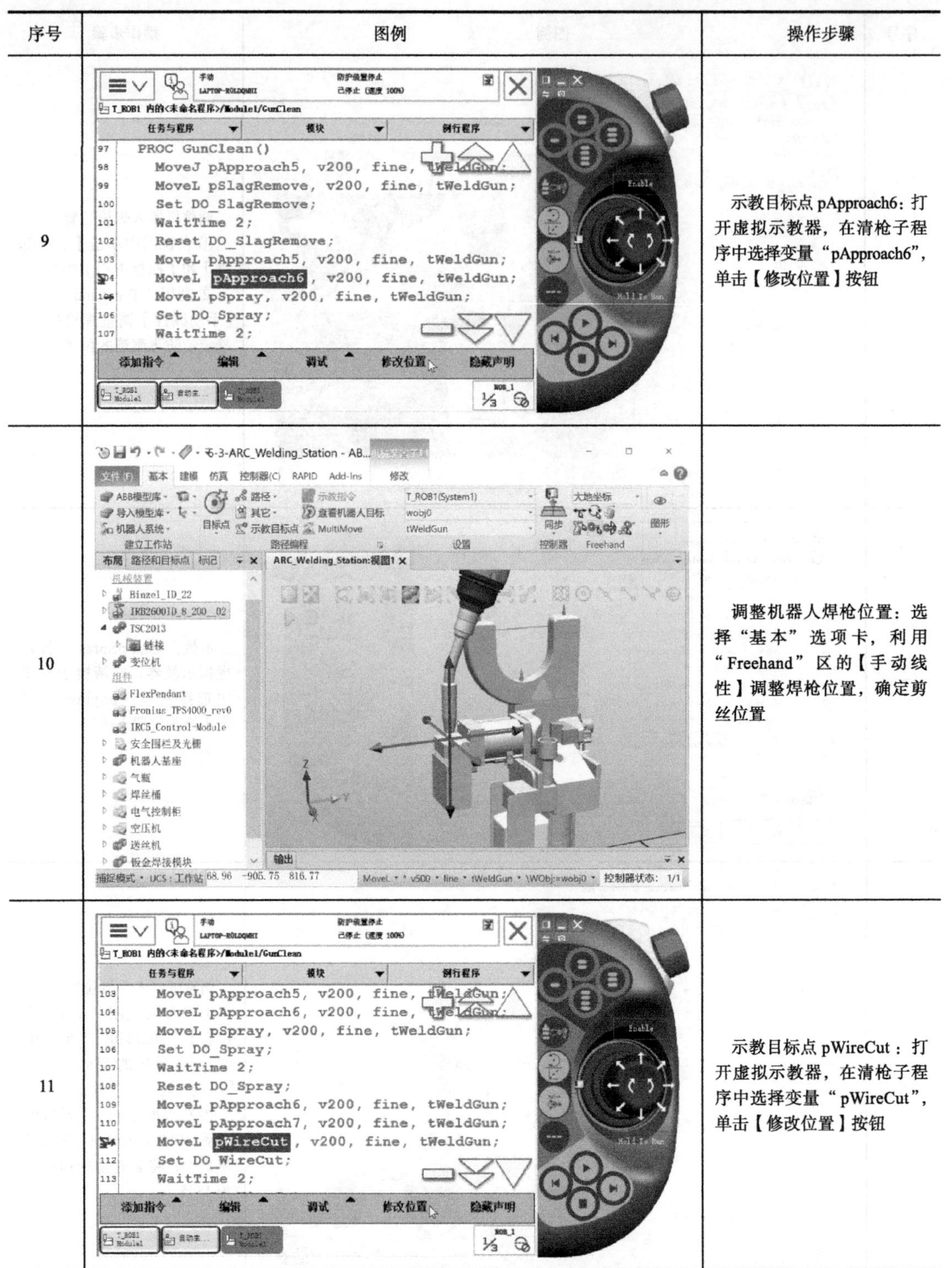

序号	图例	操作步骤
9		示教目标点 pApproach6：打开虚拟示教器，在清枪子程序中选择变量“pApproach6”，单击【修改位置】按钮
10		调整机器人焊枪位置：选择“基本”选项卡，利用“Freehand”区的【手动线性】调整焊枪位置，确定剪丝位置
11		示教目标点 pWireCut：打开虚拟示教器，在清枪子程序中选择变量“pWireCut”，单击【修改位置】按钮

（续）

序号	图例	操作步骤
12	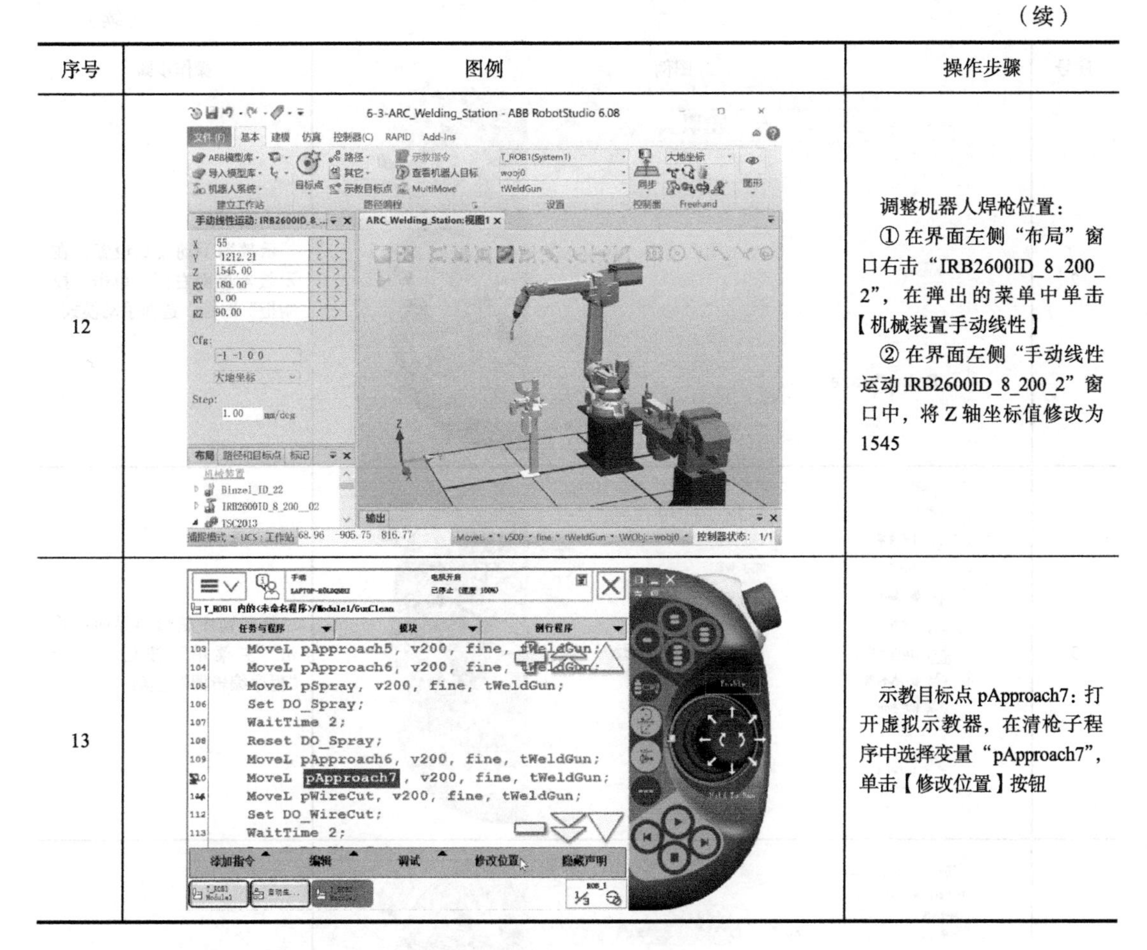	调整机器人焊枪位置： ① 在界面左侧“布局”窗口右击“IRB2600ID_8_200_2”，在弹出的菜单中单击【机械装置手动线性】 ② 在界面左侧“手动线性运动 IRB2600ID_8_200_2”窗口中，将 Z 轴坐标值修改为 1545
13		示教目标点 pApproach7：打开虚拟示教器，在清枪子程序中选择变量“pApproach7”，单击【修改位置】按钮

4. 仿真调试

工业机器人弧焊工作站的仿真调试步骤见表 6-20。

表 6-20　工业机器人弧焊工作站的仿真调试步骤

序号	图例	操作步骤
1		打开虚拟示教器：选择“控制器”选项卡，选择“虚拟示教器”图标，单击【虚拟示教器】，打开示教器界面

（续）

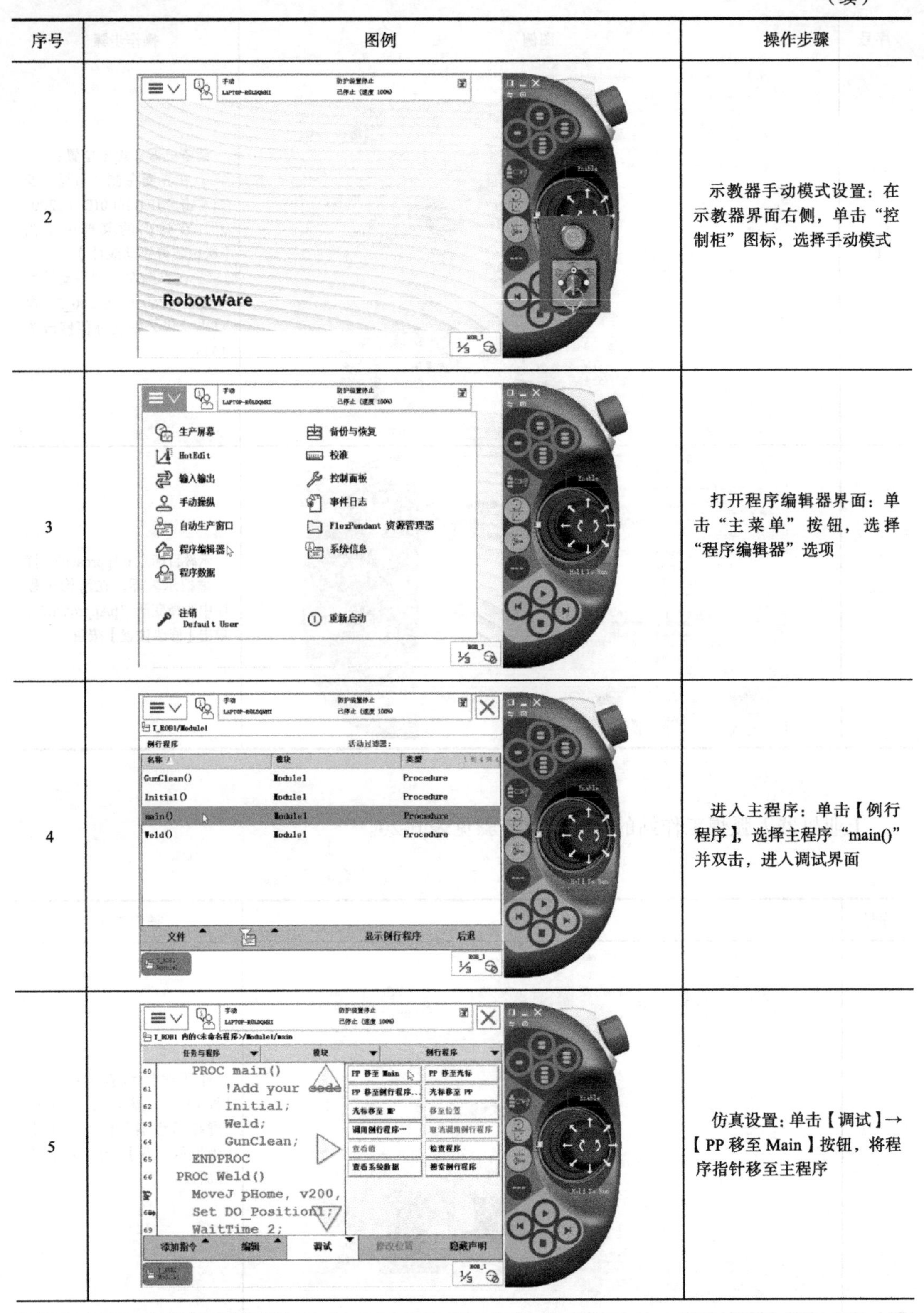

序号	图例	操作步骤
2		示教器手动模式设置：在示教器界面右侧，单击“控制柜”图标，选择手动模式
3		打开程序编辑器界面：单击“主菜单”按钮，选择“程序编辑器”选项
4		进入主程序：单击【例行程序】，选择主程序“main()”并双击，进入调试界面
5		仿真设置：单击【调试】→【PP 移至 Main】按钮，将程序指针移至主程序

（续）

序号	图例	操作步骤
6	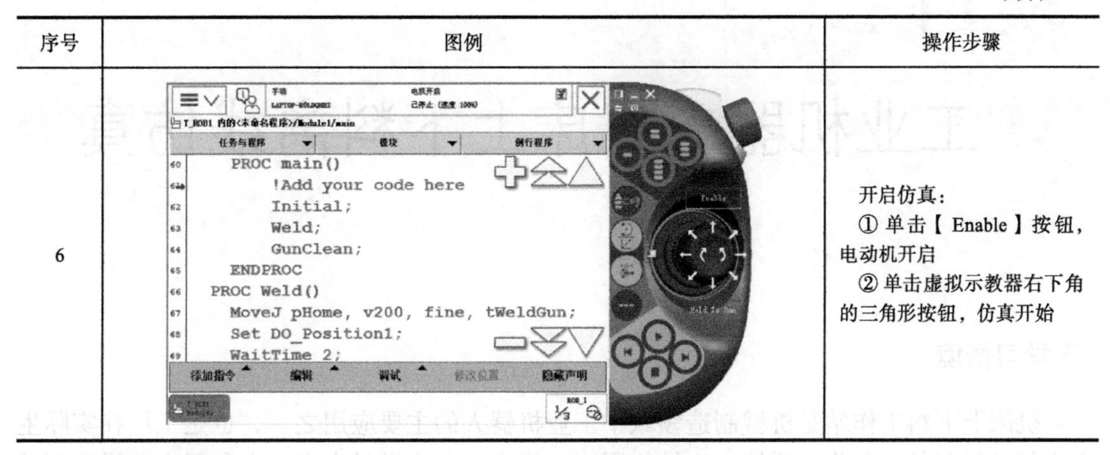	开启仿真： ① 单击【 Enable 】按钮，电动机开启 ② 单击虚拟示教器右下角的三角形按钮，仿真开始

思考与练习

1. 填空题（请将正确的答案填在题中的横线上）

1）ABB 机器人系统中，任何焊接程序都必须以________或者________开始，以________或者________结束。

2）ABB 机器人所采用的编程语言为________。RAPID 程序由________和________组成。

2. 判断题（命题正确请在括号中打√，命题错误请在括号中打 ×）

1）在 RAPID 程序中，只有一个主程序 main，存在于任意一个程序模块中，并且是作为整个 RAPID 程序执行的起点。（ ）

2）事件管理器可以快速完成仿真的一些动画设置，如机械装置运动、夹具对物料的取放等动态效果，比 Smart 组件要简单一些。（ ）

项目总结

本项目通过工业机器人弧焊工作站的创建与仿真运行，对焊接工作站及其焊接设备、弧焊信号与焊接参数、弧焊指令与离线编程、机器人示教与调试等内容做了详细介绍，让读者熟悉了焊接工作站，为进一步学习工业机器人弧焊作业打下了基础。

项目七

工业机器人机床上下料离线仿真

学习情境

机床上下料工作站是机械制造领域中工业机器人的主要应用之一，也是工厂在实际生产中最常用到的一种作业系统。它结构紧凑，适应中、小批量生产，有利于企业提高产品质量和生产效率，更好地应对市场竞争。

学习目标

1. 知识目标

- ◆ 熟悉工业机器人机床上下料工作站的基本组成。
- ◆ 掌握常用 Smart 子组件的应用。
- ◆ 掌握机床上下料系统的工作流程。
- ◆ 掌握工业机器人的程序控制指令应用。
- ◆ 掌握工作站逻辑设定的方法。

2. 技能目标

- ◆ 能够创建复杂功能的 Smart 组件。
- ◆ 能够分析机床上下料流程。
- ◆ 能够进行复杂仿真工作站的逻辑设计。
- ◆ 能够对上下料工作站系统进行仿真调试。

任务一　创建工业机器人机床上下料仿真系统

任务描述

在本次任务中，以盘类零件的生产为例创建工业机器人机床上下料仿真系统。通过与数控机床的结合，展现了工业机器人在生产制造系统里的典型应用。

知识学习

工业机器人与数控机床结合，可以实现工件的自动抓取、上料、下料、移位翻转等制造工艺过程，能够有效地节约人工成本，提高生产效率。因此，工业机器人不仅是一种非常成熟的机械加工辅助手段，更是发展成为柔性制造系统（FMS）和柔性制造单元（FMC）的一个重要组成部分。

工业机器人机床上下料工作站主要由工业机器人、数控机床、料仓系统、工具夹持系统、总控系统、安全防护系统以及周边设备组成，如图 7-1 所示。

图 7-1　工业机器人机床上下料工作站

任务实施

根据工业机器人机床上下料的任务要求，对相关设备进行合理布局并配置机器人系统，创建步骤见表 7-1。

表 7-1　机器人系统的创建步骤

序号	图例	操作步骤
1		解压工作站文件：在“文件”选项卡中单击【打开】，选择机器人上下料工作站的打包文件“7-1-Industrial Robot for Lathe”，然后依次单击【下一个】按钮，直至【完成】按钮，最后单击【关闭】按钮

（续）

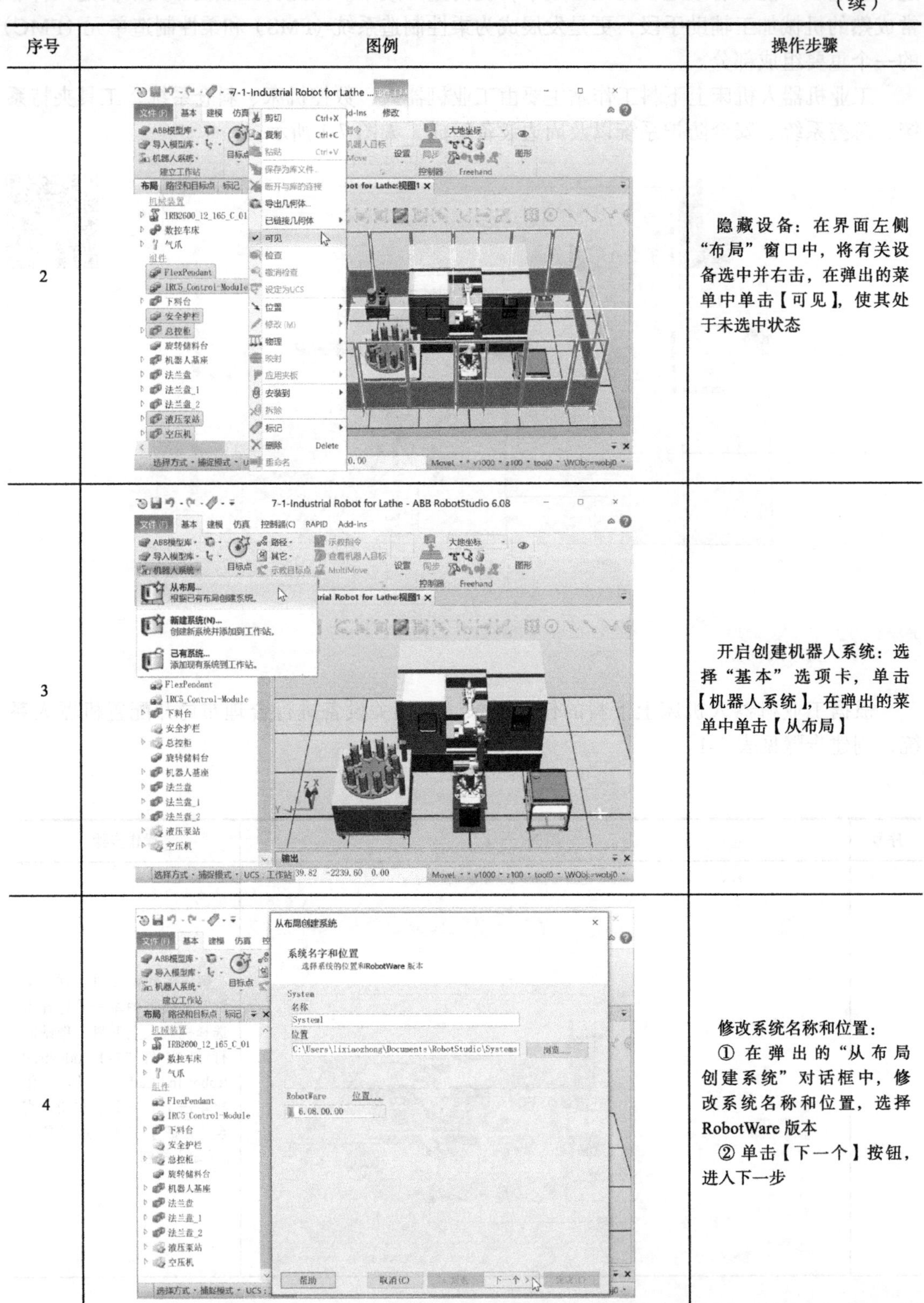

序号	图例	操作步骤
2		隐藏设备：在界面左侧“布局”窗口中，将有关设备选中并右击，在弹出的菜单中单击【可见】，使其处于未选中状态
3		开启创建机器人系统：选择“基本”选项卡，单击【机器人系统】，在弹出的菜单中单击【从布局】
4		修改系统名称和位置： ① 在弹出的“从布局创建系统”对话框中，修改系统名称和位置，选择 RobotWare 版本 ② 单击【下一个】按钮，进入下一步

（续）

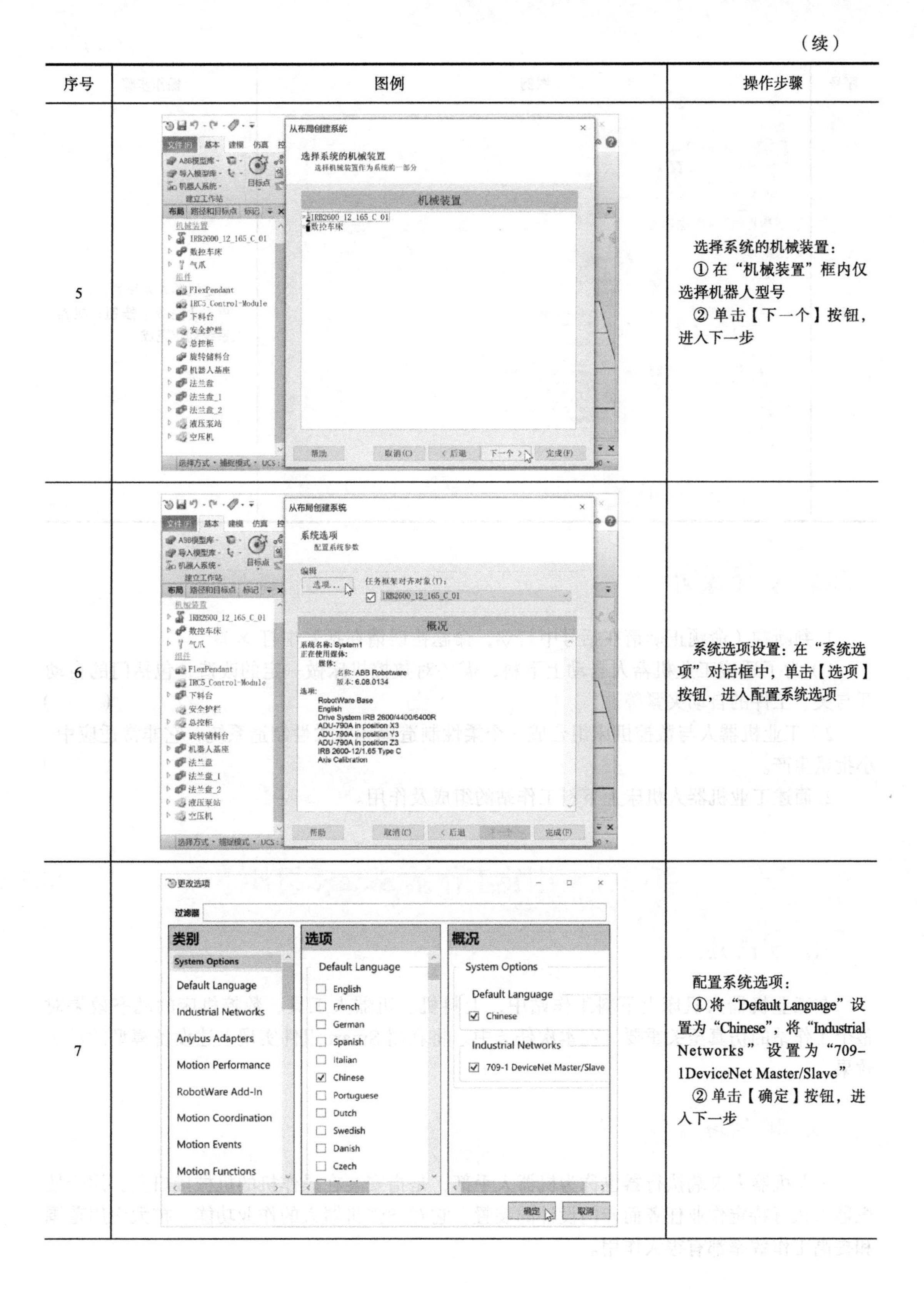

序号	图例	操作步骤
5		选择系统的机械装置： ①在“机械装置”框内仅选择机器人型号 ②单击【下一个】按钮，进入下一步
6		系统选项设置：在“系统选项”对话框中，单击【选项】按钮，进入配置系统选项
7		配置系统选项： ①将“Default Language”设置为“Chinese”，将“Industrial Networks”设置为“709-1DeviceNet Master/Slave” ②单击【确定】按钮，进入下一步

（续）

<table>
<tr><th>序号</th><th>图例</th><th>操作步骤</th></tr>
<tr><td>8</td><td>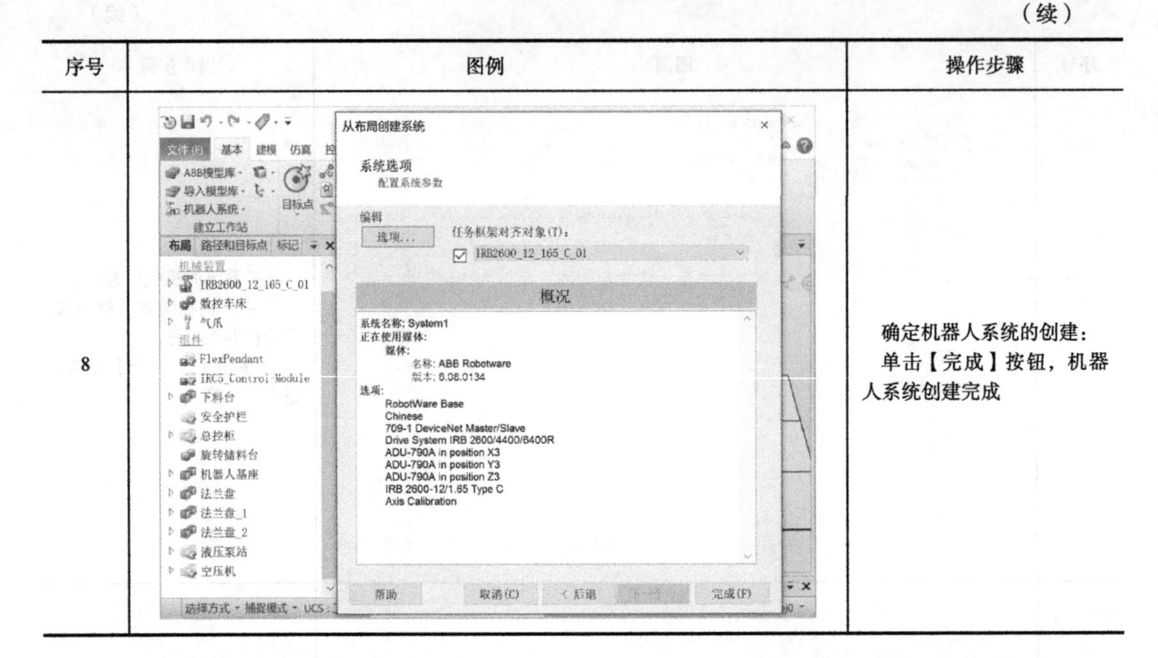
</td><td>确定机器人系统的创建：单击【完成】按钮，机器人系统创建完成</td></tr>
</table>

思考与练习

1. 判断题（命题正确请在括号中打√，命题错误请在括号中打 ×）

1）为了适应工业机器人自动上下料，需要对数控机床做一定的改造，包括门的自动开与关、工件的自动夹紧等。（　　）

2）工业机器人与数控机床组合成一个柔性制造单元或柔性制造系统，它非常适应中、小批量生产。（　　）

2. 简述工业机器人机床上下料工作站的组成及作用。

任务二　创建工作站 Smart 组件

任务描述

在工业机器人机床上下料工作站中，上料机、机器人工具、数控机床的动态效果对整个工作站的仿真至关重要。在本次任务中，将利用 Smart 组件实现上述设备模型的动态效果。

知识学习

工业机器人末端执行器也称为机器人手部，是指安装在操作机的机械接口上，用于使机器人执行特定作业任务而专门设计的装置。它对增强机器人的作业功能、扩大应用范围和提高工作效率都有很大作用。

末端执行器按用途可大致分为夹持类末端执行器、吸附类末端执行器和专用工具。

1. 夹持类末端执行器

生产线上应用的工业机器人末端执行器，一般采用钳子似的开闭机构来抓取工件，以便移动或放置它们，如图 7-2 所示的钳形夹爪。在这种机构中，手指作为基本组成部分，其不同的指端形状可以应对不同外形结构的工件。但是，有一些作业现场要求机器人操作柔软物体，因此就出现了柔性夹爪，如图 7-3 所示。

图 7-2　钳形夹爪

图 7-3　柔性夹爪

2. 吸附类末端执行器

吸附类末端执行器拾取工件时，与工件是柔性接触，不会破坏工件表面质量。该类末端执行器又分为气吸式末端执行器和磁吸式末端执行器。

气吸式末端执行器是利用吸盘内的压力与大气压之间的压力差而工作的，如图 7-4 所示的真空式吸盘。

磁吸式末端执行器是利用永久磁铁或电磁铁通电后产生的磁力来吸附工件的，如图 7-5 所示为磁吸式吸盘。

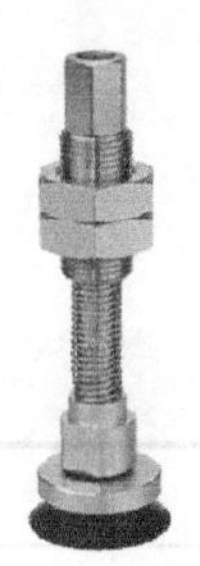

图 7-4　真空式吸盘

图 7-5　磁吸式吸盘

气吸式末端执行器和磁吸式末端执行器的特点与应用见表 7-2。

表 7-2　气吸式末端执行器和磁吸式末端执行器的特点与应用

吸附方式	特点	应用
气吸式吸盘	结构简单，重量轻，使用可靠方便	用于平整光滑、不漏气的各种板材、箱体、薄壁零件，如陶瓷、塑料、玻璃、钢板和包装纸箱等制品
磁吸式吸盘	吸附力大，对被吸附工件表面的光整要求不高	用于磁性材料（铁、钴、镍）吸附，但要考虑工件吸附后剩磁的影响。另外，钢、铁等材料的工件，在温度高于 723℃时会失去磁性，故高温时不可使用

3. 专用工具

工业机器人是一种通用性很强的自动化设备，可以根据工作任务要求安装相应的专用工具，完成各种作业任务。例如，安装焊枪是焊接机器人，安装喷枪则成为喷涂机器人。目前，有许多专用的电动、气动工具改装成的机器人专用工具，如图 7-6 所示，有钻头、喷漆枪、焊枪、打磨头、去毛刺装置、抛光头等，能使机器人胜任各种工作。

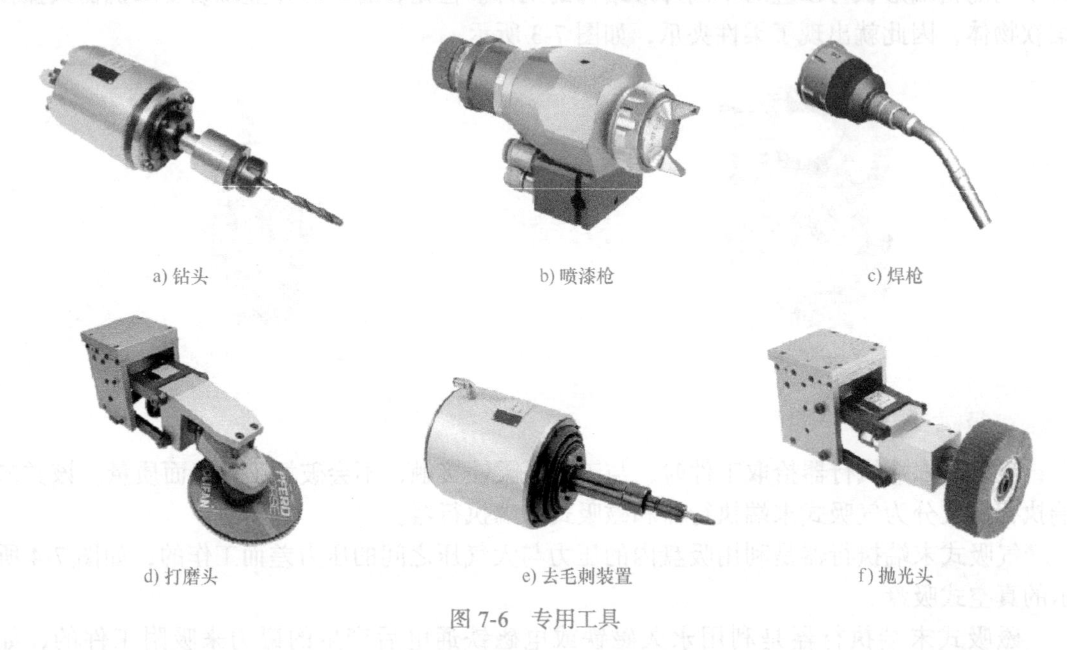

a) 钻头　b) 喷漆枪　c) 焊枪

d) 打磨头　e) 去毛刺装置　f) 抛光头

图 7-6　专用工具

任务实施

1. 上料机 Smart 组件

（1）物料源设定　物料源设定的步骤见表 7-3。

表 7-3　物料源设定的步骤

序号	图例	操作步骤
1		创建 Smart 组件： ① 在“文件”选项卡中单击【打开】，选择并解压工作站的打包文件“7-2-Industrial Robot for Lathe” ② 选择“建模”选项卡，单击【Smart 组件】

（续）

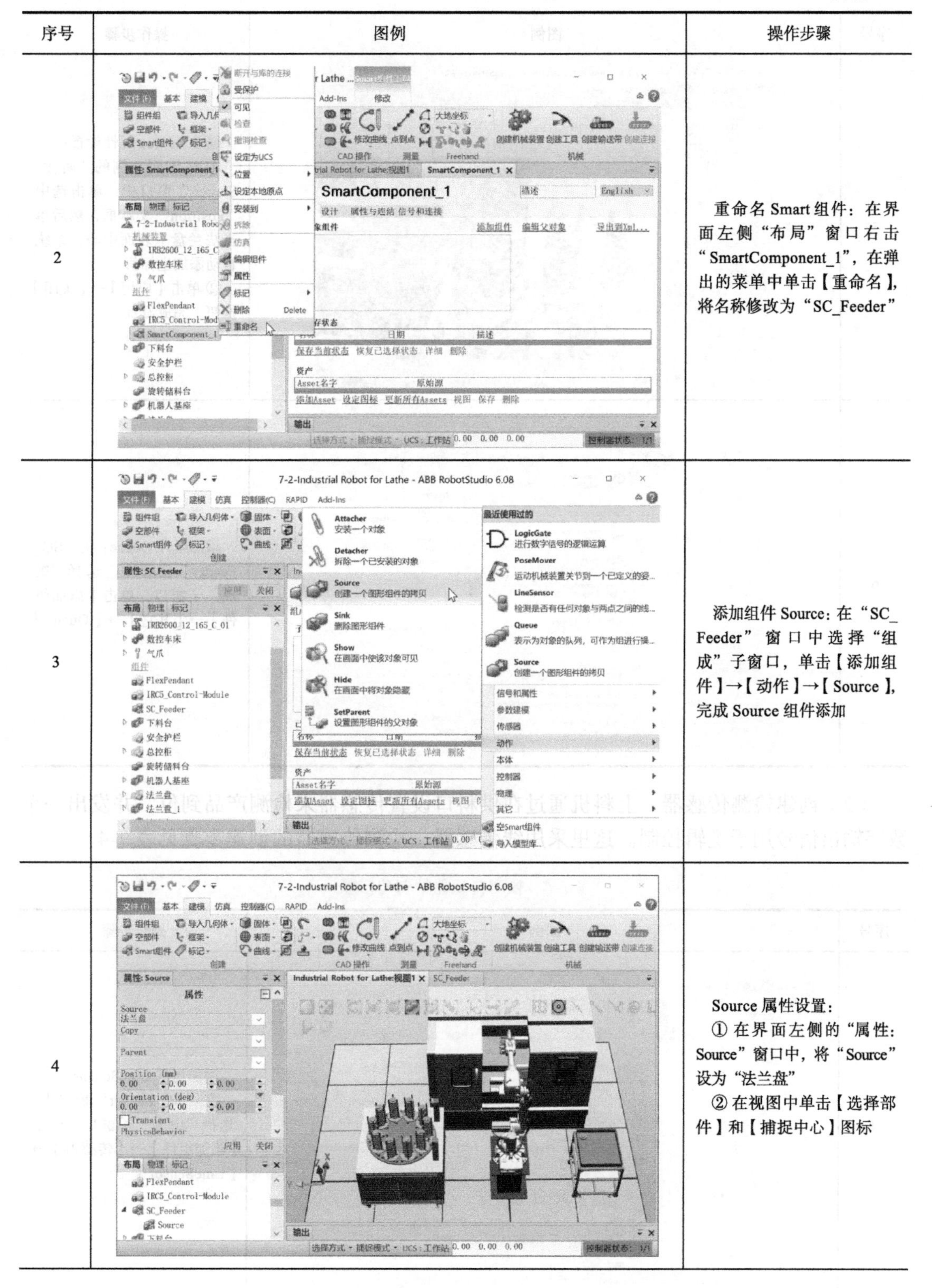

序号	图例	操作步骤
2		重命名Smart组件：在界面左侧“布局”窗口右击“SmartComponent_1”，在弹出的菜单中单击【重命名】，将名称修改为“SC_Feeder”
3		添加组件Source：在“SC_Feeder”窗口中选择“组成”子窗口，单击【添加组件】→【动作】→【Source】，完成Source组件添加
4		Source属性设置： ① 在界面左侧的“属性：Source”窗口中，将“Source”设为“法兰盘” ② 在视图中单击【选择部件】和【捕捉中心】图标

（续）

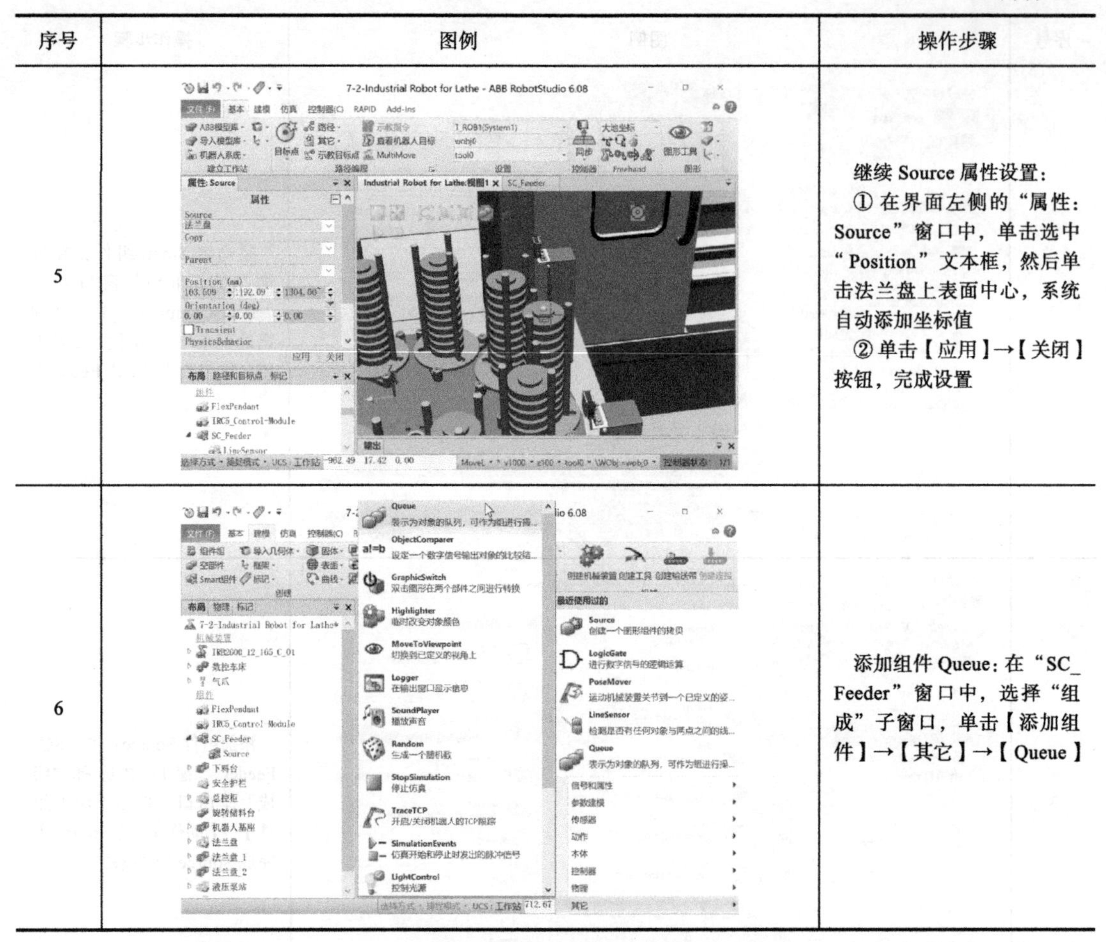

序号	图例	操作步骤
5		继续 Source 属性设置： ① 在界面左侧的“属性：Source”窗口中，单击选中“Position”文本框，然后单击法兰盘上表面中心，系统自动添加坐标值 ② 单击【应用】→【关闭】按钮，完成设置
6		添加组件 Queue：在“SC_Feeder”窗口中，选择“组成”子窗口，单击【添加组件】→【其它】→【Queue】

（2）创建检测传感器　上料机通过在供料口设置传感器来检测产品到位，并发出一个数字输出信号用于逻辑控制。这里采用线传感器，检测传感器的创建步骤见表 7-4。

表 7-4　检测传感器的创建步骤

序号	图例	操作步骤
1		添加组件 LineSensor： 在“SC_Feeder”窗口中，选择“组成”子窗口，单击【添加组件】→【传感器】→【LineSensor】

（续）

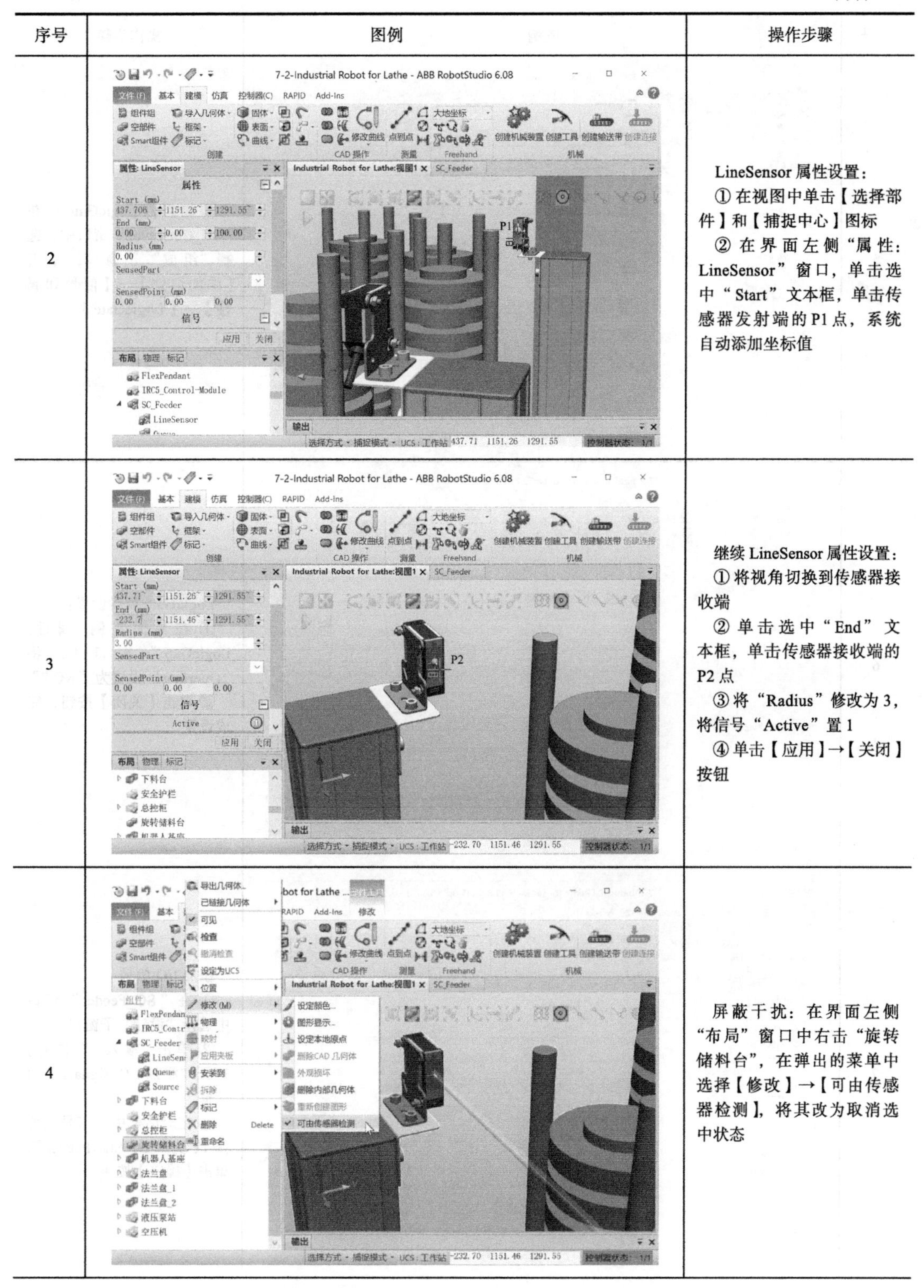

序号	图例	操作步骤
2		LineSensor 属性设置： ① 在视图中单击【选择部件】和【捕捉中心】图标 ② 在界面左侧“属性：LineSensor”窗口，单击选中“Start”文本框，单击传感器发射端的P1点，系统自动添加坐标值
3		继续 LineSensor 属性设置： ① 将视角切换到传感器接收端 ② 单击选中“End”文本框，单击传感器接收端的P2点 ③ 将“Radius”修改为 3，将信号“Active”置 1 ④ 单击【应用】→【关闭】按钮
4		屏蔽干扰：在界面左侧“布局”窗口中右击“旋转储料台”，在弹出的菜单中选择【修改】→【可由传感器检测】，将其改为取消选中状态

（续）

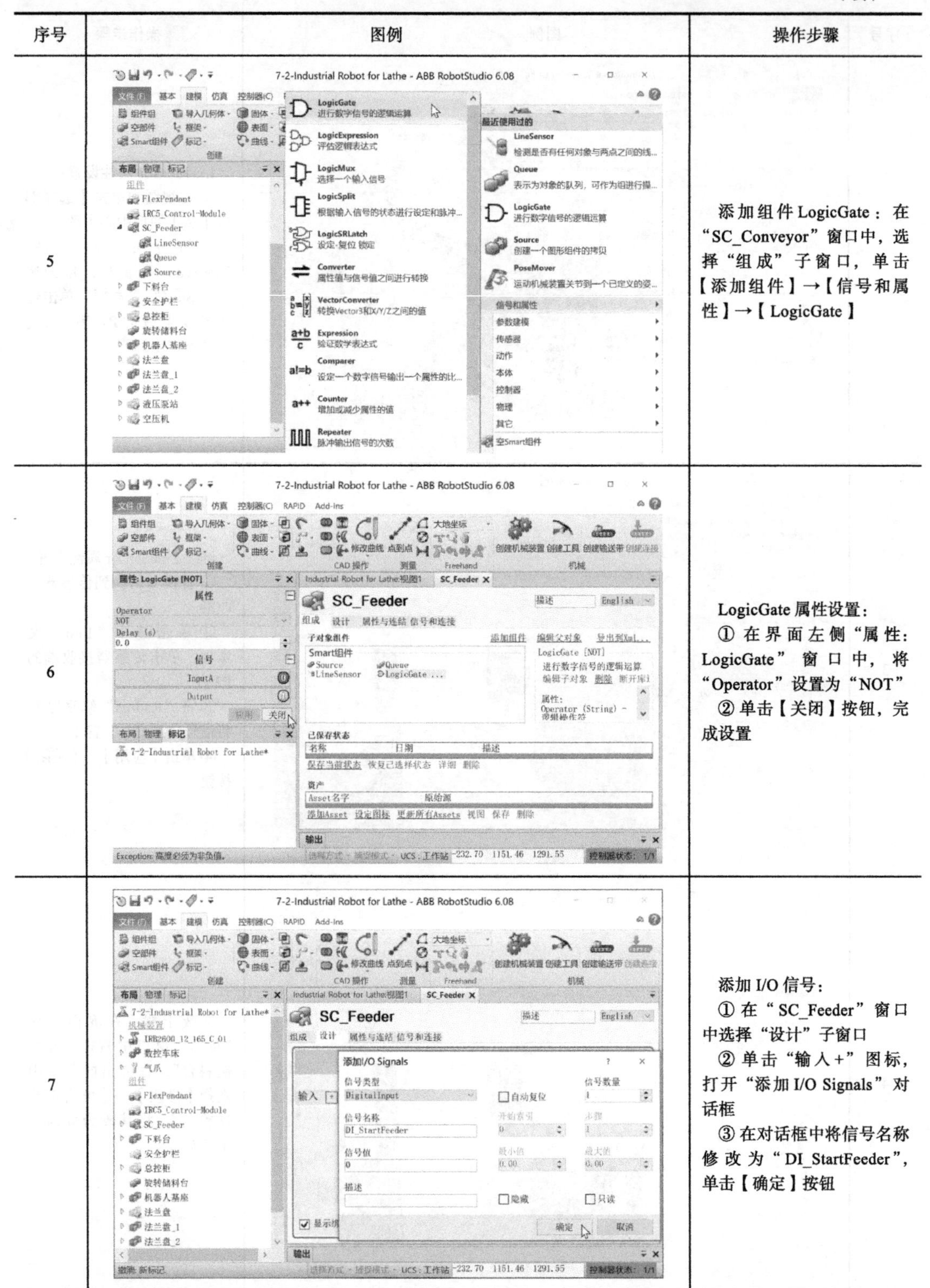

序号	图例	操作步骤
5		添加组件 LogicGate：在“SC_Conveyor”窗口中，选择“组成”子窗口，单击【添加组件】→【信号和属性】→【LogicGate】
6		LogicGate 属性设置： ① 在界面左侧“属性：LogicGate”窗口中，将“Operator”设置为“NOT” ② 单击【关闭】按钮，完成设置
7		添加 I/O 信号： ① 在“SC_Feeder”窗口中选择“设计”子窗口 ② 单击“输入+”图标，打开“添加 I/O Signals”对话框 ③ 在对话框中将信号名称修改为“DI_StartFeeder”，单击【确定】按钮

（续）

序号	图例	操作步骤
8	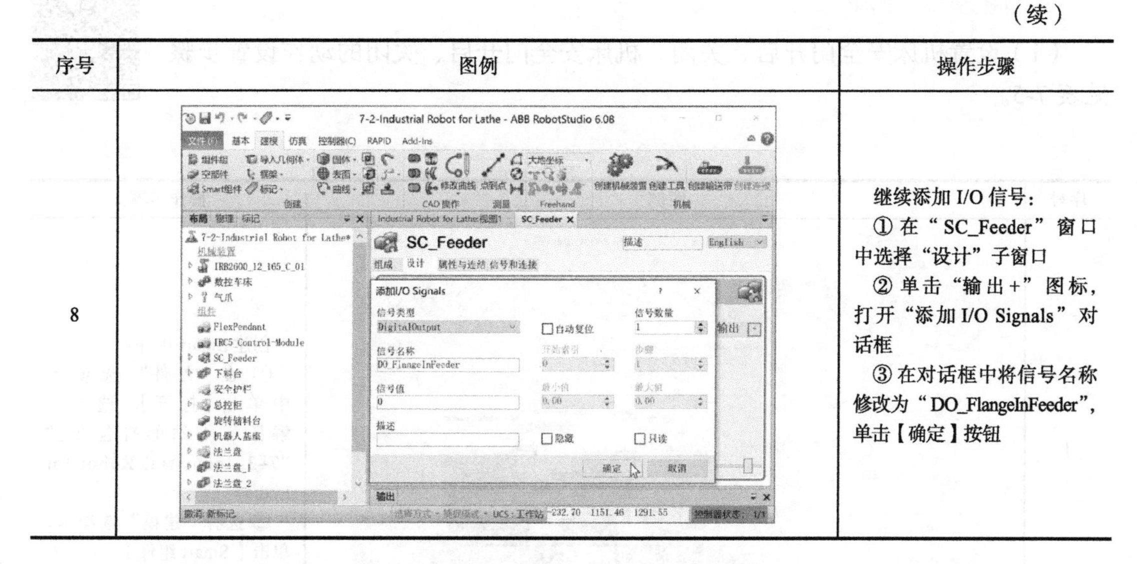	继续添加 I/O 信号： ① 在“SC_Feeder”窗口中选择“设计”子窗口 ② 单击“输出 +”图标，打开“添加 I/O Signals”对话框 ③ 在对话框中将信号名称修改为“DO_FlangeInFeeder”，单击【确定】按钮

（3）属性连接与信号连接　上料机的动态效果是在机器人取料位置能持续供料，因此需要对有关 Smart 组件进行属性连接和信号连接，如图 7-7 所示。

首先，Source 的属性“Copy”与 Queue 的属性“Back”的连接可实现物料源产生的复制品在“加入队列”动作触发后被自动加入到队列 Queue 中。

其次，Smart 组件内部信号的连接则是保证上料机能持续供料：

① 启动信号 DI_StartFeeder 触发一次 Source，使其产生一个复制品。

② 复制品自动加入到队列 Queue 中，触发上料机的检测传感器，并自动退出队列，同时将复制品到位信号置 1。

③ 当没有复制品与检测传感器接触时，通过非门连接自动触发 Source 产生一个复制品，此后进入下一个循环。

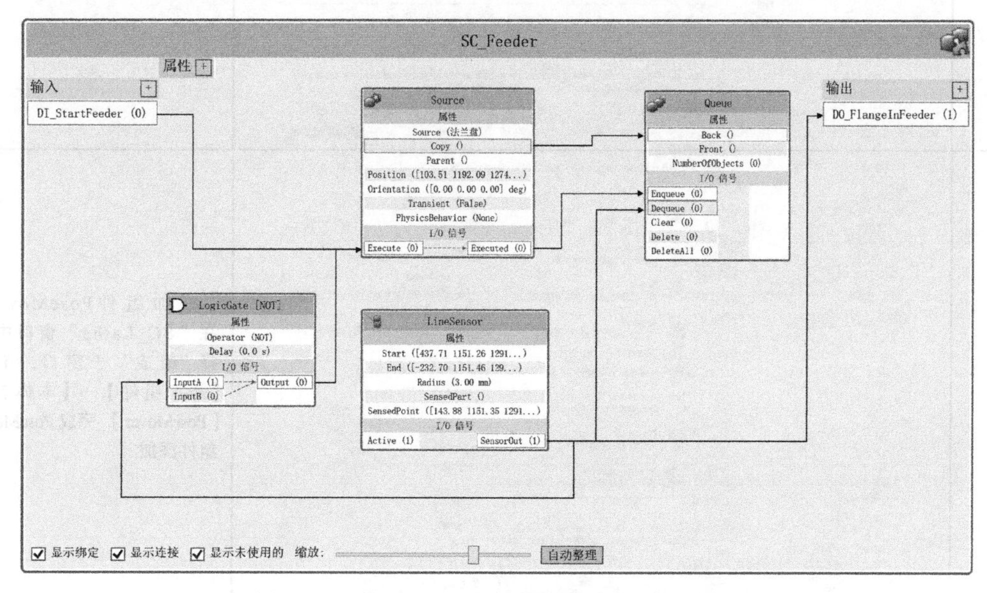

图 7-7　上料机 Smart 组件的属性连接和信号连接

2. 数控机床 Smart 组件

（1）设置机床安全门开启、关闭 机床安全门开启、关闭的动作设置步骤见表 7-5。

表 7-5 机床安全门开启、关闭的动作设置步骤

序号	图例	操作步骤
1	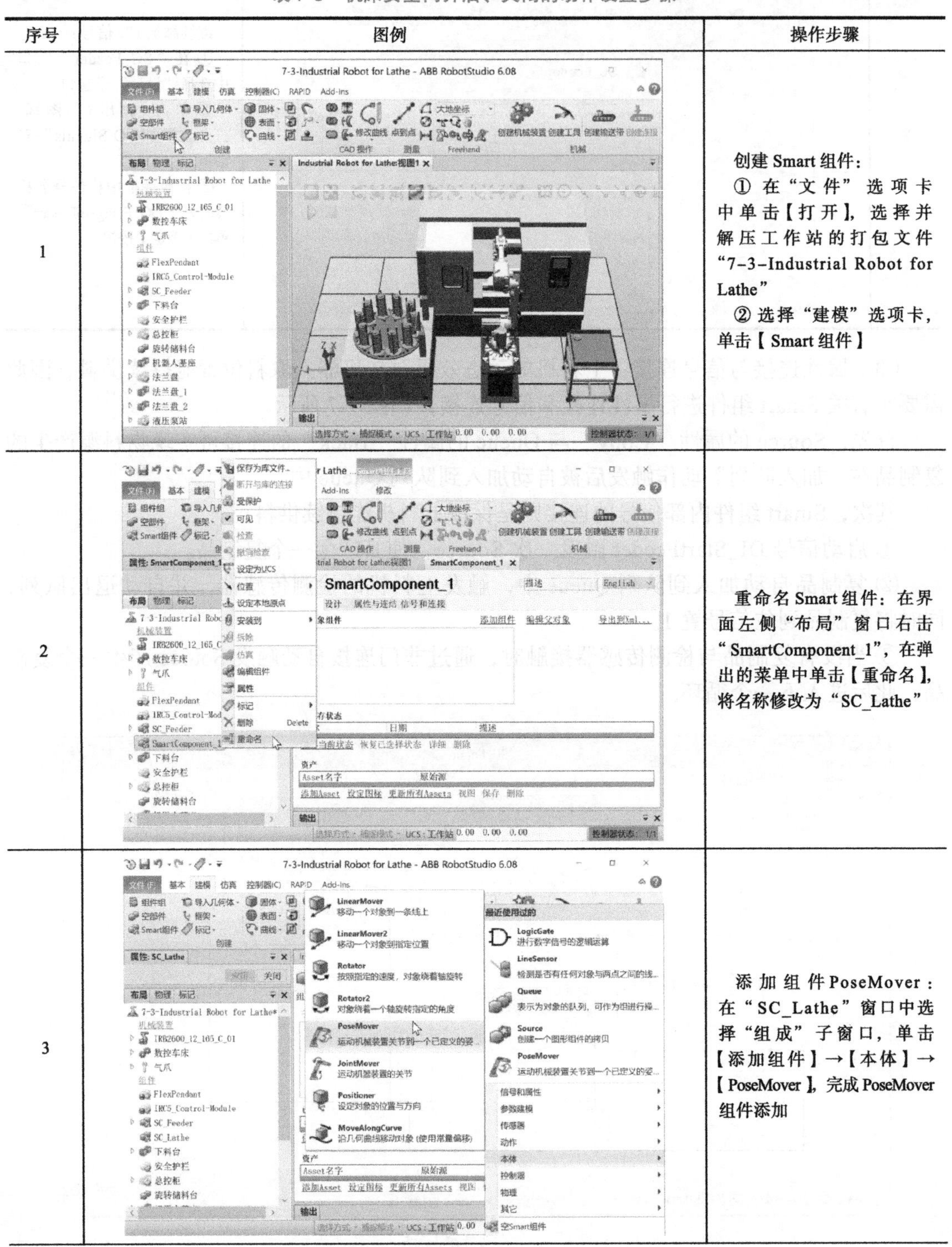	创建 Smart 组件： ① 在“文件”选项卡中单击【打开】，选择并解压工作站的打包文件“7-3-Industrial Robot for Lathe” ② 选择“建模”选项卡，单击【Smart 组件】
2		重命名 Smart 组件：在界面左侧“布局”窗口右击“SmartComponent_1”，在弹出的菜单中单击【重命名】，将名称修改为“SC_Lathe”
3		添加组件 PoseMover：在“SC_Lathe”窗口中选择“组成”子窗口，单击【添加组件】→【本体】→【PoseMover】，完成 PoseMover 组件添加

（续）

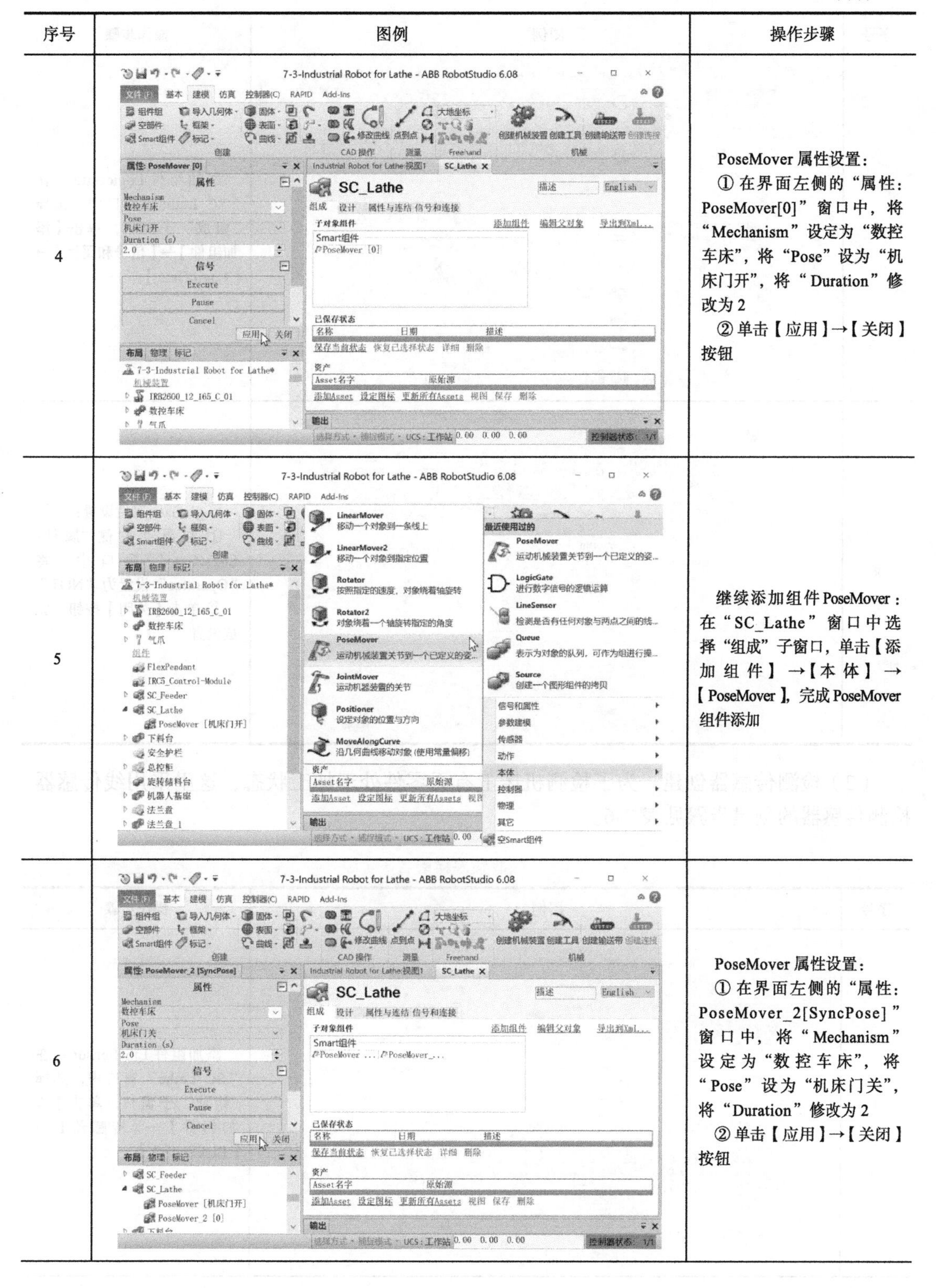

序号	图例	操作步骤
4		PoseMover 属性设置： ① 在界面左侧的“属性：PoseMover[0]”窗口中，将“Mechanism”设定为“数控车床”，将“Pose”设为“机床门开”，将“Duration”修改为 2 ② 单击【应用】→【关闭】按钮
5		继续添加组件 PoseMover：在“SC_Lathe”窗口中选择“组成”子窗口，单击【添加组件】→【本体】→【PoseMover】，完成 PoseMover 组件添加
6		PoseMover 属性设置： ① 在界面左侧的“属性：PoseMover_2[SyncPose]”窗口中，将“Mechanism”设定为“数控车床”，将“Pose”设为“机床门关”，将“Duration”修改为 2 ② 单击【应用】→【关闭】按钮

（续）

序号	图例	操作步骤
7		添加组件 LogicGate：在“SC_Lathe”窗口中，选择“组成”子窗口，单击【添加组件】→【信号和属性】→【LogicGate】
8		LogicGate 属性设置： ① 在界面左侧“属性：LogicGate”窗口中，将“Operator”设置为“NOT” ② 单击【关闭】按钮，完成设置

（2）检测传感器创建　为了检测机床上有无零件处于加工状态，这里采用线传感器，检测传感器的创建步骤见表 7-6。

表 7-6　检测传感器的创建步骤

序号	图例	操作步骤
1		添加组件 LineSensor：在“SC_Lathe”窗口中，选择“组成”子窗口，单击【添加组件】→【传感器】→【LineSensor】

（续）

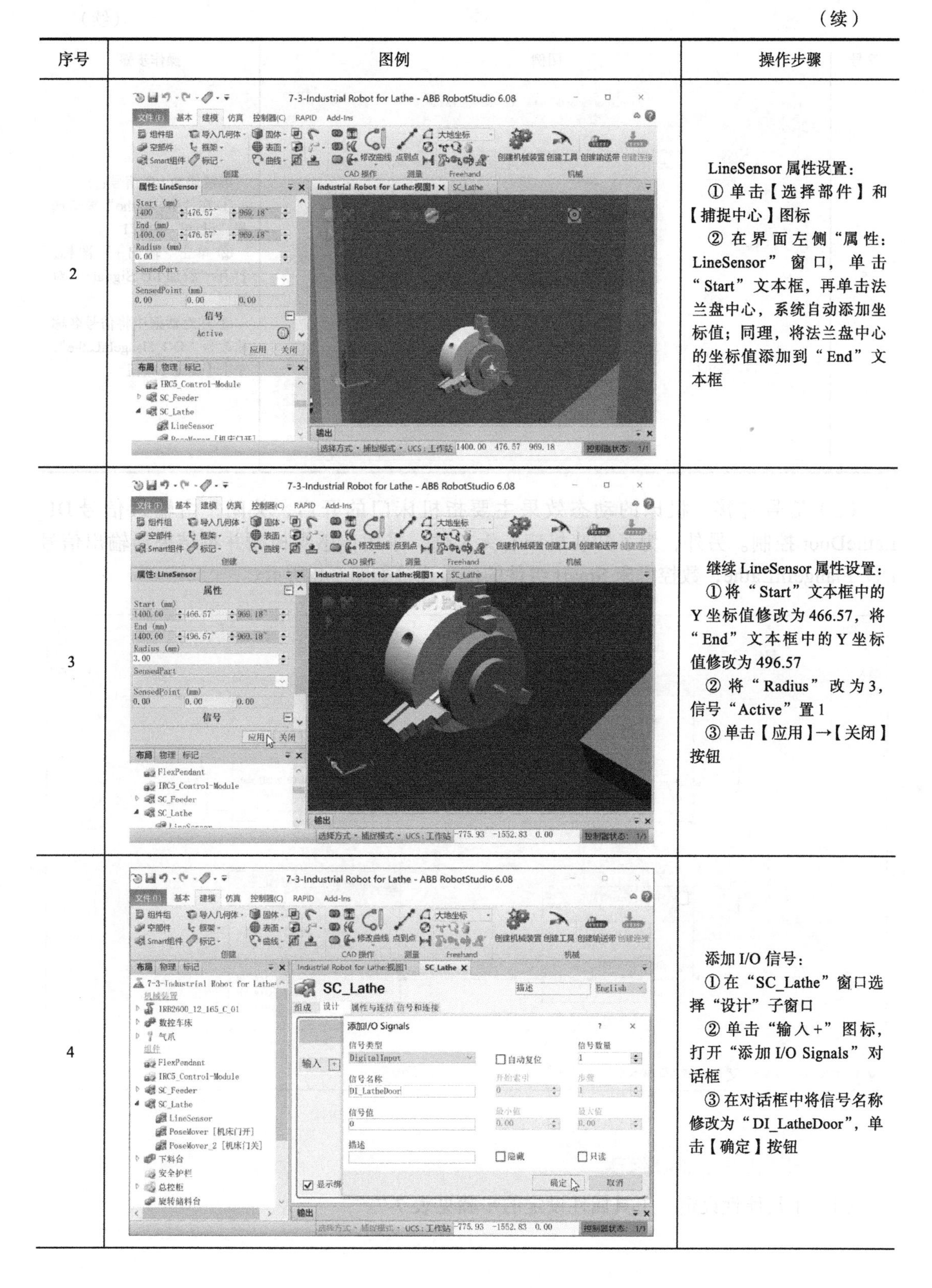

序号	图例	操作步骤
2		LineSensor 属性设置： ① 单击【选择部件】和【捕捉中心】图标 ② 在界面左侧“属性：LineSensor”窗口，单击“Start”文本框，再单击法兰盘中心，系统自动添加坐标值；同理，将法兰盘中心的坐标值添加到“End”文本框
3		继续 LineSensor 属性设置： ① 将“Start”文本框中的 Y 坐标值修改为 466.57，将“End”文本框中的 Y 坐标值修改为 496.57 ② 将“Radius”改为 3，信号“Active”置 1 ③ 单击【应用】→【关闭】按钮
4		添加 I/O 信号： ① 在“SC_Lathe”窗口选择“设计”子窗口 ② 单击“输入+”图标，打开“添加 I/O Signals”对话框 ③ 在对话框中将信号名称修改为“DI_LatheDoor”，单击【确定】按钮

（续）

序号	图例	操作步骤
5	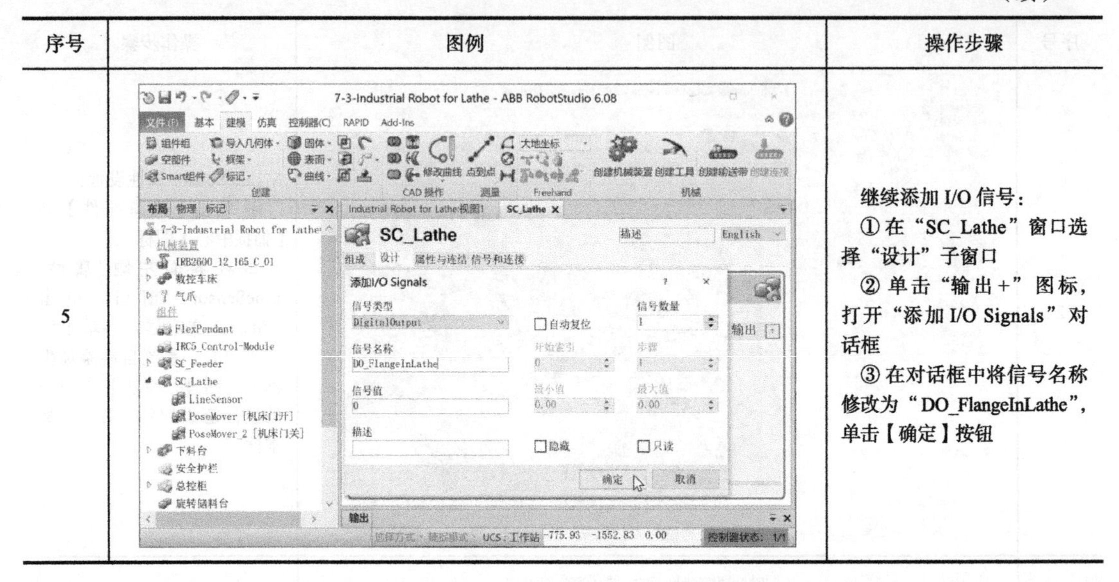	继续添加 I/O 信号： ①在“SC_Lathe”窗口选择“设计”子窗口 ②单击“输出+”图标，打开“添加 I/O Signals”对话框 ③在对话框中将信号名称修改为“DO_FlangeInLathe”，单击【确定】按钮

（3）信号连接　机床的动态效果主要指机床门的开启、关闭，由输入信号 DI_LatheDoor 控制。另外，为了知晓机床有无工件，采用传感器检测并将结果给输出信号 DO_FlangeInLathe，数控机床 Smart 组件的信号连接如图 7-8 所示。

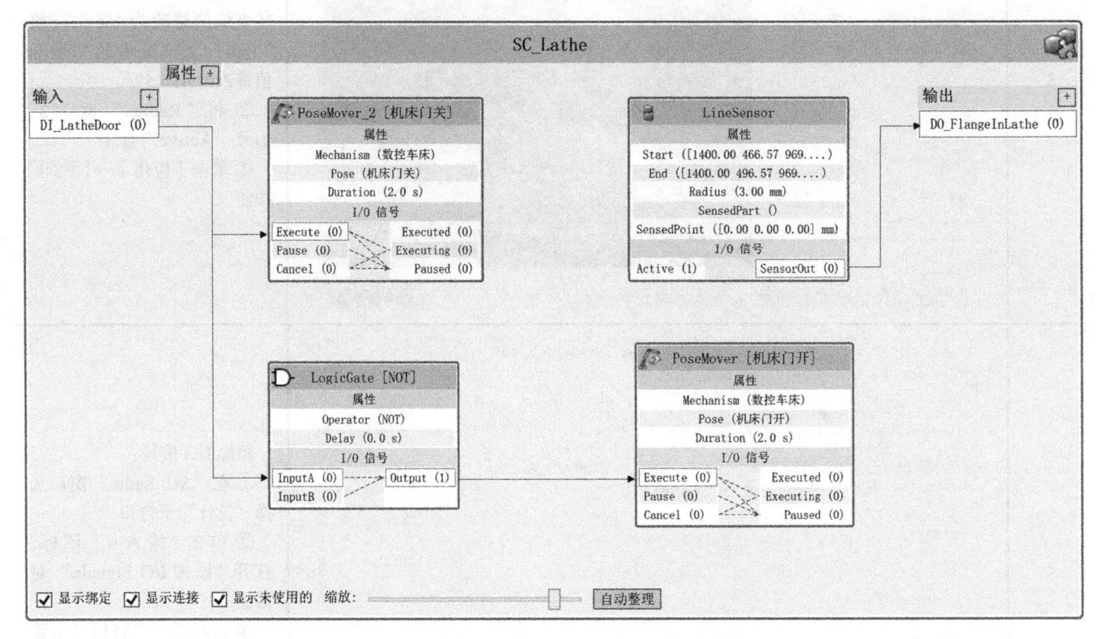

图 7-8　数控机床 Smart 组件的信号连接

3. 机器人工具 Smart 组件

（1）工具属性设定　工具属性设定的步骤见表 7-7。

表 7-7 工具属性设定的步骤

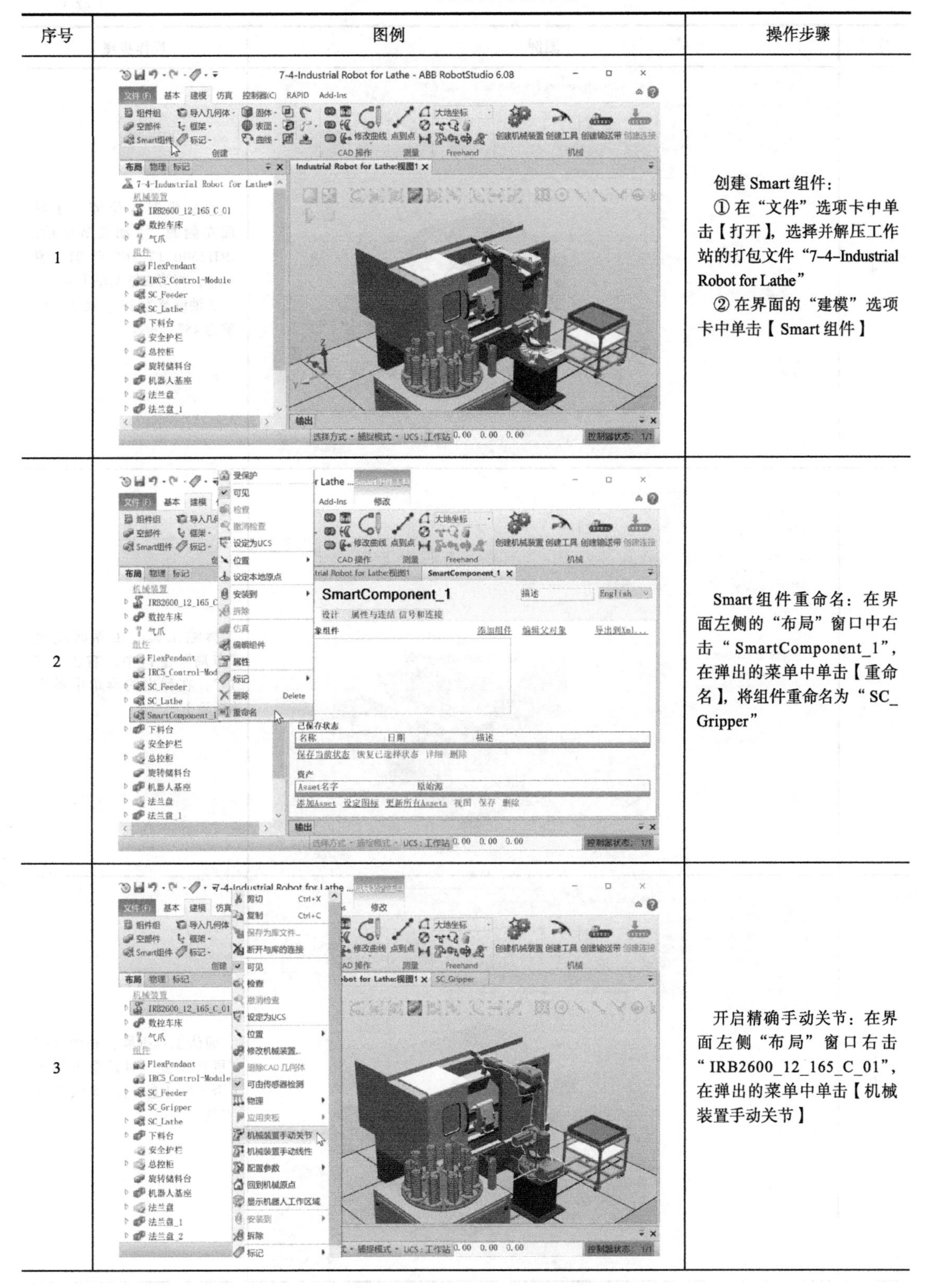

序号	图例	操作步骤
1		创建 Smart 组件： ① 在“文件”选项卡中单击【打开】，选择并解压工作站的打包文件“7-4-Industrial Robot for Lathe” ② 在界面的“建模”选项卡中单击【Smart 组件】
2		Smart 组件重命名：在界面左侧的“布局”窗口中右击“SmartComponent_1”，在弹出的菜单中单击【重命名】，将组件重命名为“SC_Gripper”
3		开启精确手动关节：在界面左侧“布局”窗口右击“IRB2600_12_165_C_01”，在弹出的菜单中单击【机械装置手动关节】

（续）

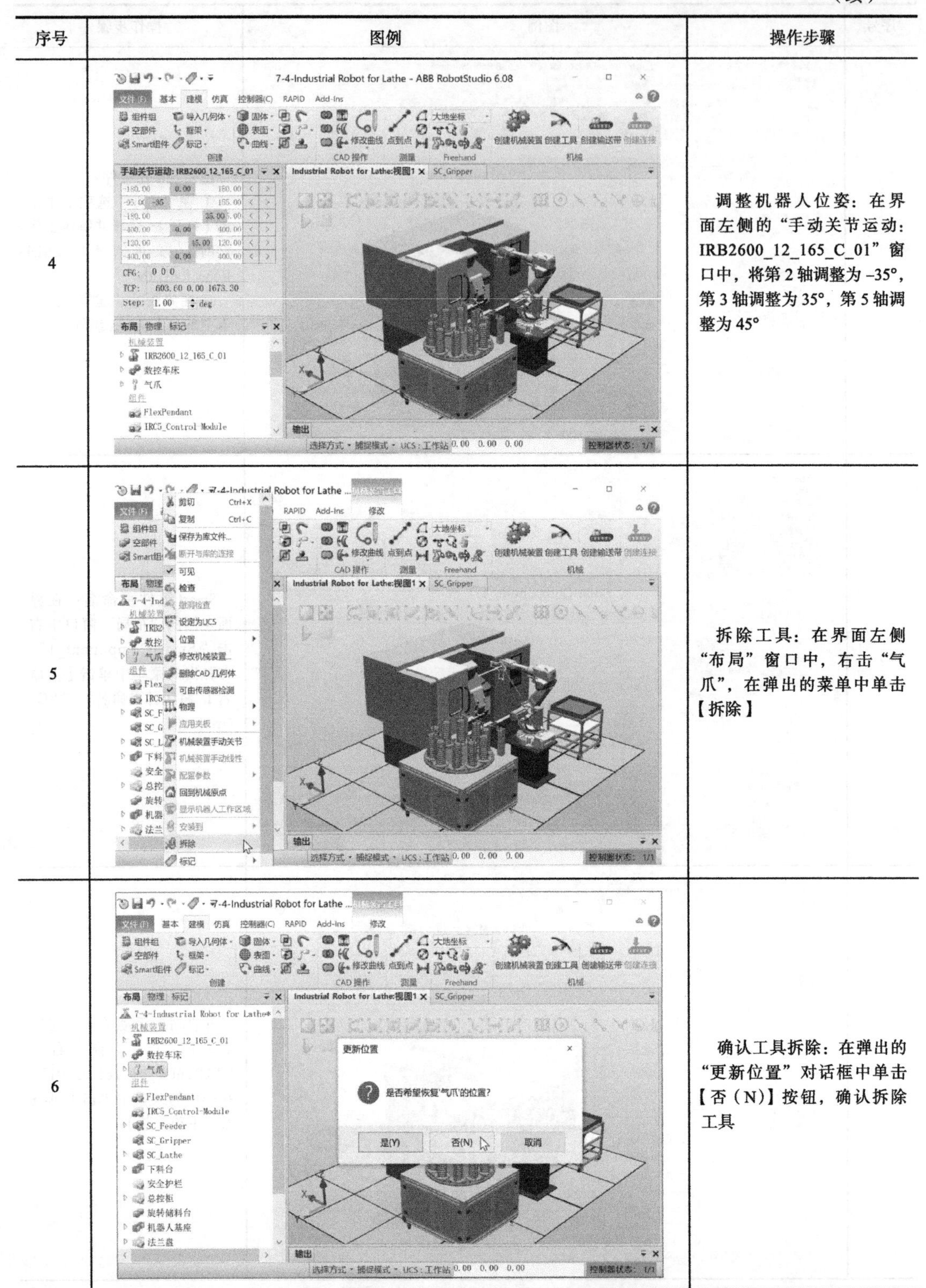

序号	图例	操作步骤
4		调整机器人位姿：在界面左侧的“手动关节运动：IRB2600_12_165_C_01”窗口中，将第 2 轴调整为 –35°，第 3 轴调整为 35°，第 5 轴调整为 45°
5		拆除工具：在界面左侧“布局”窗口中，右击“气爪”，在弹出的菜单中单击【拆除】
6		确认工具拆除：在弹出的“更新位置”对话框中单击【否（N）】按钮，确认拆除工具

（续）

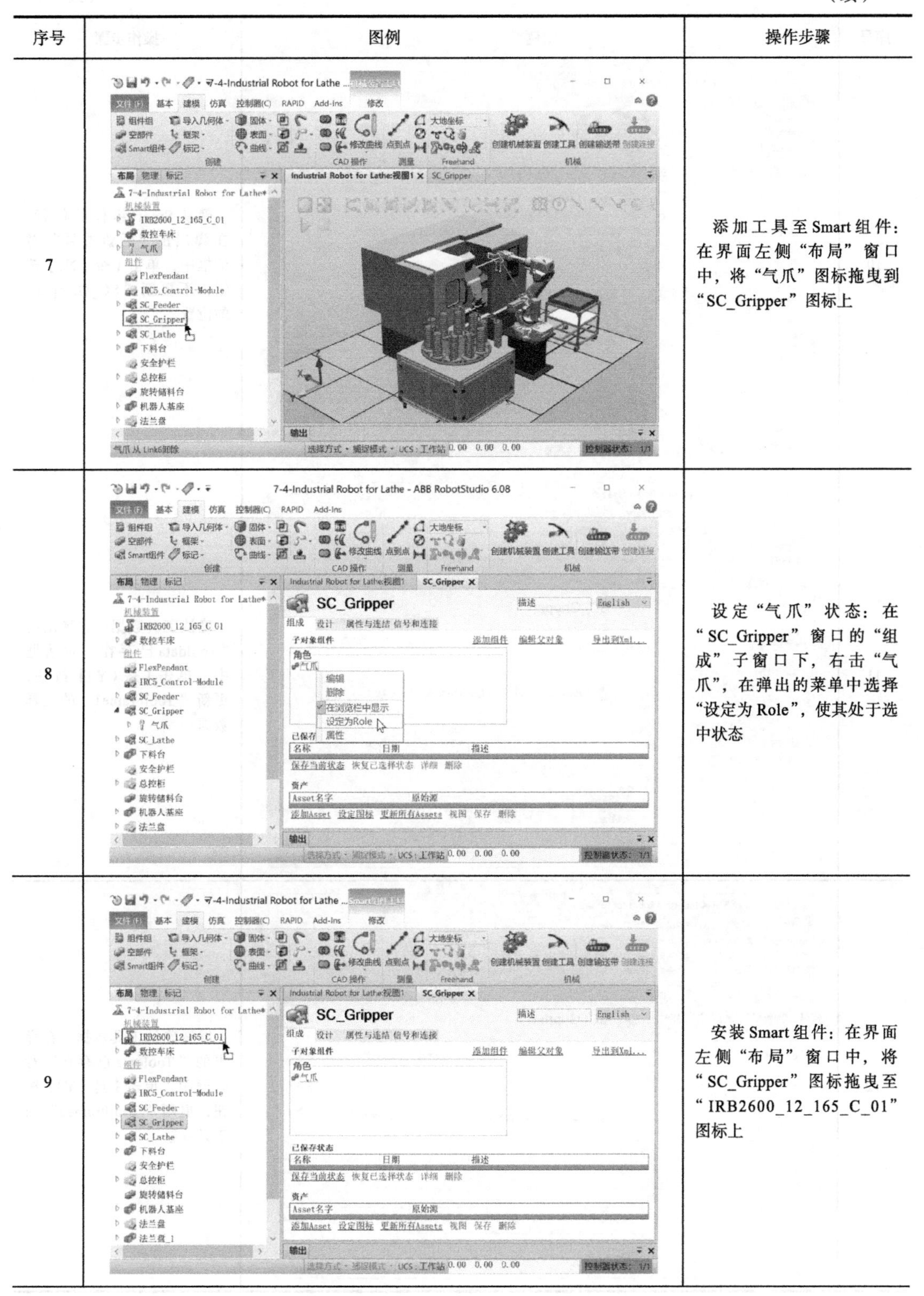

序号	图例	操作步骤
7		添加工具至Smart组件：在界面左侧“布局”窗口中，将“气爪”图标拖曳到“SC_Gripper”图标上
8		设定“气爪”状态：在“SC_Gripper”窗口的“组成”子窗口下，右击“气爪”，在弹出的菜单中选择“设定为Role”，使其处于选中状态
9		安装Smart组件：在界面左侧“布局”窗口中，将“SC_Gripper”图标拖曳至“IRB2600_12_165_C_01”图标上

（续）

序号	图例	操作步骤
10	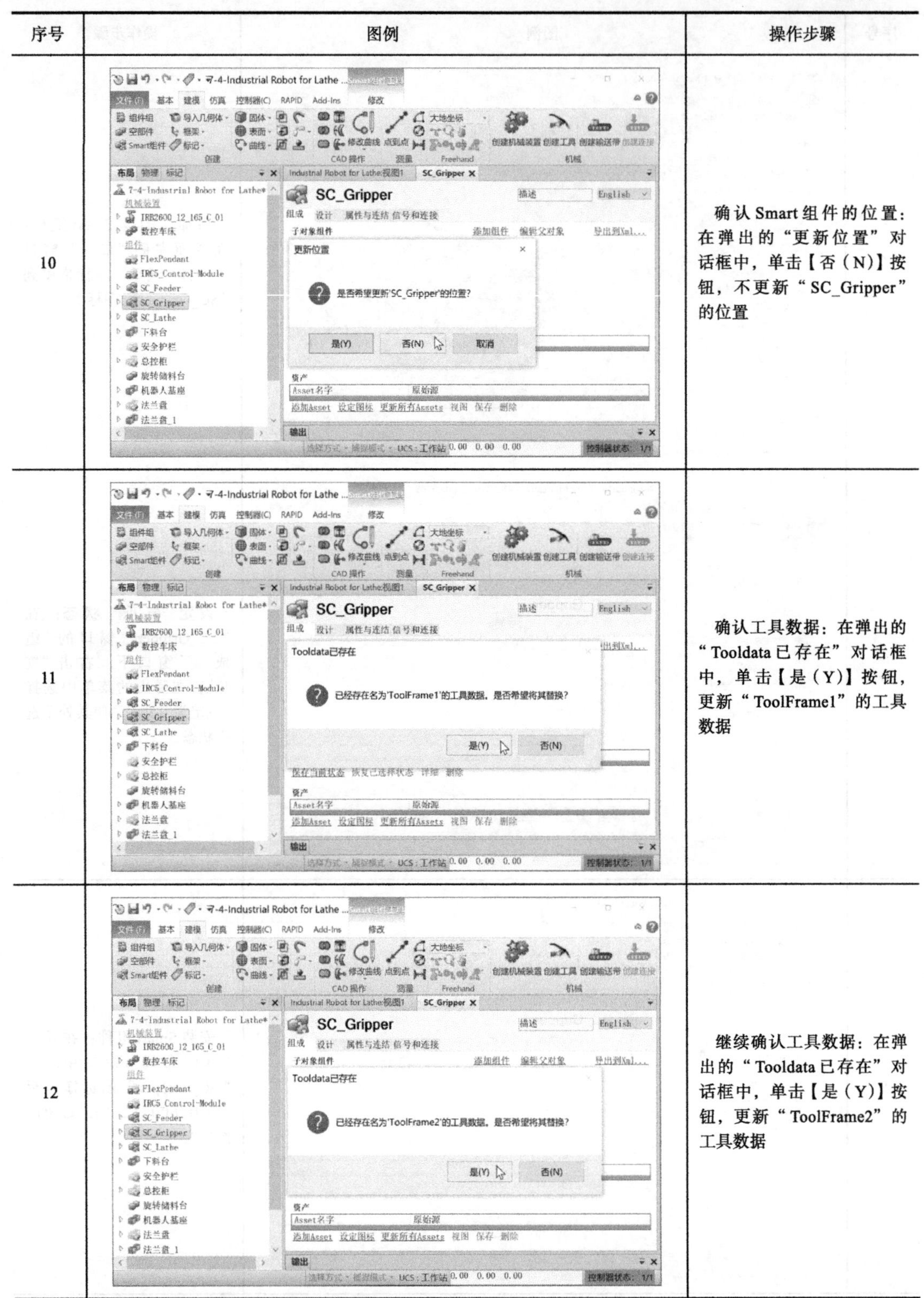	确认 Smart 组件的位置：在弹出的“更新位置”对话框中，单击【否（N）】按钮，不更新“SC_Gripper”的位置
11		确认工具数据：在弹出的“Tooldata 已存在”对话框中，单击【是（Y）】按钮，更新“ToolFrame1”的工具数据
12		继续确认工具数据：在弹出的“Tooldata 已存在”对话框中，单击【是（Y）】按钮，更新“ToolFrame2”的工具数据

（2）设定工具动作　作为机器人工具的气动夹爪，其张开、闭合动作设定的步骤见表 7-8。

表 7-8　工具动作设定的步骤

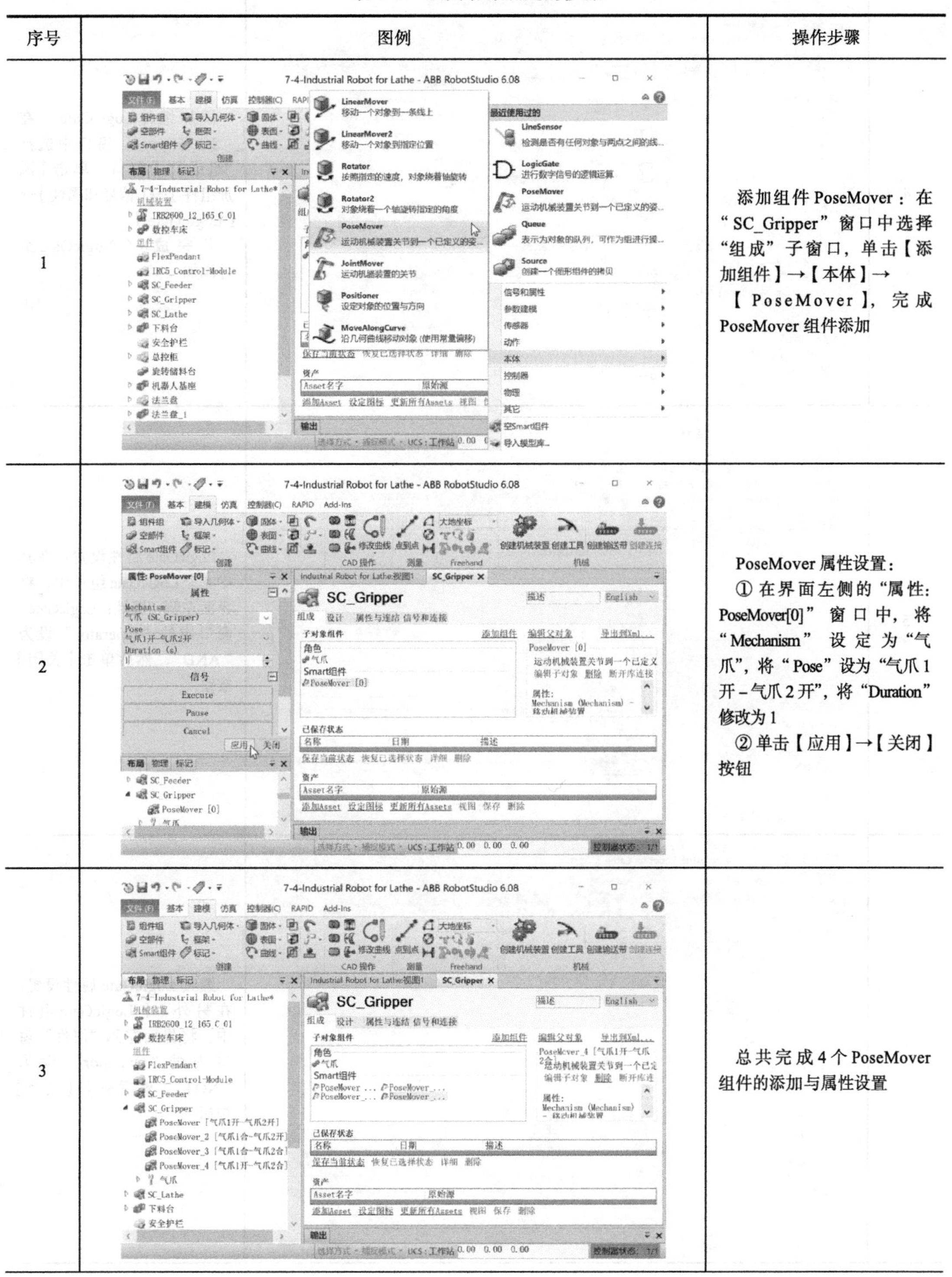

序号	图例	操作步骤
1		添加组件 PoseMover：在“SC_Gripper”窗口中选择“组成”子窗口，单击【添加组件】→【本体】→【PoseMover】，完成 PoseMover 组件添加
2		PoseMover 属性设置： ① 在界面左侧的“属性：PoseMover[0]”窗口中，将“Mechanism”设定为“气爪”，将“Pose”设为“气爪 1 开 – 气爪 2 开”，将“Duration”修改为 1 ② 单击【应用】→【关闭】按钮
3		总共完成 4 个 PoseMover 组件的添加与属性设置

（续）

序号	图例	操作步骤
4	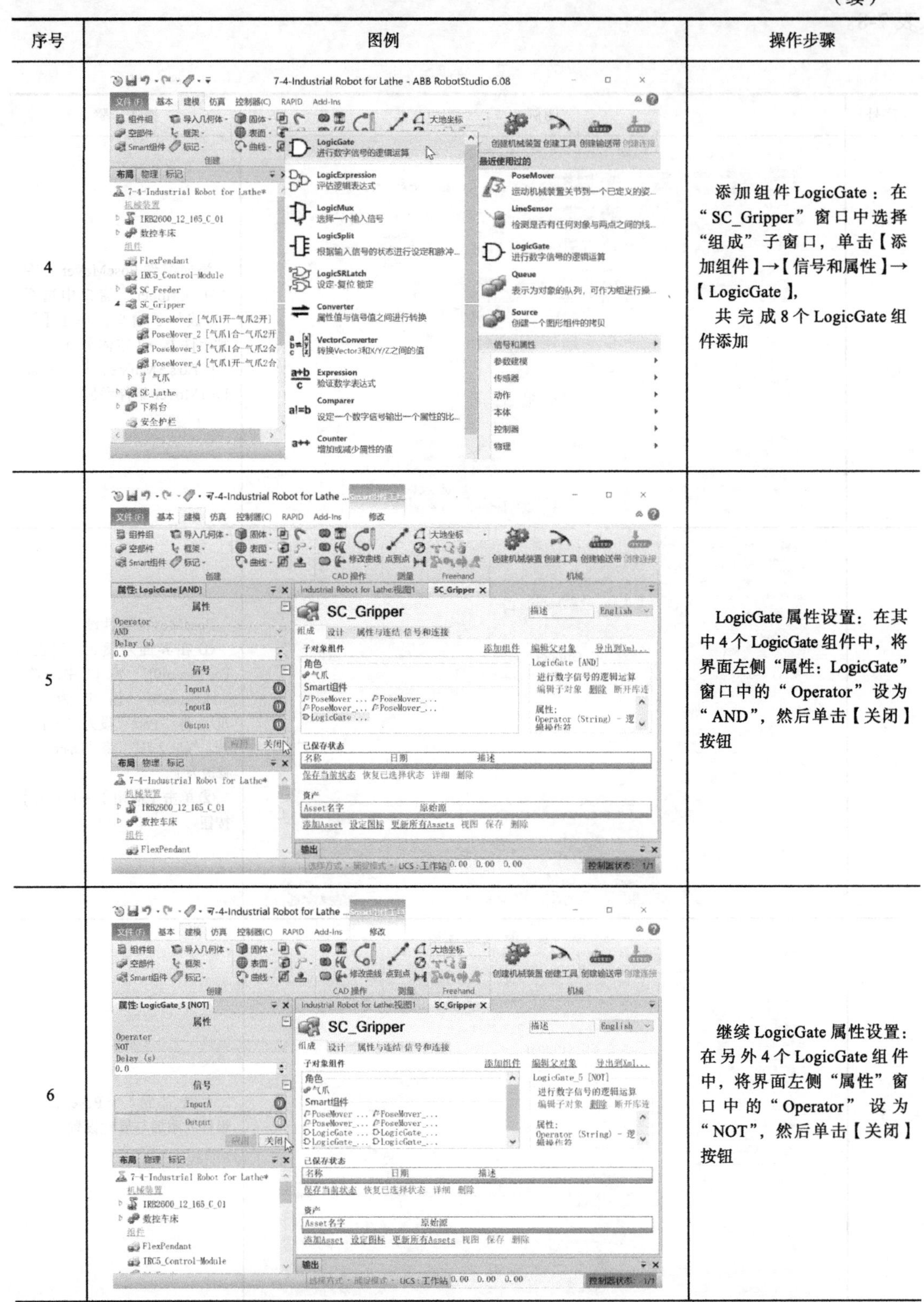	添加组件 LogicGate：在“SC_Gripper”窗口中选择“组成”子窗口，单击【添加组件】→【信号和属性】→【LogicGate】， 共完成 8 个 LogicGate 组件添加
5		LogicGate 属性设置：在其中 4 个 LogicGate 组件中，将界面左侧“属性：LogicGate”窗口中的“Operator”设为“AND”，然后单击【关闭】按钮
6		继续 LogicGate 属性设置：在另外 4 个 LogicGate 组件中，将界面左侧“属性”窗口中的“Operator”设为“NOT”，然后单击【关闭】按钮

（续）

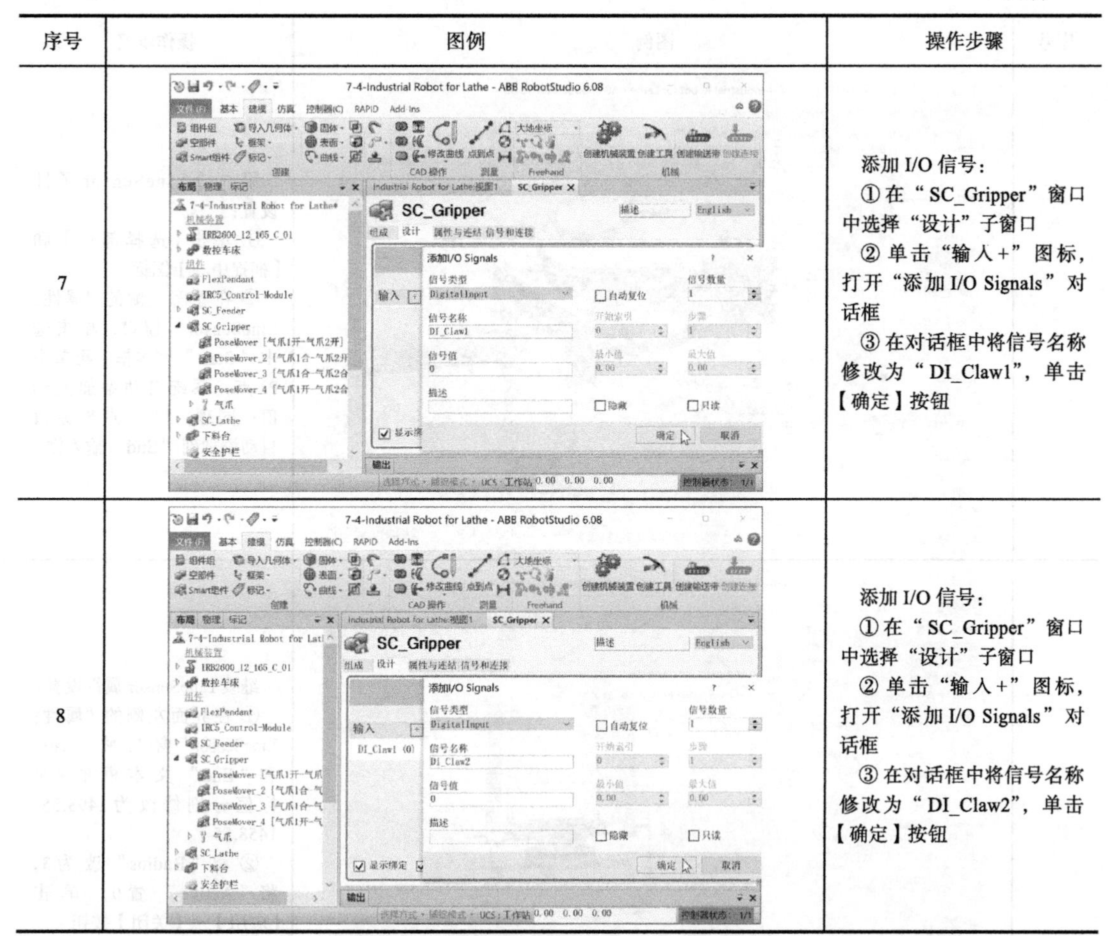

序号	图例	操作步骤
7		添加 I/O 信号： ①在“SC_Gripper”窗口中选择“设计”子窗口 ②单击“输入+”图标，打开“添加 I/O Signals”对话框 ③在对话框中将信号名称修改为“DI_Claw1”，单击【确定】按钮
8		添加 I/O 信号： ①在“SC_Gripper”窗口中选择“设计”子窗口 ②单击“输入+”图标，打开“添加 I/O Signals”对话框 ③在对话框中将信号名称修改为“DI_Claw2”，单击【确定】按钮

（3）设定检测传感器　检测传感器实现拾取、释放的效果，检测传感器的设定步骤见表 7-9。

表 7-9　检测传感器的设定步骤

序号	图例	操作步骤
1		添加 2 个 LineSensor 组件：在“SC_Gripper”窗口中，选择“组成”子窗口，单击【添加组件】→【传感器】→【LineSensor】

（续）

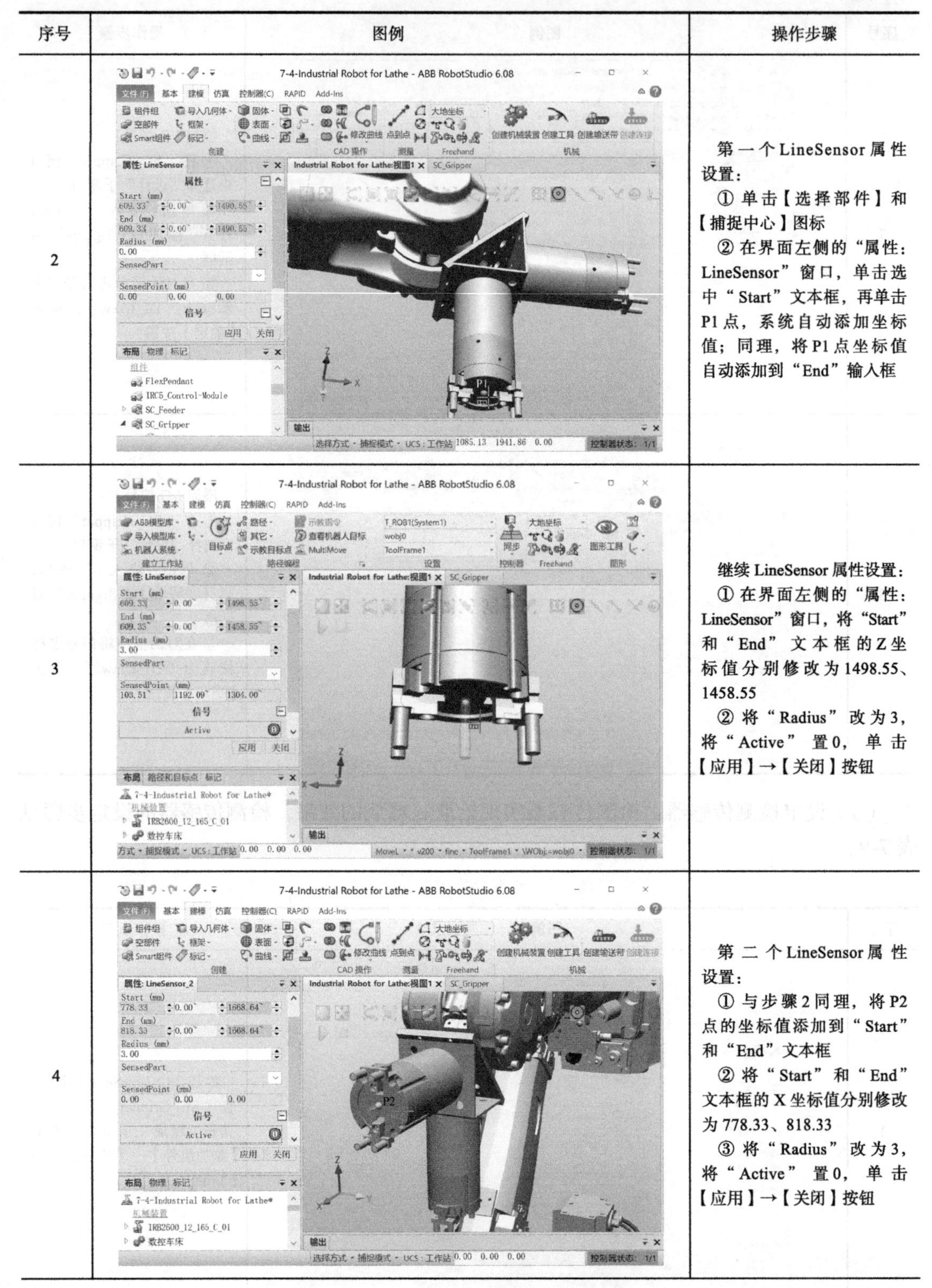

序号	图例	操作步骤
2		第一个 LineSensor 属性设置： ① 单击【选择部件】和【捕捉中心】图标 ② 在界面左侧的“属性：LineSensor”窗口，单击选中“Start”文本框，再单击 P1 点，系统自动添加坐标值；同理，将 P1 点坐标值自动添加到“End”输入框
3		继续 LineSensor 属性设置： ① 在界面左侧的“属性：LineSensor”窗口，将“Start”和“End”文本框的 Z 坐标值分别修改为 1498.55、1458.55 ② 将“Radius”改为 3，将“Active”置 0，单击【应用】→【关闭】按钮
4		第二个 LineSensor 属性设置： ① 与步骤 2 同理，将 P2 点的坐标值添加到“Start”和“End”文本框 ② 将“Start”和“End”文本框的 X 坐标值分别修改为 778.33、818.33 ③ 将“Radius”改为 3，将“Active”置 0，单击【应用】→【关闭】按钮

（续）

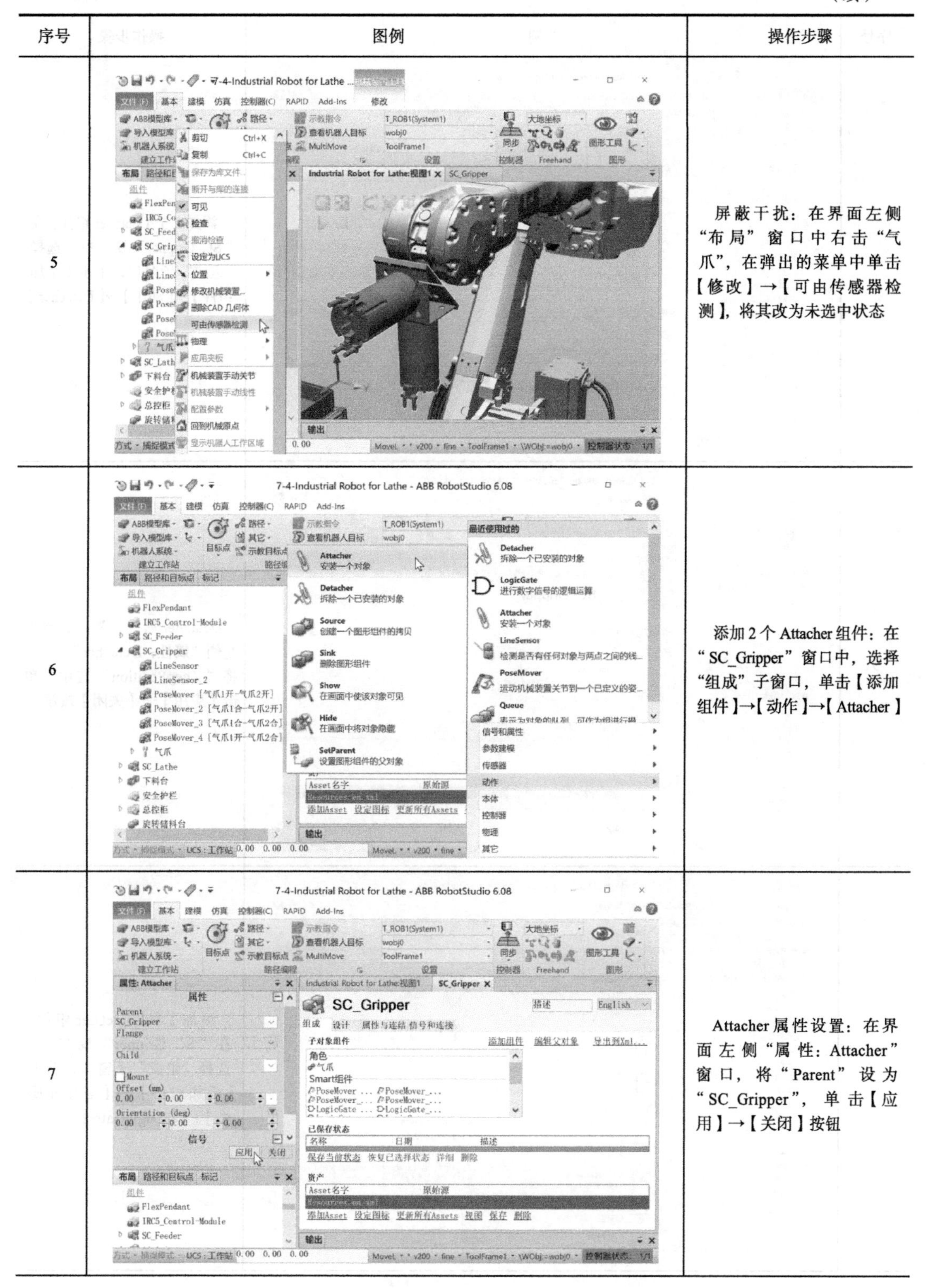

序号	图例	操作步骤
5		屏蔽干扰：在界面左侧“布局”窗口中右击“气爪”，在弹出的菜单中单击【修改】→【可由传感器检测】，将其改为未选中状态
6		添加2个Attacher组件：在“SC_Gripper”窗口中，选择“组成”子窗口，单击【添加组件】→【动作】→【Attacher】
7		Attacher属性设置：在界面左侧“属性：Attacher”窗口，将“Parent”设为“SC_Gripper”，单击【应用】→【关闭】按钮

（续）

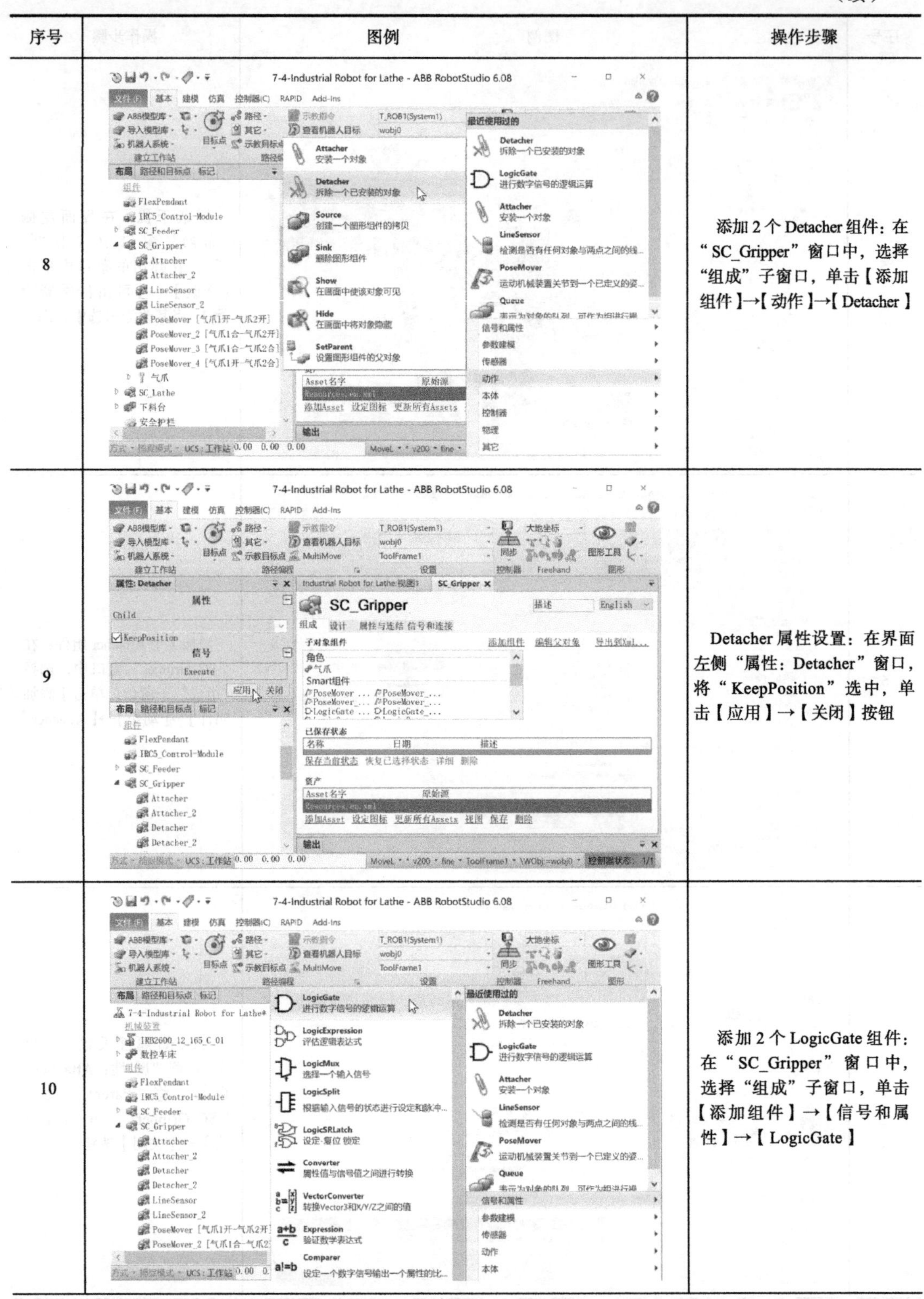

序号	图例	操作步骤
8		添加2个Detacher组件：在“SC_Gripper”窗口中，选择“组成”子窗口，单击【添加组件】→【动作】→【Detacher】
9		Detacher属性设置：在界面左侧“属性：Detacher”窗口，将“KeepPosition”选中，单击【应用】→【关闭】按钮
10		添加2个LogicGate组件：在“SC_Gripper”窗口中，选择“组成”子窗口，单击【添加组件】→【信号和属性】→【LogicGate】

（续）

序号	图例	操作步骤
11	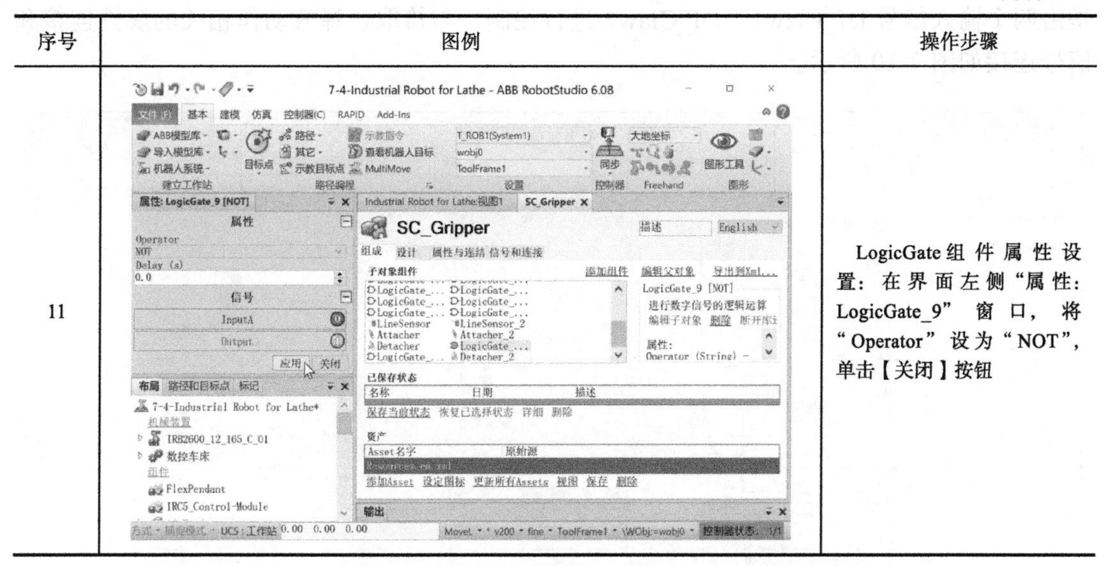	LogicGate 组件属性设置：在界面左侧“属性：LogicGate_9”窗口，将“Operator”设为“NOT”，单击【关闭】按钮

（4）信号连接与属性连接　机器人工具的动态效果包括气动夹爪的开合、拾取和释放动作，需要对工具 Smart 组件进行属性连接和信号连接。

首先，两个气动夹爪的动作组合有四种，分别是“气爪 1 开 - 气爪 2 开”“气爪 1 合 - 气爪 2 开”“气爪 1 合 - 气爪 2 合”“气爪 1 开 - 气爪 2 合”。这里用两个输入信号 DI_Claw1、DI_Claw2 实现对四种状态的控制，与开合动作相关的信号连接如图 7-9 所示。

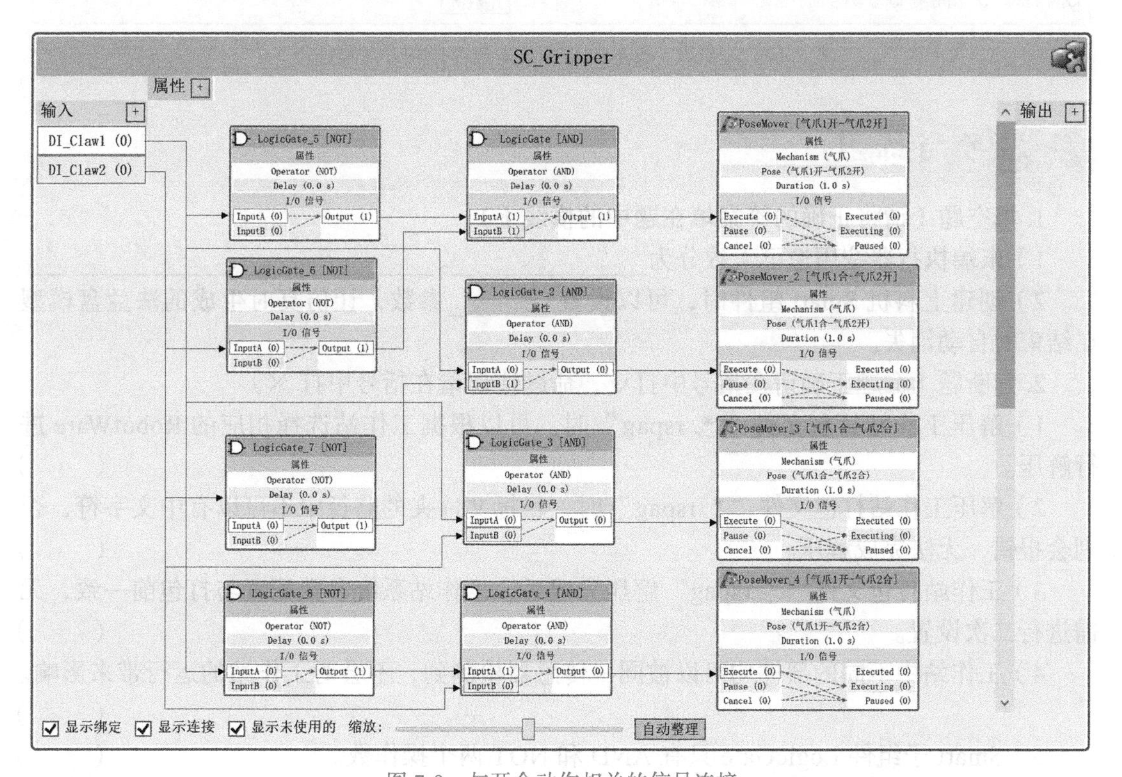

图 7-9　与开合动作相关的信号连接

其次，两个气动夹爪分别带有检测传感器，用来实现各自的拾取、释放功能。这里还是由两个输入信号 DI_Claw1、DI_Claw2 进行控制，与拾取、释放动作相关的属性连接和信号连接如图 7-10 所示。

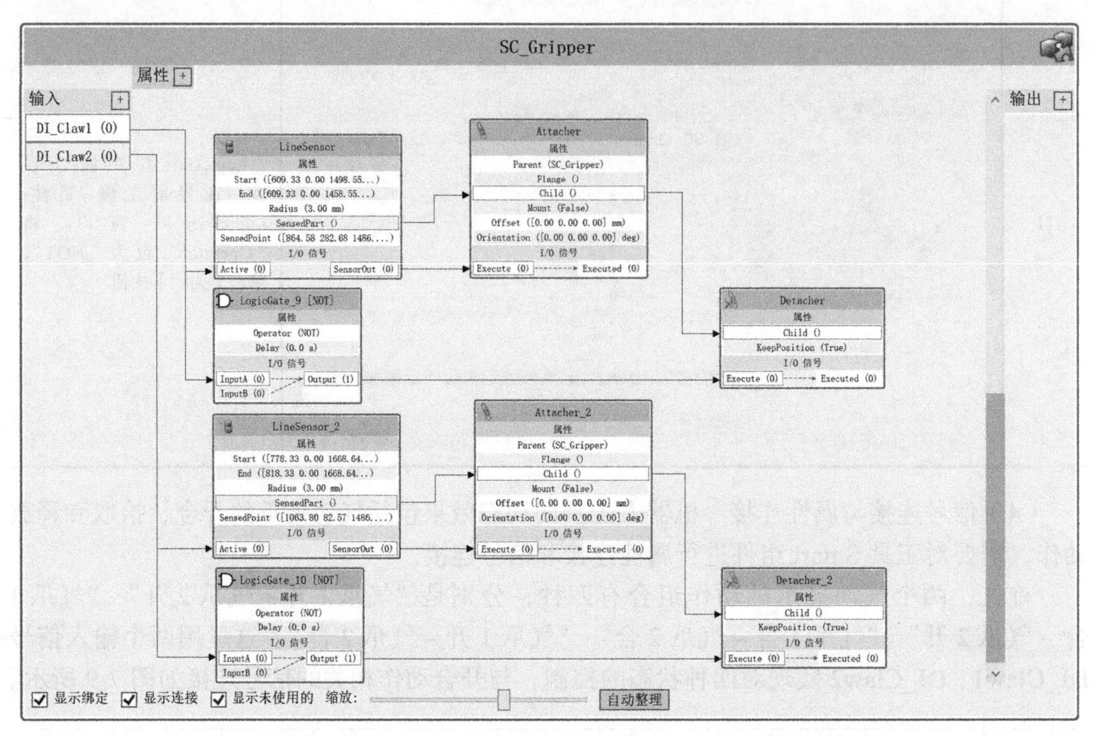

图 7-10 与拾取、释放动作相关的属性连接和信号连接

思考与练习

1. 填空题（请将正确的答案填在题中的横线上）

1）末端执行器按用途可大致分为＿＿＿＿＿＿、＿＿＿＿＿＿、＿＿＿＿＿＿。

2）创建上料机 Smart 组件时，可以设置＿＿＿＿参数，让仿真时生成的法兰盘模型在结束时自动消失。

2. 判断题（命题正确请在括号中打√，命题错误请在括号中打 ×）

1）解压工作站打包文件“*. rspag”时，可以根据工作站选择相应的 RobotWare 进行解压。（　）

2）解压工作站打包文件“*. rspag”时，目标文件夹的路径中不可以有中文字符，否则会报错，无法完成解压。（　）

3）工作站打包文件“*. rspag”解压完成后，工作站系统参数配置与打包前一致，无需进行二次设置。（　）

4）工作站中不同的部件均可以被同一传感器检测到，不会对工作站的运行带来影响。（　）

5）Smart 子组件 LogicGate 只有 AND 和 NOT 两个操作数。（　）

任务三　机器人上下料程序创建与仿真调试

任务描述

在本次任务中，首先分析工业机器人机床上下料系统的作业流程，再对机器人轨迹路径进行合理规划，最后创建机器人上下料离线程序并仿真调试。

知识学习

条件逻辑判断指令用于对条件进行判断后，执行相应的操作，是 ABB 机器人程序控制指令中的重要组成部分。

条件逻辑判断指令包括紧凑型条件指令 Compact IF、IF 条件判断指令、FOR 重复执行判断指令、WHILE 条件判断指令和 TEST 指令。

1. 紧凑型条件指令 Compact IF

紧凑型条件判断指令用于当一个条件满足了以后，就执行一句指令，如图 7-11 所示，如果 reg1>2 成立，则 DO_1 被置为 1，否则跳过指令继续执行下一行。

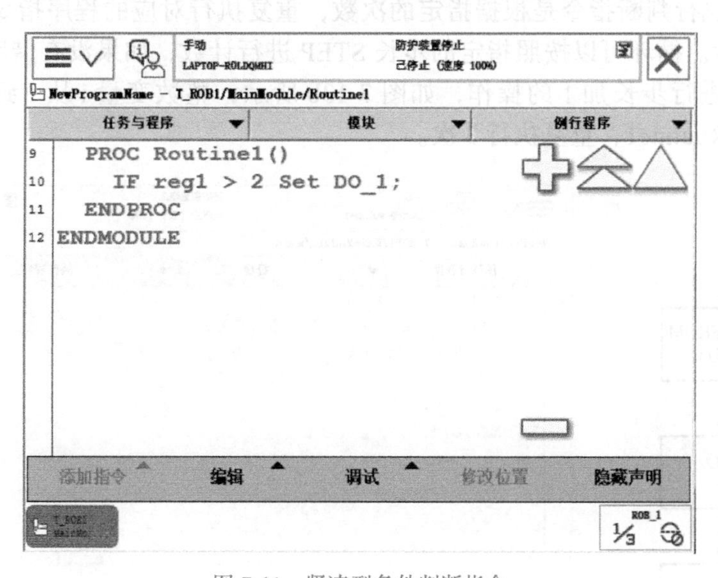

图 7-11　紧凑型条件判断指令

2. IF 条件判断指令

IF 条件判断指令，就是根据不同的条件去执行对应的程序指令。IF 条件判断指令可以将程序分为多个路径，给程序多个选择，判断后执行其后面的指令。它的结构形式有多种，这里以综合型为例，其程序流程如图 7-12a 所示。

如图 7-12b 所示，如果 reg1=1，则 flag1 会赋值为 TRUE；如果 reg1=2，则 flag1 会赋值为 FALSE。除了以上两种条件之外，则执行 DO_1 置为 1。

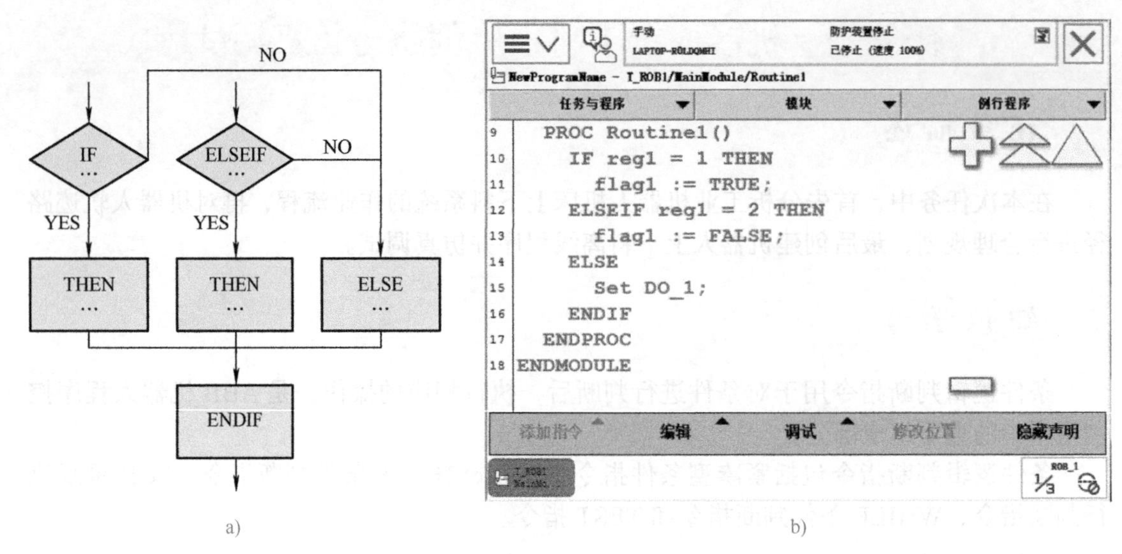

图 7-12　IF 条件判断指令

3. FOR重复执行判断指令

FOR 重复执行判断指令是根据指定的次数，重复执行对应的程序指令，其程序流程如图 7-13a 所示。循环可以按照指定的步长 STEP 进行计数，如果没有借助 STEP 指定步长时，会自动进行步长加 1 的操作，如图 7-13b 所示，整数变量 i 从 1 到 5，步长为 2，执行例行程序 Routine1，重复执行 3 次。

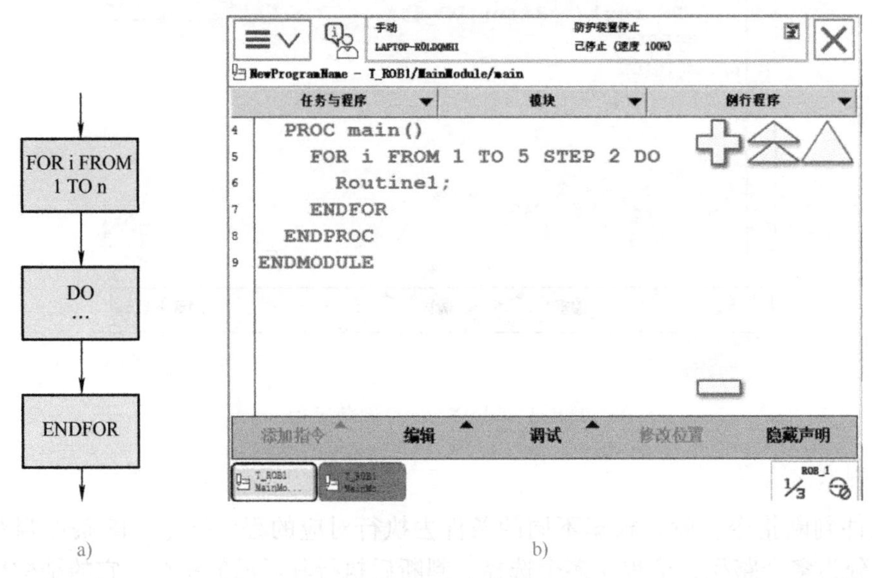

图 7-13　FOR 重复执行判断指令

4. WHILE 条件判断指令

WHILE 条件判断指令，用于特定条件满足的情况下，一直重复执行对应的程序指令，其程序流程如图 7-14a 所示，只有当 WHILE 后面条件不成立时，才跳出循环指令，执行

ENDWHILE 后的运行指令。

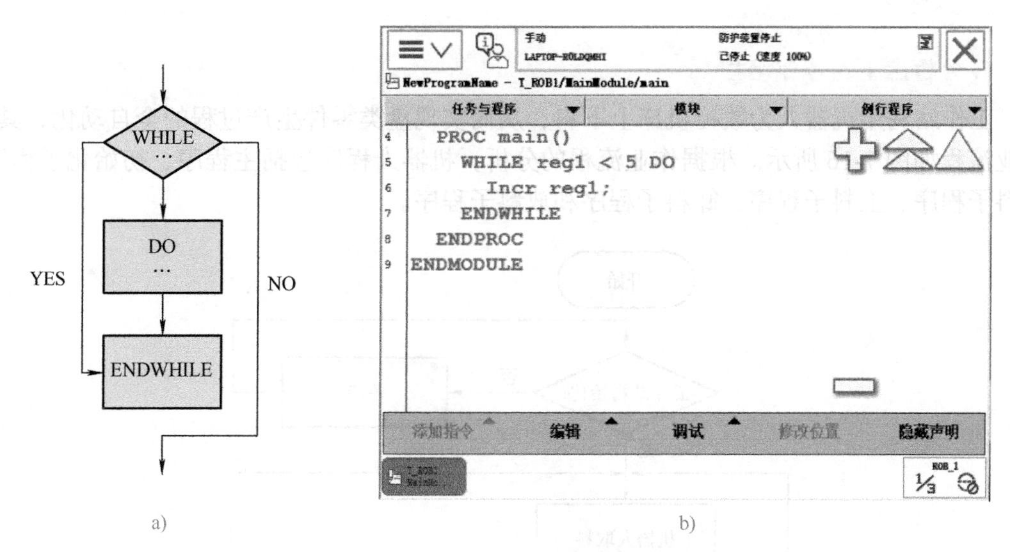

a)　　　　　　　　　　b)

图 7-14　WHILE 条件判断指令

如图 7-14b 所示，先给变量 reg1 赋值为 1，当满足条件 reg1<5 时，一直执行 reg1 加 1 的操作，直到条件 reg1<5 不成立，所以 reg1 最后输出 5，结束循环。

5. TEST 指令

TEST 指令是对指定变量进行判断，根据判断结果执行对应的程序指令，其程序流程如图 7-15a 所示。TEST 指令一般在选择分支较多时使用。

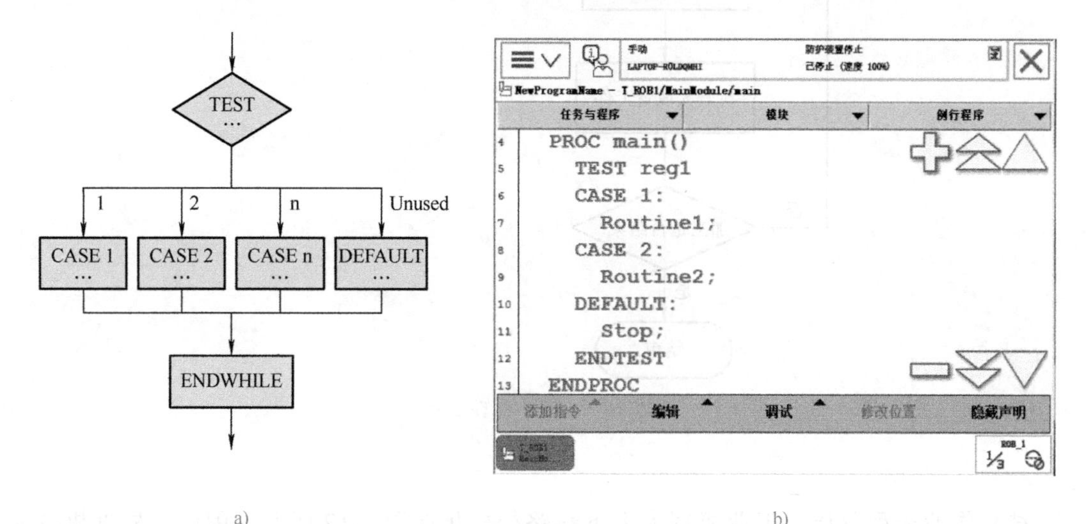

a)　　　　　　　　　　b)

图 7-15　TEST 指令

如图 7-15b 所示，先判断 reg1 的数值，若为 1，则执行程序 Routine1；若为 2，则执行程序 Routine2；否则，执行 Stop 指令。

1. 分析上下料作业流程

工作站利用机器人为数控机床上下料，从而实现盘类零件生产过程的全自动化，具体作业流程如图 7-16 所示。根据作业流程的分析，机器人程序包括主程序、初始化子程序、取料子程序、上料子程序、卸料子程序和放料子程序。

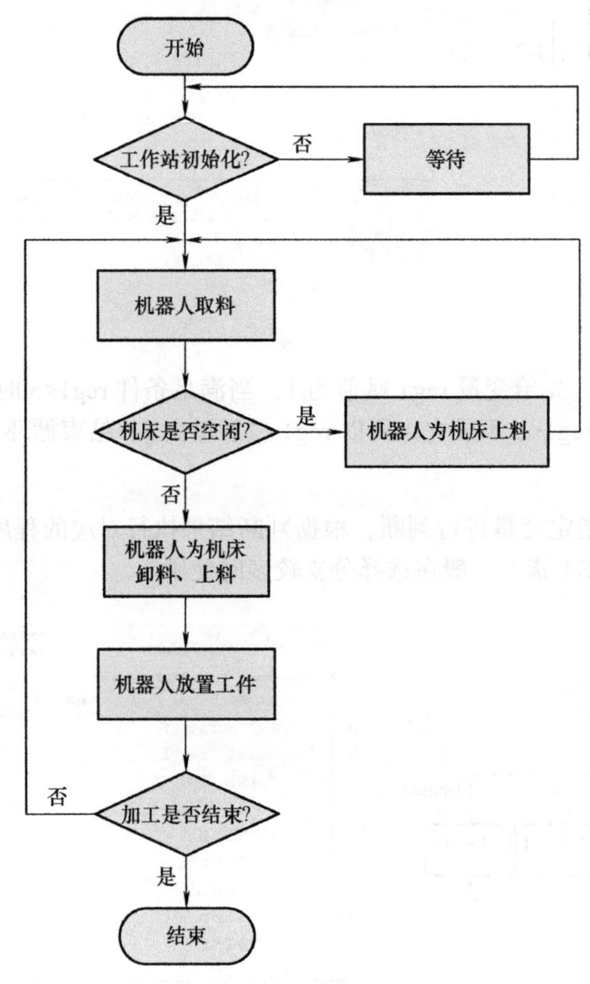

图 7-16　上下料作业流程

2. 示教目标点

结合作业流程分析，工业机器人上下料路径规化如图 7-17 所示。因此，根据机器人上下料路径规划，对路径上的目标点进行示教，具体操作步骤见表 7-10。

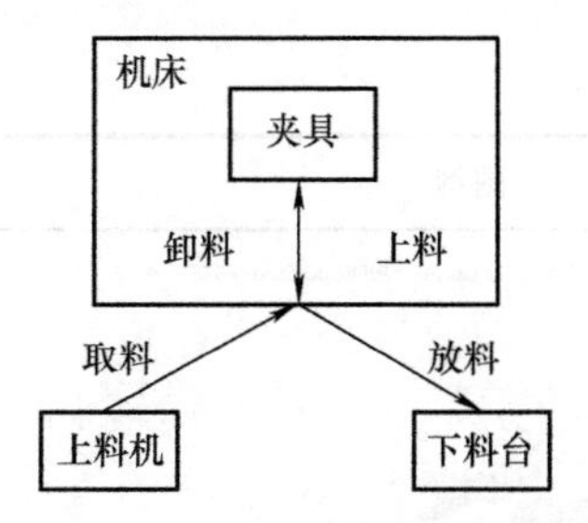

图 7-17　上下料路径规划

表 7-10　示教目标点的步骤

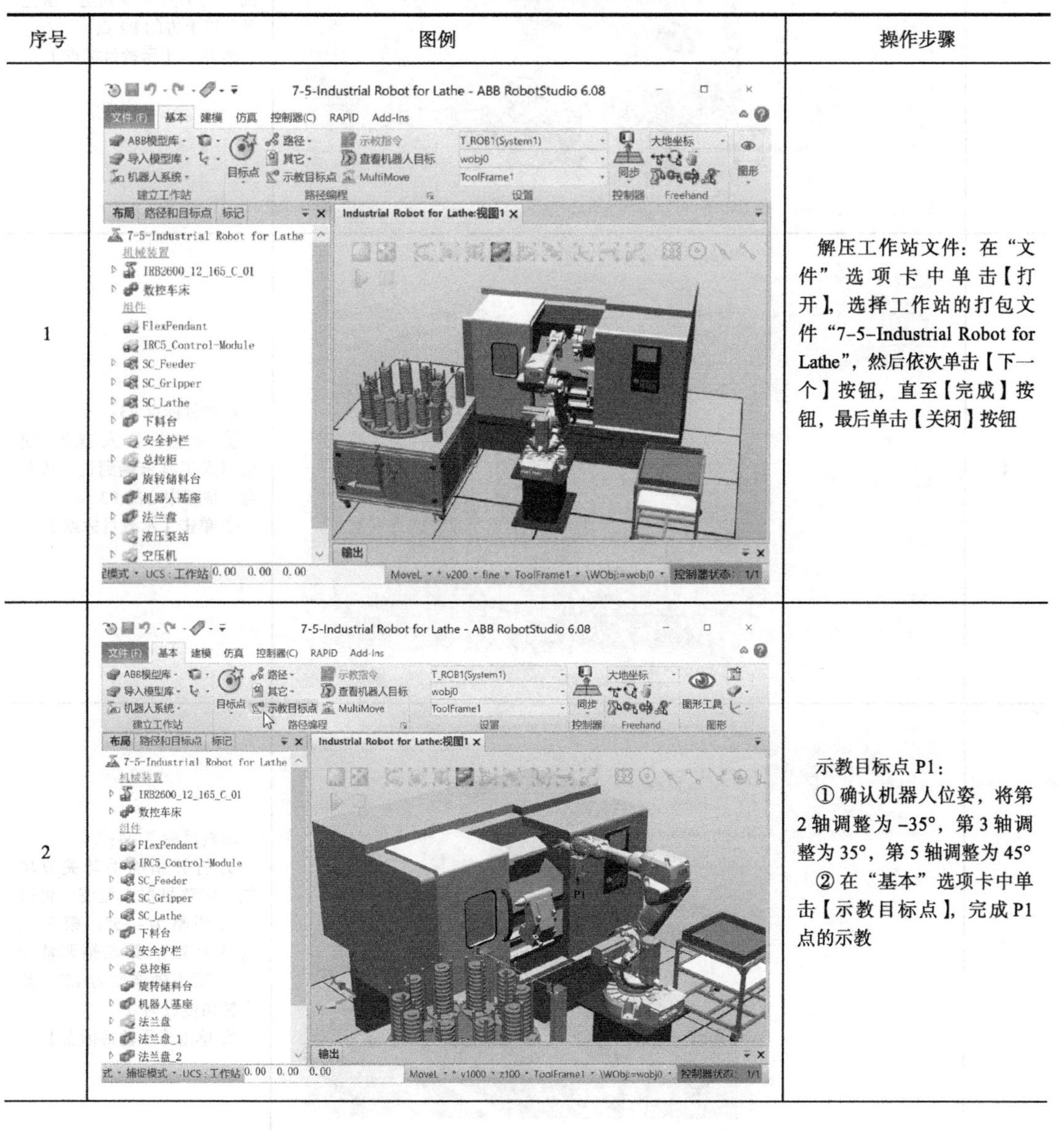

序号	图例	操作步骤
1		解压工作站文件：在“文件”选项卡中单击【打开】，选择工作站的打包文件“7-5-Industrial Robot for Lathe”，然后依次单击【下一个】按钮，直至【完成】按钮，最后单击【关闭】按钮
2		示教目标点 P1： ① 确认机器人位姿，将第 2 轴调整为 −35°，第 3 轴调整为 35°，第 5 轴调整为 45° ② 在“基本”选项卡中单击【示教目标点】，完成 P1 点的示教

（续）

序号	图例	操作步骤
3	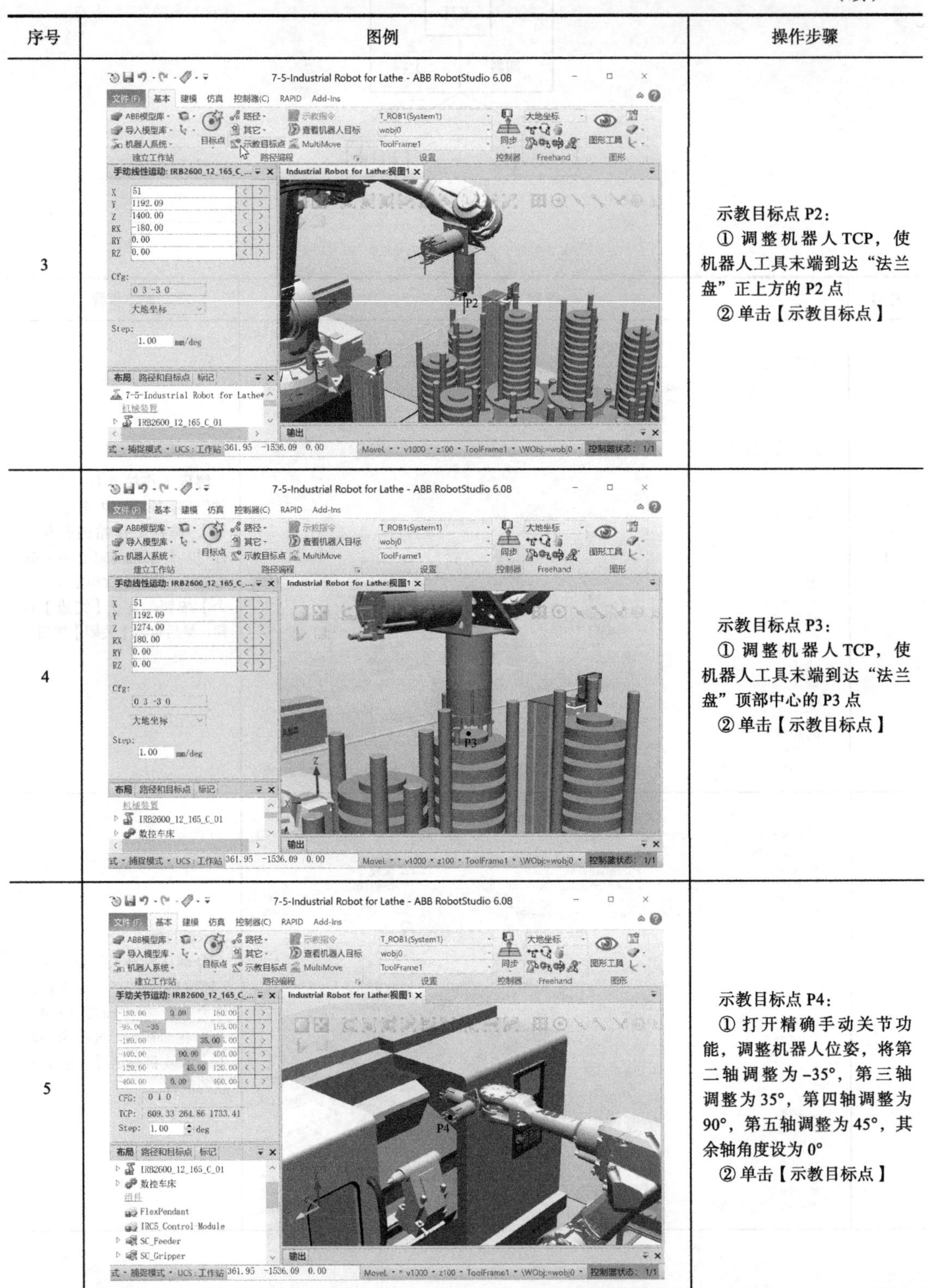	示教目标点 P2： ① 调整机器人 TCP，使机器人工具末端到达“法兰盘”正上方的 P2 点 ② 单击【示教目标点】
4		示教目标点 P3： ① 调整机器人 TCP，使机器人工具末端到达“法兰盘”顶部中心的 P3 点 ② 单击【示教目标点】
5		示教目标点 P4： ① 打开精确手动关节功能，调整机器人位姿，将第二轴调整为 -35°，第三轴调整为 35°，第四轴调整为 90°，第五轴调整为 45°，其余轴角度设为 0° ② 单击【示教目标点】

（续）

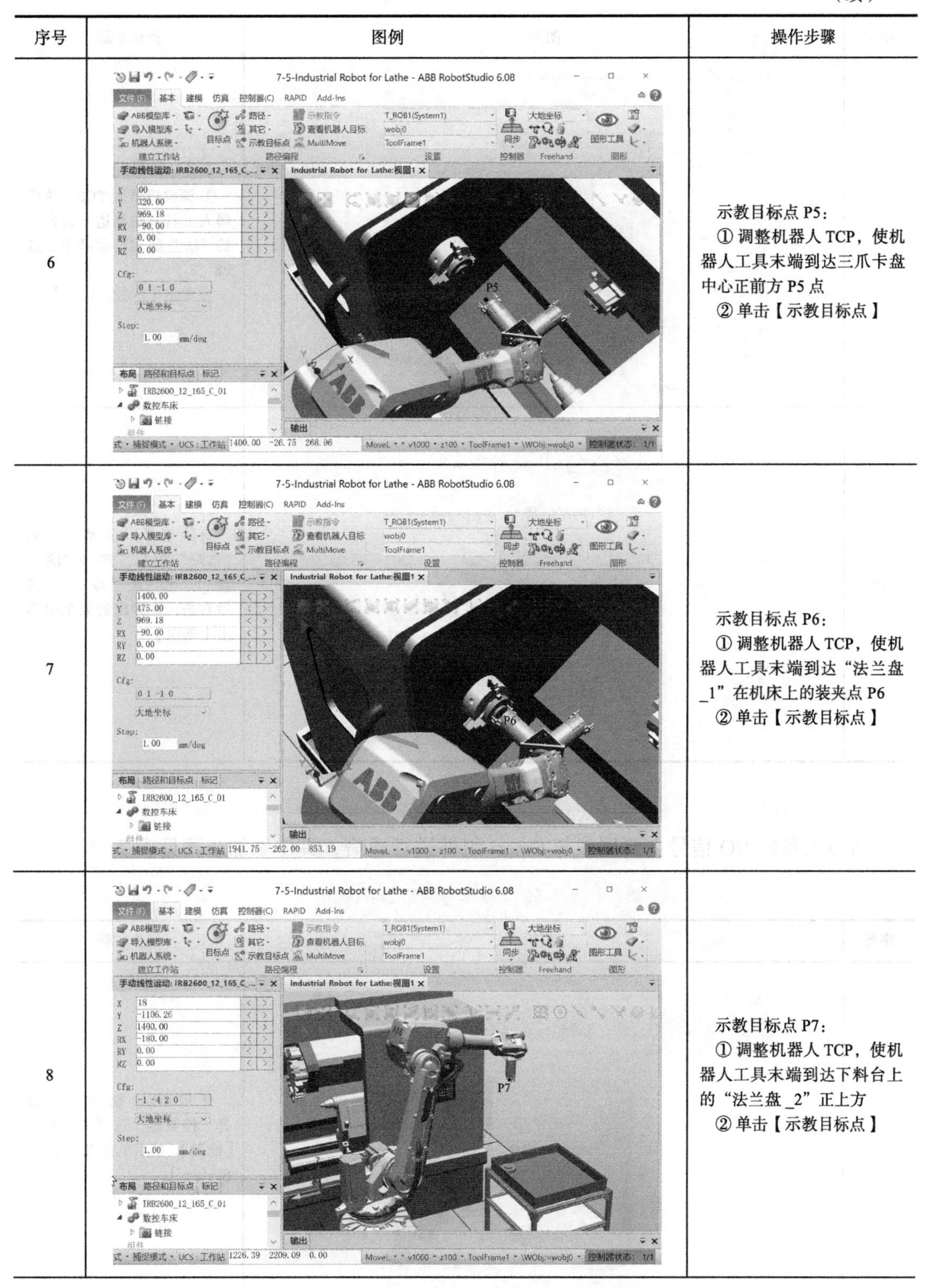

序号	图例	操作步骤
6		示教目标点 P5： ① 调整机器人 TCP，使机器人工具末端到达三爪卡盘中心正前方 P5 点 ② 单击【示教目标点】
7		示教目标点 P6： ① 调整机器人 TCP，使机器人工具末端到达“法兰盘_1”在机床上的装夹点 P6 ② 单击【示教目标点】
8		示教目标点 P7： ① 调整机器人 TCP，使机器人工具末端到达下料台上的“法兰盘_2”正上方 ② 单击【示教目标点】

（续）

序号	图例	操作步骤
9	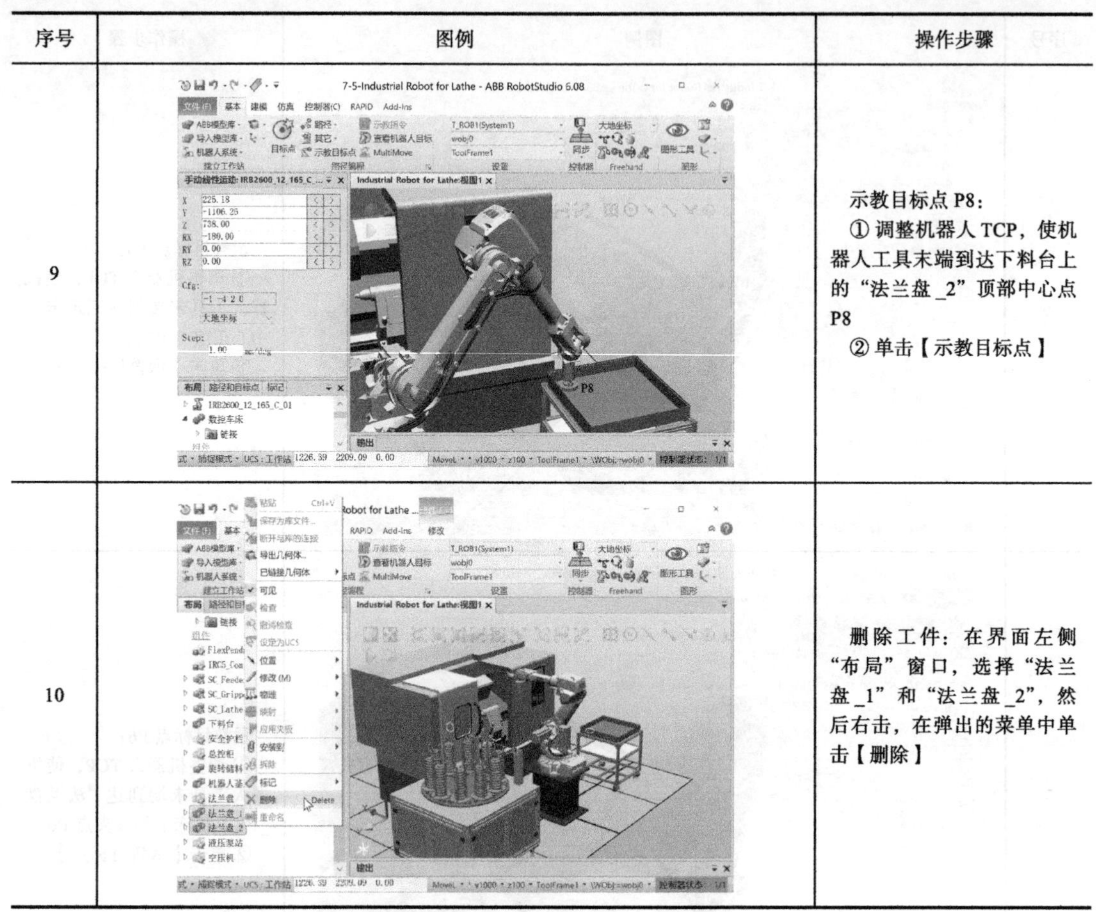	示教目标点 P8： ① 调整机器人 TCP，使机器人工具末端到达下料台上的“法兰盘 _2”顶部中心点 P8 ② 单击【示教目标点】
10		删除工件：在界面左侧“布局”窗口，选择“法兰盘 _1”和“法兰盘 _2”，然后右击，在弹出的菜单中单击【删除】

3. 添加 I/O 信号

机器人系统 I/O 信号主要用来与 Smart 组件进行通信，具体添加步骤见表 7-11。

表 7-11 I/O 信号的添加步骤

序号	图例	操作步骤
1		开启 I/O 系统配置：选择“控制器”选项卡，单击【配置】，然后单击选择【I/O System】

（续）

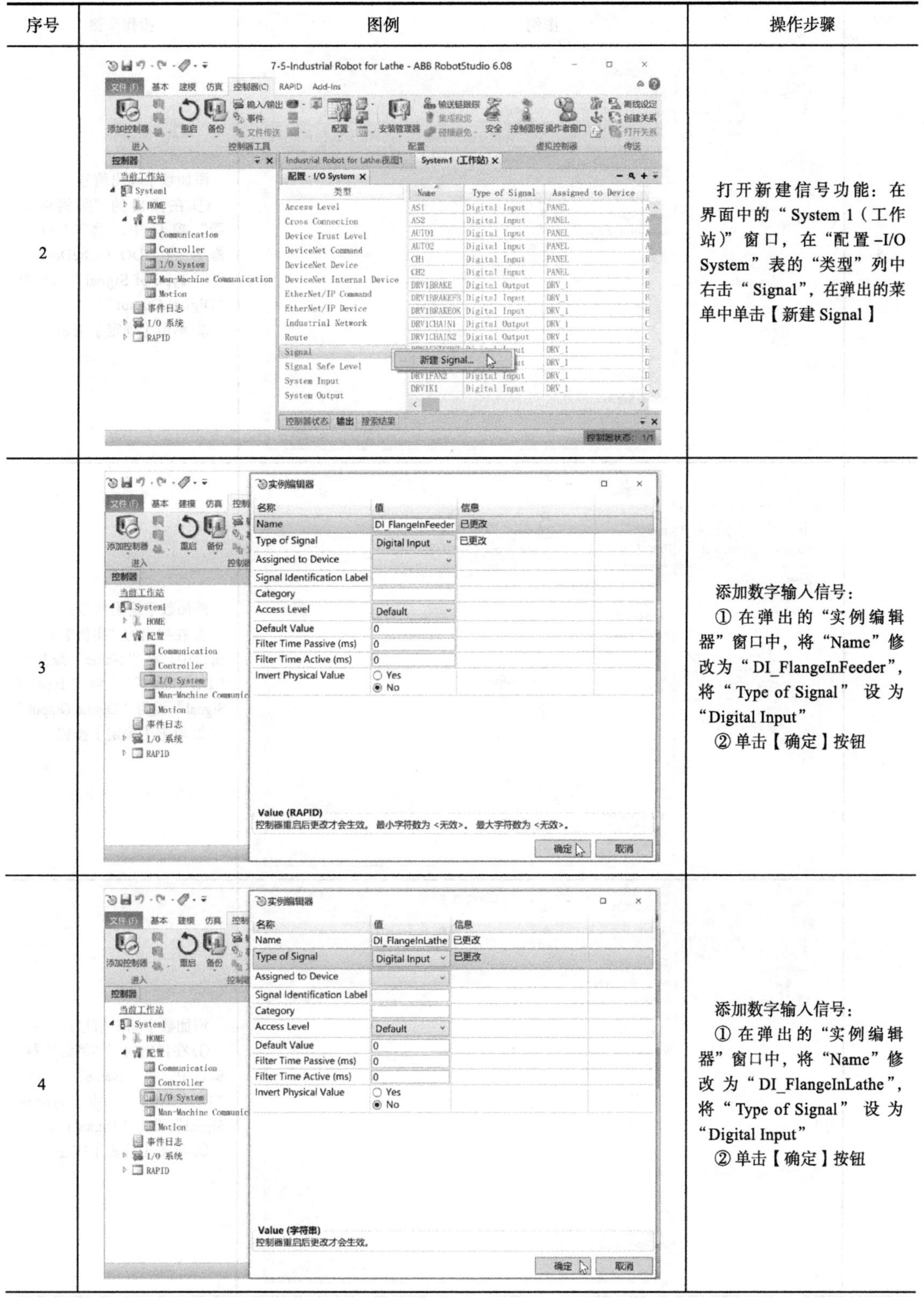

序号	图例	操作步骤
2		打开新建信号功能：在界面中的“System 1（工作站）”窗口，在“配置–I/O System”表的“类型”列中右击“Signal”，在弹出的菜单中单击【新建 Signal】
3		添加数字输入信号： ①在弹出的“实例编辑器”窗口中，将“Name”修改为“DI_FlangeInFeeder”，将“Type of Signal”设为“Digital Input” ②单击【确定】按钮
4		添加数字输入信号： ①在弹出的“实例编辑器”窗口中，将“Name”修改为“DI_FlangeInLathe”，将“Type of Signal”设为“Digital Input” ②单击【确定】按钮

（续）

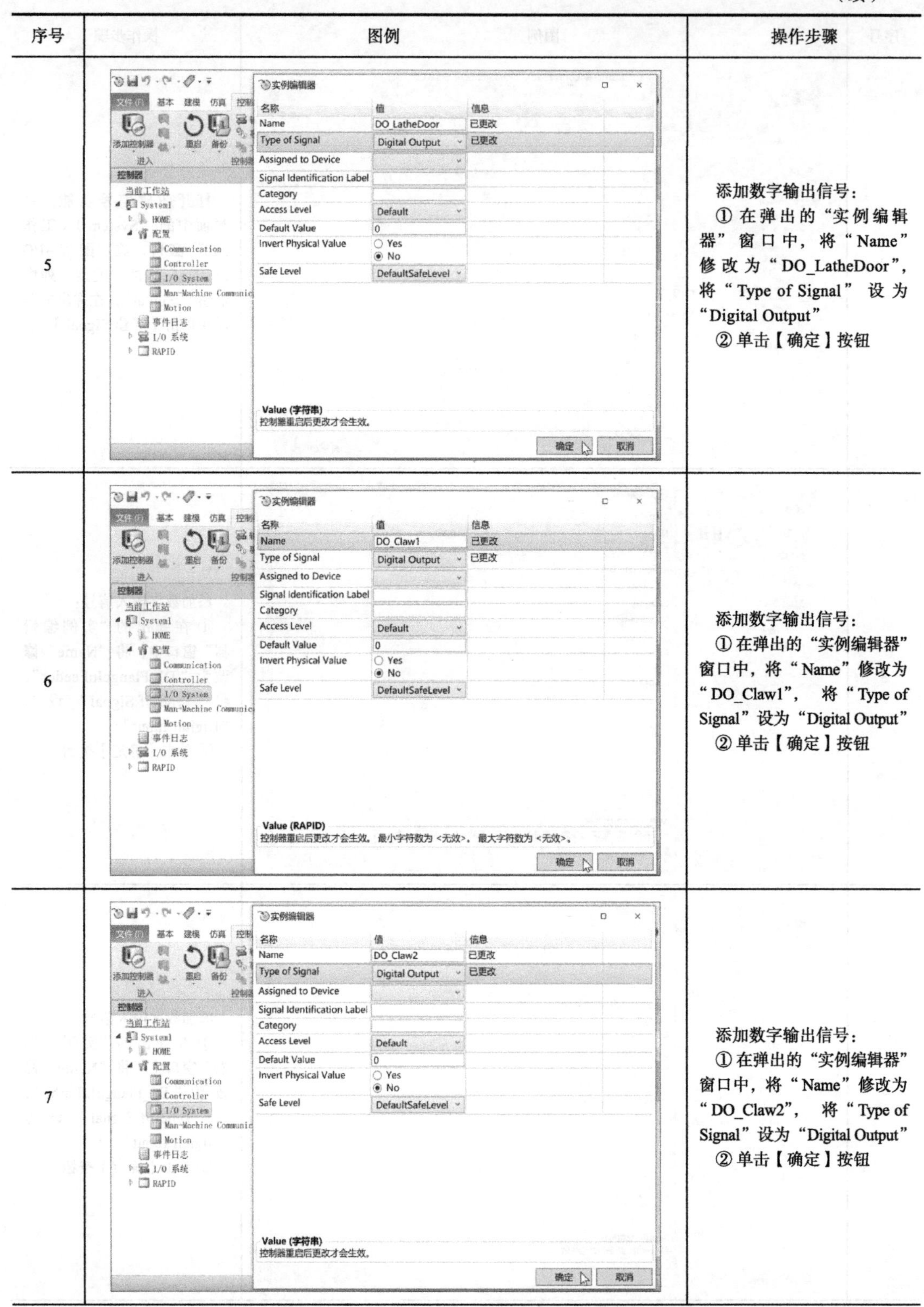

序号	图例	操作步骤
5		添加数字输出信号： ①在弹出的“实例编辑器”窗口中，将“Name”修改为“DO_LatheDoor”，将“Type of Signal”设为“Digital Output” ②单击【确定】按钮
6		添加数字输出信号： ①在弹出的“实例编辑器”窗口中，将“Name”修改为“DO_Claw1”，将“Type of Signal”设为“Digital Output” ②单击【确定】按钮
7		添加数字输出信号： ①在弹出的“实例编辑器”窗口中，将“Name”修改为“DO_Claw2”，将“Type of Signal”设为“Digital Output” ②单击【确定】按钮

（续）

序号	图例	操作步骤
8	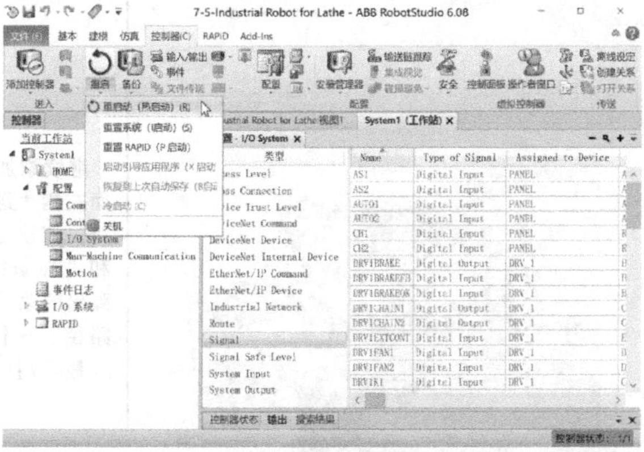	重启控制器：在“控制器”选项卡中单击【重启】，使以上更改生效

4. 创建机器人程序

（1）创建取料子程序　取料子程序的路径创建步骤见表 7-12。

表 7-12　取料子程序的路径创建步骤

序号	图例	操作步骤
1	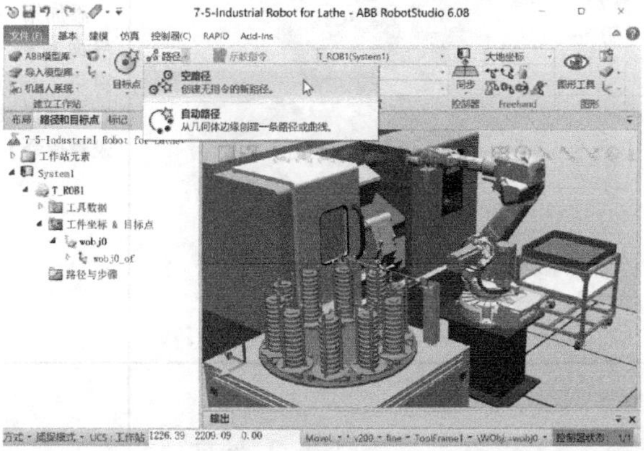	创建空路径： ① 选择“基本”选项卡，单击【路径】→【空路径】 ② 在界面左侧“路径和目标点”窗口将空路径名称改为“Pick_Claw1” ③ 在界面底部将运动指令参数修改为“MoveL v200 fine ToolFrame1 \WObj：= wobj0”
2	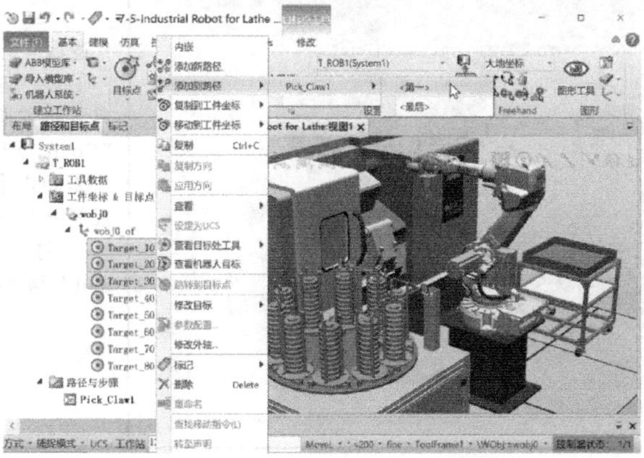	添加运动指令：在界面左侧“路径和目标点”窗口，依次选择“Target_10”“Target_20”和“Target_30”，右击后在弹出的菜单中单击【添加到路径】→【Pick_Claw1】→【〈第一〉】

（续）

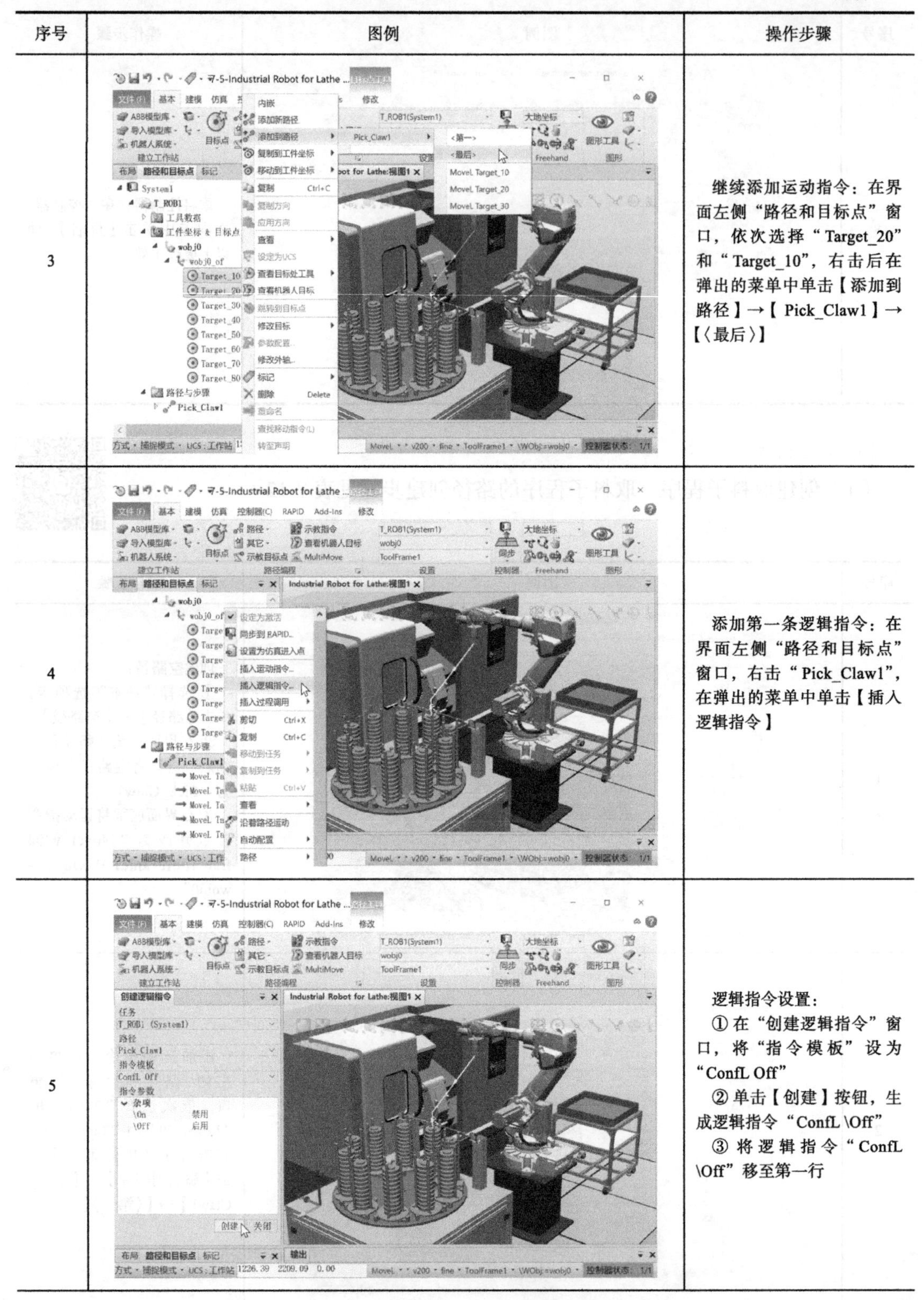

序号	图例	操作步骤
3		继续添加运动指令：在界面左侧“路径和目标点”窗口，依次选择“Target_20”和“Target_10”，右击后在弹出的菜单中单击【添加到路径】→【Pick_Claw1】→【〈最后〉】
4		添加第一条逻辑指令：在界面左侧“路径和目标点”窗口，右击“Pick_Claw1”，在弹出的菜单中单击【插入逻辑指令】
5		逻辑指令设置： ① 在“创建逻辑指令”窗口，将“指令模板”设为“ConfL Off” ② 单击【创建】按钮，生成逻辑指令“ConfL \Off” ③ 将逻辑指令“ConfL \Off”移至第一行

（续）

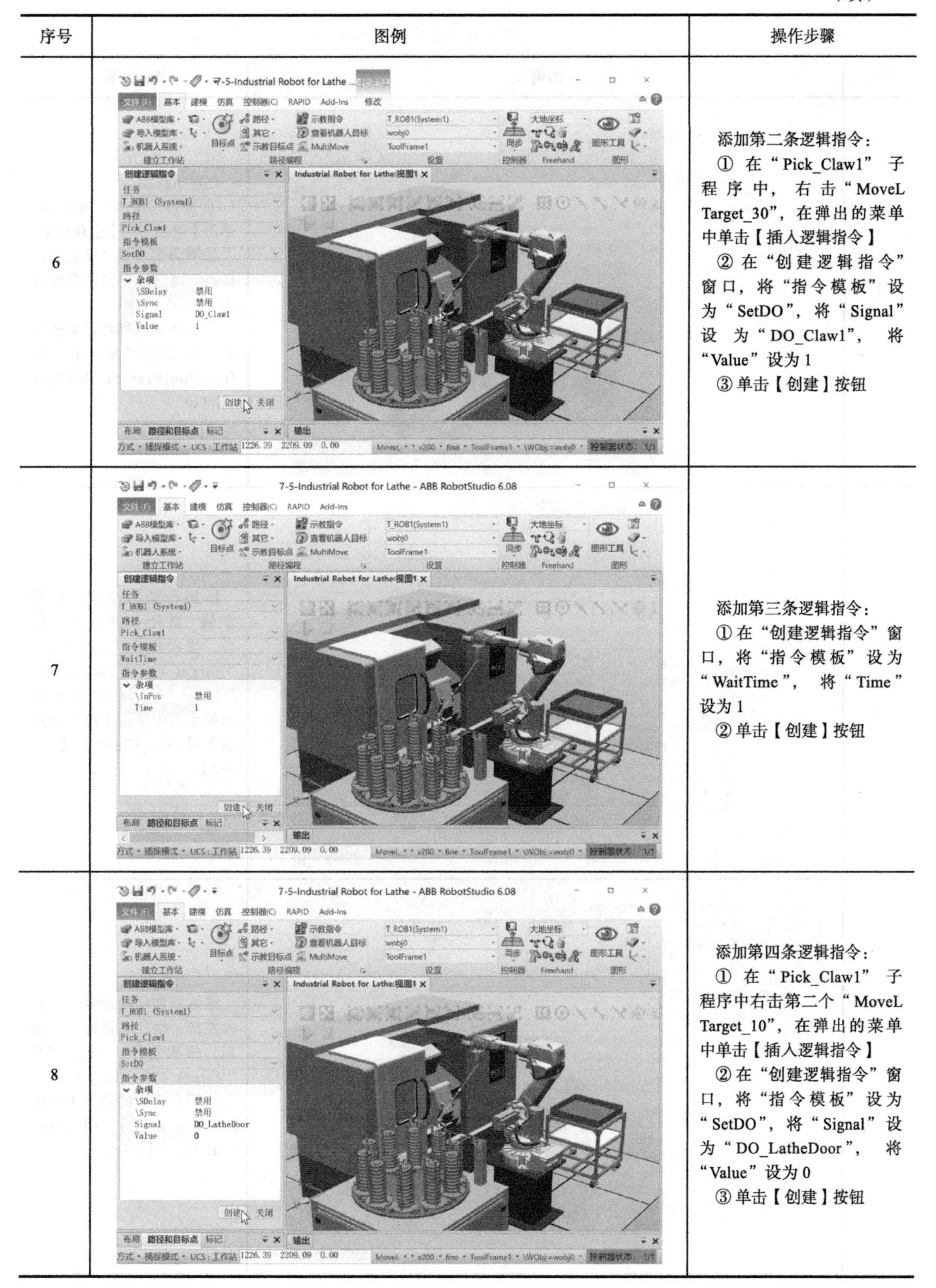

序号	图例	操作步骤
6		添加第二条逻辑指令： ① 在“Pick_Claw1”子程序中，右击“MoveL Target_30”，在弹出的菜单中单击【插入逻辑指令】 ② 在“创建逻辑指令”窗口，将“指令模板”设为“SetDO”，将“Signal”设为“DO_Claw1”，将“Value”设为1 ③ 单击【创建】按钮
7		添加第三条逻辑指令： ① 在“创建逻辑指令”窗口，将“指令模板”设为“WaitTime”，将“Time”设为1 ② 单击【创建】按钮
8		添加第四条逻辑指令： ① 在“Pick_Claw1”子程序中右击第二个“MoveL Target_10”，在弹出的菜单中单击【插入逻辑指令】 ② 在“创建逻辑指令”窗口，将“指令模板”设为“SetDO”，将“Signal”设为“DO_LatheDoor”，将“Value”设为0 ③ 单击【创建】按钮

（2）创建上料子程序　上料子程序的路径创建步骤见表 7-13。

表 7-13　上料子程序的路径创建步骤

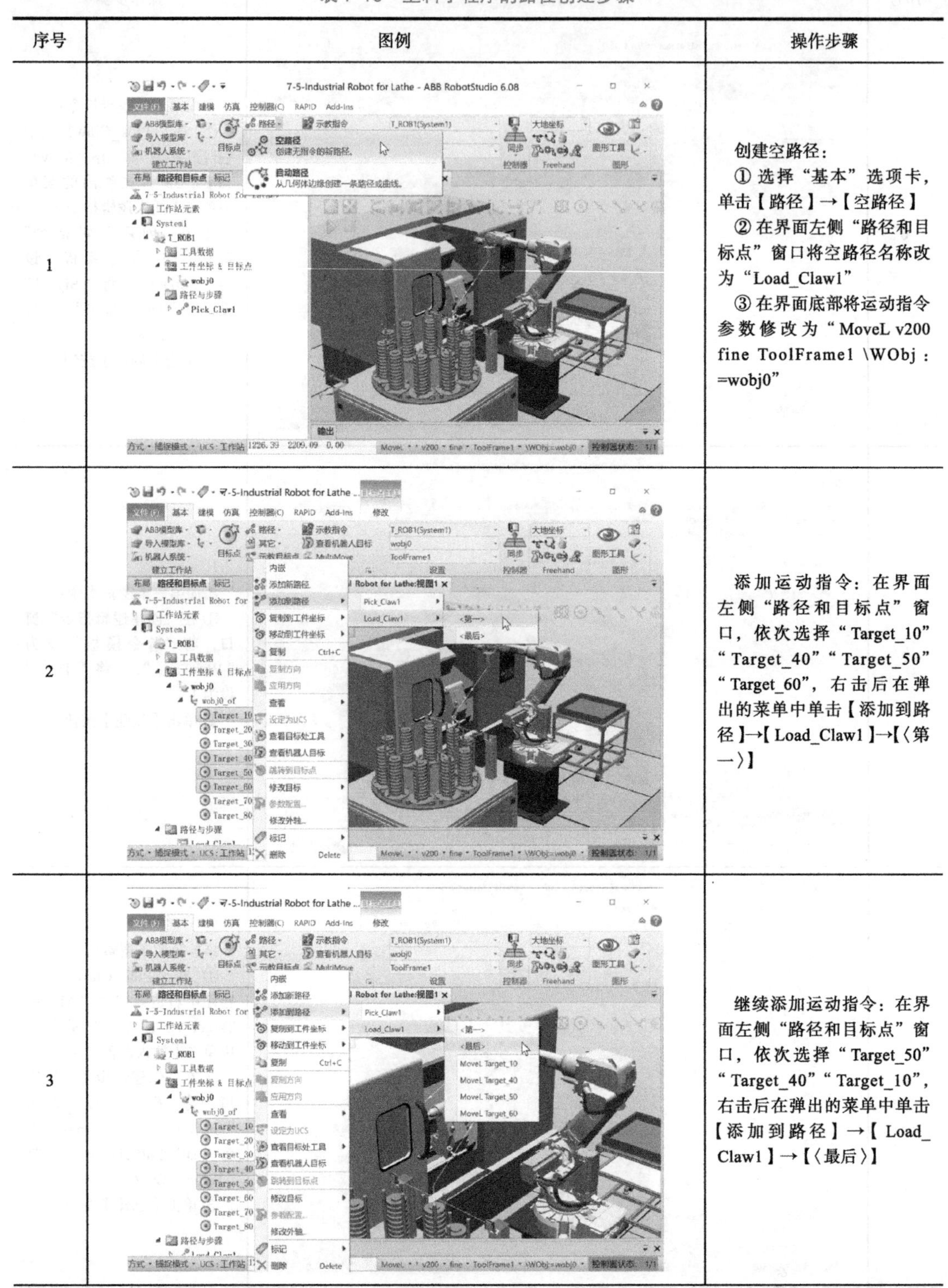

序号	图例	操作步骤
1		创建空路径： ① 选择“基本”选项卡，单击【路径】→【空路径】 ② 在界面左侧“路径和目标点”窗口将空路径名称改为“Load_Claw1” ③ 在界面底部将运动指令参数修改为“MoveL v200 fine ToolFrame1 \WObj：=wobj0”
2		添加运动指令：在界面左侧“路径和目标点”窗口，依次选择“Target_10”“Target_40”“Target_50”“Target_60”，右击后在弹出的菜单中单击【添加到路径】→【Load_Claw1】→【〈第一〉】
3		继续添加运动指令：在界面左侧“路径和目标点”窗口，依次选择“Target_50”“Target_40”“Target_10”，右击后在弹出的菜单中单击【添加到路径】→【Load_Claw1】→【〈最后〉】

（续）

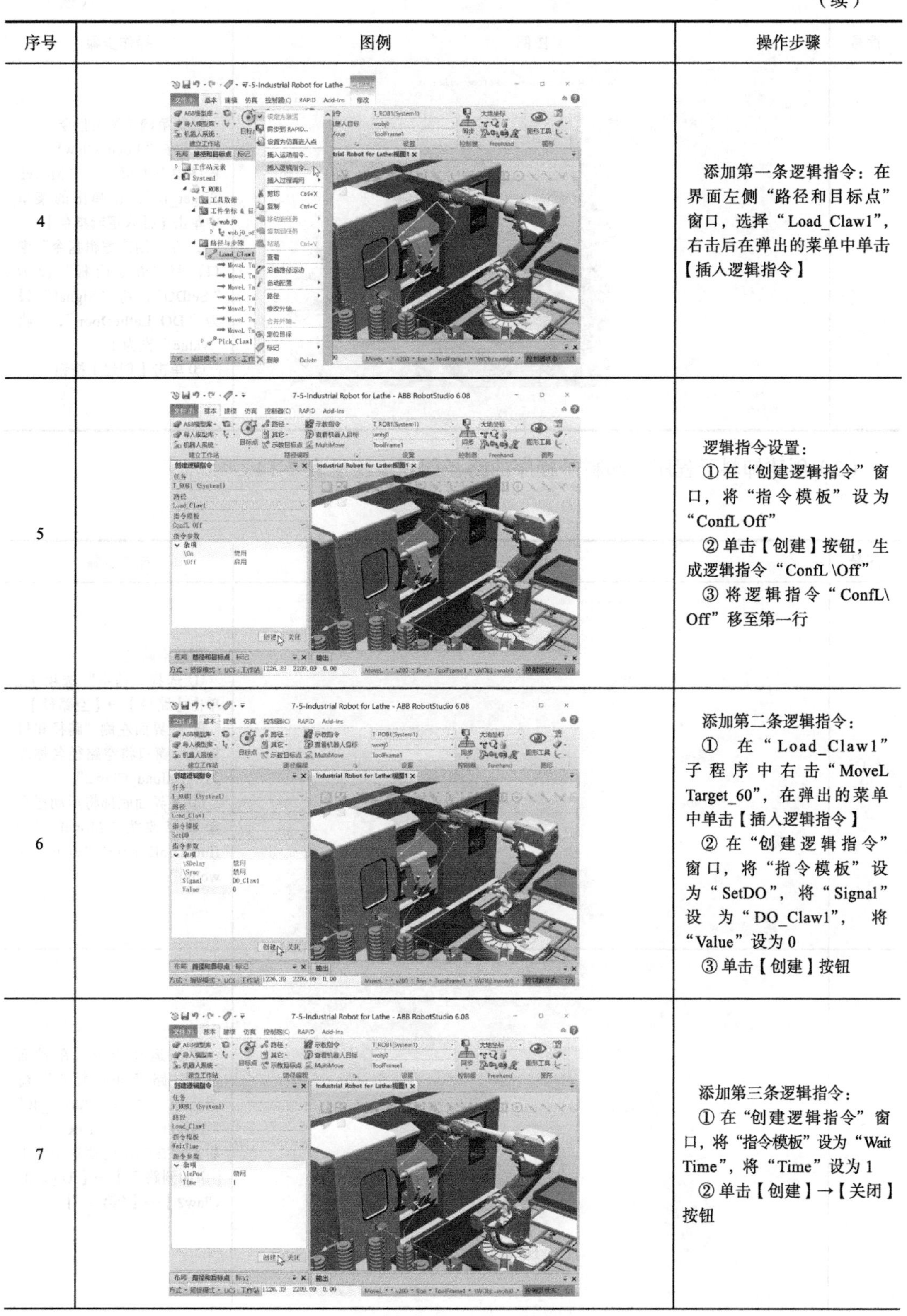

序号	图例	操作步骤
4		添加第一条逻辑指令：在界面左侧“路径和目标点”窗口，选择“Load_Claw1”，右击后在弹出的菜单中单击【插入逻辑指令】
5		逻辑指令设置： ①在“创建逻辑指令”窗口，将“指令模板”设为“ConfL Off” ②单击【创建】按钮，生成逻辑指令“ConfL \Off” ③将逻辑指令“ConfL\Off”移至第一行
6		添加第二条逻辑指令： ①在“Load_Claw1”子程序中右击“MoveL Target_60”，在弹出的菜单中单击【插入逻辑指令】 ②在“创建逻辑指令”窗口，将“指令模板”设为“SetDO”，将“Signal”设为“DO_Claw1”，将“Value”设为0 ③单击【创建】按钮
7		添加第三条逻辑指令： ①在“创建逻辑指令”窗口，将“指令模板”设为“Wait Time”，将“Time”设为1 ②单击【创建】→【关闭】按钮

（续）

序号	图例	操作步骤
8	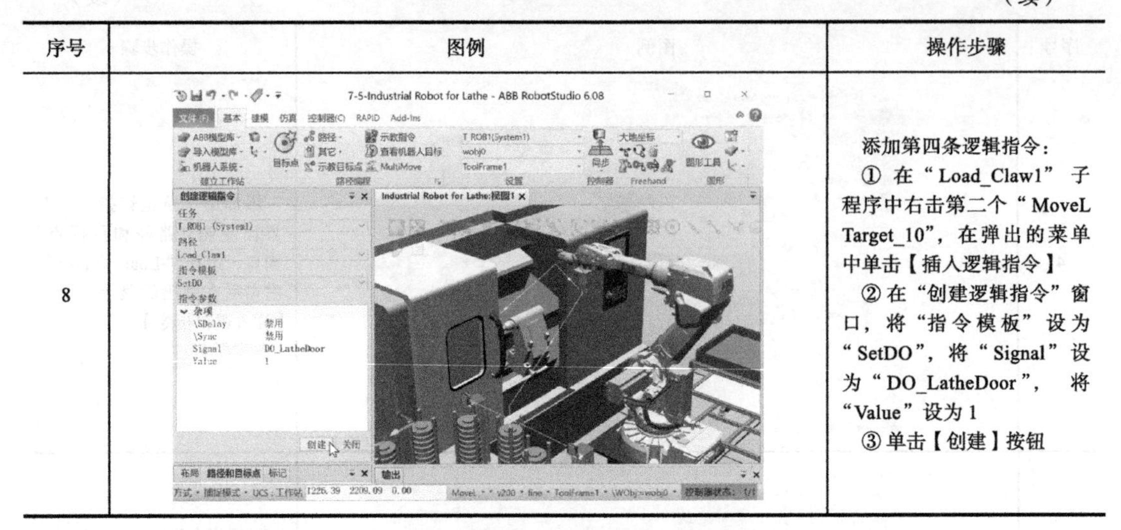	添加第四条逻辑指令： ① 在“Load_Claw1”子程序中右击第二个“MoveL Target_10”，在弹出的菜单中单击【插入逻辑指令】 ② 在“创建逻辑指令”窗口，将“指令模板”设为“SetDO”，将“Signal”设为“DO_LatheDoor”，将“Value”设为 1 ③ 单击【创建】按钮

（3）创建卸料子程序 卸料子程序的路径创建步骤见表 7-14。

表 7-14 卸料子程序的路径创建步骤

序号	图例	操作步骤
1	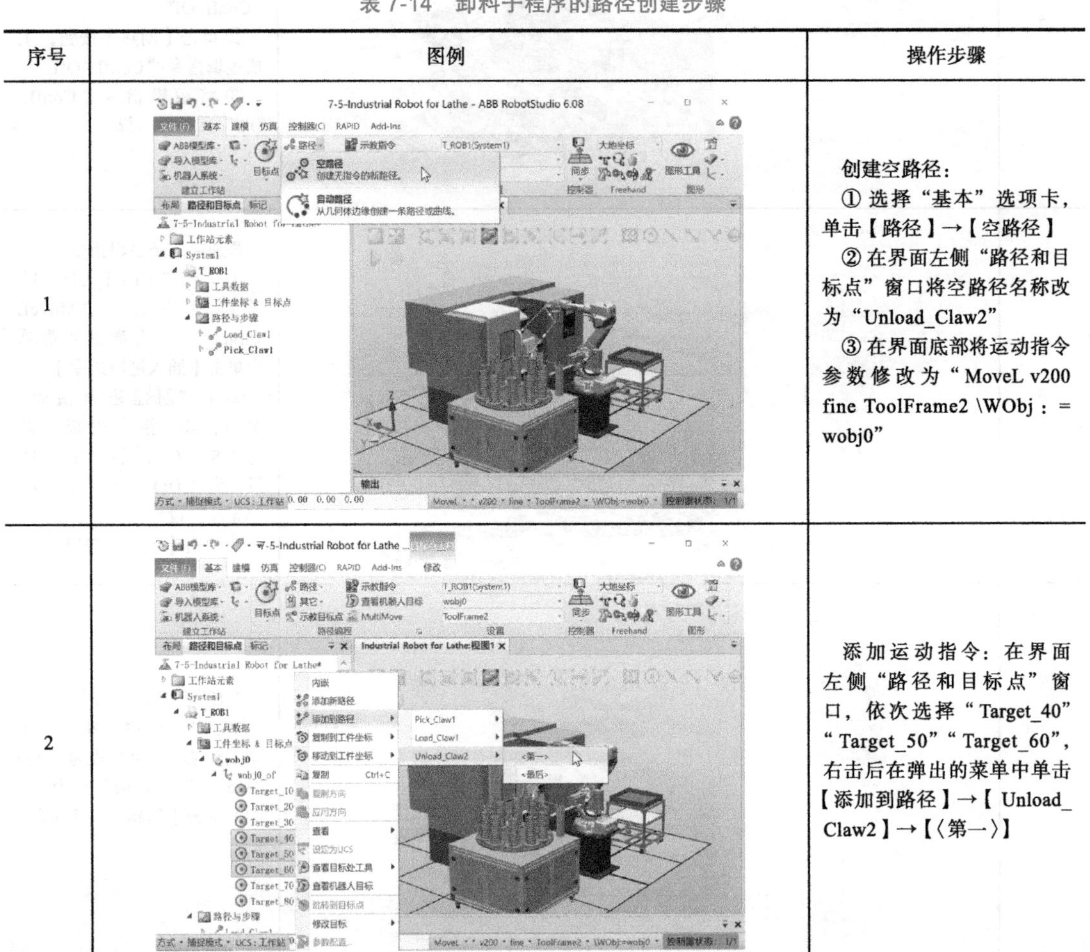	创建空路径： ① 选择“基本”选项卡，单击【路径】→【空路径】 ② 在界面左侧“路径和目标点”窗口将空路径名称改为“Unload_Claw2” ③ 在界面底部将运动指令参数修改为“MoveL v200 fine ToolFrame2 \WObj := wobj0”
2		添加运动指令：在界面左侧“路径和目标点”窗口，依次选择“Target_40”“Target_50”“Target_60”，右击后在弹出的菜单中单击【添加到路径】→【Unload_Claw2】→【〈第一〉】

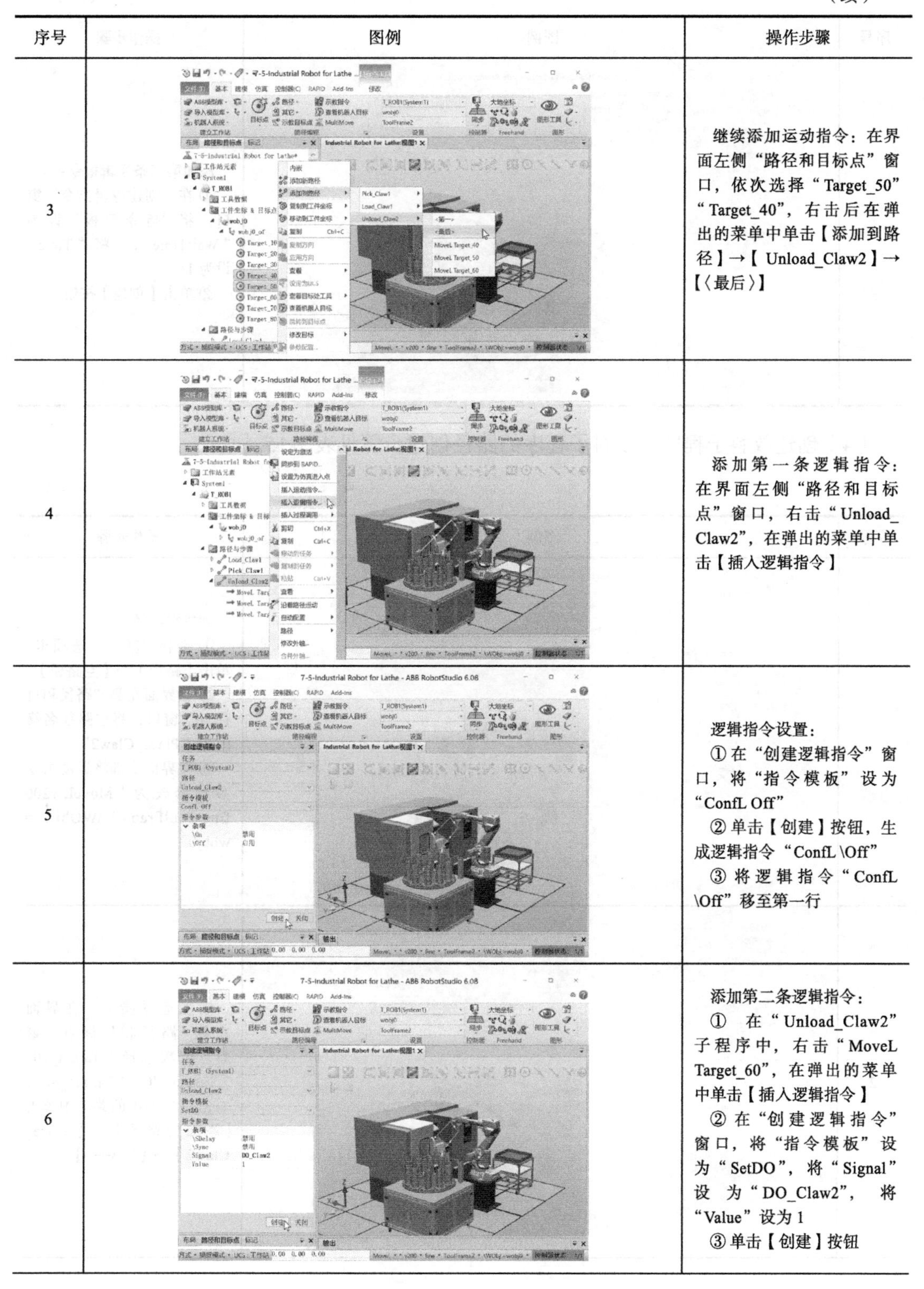

（续）

序号	图例	操作步骤
3		继续添加运动指令：在界面左侧“路径和目标点”窗口，依次选择“Target_50”“Target_40”，右击后在弹出的菜单中单击【添加到路径】→【Unload_Claw2】→【〈最后〉】
4		添加第一条逻辑指令：在界面左侧“路径和目标点”窗口，右击“Unload_Claw2”，在弹出的菜单中单击【插入逻辑指令】
5		逻辑指令设置： ①在“创建逻辑指令”窗口，将“指令模板”设为“ConfL Off” ②单击【创建】按钮，生成逻辑指令“ConfL \Off” ③将逻辑指令“ConfL \Off”移至第一行
6		添加第二条逻辑指令： ①在“Unload_Claw2”子程序中，右击“MoveL Target_60”，在弹出的菜单中单击【插入逻辑指令】 ②在“创建逻辑指令”窗口，将“指令模板”设为“SetDO”，将“Signal”设为“DO_Claw2”，将“Value”设为1 ③单击【创建】按钮

（续）

序号	图例	操作步骤
7	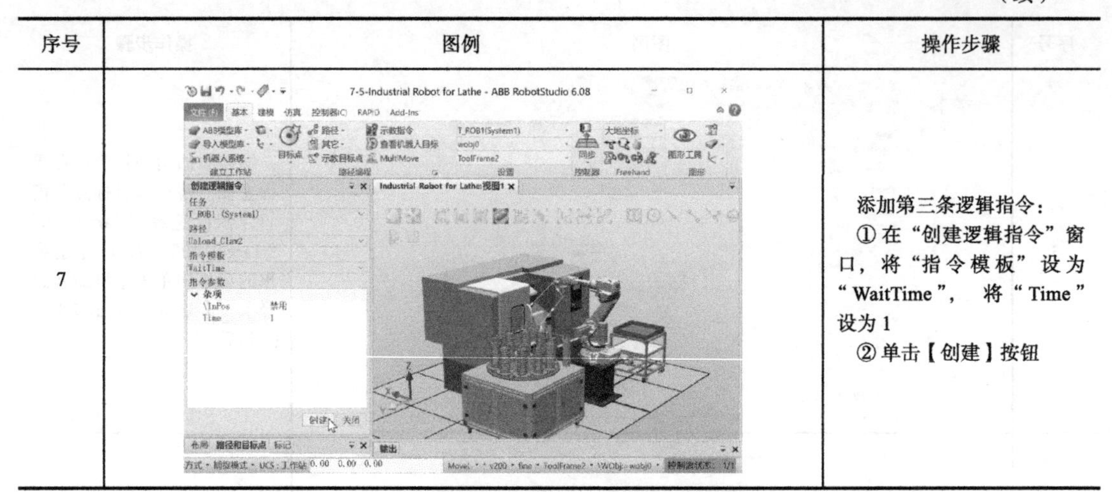	添加第三条逻辑指令： ① 在“创建逻辑指令”窗口，将“指令模板”设为“WaitTime”，将“Time”设为 1 ② 单击【创建】按钮

（4）创建放料子程序　放料子程序的路径创建步骤见表 7-15。

表 7-15　放料子程序的路径创建步骤

序号	图例	操作步骤
1	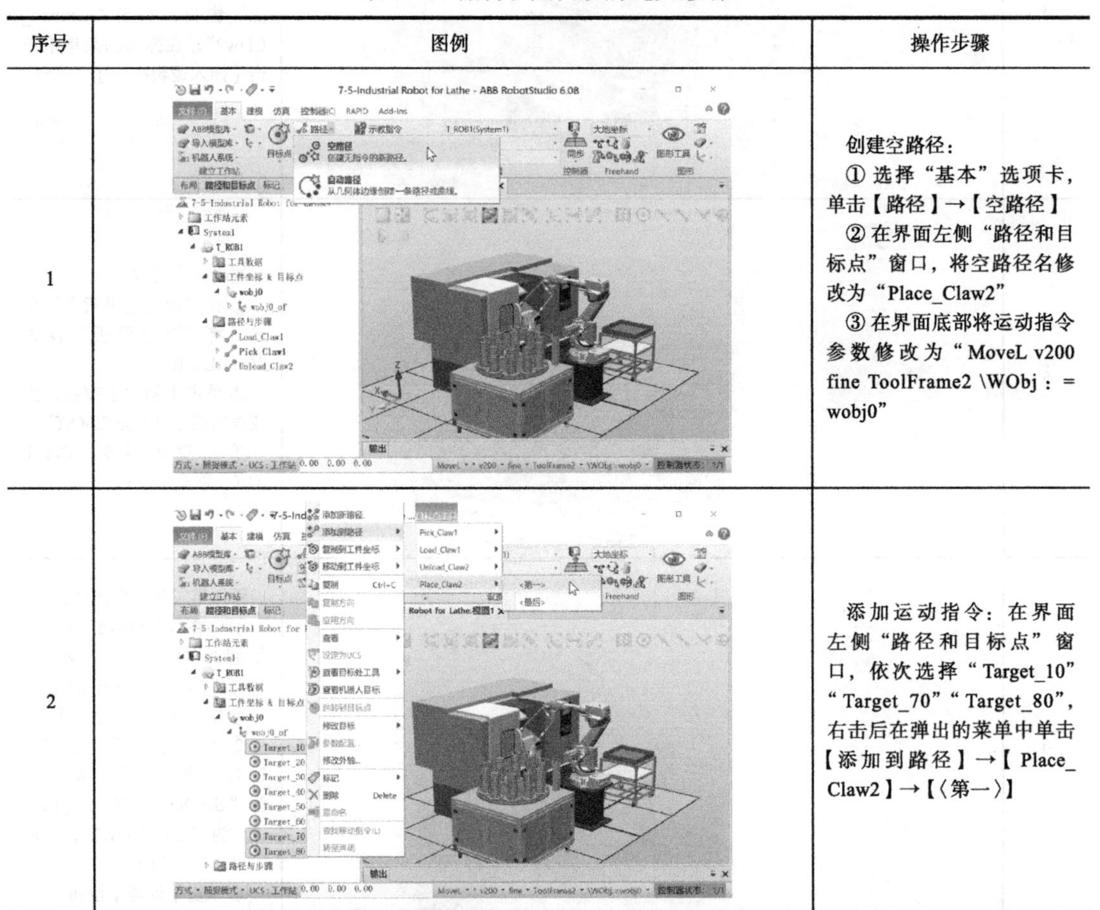	创建空路径： ① 选择“基本”选项卡，单击【路径】→【空路径】 ② 在界面左侧“路径和目标点”窗口，将空路径名修改为“Place_Claw2” ③ 在界面底部将运动指令参数修改为“MoveL v200 fine ToolFrame2 \WObj：= wobj0”
2		添加运动指令：在界面左侧“路径和目标点”窗口，依次选择“Target_10”“Target_70”“Target_80”，右击后在弹出的菜单中单击【添加到路径】→【Place_Claw2】→【〈第一〉】

（续）

序号	图例	操作步骤
3	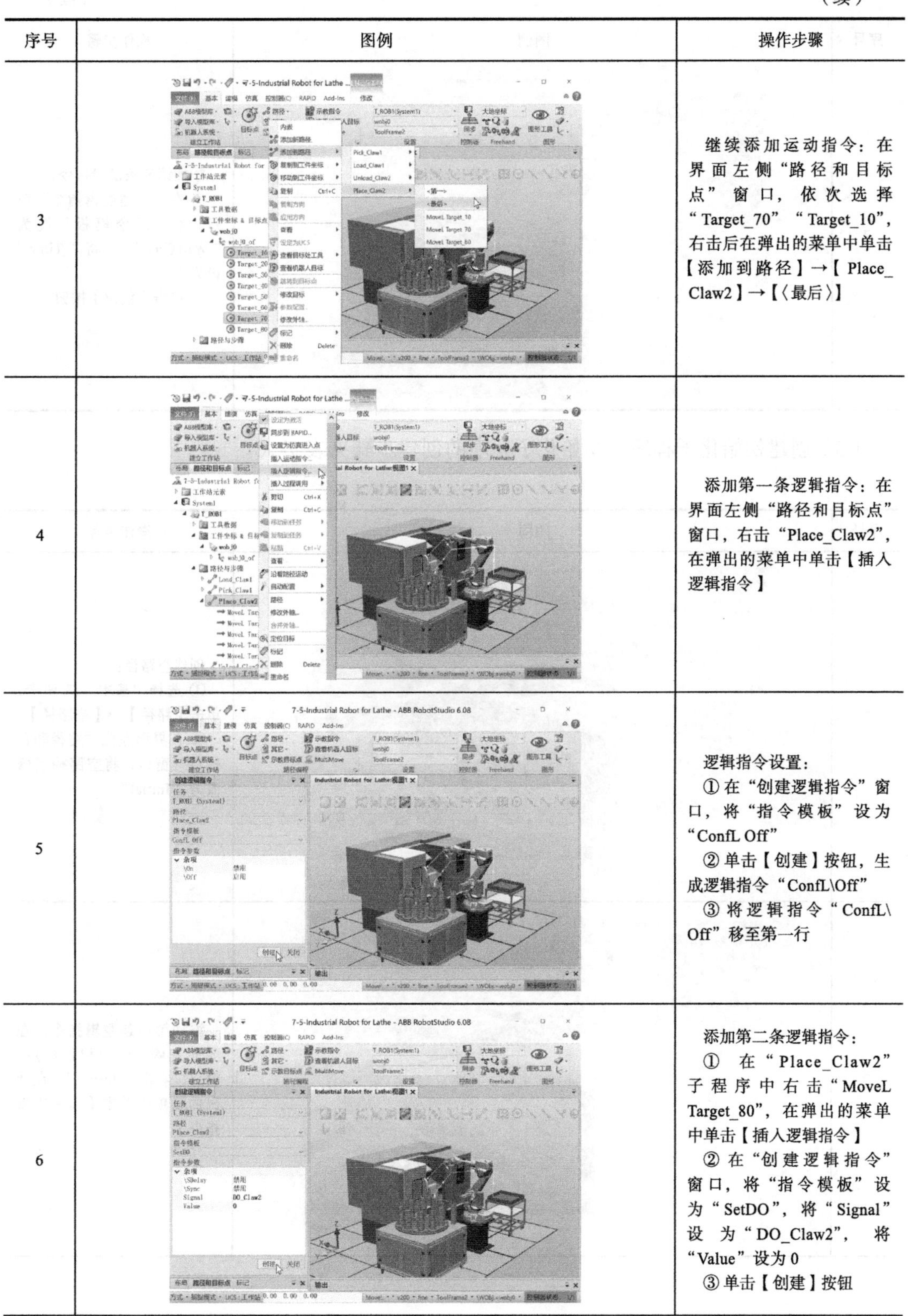	继续添加运动指令：在界面左侧“路径和目标点”窗口，依次选择“Target_70”“Target_10”，右击后在弹出的菜单中单击【添加到路径】→【Place_Claw2】→【〈最后〉】
4		添加第一条逻辑指令：在界面左侧“路径和目标点”窗口，右击“Place_Claw2”，在弹出的菜单中单击【插入逻辑指令】
5		逻辑指令设置： ①在“创建逻辑指令”窗口，将“指令模板”设为“ConfL Off” ②单击【创建】按钮，生成逻辑指令“ConfL\Off” ③将逻辑指令“ConfL\Off”移至第一行
6		添加第二条逻辑指令： ①在“Place_Claw2”子程序中右击“MoveL Target_80”，在弹出的菜单中单击【插入逻辑指令】 ②在“创建逻辑指令”窗口，将“指令模板”设为“SetDO”，将“Signal”设为“DO_Claw2”，将“Value”设为0 ③单击【创建】按钮

（续）

序号	图例	操作步骤
7	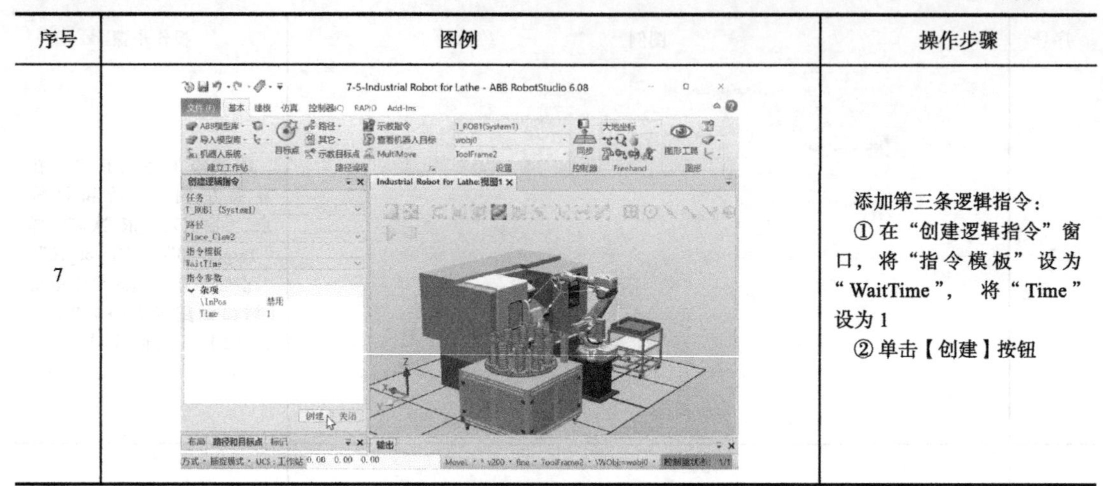	添加第三条逻辑指令： ① 在“创建逻辑指令”窗口，将“指令模板”设为“WaitTime”，将“Time”设为 1 ② 单击【创建】按钮

（5）创建初始化子程序　初始化子程序的创建步骤见表 7-16。

表 7-16　初始化子程序的创建步骤

序号	图例	操作步骤
1	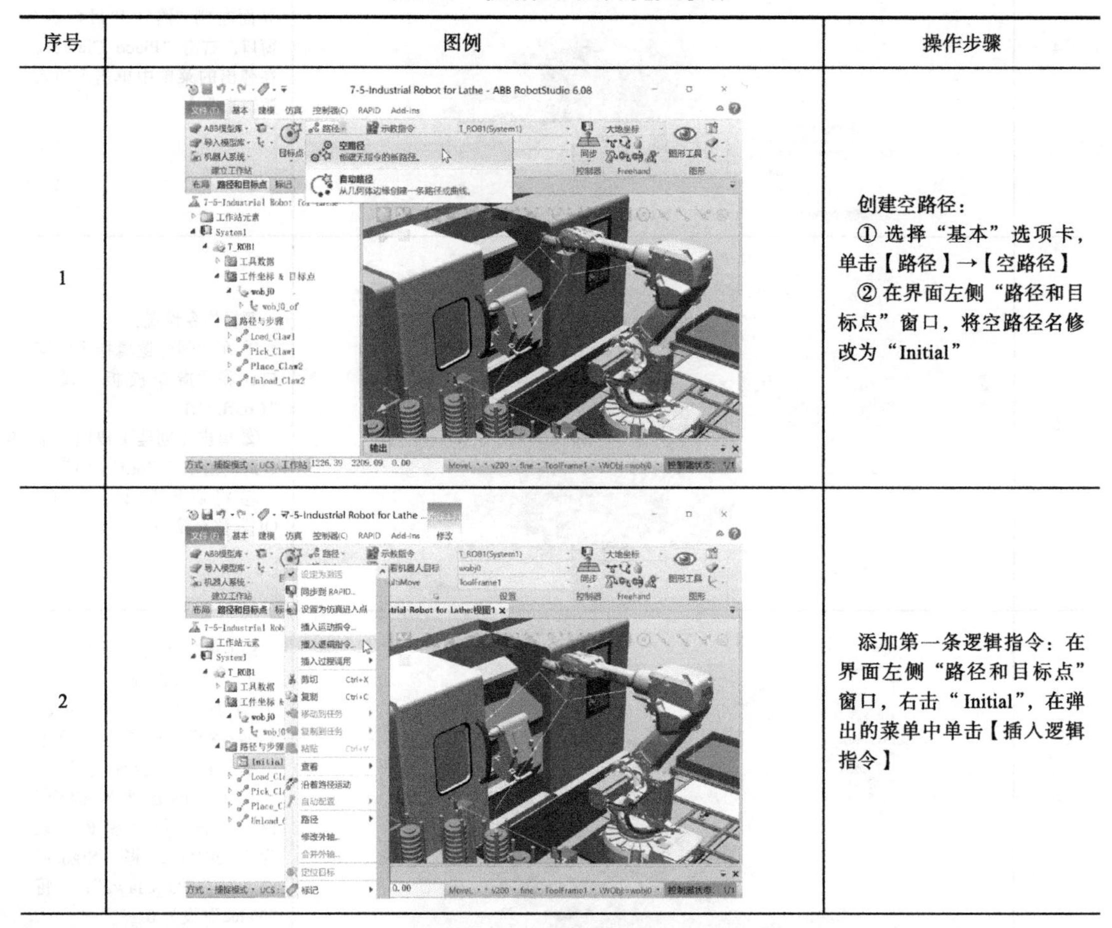	创建空路径： ① 选择“基本”选项卡，单击【路径】→【空路径】 ② 在界面左侧“路径和目标点”窗口，将空路径名修改为“Initial”
2		添加第一条逻辑指令：在界面左侧“路径和目标点”窗口，右击“Initial”，在弹出的菜单中单击【插入逻辑指令】

（续）

序号	图例	操作步骤
3	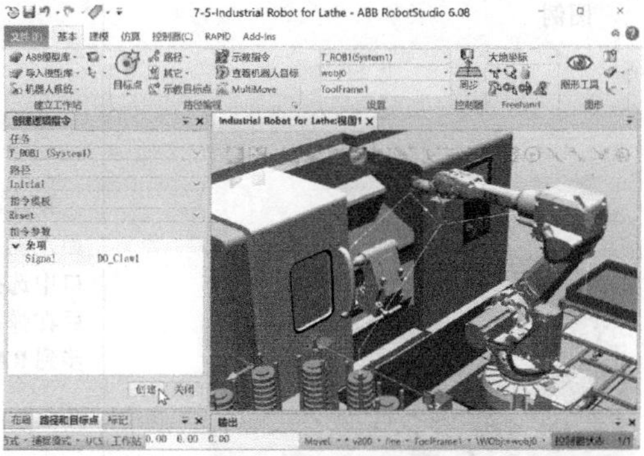 7-5-Industrial Robot for Lathe - ABB RobotStudio 6.08 基本 建模 仿真 控制器(C) RAPID Add-Ins ABB模型库 导入模型库 机器人系统 建立工作站 目标点 路径 其它 示教目标点 路径编程 示教指令 查看机器人目标 MultiMove T_ROB1(System1) wobj0 ToolFrame1 设置 同步 控制器 大地坐标 Freehand 图形工具 图形 创建逻辑指令 任务 T_ROB1 (System1) 路径 Initial 指令模板 Reset 指令参数 杂项 Signal DO_Claw1 创建 关闭 Industrial Robot for Lathe:视图1 布局 路径和目标点 标记 输出 MoveL * v200 * fine * ToolFrame1 * \WObj:=wobj0 控制器状态 1/1	逻辑指令设置： ①在“创建逻辑指令”窗口，将“指令模板”设为“Reset”，将“Signal”设为“DO_Claw1” ②单击【创建】按钮
4	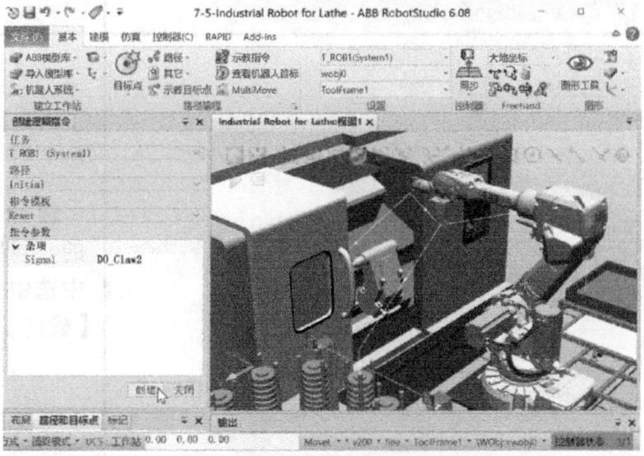 7-5-Industrial Robot for Lathe - ABB RobotStudio 6.08 基本 建模 仿真 控制器(C) RAPID Add-Ins 创建逻辑指令 任务 T_ROB1 (System1) 路径 Initial 指令模板 Reset 指令参数 杂项 Signal DO_Claw2 创建 关闭 Industrial Robot for Lathe:视图1 布局 路径和目标点 标记 输出	添加第二条逻辑指令： ①在“创建逻辑指令”窗口，将“指令模板”设为“Reset”，将“Signal”设为“DO_Claw2” ②单击【创建】按钮
5	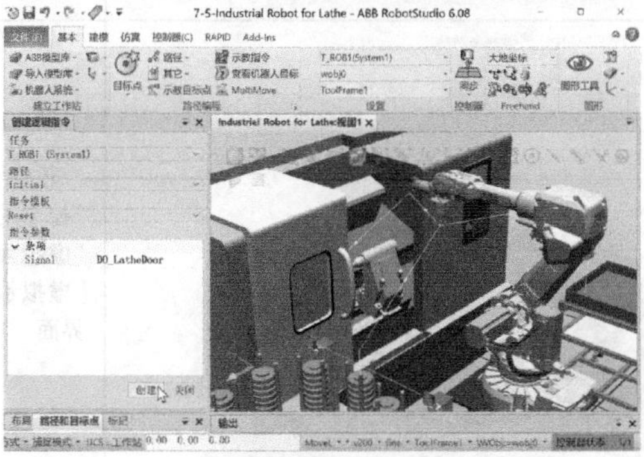 7-5-Industrial Robot for Lathe - ABB RobotStudio 6.08 基本 建模 仿真 控制器(C) RAPID Add-Ins 创建逻辑指令 任务 T_ROB1 (System1) 路径 Initial 指令模板 Reset 指令参数 杂项 Signal DO_LatheDoor 创建 关闭 Industrial Robot for Lathe:视图1 布局 路径和目标点 标记 输出	添加第三条逻辑指令： ①在“创建逻辑指令”窗口，将“指令模板”设为“Reset”，将“Signal”设为“DO_LatheDoor” ②单击【创建】按钮
6	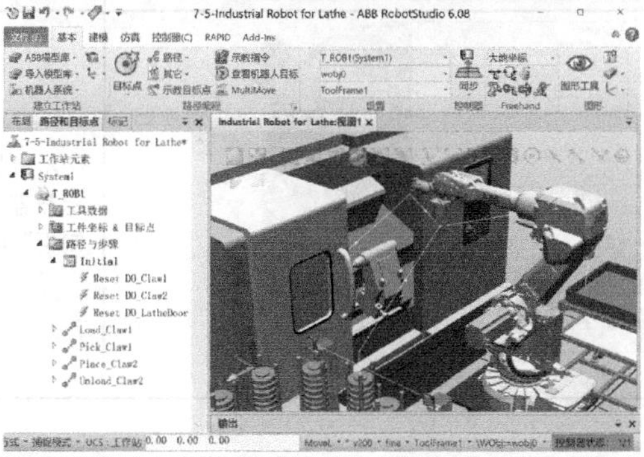 7-5-Industrial Robot for Lathe - ABB RobotStudio 6.08 基本 建模 仿真 控制器(C) RAPID Add-Ins 布局 路径和目标点 标记 7-5-Industrial Robot for Lathe* 工作站元素 System1 T_ROB1 工具数据 工件坐标 & 目标点 路径与步骤 Initial Reset DO_Claw1 Reset DO_Claw2 Reset DO_LatheDoor Load_Claw1 Pick_Claw1 Place_Claw2 Unload_Claw2 Industrial Robot for Lathe:视图1 输出 MoveL * v200 * fine * ToolFrame1 * \WObj:=wobj0 控制器状态 1/1	初始化程序创建完成

（6）创建主程序　主程序的创建步骤见表 7-17。

表 7-17　主程序的创建步骤

序号	图例	操作步骤
1	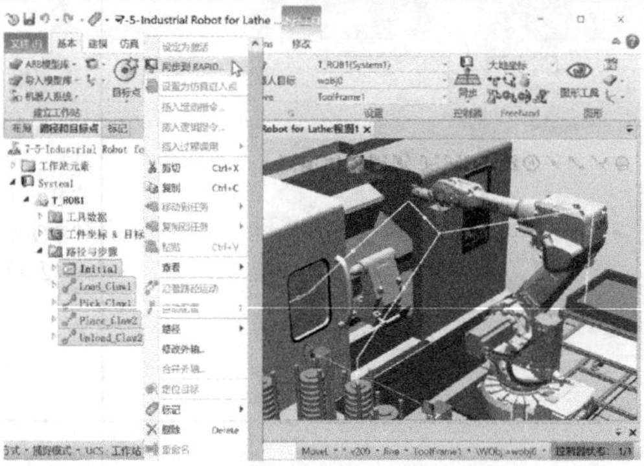 7-5-Industrial Robot for Lathe 同步到 RAPID... T_ROB1 工具数据 路径与步骤 Initial Load_Claw1 Pick_Claw1 Place_Claw2 Unload_Claw2 剪切 Ctrl+X 复制 Ctrl+C 删除 Delete	开启同步到 RAPID：在界面左侧“路径和目标点”窗口中选择所有子程序，右击后在弹出的菜单中单击【同步到 RAPID】
2	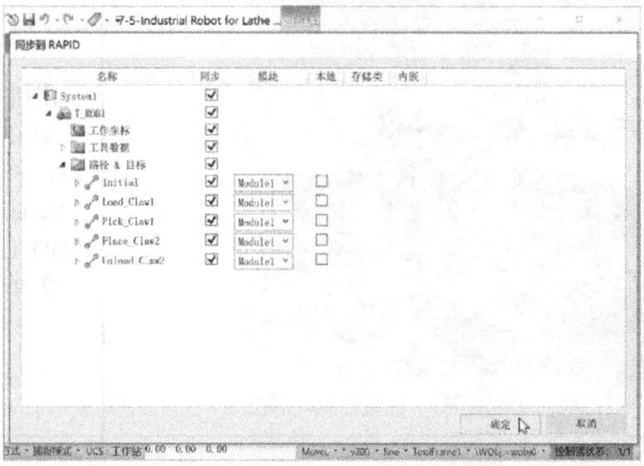 7-5-Industrial Robot for Lathe 同步到 RAPID 名称　同步　模块　本地　存储类　内嵌 System1 T_ROB1 工作坐标 工具数据 路径 & 目标 Initial　Module1 Load_Claw1　Module1 Pick_Claw1　Module1 Place_Claw2　Module1 Unload_Claw2　Module1 确定　取消	选择同步内容：在弹出的“同步到 RAPID”对话框中选中全部内容，然后单击【确定】按钮
3	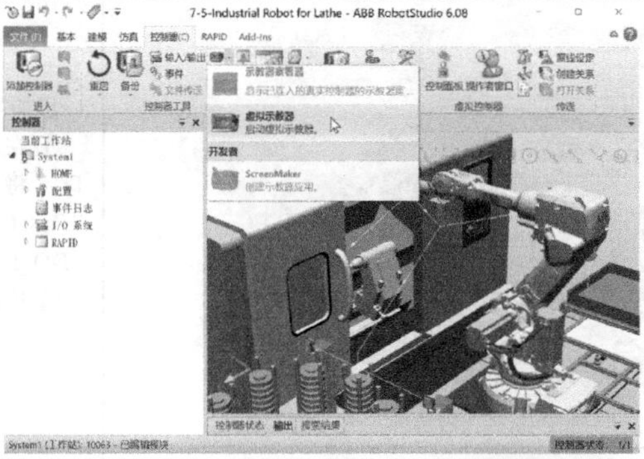 7-5-Industrial Robot for Lathe - ABB RobotStudio 6.08 文件　基本　建模　仿真　控制器　RAPID　Add-Ins 控制器 System1 HOME 配置 事件日志 I/O 系统 RAPID 示教器 虚拟示教器 开发者 ScreenMaker	开启虚拟示教器：选择“控制器”选项卡，选择“虚拟示教器”图标，单击【虚拟示教器】，打开示教器界面
4	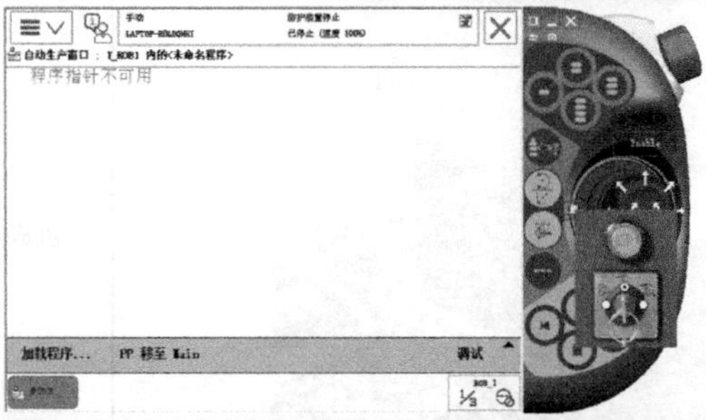 手动 防护装置停止 自动生产窗口：T_ROB1 内的<未命名程序> 程序指针不可用 加载程序...　PP 移至 Main　调试	示教器手动模式设置：在示教器界面右侧，单击“控制柜”图标，选择手动模式

（续）

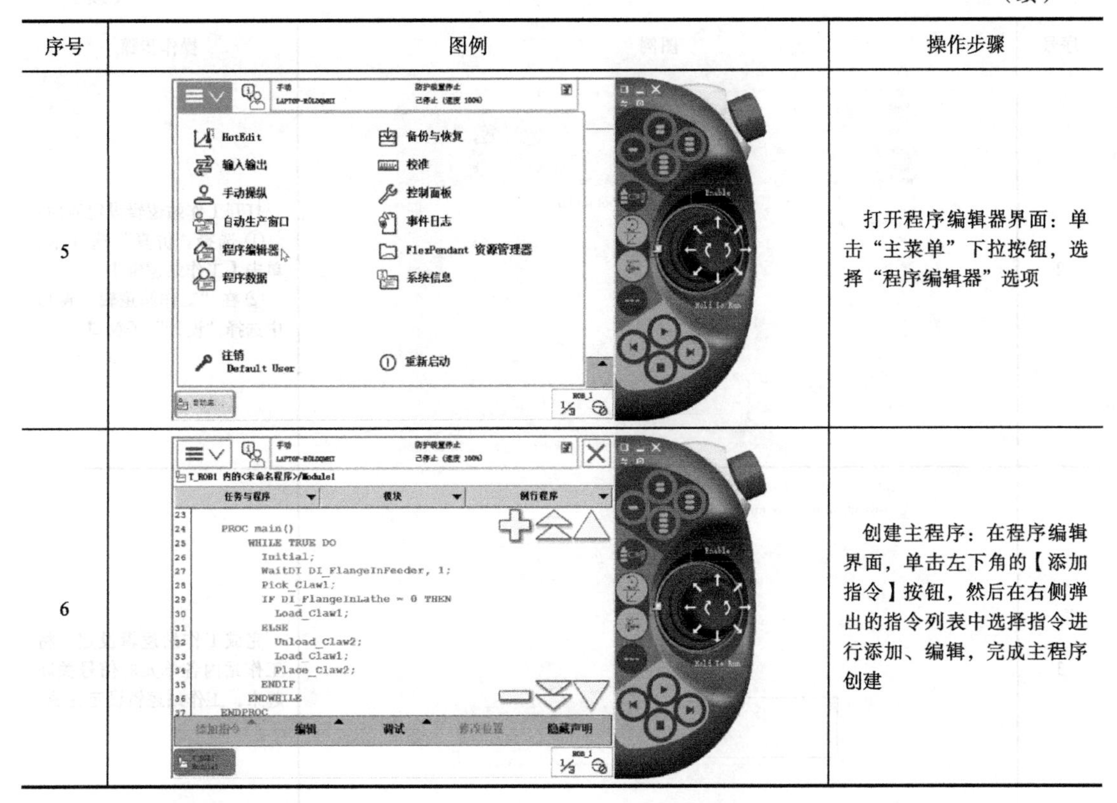

序号	图例	操作步骤
5		打开程序编辑器界面：单击“主菜单”下拉按钮，选择“程序编辑器”选项
6		创建主程序：在程序编辑界面，单击左下角的【添加指令】按钮，然后在右侧弹出的指令列表中选择指令进行添加、编辑，完成主程序创建

5. 设定工作站逻辑

根据工作站的逻辑设计，还需要建立 Smart 组件和虚拟控制器之间的信号交互，具体创建过程见表 7-18。

表 7-18　工作站逻辑设定的步骤

序号	图例	操作步骤
1		解压工作站文件：在“文件”选项卡中单击【打开】，选择工作站的打包文件“7-6-Industrial Robot for Lathe”，然后依次单击【下一个】按钮，直至【完成】按钮，最后单击【关闭】按钮

（续）

序号	图例	操作步骤
2	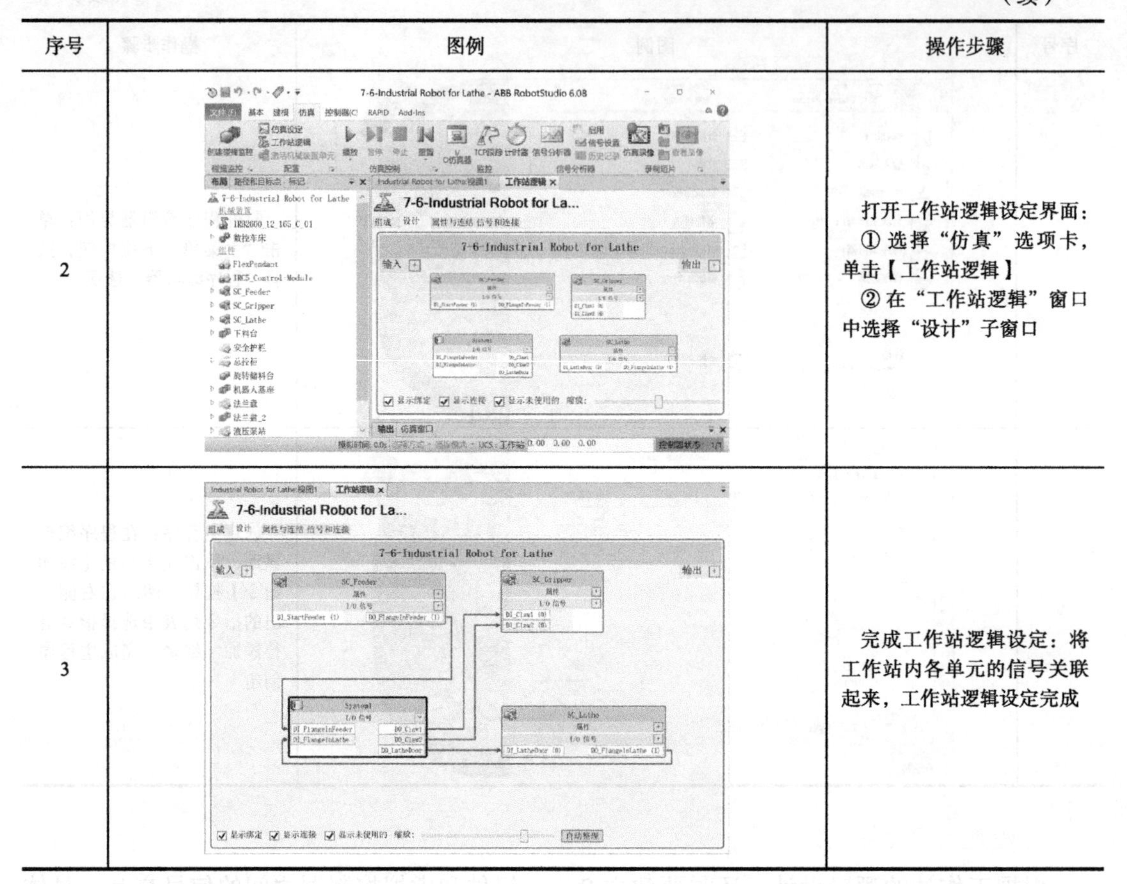	打开工作站逻辑设定界面： ① 选择“仿真”选项卡，单击【工作站逻辑】 ② 在“工作站逻辑”窗口中选择“设计”子窗口
3		完成工作站逻辑设定：将工作站内各单元的信号关联起来，工作站逻辑设定完成

6. 仿真调试

通过仿真演示可以直接观察机器人的作业情况，为后续工程应用的实施或者优化提供依据。工作站仿真调试的步骤见表7-19。

表7-19 工作站仿真调试的步骤

序号	图例	操作步骤
1	7-6-Industrial Robot for Lathe - ABB RobotStudio 6.08 基本 建模 仿真 控制器(C) RAPID Add-Ins 仿真设定 工作站逻辑 播放 暂停 停止 重置 TCP跟踪 计时器 信号分析器 启用 信号设置 历史记录 仿真录像 布局 路径和目标点 标记 Industrial Robot for Lathe:视图1 仿真设定 7-6-Industrial Robot for Lathe* IRB2600_12_165_C_01 数控车床 FlexPendant IRC5_Control-Module SC_Feeder SC_Gripper SC_Lathe 下料台 安全护栏 总控柜 旋转储料台 机器人基座 法兰盘 法兰盘_2 液压泵站 活动仿真场景: (SimulationConfiguration) 添加... 场景设置 初始状态: <无> 管理状态 仿真对象: 物体 仿真 SC_Feeder SC_Gripper SC_Lathe 控制器 System1 T_ROB1 的设置 进入点: main 编辑 虚拟时间模式: 时间段 自由运行 刷新 关闭 输出 仿真窗口 UCS：工作站 0.00 0.00 0.00	仿真设定： ① 选择“仿真”选项卡，单击【仿真设定】 ② 在界面右侧“仿真设定”窗口的“仿真对象”框中，选中所有仿真对象 ③ 在“仿真对象”框中单击“System1”，设置仿真运行模式为“连续”；单击“T_ROB1”，将“进入点”设为“main”

（续）

序号	图例	操作步骤
2		仿真开始：选择“仿真”选项卡，单击【播放】，仿真开始

思考与练习

1. 填空题（请将正确的答案填在题中的横线上）

1）条件逻辑判断指令包括__________、__________、__________、__________、__________。

2）在 RAPID 程序中，FOR 重复执行判断指令通过________和________确定循环次数。

2. 选择题（请将正确答案填入括号中）

1）机器人工作站中，若 RAPID 程序中新建了 VAR bool PalletFull 变量，那么其可以赋值为（　　）。（多选题）

A. FALSE　　B. TRUE　　C. 1　　D. 0

2）在 ABB 机器人 RAPID 程序中，若 reg1=1，那么 Incrreg1 指令执行结束后，reg1 的结果是（　　）。

A. 1　　B. 2　　C. 3　　D. 4

3）RobotStudio 软件中信号类型主要有（　　）。（多选题）

A. DigitalInput、DigitalOutput

B. AnalogInput、AnalogOutput

C. GroupInput、GroupOutput

D. Input、Output

4）RAPID 程序中的用户程序必须包括（　　）。（多选题）

A. main　　B. MainModule　　C. Base　　D. user

项目总结

本项目以工业机器人在制造系统中的典型应用——工业机器人机床上下料工作站为例，对复杂功能的 Smart 组件、上下料作业流程、工作站逻辑设计、离线程序编写与调试等内容做了详细介绍。通过对该类工作站的仿真设计，读者将能理解真实的机床上下料系统的作业流程，初步掌握设计该类机器人仿真系统的一般方法。

参 考 文 献

[1] 叶晖，何智勇，杨薇 . 工业机器人工程应用虚拟仿真教程 [M]. 北京：机械工业出版社，2014.
[2] 朱洪雷，代慧 . 工业机器人离线编程：ABB[M]. 北京：高等教育出版社，2018.
[3] 双元教育 . 工业机器人离线编程与仿真 [M]. 北京：高等教育出版社，2018.